软件技术系列丛书

Java 程序设计

主　编　张　会　兰全祥
副主编　吴建兵　何全庆

西南交通大学出版社
·成　都·

图书在版编目（CIP）数据

Java 程序设计 / 张会，兰全祥主编. —成都：西南交通大学出版社，2021.10（2024.1 重印）
ISBN 978-7-5643-8312-1

Ⅰ. ①J… Ⅱ. ①张… ②兰… Ⅲ. ①JAVA 语言 – 程序设计 – 高等学校 – 教材 Ⅳ. ①TP312.8

中国版本图书馆 CIP 数据核字（2021）第 206914 号

Java Chengxu Sheji
Java 程序设计

主编 / 张 会 兰全祥

责任编辑 / 穆 丰
封面设计 / 墨创文化

西南交通大学出版社出版发行
（四川省成都市金牛区二环路北一段 111 号西南交通大学创新大厦 21 楼 610031）
营销部电话：028-87600564 028-87600533
网址：http://www.xnjdcbs.com
印刷：四川森林印务有限责任公司

成品尺寸 185 mm × 260 mm
印张 26.25 字数 674 千
版次 2021 年 10 月第 1 版 印次 2024 年 1 月第 3 次

书号 ISBN 978-7-5643-8312-1
定价 58.00 元

课件咨询电话：028-81435775
图书如有印装质量问题 本社负责退换

前　言

Java 被称为世界第一的编程语言，近年来在计算机语言排位中一直处于前三名。本书是为了满足学习 Java 编程的人员深入研究 Java 而编写的，吸收了最新的 Java 技术和语法，将编程思想、理论、实践、应用融为一体，并且知识点前呼后应，始终站在 Java 完整程序实现的高度上来分章节讲解，使读者掌握的知识点成为有机的整体。教材中精心设计的案例都来源于企业项目，与理论知识点紧密结合、交互循环贯通，能为读者留下一定的思考空间，培养读者思考问题的能力。

本书共分 13 章，分别讲解了 Java 环境配置，语法基础，控制语句，类与对象，继承、多态和接口，内部类和异常处理，常用实用类，Swing 程序设计，泛型与集合框架，I/O，JDBC 与数据库，多线程，网络编程等内容。

绪论介绍了 Java 语言的发展、优势、运行机制，并介绍了 Java 平台。第 1 章介绍了 Java 开发环境如何进行配置，以及 Java 程序的集成开发环境 Eclipse。第 2~3 章介绍了 Java 语言的基本数据类型、运算符、表达式和数组、Java 语言的控制语句。第 4~6 章是本书的重点之一，介绍了类与对象、继承、接口、多态、内部类和异常。第 7 章讲述了常用实用类，包括字符串类、Math 类、大数字类、日期类、日期格式化类、日历类及正则表达式。第 8 章介绍了 Java 组件及事件处理机制，实现图形化界面编程。第 9 章介绍了泛型与集合框架，讲述了常用的集合框架及应用。第 10 章讲述了如何用输入输出流实现内外存数据间的交互。第 11 章介绍了 Java 与数据库的连接，使用 JDBC 操作数据库，进行预处理及事务处理等内容。第 12 章介绍了多线程的概念及实现方式、线程同步与线程通信等重要内容。第 13 章介绍了关于网络通信的知识，讲述了网络通信基础、UDP 编程、TCP 编程。

本书可作为理工科高等院校“Java 程序设计”课程教材，也可作为软件培训或者自学用书。本书是作者长期从事 Java 研究、开发、教学、实训指导所得的实践经验与心得体会的总结，希望能为广大读者在 Java 编程领域提供一定的帮助。

由于时间仓促及作者水平有限，书中疏漏与不足之处在所难免，恳请读者批评指正。

编　者

2021 年 8 月

目　录

绪　论 1

0.1　计算机系统概述 1

0.2　人机交互方式 2

0.3　Dos 常用命令 2

0.4　计算机语言发展 3

0.5　Java 语言优势 4

0.6　Java 语言发展 5

0.7　Java 语言运行机制 6

0.8　Java 三大平台 8

习　题 8

第 1 章　Java 开发环境配置 9

1.1　Windows10 平台 Java 开发环境配置 9

1.2　第一个 Java 程序 18

1.3　集成开发环境 26

习　题 33

第 2 章　Java 语言基础 35

2.1　标识符与关键字 35

2.2　基本数据类型 36

2.3　运算符与表达式 46

2.4　数　组 53

2.5　小　结 64

习　题 64

第 3 章　Java 控制语句 67

3.1　Java 语句概述 67

3.2　顺序结构 68

3.3　分支结构 69

3.4　循环结构 75

3.5　其他辅助语句 77

3.6　应用举例 78

3.7　小　结 80

习　题 81

第 4 章　类与对象 83
4.1　面向对象 83
4.2　使用 Java 类描述事物 85
4.3　封　装 94
4.4　构造方法 100
4.5　构造代码块 102
4.6　this 关键字 104
4.7　static 关键字 107
4.8　Java 包 117
习　题 118
第 5 章　继承、多态与接口 120
5.1　类和类之间的常见关系 120
5.2　继承的特点 125
5.3　子类的继承性 126
5.4　super 关键字 128
5.5　重写（Override） 130
5.6　instanceof 关键字 132
5.7　final 关键字 133
5.8　抽象类 134
5.9　继承关系实现多态 136
5.10　接口（Interface） 146
习　题 150
第 6 章　内部类与异常 152
6.1　内部类概述 152
6.2　成员内部类 154
6.3　局部内部类 158
6.4　匿名内部类 159
6.5　异　常 162
习　题 177
第 7 章　常用实用类 178
7.1　字符串类 178
7.2　正则表达式 182
7.3　Math 类 186
7.4　随机数相关类和方法 186
7.5　大数字类 188
7.6　日期类 java.util.Date 191
7.7　日期格式化类 java.text.DateFormat 192

7.8 日历类 java.util.Calendar …… 193
习　题 …… 198

第 8 章　Java 组件及事件处理 …… 200

8.1 Java Swing 概述 …… 200
8.2 窗　口 …… 202
8.3 常用组件与布局 …… 208
8.4 处理事件 …… 217
8.5 对话框 …… 227
习　题 …… 234

第 9 章　泛型与集合框架 …… 237

9.1 泛　型 …… 237
9.2 集合概述 …… 245
9.3 Collection …… 246
9.4 Map …… 263
9.5 Iterator …… 268
习　题 …… 272

第 10 章　输入输出流 …… 273

10.1 流类概览 …… 273
10.2 I/O 类基本继承结构 …… 277
10.3 四个重要抽象父类 …… 277
10.4 常用 I/O 类 …… 279
10.5 RandomAccessFile 类 …… 306
习　题 …… 308

第 11 章　JDBC 与数据库 …… 310

11.1 JDBC 概述 …… 310
11.2 JDBC API …… 311
11.3 JDBC 编程 …… 317
11.4 示　例 …… 324
习　题 …… 332

第 12 章　多线程 …… 333

12.1 线程概述 …… 333
12.2 实现线程的两种方式 …… 335
12.3 线程的生命周期及状态转换 …… 343
12.4 线程的操作 …… 347
12.5 多线程同步 …… 360

12.6 线程通信 ···· 369
习 题 ···· 376
第 13 章 网络通信 ···· 377
13.1 网络通信基础 ···· 377
13.2 网络编程 API ···· 382
13.3 UDP 编程 ···· 396
13.4 TCP 编程 ···· 403
习 题 ···· 409
参考文献 ···· 411

绪　论

【学习要求】

了解计算系统的组成及基本工作原理；
掌握常用的 Dos 命令；
了解计算机语言发展史；
了解 Java 语言的优势及发展史；
掌握 Java 语言运行机制；
了解 Java 三大平台。

0.1　计算机系统概述

计算机（computer），全名是电子计算机，俗称电脑，是现代一种用于高速计算的电子计算机器，既可以进行数值计算，又可以进行逻辑计算，同时具有存储记忆功能。计算机是能够按照预先设定的程序运行，并能实现自动、高速处理海量数据的现代化智能电子设备。1946 年，第一台电子计算机 ENIAC 在美国诞生。随着计算机的普及和发展，计算机大致经历了电子管计算机、晶体管计算机、集成电路计算机、大规模集成电路计算机四个阶段。个人计算机的发展是从台式机、便携式计算机再发展到便于人类携带及使用的平板计算机和智能手机。计算机由硬件系统和软件系统所组成，没有安装任何软件的计算机称为裸机。

0.1.1　硬　件

迄今为止，计算机都是采用计算机之父匈牙利科学家冯·诺伊曼提出的冯诺依曼体系结构的电子数字计算机，所有的计算机都具有存储程序的功能。计算机由运算器、控制器、存储器和输入输出设备组成，如图 0.1 所示。

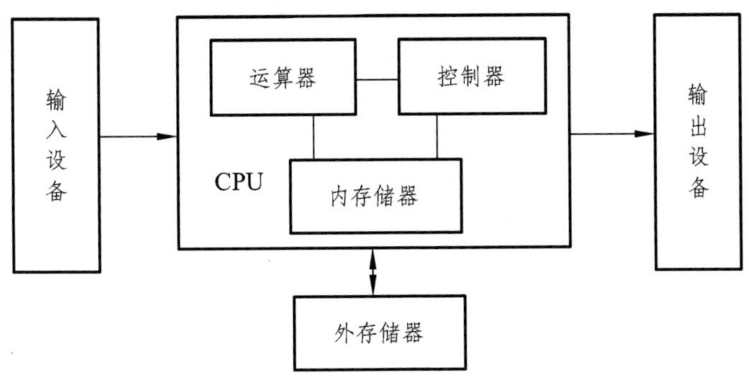

图 0.1　计算机工作原理

计算机中程序的工作原理是程序首先以二进制代码的形式事先存放到计算机内存储器中，再按程序在存储器中存放程序的首地址执行其第一条指令，之后就按照该程序的执行顺序自动执行其他指令，直至程序执行结束。

0.1.2　软　件

软件是按照一定顺序编写的计算机数据与指令的集合。通常把没有安装软件（software）的计算机硬件（hardware）称为裸机。裸机只有在安装了软件后才能被计算机用户有效使用。计算机软件分为系统软件和应用软件。

在计算机硬件系统之上安装操作系统是为了实现向计算机用户隐藏计算机硬件操作细节，通过系统软件来管理计算机系统中各种独立的硬件，使各硬件可以协调工作。系统软件包括操作系统和一系列基本的工具（比如编译器，数据库管理，文件系统管理，驱动管理，网络连接等工具）。常见的操作系统有用于PC机的Windows系统、苹果计算机专用操作系统Mac OS X、多用于服务器的Linux系统、UNIX操作系统，以及智能终端的Android和IOS系统。

应用软件是为了某种特定的用途而被开发的软件。应用软件通常是定制程序，是为某个应用领域专门开发的软件，比如绘图工具、图像处理软件、Office办公软件等。

0.2　人机交互方式

随着操作系统的发展，用户与计算机的交互方式从最初的命令行（Dos）交互方式发展到图形用户界面方式。图形用户界面在实现人机交互方面较大程度地提高了计算机的使用效率，但是一些更复杂的操作只能用命令行交互方式来操作，因此有必要掌握常用的Dos命令。

0.3　Dos常用命令

Dos是disk operating system的缩写，即磁盘操作系统，是一个基于磁盘管理的操作系统。随着Windows操作系统的盛行，Dos系统虽然逐渐退出舞台，但使用Dos命令进行远程调试或处理一些复杂问题时会达到事半功倍的效果，同时熟悉常用Dos命令有助于对Java程序进行调试或测试。

0.3.1　目录操作命令

盘符（如C:）：命令提示符进入指定的盘符。

dir：查看当前目录下所有的文件以及文件夹。

md：创建目录。

rd：删除空目录但不能删除非空目录。

cd：命令提示符切换到指定目录。

cd..：退回到当前目录的上一级目录。

cd \：退回到当前目录的根目录，即回到当前目录的盘符下。

0.3.2 文件操作命令

echo file content>文件名：写文本到指定文件。

如：echo "hello world">hello.txt，实现将 hello world 写入到 hello.txt 文件中。

type 文件名：显示文件内容命令。如：type hello.txt。

del 文件名或目录名：删除文件或目录及其下的所有文件。

0.3.3 其 他

exit：退出 Dos 命令行。

cls：清屏幕命令，清除当前 Dos 屏幕上的所有显示内容，同时光标置于屏幕左上角。

：通配符，表示任意多个任意字符，如.txt 表示当前路径下的所有的 txt 文件，*.*表示当前目录下的所有文件。

tab：对 Dos 命令后的文件夹名称或文件名称自动补全。

方向键↑↓：找回写过的命令。

0.4 计算机语言发展

计算机语言（computer language）是人与计算机间通信的语言，是人与计算机间传递信息的媒介。人类通过一些字符和一系列的语法规则组成计算机指令集合的程序来使计算机完成各项工作，而程序是通过计算机语言来进行编写的，因此程序设计语言也可以说是计算机语言。计算机语言的发展大致经历三个阶段：机器语言、汇编语言、高级语言，其中面向过程语言和面向对象语言合称为计算机高级语言。

0.4.1 机器语言

机器语言是针对特定型号的计算机全部的二进制代码指令集合。用机器语言编写的程序可以直接被计算机识别并执行，但由于每台计算机的指令系统各不相同，因此，在一台计算机上执行的程序，无法直接在另一台计算机上执行，可移植性差，由于机器语言能直接被计算机识别执行，因此其执行效率是所有计算机语言中最高的。由于机器语言采用二进制代码指令编写程序，程序员在编写程序控制计算机操作时极不方便，因此促使了汇编语言的产生。

0.4.2 汇编语言

为解决使用机器语言编程的不便，早期程序用一些方便记忆的英文字符串代替一个个特定的二进制指令（如用 ADD 代表加法指令，MOV 代表数据传递指令），因此形成了汇编语言。汇编语言相较于机器语言易于程序员理解、纠错及维护，但计算机不能直接识别汇编助记符（如 ADD，MOVE），因此需要一种程序将这些符号翻译成二进制的机器语言，这种翻译程序称为汇编程序。汇编语言同机器语言一样依赖机器硬件，移植性差，但相对于高级语言其在计算机上的执行效率更高。汇编语言程序是针对特定计算机硬件进行编写的，能准确发挥计算机硬件的功能和特长，程序精炼而质量高，所以至今仍是一种常用而强有力的软件开发语言。

0.4.3 面向过程语言

为了解决机器语言和汇编语言编写的程序可移植性差、依赖计算机硬件等问题，人们又创造了面向过程的计算机高级语言。面向过程计算机语言接近人类自然语言，具有更强的表达能力，可方便地表示数据的运算和程序的控制结构，能更好地描述各种算法，而且容易学习掌握。1971 年，第一个面向过程的程序设计语言——Pascal 语言的出现，标志着结构化程序设计时期的开始；1972 年，贝尔实验室在 B 语言和 BCPL 语言的基础上，开发出著名的 C 语言。

0.4.4 面向对象语言

20 世纪 80 年代初，在软件工程设计的思想上产生了面向对象的程序设计语言。面向对象思想更接近人的思维方式，把现实世界抽象为类，类产生对象，对象具有属性和行为。最早出现的面向对象程序设计语言是 Smalltalk 语言；1983 年，在 C 语言的基础上产生了面向对象的 C++语言；在 C++的基础上，1995 年 SUN 公司推出了 Java 语言；在 Java 的基础上，2000 年微软推出了 C#语言。此外，面向对象语言还有 Objective-C（苹果公司专用语言）、PHP、Python 等语言。

0.5 Java 语言优势

Java 语言与 C++语言相比较，虽然其产生晚于 C++语言，但 Java 是一种纯面向对象程序设计语言，而 C++是从 C 的基础上发展起来，所以既面向对象又面向过程。Java 语言的特点是摒弃了 C++中的指针与内存管理及多重继承，其采用单一继承，内存管理由 Java 虚拟机完成。而 C++语法复杂，由程序员管理内存，容易产生内存泄漏。

Java 语言是第一个跨平台的编程语言。Java 语言能做到“一次编写，处处运行”（Write once, Run everywhere）。而 C++语言，编译生成的可执行文件（.exe）是针对某一系统生成的可执行文件，一旦程序运行平台发生变化，C++程序必须重新编译，才能运行，无法实现跨平台。

Java 语言多用于大型网站和 App 后台服务器，因此 Java 语言是 Java Web 和 Android 应用程序开发的基础语言，应用范围广阔，使用 Java 语言的程序员会越来越多。

0.6 Java 语言发展

1990 年年末，Sun 公司成立了一个由 James Gosling（Java 之父）领导的“Green 计划”项目组，其目的是为智能家电（电视机、微波炉）编写一个通用控制系统。Green 项目组最初使用 C++语言来开发，但发现 C++和可用的 API（应用程序接口）在某些方面存在很大的问题，并且 C++语法太复杂，缺少垃圾回收系统、分布式和多线程等功能，可移植性差，最终项目组放弃了 C++。于是项目组研发了一种全新的 Oak 语言（用于家用电器等小型系统的编程语言），来解决如电视机、微波炉、烤面包机等家用电器的控制和通信问题，由于当时智能化家电的市场需求没有预期的高，Sun 公司放弃了 Green 计划。就在 Oak 几近失败之时，在 1994 年 James Gosling 等人决定将 Oak 技术应用于互联网，将该语言改造为网络编程语言，Oak 语言当时在互联网上得到了很大的应用和发展，Oak 语言就是 Java 语言的前身。由于 Oak 已被注册，James 于 1995 年将 Oak 更名为 Java。Java 语言的产生过程如图 0.2 所示。

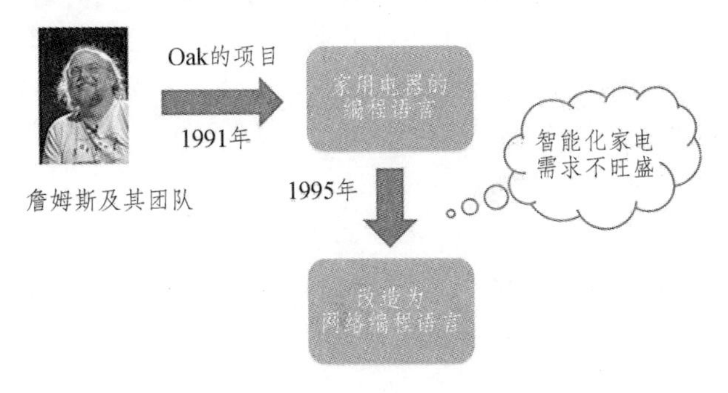

图 0.2　Java 语言的产生

Java 语言随着互联网技术的应用得到了快速发展，逐渐成为重要的网络编程语言。图 0.3 展示了 Java 的发展轨迹和历史变迁。

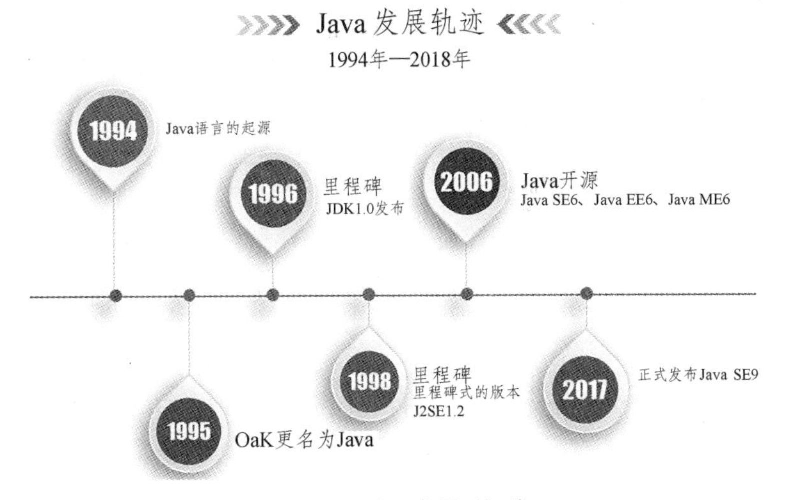

图 0.3　Java 发展时间线

1996 年是 Java 语言里程碑的一年，在这一年，Java 开发人员熟悉的 JDK 1.0 发布了，Java

语言有了第一个正式版本的运行环境。JDK 1.0（Java Development Kit 1.0,Java 开发工具包 1.0）版本包括 Java 虚拟机、网页应用小程序（可以嵌套在网页中运行）、用户界面组件（通过用户界面组件可以开发窗口应用程序）。SUN 直接把 JDK 连同源代码免费发布到互联网上。在短短几个月的时间互联网上出现了大量的 Java 小程序。

1998 年，对 Java 语言来说，又是一个里程碑。Java 正式发布了 J2SE 1.2，在这个版本中，Java 技术体系拆分为 3 个方向，分别是面向桌面应用开发的 J2SE、面向企业级开发的 J2EE 和面向手机等移动终端开发的 J2ME。J2EE 在企业中得到了广泛应用，涌现了大量基于 Java 语言的开源框架，如 Struts、Hibernate、Spring 等。

在 2004 年 10 月，SUN 发布了 JDK 1.5。J2SE 更名为 Java SE，J2EE 更名为 Java EE，J2ME 更名为 Java ME。Java 进入了 Java 5 时代，实现了第二次飞跃。

2009 年 4 月，IT 巨头 Oracle 收购 SUN，取得 Java 的版权，从此 Java 属于 Oracle 公司。2010 年，Java 之父的 James Gosling 离开了 Oracle。

2011 年 7 月，Oracle 公司发布 Java 7 的正式版。

2014 年 3 月，Oracle 公司发布 Java 8 的正式版。Java 仍然是世界第一的开发平台，并且 Java 用户组的数量以每年 10%的速度增长。

2017 年 9 月，Java 9 正式版发布。

2018 年 3 月，Java 10 正式版发布。

2018 年 9 月，Java 11 正式版发布。

2019 年 3 月，Java 12 正式版发布。

2019 年 9 月，Java 13 正式版发布。

0.7 Java 语言运行机制

0.7.1 高级语言运行机制

机器语言编写的程序能被计算机直接识别并执行，但机器语言相对于人来说不直观，难记难写，因此产生了计算机高级语言，高级语言分为面向过程与面向对象编程语言，高级语言很直观，类似人类自然语言，编程人员使用起来方便，但高级语言编写的程序不能直接被计算机识别并执行，需要一种翻译程序，把高级语言编写的程序转换成计算机能直接识别的二进制代码。而高级语言的翻译程序的转换方式分为编译型和解释型。

编译型是指在源程序执行之前，先将程序源代码“翻译”成目标代码（机器语言），再将该目标代码通过链接组装成当前计算机硬件可以识别的可执行程序的过程。生成可执行文件可以脱离其语言环境独立执行，使用比较方便，效率较高。但应用程序一旦需要修改，必须先修改源代码，再重新编译生成新的可执行文件才能执行，如果只有目标文件而没有源代码，修改很不方便。常见的 Pascal、C 语言、C++等高级语言都是编译型语言。

解释型执行方式类似于我们日常生活中的“同声翻译”，应用程序源代码一边由相应语言的解释器逐行“翻译”成目标代码（机器语言），一边执行。解释方式不能生成可独立执行的可执行文件，同时应用程序不能脱离其解释器，因此效率比较低。但这种方式比较灵活，只需要在一个特定平台上提供对应的解释器，就可以对源程序进行“翻译”运行，每个特定的平台编译器只负责将源程序翻译成本地的机器码。那么解释型语言相对编译型语言，容易实现程序跨平台性，比如 JavaScript、Ruby、MatLab 等。

0.7.2 Java 虚拟机

Java 语言的一个非常重要的特点就是与平台的无关性，Java 的跨平台是基于 Java 虚拟机（JVM）的。高级语言如果要在不同的平台上运行，需要编译生成不同平台下的目标代码。而引入 Java 语言虚拟机后，Java 语言在不同平台上运行时不需要重新编译。Java 编译程序首先将 Java 源程序编译生成在 Java 虚拟机上运行的目标代码（字节码），再在 Java 虚拟机中执行字节码，java 虚拟机能实现把字节码文件解释成不同平台上的机器指令执行。这就要求在不同的平台上安装不同的 Java 虚拟机，从而就可以在多种平台上不加修改地运行同一 Java 字节码文件，实现 Java 的跨平台。

由于需要在不同平台上安装不同的 Java 虚拟机，因此 Java 提供了不同平台下的 Java 开发工具包（JDK）和 Java 运行时环境（JRE）版本（其中 JRE 内含 JVM），常见的有 Linux 版、mac OS 版和 Windows 版。因此计算机平台不同，安装的 Java 虚拟机也就不同，通过 Java 虚拟机来实现 Java 跨平台。

0.7.3 运行机制

Java 语言是一类特殊的高级语言，既具有编译型又具有解释型语言的特性。Java 源程序（.java 文件）需要先经过编译过程生成字节码文件（.class 文件）后，再经过安装的不同平台上的 Java 虚拟机对字节码文件进行解释执行。在解释执行的过程中，Java 虚拟机首先将编译好的字节码文件由类加载器加载到内存，然后虚拟机针对加载到内存中的 Java 类进行解释执行。

因此，Java 程序是由虚拟机负责解释执行的，而并非操作系统。这样做的好处是可以实现跨平台，对于同一段 Java 程序（或字节码文件），如若要在不同的操作系统上运行，只需安装不同版本的虚拟机即可，从而做到一次编译，处处运行。Java 运行机制如图 0.4 所示。

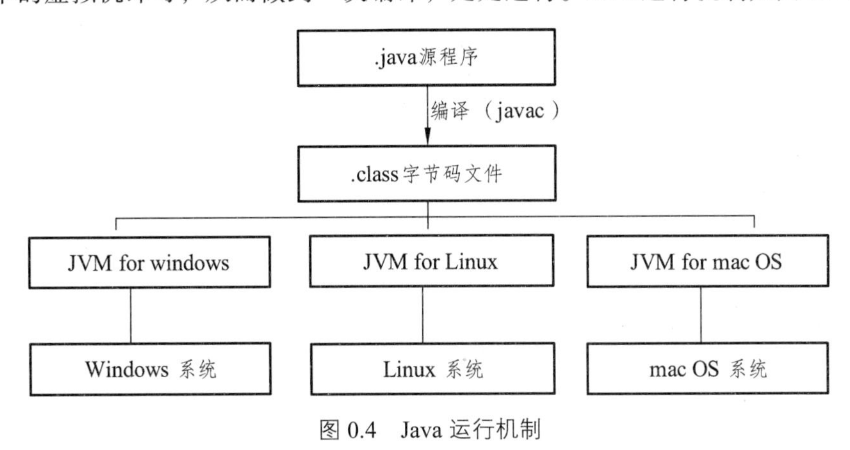

图 0.4 Java 运行机制

Oracle 公司给 Java 开发人员提供的 JDK（Java Development Kit，Java 开发工具包）包含

Java 的开发工具及 JRE（Java Runtime Environment，Java 运行环境）。因此安装了 JDK，就不用再单独安装 JRE 了。

JRE 包括 Java 虚拟机（JVM Java Virtual Machine）和 Java 程序所需的核心类库等（如果只是运行一个开发好的 Java 程序而不开发 Java 程序，则计算机中只需要安装 JRE 即可）。注意不同的操作系统需要安装不同的 JDK 或 JRE。

JDK = JRE + 开发工具集（例如 javac 编译工具打包工具 jar.exe 等）

JRE = JVM + Java SE 标准类库

三者之间的关系如图 0.5 所示。

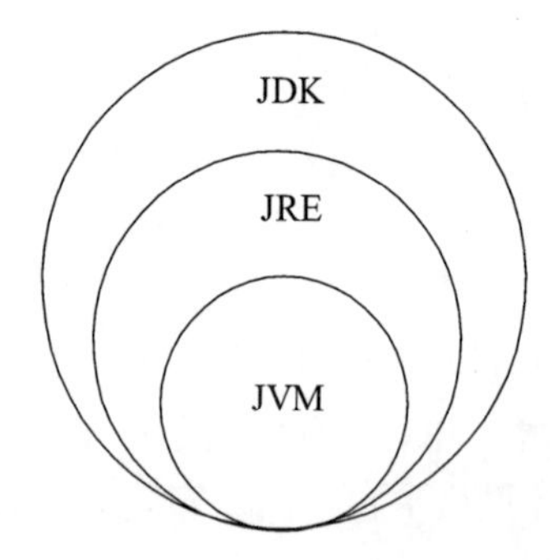

图 0.5　JDK，JRE，JVM 之间的关系

0.8　Java 三大平台

Java SE：Java Standard Edition，即 Java 标准版，提供基本的底层支持，是一个 Java 平台的名称。最新版本的 JDK 14，是基于 Java SE 平台的开发程序发行版本，JDK 是相对开发者而言的。JDK 包含 JRE，JRE 包含 JVM，JVM 包含 JIT（Just In Time，即时编译器）。

Java EE：Java Enterprise Edition，即 Java 的企业版，前身是 J2EE，主要构建企业应用系统。

Java ME：Java Micro Edition，即 Java 微型版本，主要用于嵌入式系统开发，现在主要用于开发手机游戏。

习　题

1. Java 之父是谁？
2. J2EE 是什么？
3. 简要说明 Java 程序的运行机制。
4. 说明 JDK、JRE、JVM、JIT 之间的关系。

第 1 章　Java 开发环境配置

【学习要求】

掌握 Windows 平台下 JDK 安装与配置；
掌握第一个 Java 程序 HelloWorld；
掌握编译和执行命令；
了解注释及编程风格；
了解 Java 集成开发环境。

Java 开发环境配置是学习 Java 的基本内容。本章将以 Windows 10 平台为基础介绍 Java 开发环境的配置，第一个 Java 程序的编辑、编译和执行过程及集成开发环境和使用。

1.1　Windows10 平台 Java 开发环境配置

Windows 操作系统是当今最为流行的 PC（个人计算机）操作系统。2014 年 4 月，微软公司停止对 Windows XP 操作系统的服务支持，Oracle 的 Java 8 也停止了对 Windows XP 的支持。如果在 Windows XP 系统上安装 JDK 8 将出现“无法找到入口”的错误，如图 1.1 所示。如果需要在 Windows XP 系统中开发 Java 程序，只能安装 JDK 7 及以下的版本。

图 1.1　JDK 8 不支持 Windows XP

目前，大多数 PC 安装的是 Windows 7 和 Windows 10 操作系统。本章以 Windows 10 操作系统为平台来详细讲解 Java 开发环境配置。

1.1.1　下载 Java 开发包 JDK

JDK 是 Java 开发工具包，是针对 Java 开发人员的工具包，用于开发 Java 程序。JDK 包括了 Java 运行环境 JRE、Java 工具和 Java 基础类库，学会安装 JDK 是学习 Java 编程的第一步。JDK 是免费的，直接在 Oracle 官网下载安装使用，无须破解。

1. 登录 Oracle 官网

通过网页链接 https://www.oracle.com/java/technologies/javase-downloads.html 进入 Oracle 官网 JDK 下载页面，如图 1.2 所示。单击“JDK Download”进入下一步，选择需要下载的 JDK 版本，这里选择 Java SE13 版本进行下载。

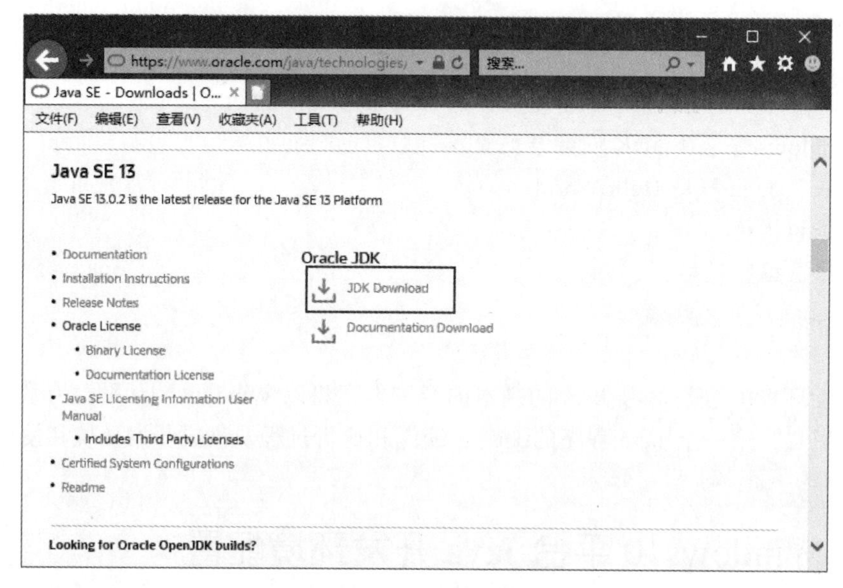

图 1.2 Oracle 官网下载页面

2. 选择相应系统版本的 JDK 下载

选择对应操作系统版本的 JDK，此处选择 Windows 版本，如图 1.3 所示。此外，读者朋友可以根据自己计算机系统情况选择其他平台下的 JDK 版本，比如 Linux 平台、mac OS 平台等。

Java SE Development Kit 13.0.2

This software is licensed under the Oracle Technology Network License Agreement for Oracle Java SE

Product / File Description	File Size	Download
Linux Debian Package	155.72 MB	jdk-13.0.2_linux-x64_bin.deb
Linux RPM Package	162.66 MB	jdk-13.0.2_linux-x64_bin.rpm
Linux Compressed Archive	179.41 MB	jdk-13.0.2_linux-x64_bin.tar.gz
macOS Installer	173.3 MB	jdk-13.0.2_osx-x64_bin.dmg
macOS Compressed Archive	173.7 MB	jdk-13.0.2_osx-x64_bin.tar.gz
Windows x64 Installer	159.83 MB	jdk-13.0.2_windows-x64_bin.exe
Windows x64 Compressed Archive	178.99 MB	jdk-13.0.2_windows-x64_bin.zip

图 1.3 选择相应系统版本的 JDK 下载

3. 接受协议

单击“I reviewed and accept the Oracle Technology Network License Agreement for Oracle

Java SE”前的单选按钮，接受协议,再单击“Download jdk-13.0.2_windows-x64_bin.exe”按钮进行下载，如图 1.4 所示。

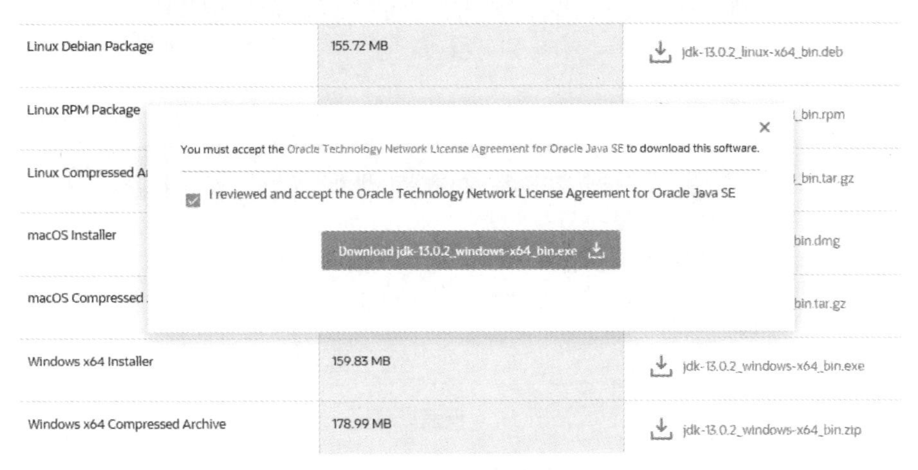

图 1.4　接受协议下载 JDK13

1.1.2　安装 JDK

1. 运行安装文件

下载后得到“jdk-13.0.2_windows-x64_bin.exe”文件。双击该可执行文件，将出现安装向导界面，如图 1.5 所示，单击“下一步”按钮。

2. 选择 JDK 安装目录

接下来可以选择安装路径，如图 1.6 所示，这里安装到 D:\Program Files\Java\jkd-13.0.2 目录下面，单击“下一步”，进行安装。

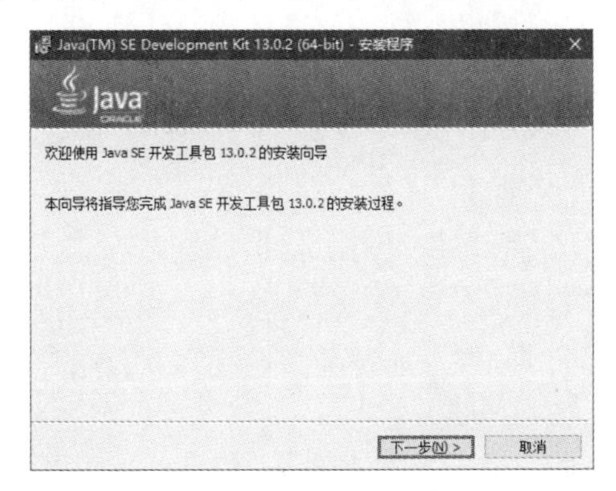

图 1.5　安装向导

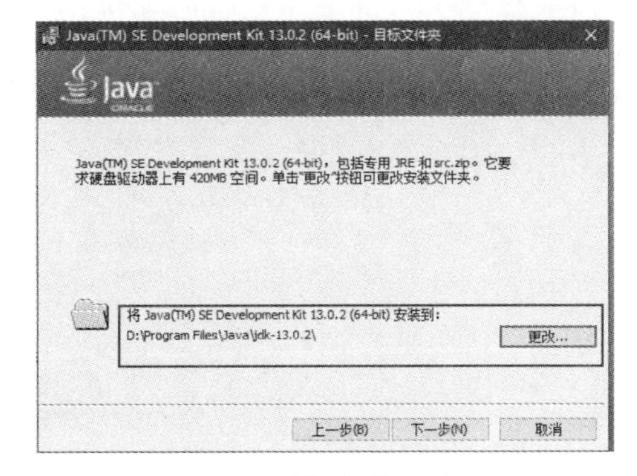

图 1.6　选择安装目录

3. 安装完成

按照向导，完成安装，单击“关闭”按钮即可，如图 1.7 所示。

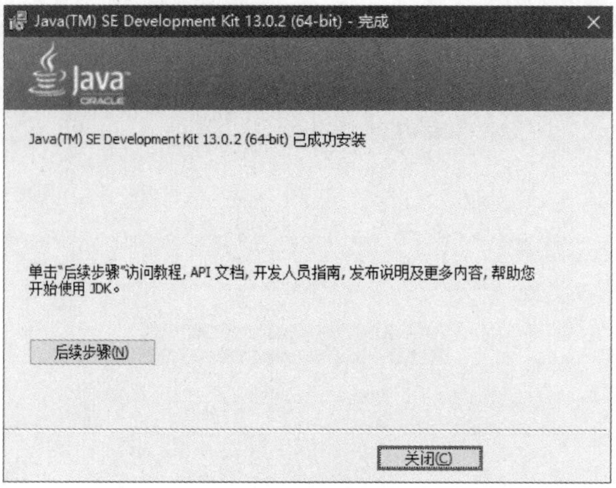

图 1.7　安装完成

在前面已经介绍,JDK 中包含了 JRE 运行环境,因此在安装完 JDK 后,并未提示安装 JRE。在以前的版本中，安装完 JDK 后，会提示是否安装 JRE，安装 JRE 的目的是因为有些用 Java 开发的软件运行时需要 JRE，比如集成开发工具 Eclipse 就需要单独的 JRE。JRE 是运行 Java 应用程序所必须环境的集合，包括 JVM、核心类以及支持文件，但是不包含开发工具（比如编译器和解释器等）。所以，所看到的安装完成后的目录结构如图 1.7 所示，并没有 JRE 包。因此如若需要在目录中有 JRE 包，则在图 1.8 所示的 jdk-13.0.2 目录下，按下“Shift+鼠标右键”，在此打开 Windows PowerShell 命令窗口，输入命令 bin\jlink.exe--module-path jmods--add-modules java.desktop--output jre，按下回车键（见图 1.9），即可在目录中看到 jre 目录，如图 1.10 所示。

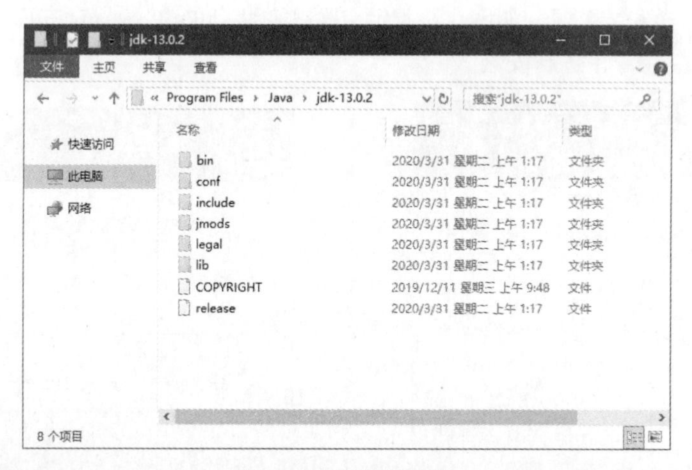

图 1.8　jdk 目录结构

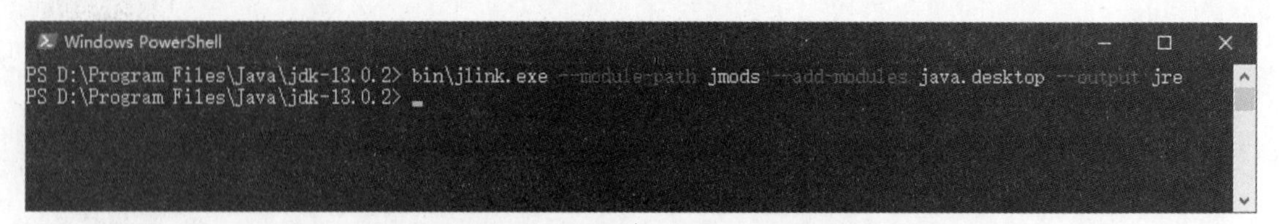

图 1.9　Windows PowerShell 命令窗口

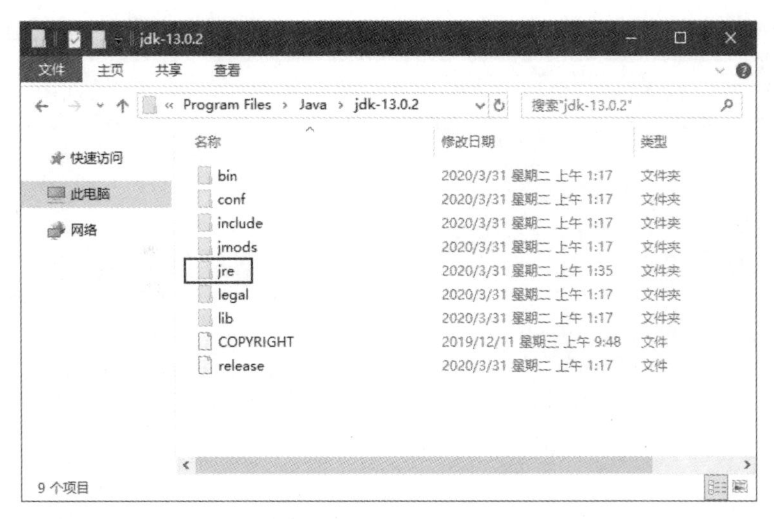

图 1.10　新增 jre 目录

1.1.3　JDK 目录结构

安装完成后，在 JDK 目录 D:\Program Files\Java\下，读者可以发现一个 jdk 目录，如图 1.11 所示。

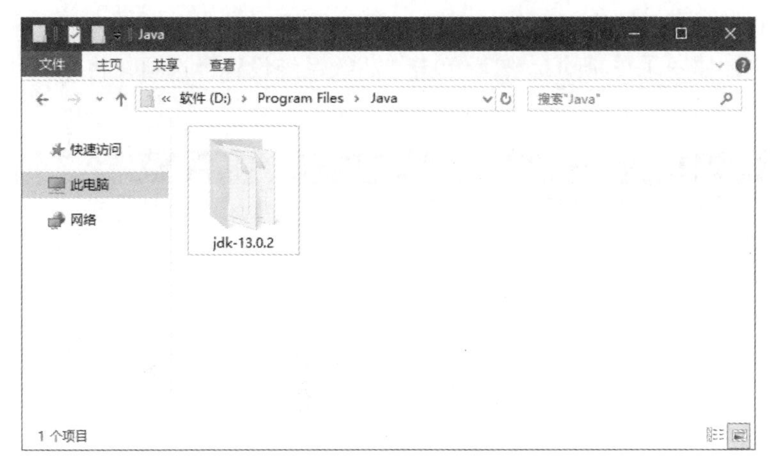

图 1.11　JDK 和 JRE

打开 jdk 目录，如图 1.12 所示。

bin 目录：存放 JDK 各种工具的命令，即 JDK 工具的可执行二进制文件，包括编译器，调试器，解释器等，例如：java，javac。

lib 目录：library 的缩写，表示库文件。JDK 的 lib 目录存放 Java 开发时所需要的工具命令实际执行的 java 程序包和支持文件。

include 目录：包含头文件，支持使用 Java 本机界面、JVM 工具界面以及 Java 平台的其他功能进行本机代码编程的头文件。

jre 目录：Java 运行环境。Java 运环境包括 Java 虚拟机、类库以及其他支持执行以 Java 编程语言编写的程序的文件。

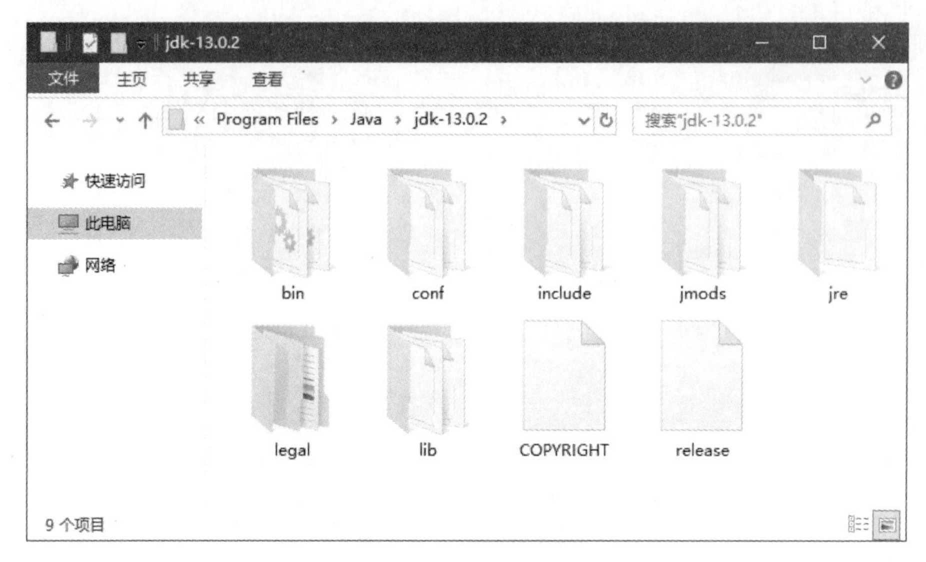

图 1.12　JDK 目录结构

1.1.4　环境变量配置

1. 高级系统设置

在桌面上右键单击“计算机”（Windows10 桌面上是“此电脑”），选择“属性”菜单，弹出“系统”窗口，如图 1.13 所示。然后单击“高级系统设置”选项，将弹出“系统属性”对话框。

图 1.13　高级系统设置

2. 系统环境变量

如图 1.14 所示，在“系统属性”对话框中，选中“高级”Tab 页，然后单击“环境变量（N）…”，弹出“环境变量”对话框，如图 1.15 所示。在环境变量的用户变量下单击“新建(N)”按钮，弹出“新建用户变量”对话框。在“新建用户变量”对话框的“变量名(N)”后输入“JAVA_HOME”，再在“变量值”后输入 jdk 安装路径，再单击“确定”按钮，实现在用户变量表中新建“JAVA_HOME”变量。

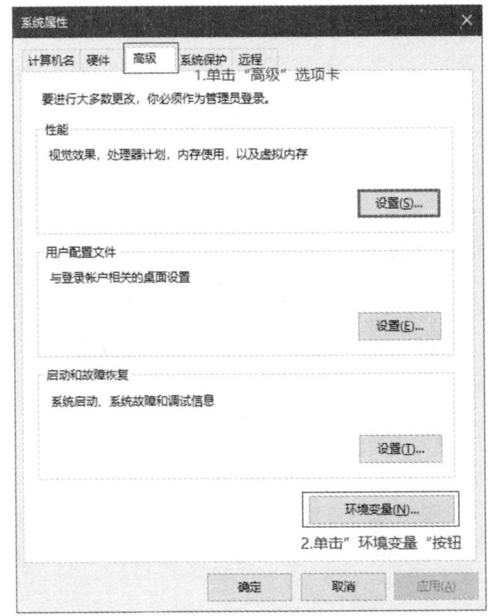

图 1.14　系统属性

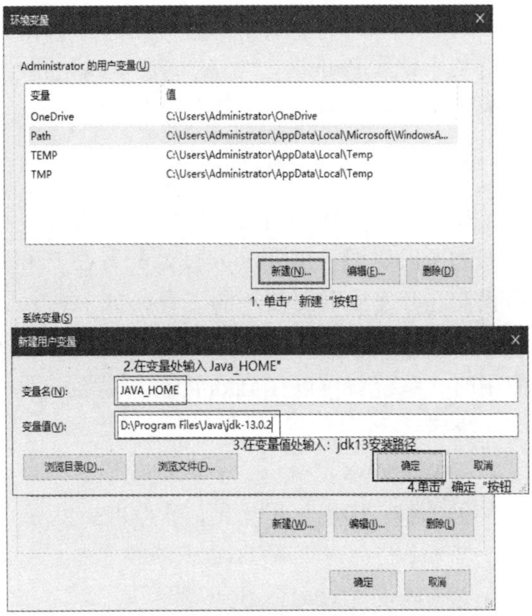

图 1.15　环境变量

3. 编辑环境变量

在图 1.15 所示的“环境变量”窗口中的用户变量中找到 Path 变量，然后单击“编辑”按钮弹出编辑环境变量对话框，如图 1.16 所示。单击“新建”按钮，在编辑框中输入“%JAVA_HOME%\bin”，即 JDK 的 bin 目录的路径，再单击“确定”按钮，完成 JDK 的 Path 路径添加，如图 1.17 所示。

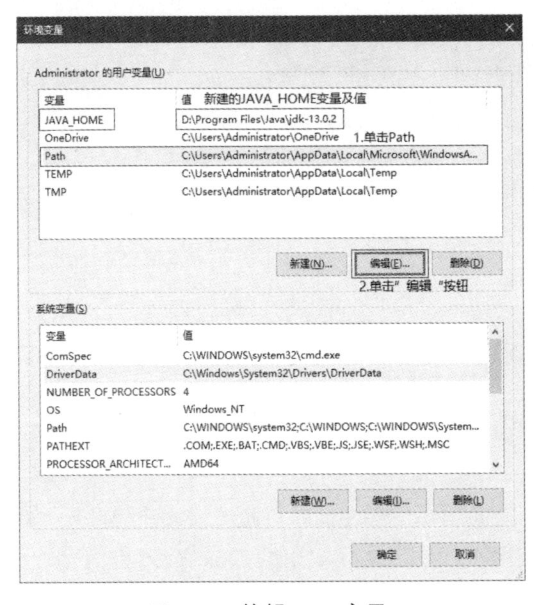

图 1.16　编辑 Path 变量

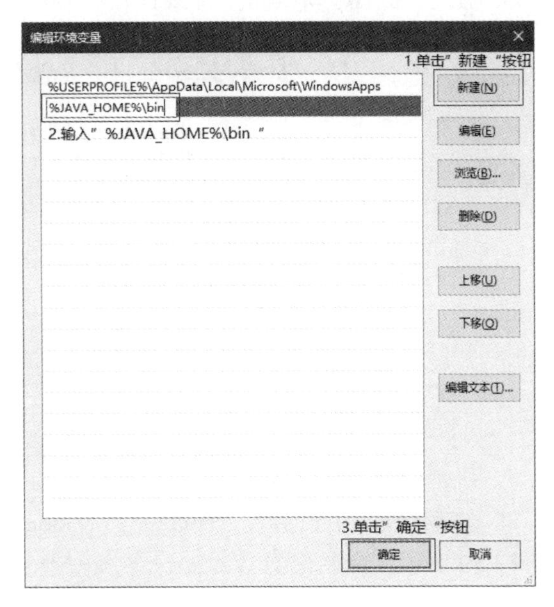

图 1.17　新建 Path 值

提示：

设置 path 变量时，不要删除 Path 变量原有的变量值，否则会破坏系统环境变量的值。另外，在 Administrator 的用户变量中及系统变量中也可以设置 Path 变量，在 Administrator 的用户变量中设置 Path 只针对 Administrator 用户有效，而设置系统变量中的 Path 变量值，则对所有的用户都起作用。

4. 确定

连续单击 3 次“确定”按钮，关闭上面所有对话框。

之所以要把 JDK 的 bin 目录配置在 Path 环境变量中，是因为在 JDK 的 bin 文件夹中有很多我们在开发中需要使用的工具，如 java.exe，javac.exe，jar.exe 等，如若想要在计算机的任意位置下使用这些 Java 开发工具，就需有把这些工具所在的路径配置到系统的环境变量中，使用时，系统就可以在 Path 配置中找到这些 Java 命令。

提示：

在 Windows 平台下，对于 Java 5 以前的 JDK 版本需要设置 Classpath 环境变量，但从 Java 5 开始已经对 JDK 做了优化，不再需要设置 Classpath 环境变量，只需要设置 Path 环境变量即可。但如今仍然有大量 Java 书籍和网络资料还在讲解 classpath 的设置，这是没有必要的，如果没有正确设置 Classpath 环境变量，将导致我们的 Java 程序不能执行。

1.1.5 Java 环境测试

1. 打开“运行”窗口

注意：如果命令行窗口已经打开，必须重新启动。

右键单击计算机桌面左下角的“开始”菜单并选择“运行”，弹出如图 1.18 所示的窗口。或者通过快捷键“Win+R”直接打开“运行”窗口。

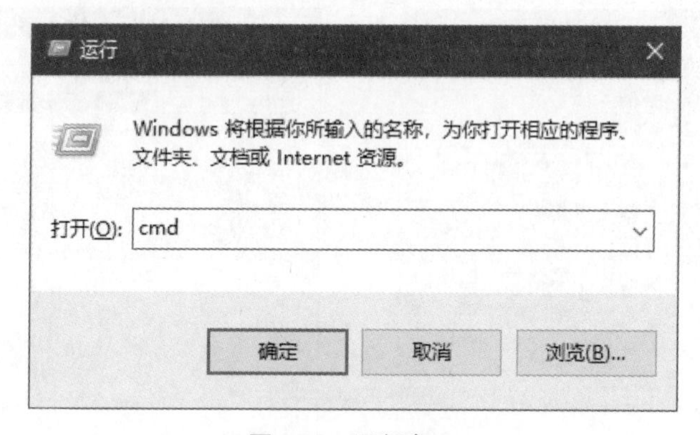

图 1.18 运行窗口

2. 打开命令行窗口

在运行窗口中，输入“cmd”（命令 command 的简写），按回车即可进入命令行窗口，如图 1.19 所示。命令行是 Windows 系统附带的 Dos 程序，可以执行常用的 Dos 命令。

3. 测试编译器命令

输入“javac”命令，将出现如图 1.20 所示的界面，说明 javac 编译源文件的命令（bin 目录下的 javac.exe）能正常使用，表明 path 环境变量配置成功。

图 1.19　命令行窗口

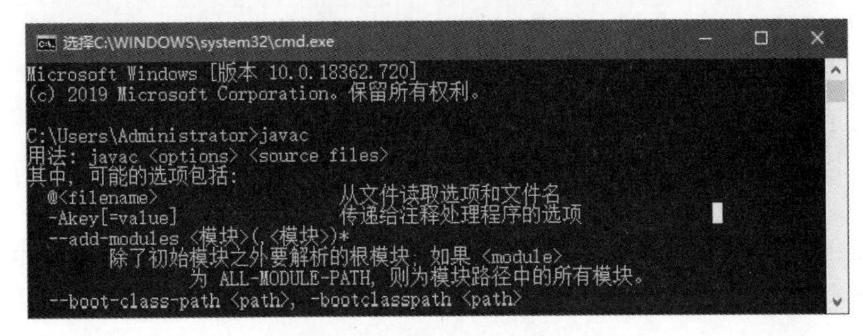

图 1.20　测试 javac 命令

4. 测试 Java 解释器命令

在命令行中输入“java”，出现如图 1.21 所示的界面，说明 java 解释器命令（bin 目录下的 java.exe）能正常使用。

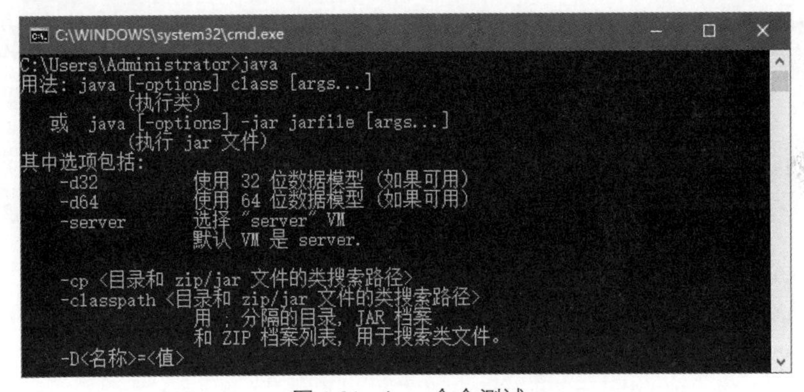

图 1.21　java 命令测试

5. 查看 JDK 版本

在命令行中输入“java–version”，可以查看安装及配置的 Java 版本信息，如图 1.22 所示。

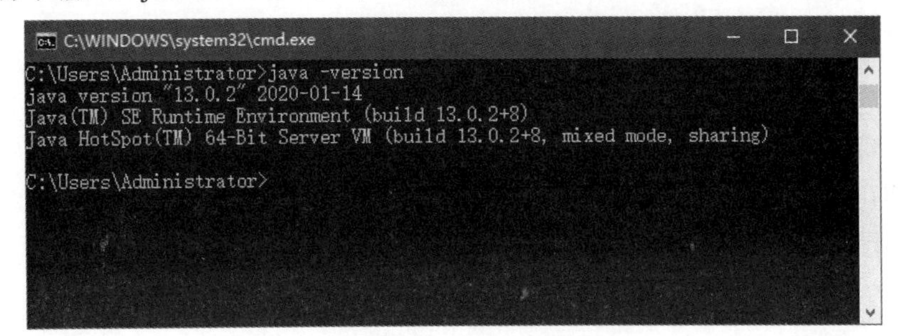

图 1.22　查看 JDK 版本

通过上面步骤，表明 Java 环境测试成功，Windows 下 Java 环境搭建成功。

1.1.6　安装代码编辑器

编写 Java 程序，需要代码编辑器，但是 JDK 没有提供。虽然可以直接使用 Windows 自带的“记事本”来编写，但记事本功能简单，不适合编辑代码。推荐使用 Notepad++或 Sublime Text，其都具有显示行号、突显关键字等特点。登录官网 http://notepad-plus-plus.org/，单击“Download”可下载 Notepad++安装程序，然后双击安装即可。

1.2　第一个 Java 程序

下面通过一个简单的 Java 应用程序，实现在控制台输出“Hello,World!”，来介绍 Java 应用程序的编辑、编译、解释执行过程。

1.2.1　新建文本文件

在本书中将每章的 Java 源程序存放在 D 盘，如本章代码存放在 chapter1 目录中。在 chapter1 目录下右键单击新建一个文本文件，如图 1.23 所示。

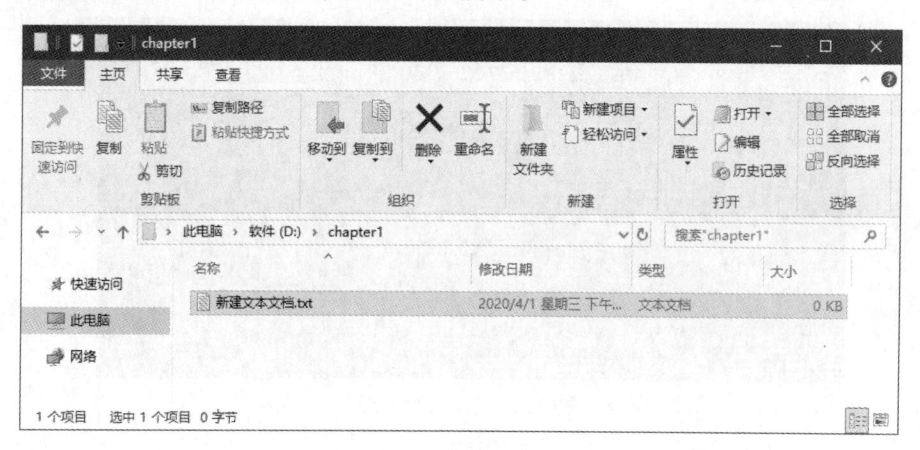

图 1.23　新建记事本

1.2.2　修改文件扩展名

如果文件的扩展名没有显示，可以通过下面方法显示文件名的扩展名。单击窗口中的“查看”选项卡，再在“显示/隐藏”分组中把“文件扩展名”前的复选按钮勾选。“文件扩展名”前的复选按钮用来设置是否显示文件扩展名，如果此处的复选按钮未勾选，则文件的扩展名将会隐藏，如图 1.24 所示。

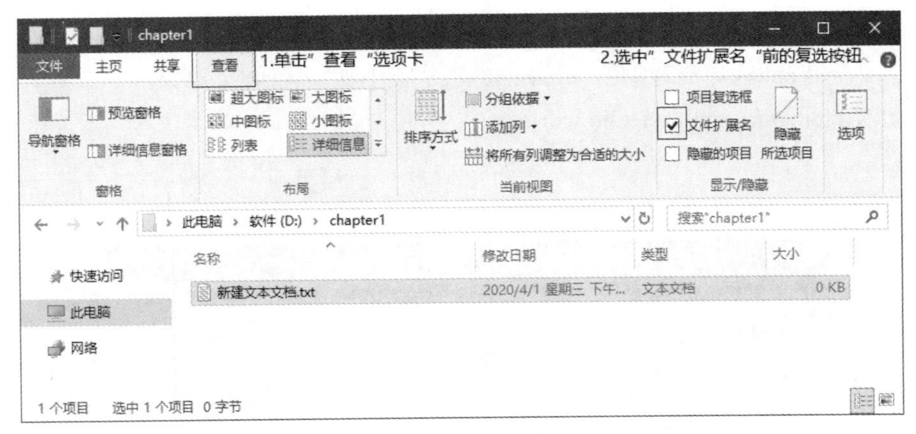

图 1.24 显示文件扩展名

1.2.3 重命名

重命名 D:\chapter1 目录下的“新建文本文档.txt”文件的文件名为“HelloWorld.java”，并确定修改文件扩展名为.java，如图 1.25 所示。

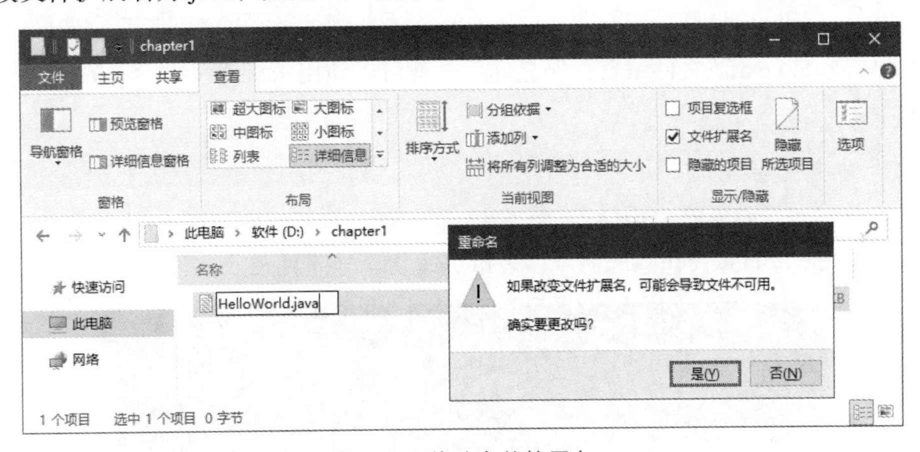

图 1.25 修改文件扩展名

1.2.4 编辑代码

右键单击“HelloWorld.java”文件，在弹出的快捷菜单中选择“Edit with Notepad++”（安装 Notepad++后，右键菜单会添加“Edit with Notepad++”子菜单），即可编辑 Java 代码。在 Notepad++中输入如下代码并保存，如图 1.26 所示。

```
/*
    定义 HelloWorld 类，其中 class 是类关键字，类名是 HelloWorld
*/

public class HelloWorld{
    //主方法，Java 应用程序的执行入口
```

```
    public static void main(String[] args){
        //调用 out 输出流对象的 println()方法输出 Hello world!字符串
        System.out.println("Hello world!");
    }
}
```

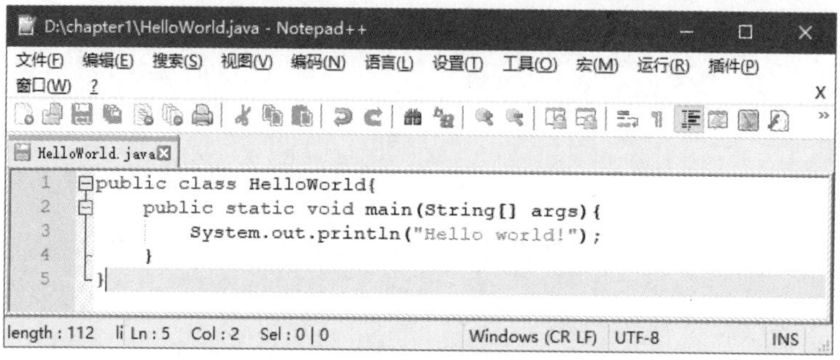

图 1.26 在 NodePad++中编辑 Java 源程序

1.2.5 编译执行

将 HelloWorld.java 源文件编辑并保存好后，就可以使用 Java 编译器（javac.exe）对源程序进行编译。

1. 打开命令行窗口

如图 1.27 所示，在命令行中输入“d:”进入 D 盘，然后再输入“cd chapter1”即可进入 chapter1 目录。cd 是 Dos 操作系统命令，表示更改切换当前目录。

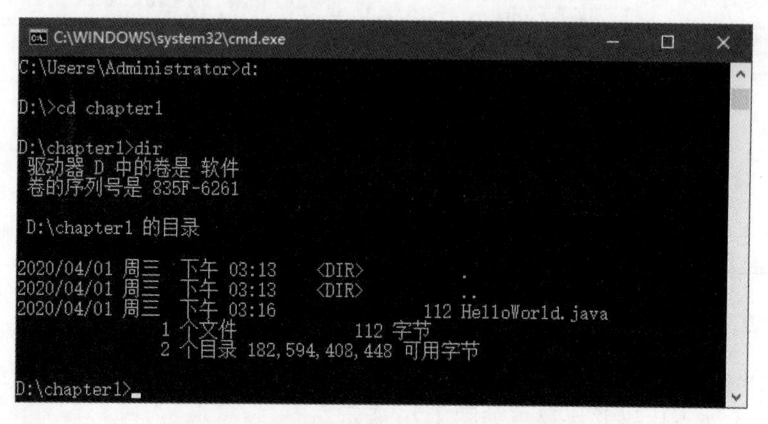

图 1.27 打开命令行窗口转到 chapter1 目录

2. 编译源文件

然后，在命令行中输入“javac HelloWorld.java”，编译 HelloWorld.java 源文件并生成 HelloWorld.class 字节码文件，如图 1.28 所示。如果在编译时 java 程序有错，编译器将会在命令行窗口的编译行下方给出错误提示，不生成字节码文件，必须对源程序的错误进行修改后再重新编译。

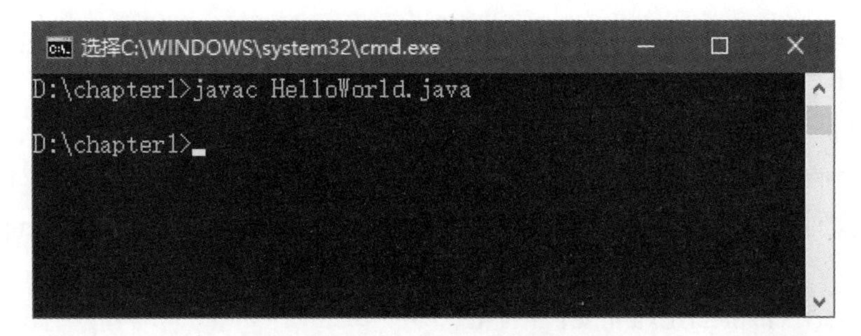

图 1.28　命令行窗口编译源程序

3. 字节码文件

在 Windows 系统的 chapter1 目录下可以看到对应的“HelloWorld.clss”字节码文件，如图 1.29 所示。

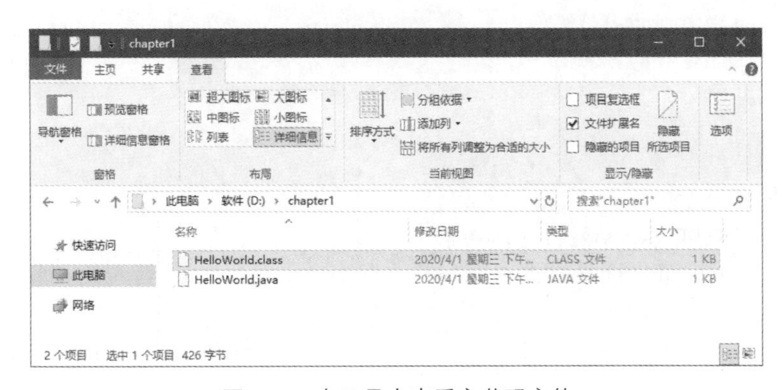

图 1.29　在目录中查看字节码文件

4. 解释执行字节码文件

最后，在命令行中输入“java HelloWorld”解释执行字节码文件，运行结果如图 1.30 所示。注意使用 java 命令时，参数是字节码文件名，不能带上.class 或.java 后缀名。

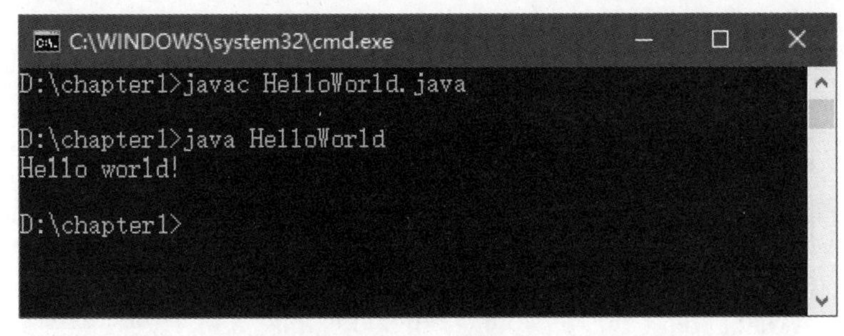

图 1.30　执行字节文件

1.2.6　HelloWorld 程序小结

1. Java 源文件命名

一个 Java 源文件最基本的构成单元是类，一个源文件中可以包含多个类，但至多只有一个 public 类，若源文件中没有 public 类，则源文件名可以以其中一个类名进行命名，也可以不以源文件中的类名进行命名，也可以以任意符合命名规则的文件名进行命名。若源文件中有一个 public 类，则源文件的文件名必须以该类名为主文件名。注意：java 源文件在命名时，其扩展名是.java。

如例 1.1 中的 Java 源文件 Example1_1.java 是由两个名字分别为 Example1_1 和 Student 的类组成，则该文件必须用 public 修饰的类的类名对文件名进行命名，即用 Example1_1.java 进行命名。

【例 1.1】 (D:\chapter1\Example1_1.java)

```
public class Example1_1{
        public static void main(String[] args){
                Student stu=new Student();
                stu.name="张力";
                stu.introduce();
        }
}
class Student{
        String name;
        public void introduce(){
                System.out.println("大家好！我是"+name);
        }
}
```

1）源文件名与 public 类名不一致

例 1.1 的 Example1_1.java 文件中有一个 public 类 Example1_1，因此该文件的文件名一定要命名为 public 类 Example1_1.java，否则会出现编译错误。如把文件名修改成 Example.java，在编译该文件时会报如图 1.31 所示 java 源程序文件名与 public 类名不一致的错误。

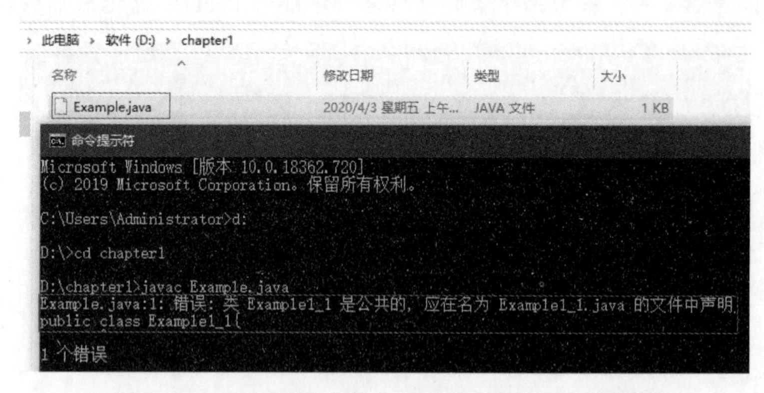

图 1.31　Java 源程序文件名与 public 类名不一致错误

2）无 public 类源文件命名既可以用类名也可以不用类名

将文件中的 public 关键字删除，即源文件中没有 public 类，则源文件名既可以用文件中的任意一个类名进行命名，也可以以任意符合命名规则的文件名进行命名。推荐用源文件中的类名进行命名。经过对源文件进行编译后生成对应类的字节码文件，如图 1.32 所示。

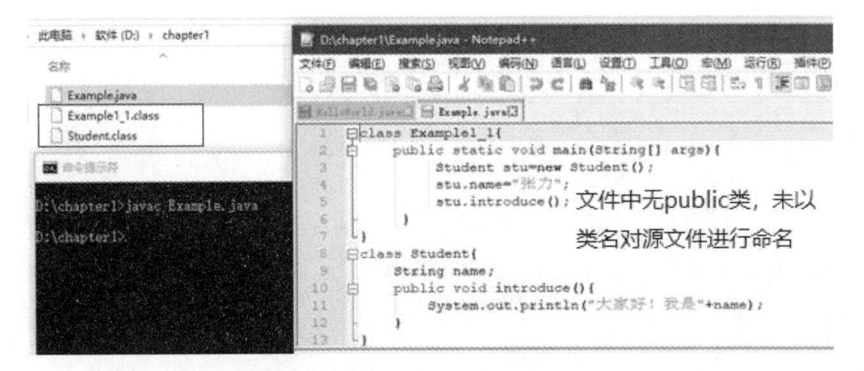

图 1.32　对文件中类名与源文件名不一致的 Java 文件进行编译

2. Java 程序执行入口是 main 函数

一个 java 源文件若要独立运行，则其中一定要有一个包含 main 函数（主函数）的类，我们把包含主函数的类称为主类，main 函数是 Java 程序运行入口，因此在解释执行时需要解释执行包含 main 函数的字节码文件。

例 1.1 中的 Example1_1 类包含了 main 函数，因此在用 java 命令执行时需要解释执行 Example1_1 类的字节码文件，如图 1.33 所示。

图 1.33　执行主类字节码文件

3. main 函数的写法

主类中的 main 函数作为程序执行的入口函数，其首部的写法是固定的，一定是：

public static void main(String[] args)或 public static void main(String args[])

其中，只有参数名 args 可以修改，其他均不能修改。如删除了 public，static 等关键字，在编译时不会报错，但在执行时会报错。

4. 反编译命令 javap

现在较少人使用 javap 对 class 文件进行反编译，因为有很多成熟的反编译工具可以使用，比如 jad。但是 javap 可以查看 java 编译器为我们生成的字节码。因此使用 javap，可以对照源代码和字节码，从而能了解编译器内部的工作原理。

javap 命令反编译一个 class 文件，是根据 options 来决定到底输出什么。如果没有使用 options,那么 javap 将会输出类里的 protected 和 public 域以及类里的所有非 private 方法。javap 将会把它们输出在标准输出上。如想反编译例 1.1 中的 Example1_1.class，可使用命令 javap Example1_1，如图 1.34 所示。

```
管理员: 命令提示符

D:\chapter1>javap Example1_1
Compiled from "Example1_1.java"
class Example1_1 {
  Example1_1();
  public static void main(java.lang.String);
}

D:\chapter1>
```

图 1.34　反编译 Example1_1

javap –c，该命令用于列出每个方法所执行的 JVM 指令，并显示每个方法的字节码的实际作用。例如：

D:\chapter1>javap –c Example1_1

5. 编程风格

Java 的编程风格有两种，分别是 Allmans 风格和 Kernighan 风格。

(1)Allmans 风格又称为“独行风格”，即左右大括号{、}各自独占一行，如下列代码所示：

```
class AllmansDemo
{
        public void static void main(String[] args)
        {
                System.out.println("Hello world!");
        }
}
```

（2）Kernighan 风格又称为“行尾风格”，即左大括号{在上一行的行尾，而右大括号}独占一行，如下列代码所示：

```
class AllmansDemo{
        public void static void main(String[] args) {
                System.out.println("Hello world!");
        }
}
```

代码量较大时，推荐使用行尾风格进行编写代码。

6. Java 注释

程序中加入注释可以增强代码的可读性，在 Java 中有三种注释方式：

第一种是//（用法：// 注释内容），用于单行注释，多用于方法体内。

第二种是 /* */（用法：/* 注释内容*/），用于多行注释。

第三种是以 /** 开始，以 */结束，也是多行注释，但被称作说明注释或文档注释，文档注释通常针对类、接口、方法、构造器、成员属性做一个简要的概述，可以被 JDK 提供的工具 javadoc 所解析，自动生成一套以网页文件形式体现该程序说明文档的注释。

命令格式：javadoc -d 文档存放目录 -author -version 源文件名.java

将"源文件名.java"生成的注释文档存放在"文档存放目录"位置，通过 index.html 查看文档信息。其中-author 和 -version 两个选项可以省略。

现举例说明三种注释。

【例 1.2】

```
/**
* 这个类演示 Java 的三种注释
* @author pzhzh
* @version 1.0
*/
```

```
public class SquareRootNum {
    /**
    *  这个方法返回参数的平方根
    * @param num  需要被开方的数
    * @return  返回参数的平方根
    */
    public double squareroot(double num) {
        return Math.sqrt(num);
    }
    /*
     *  这是多行注释，使用 javadoc 不会生成 java 文档信息
     *  主函数中定义 SquareRootNum 对象调用 squareroot 方法求 9 的平方根
     * */
    public static void main(String args[])
    {
        SquareRootNum obj = new SquareRootNum();
        double val = obj.squareroot(9);//求 9 的平方根    单行注释
        System.out.println("Square root value is " + val);
    }
}
```

在 Dos 命令行窗口输入命令：javadoc -d help -author -version SquareRootNum.java，会在当前提示符目录下新建一个 help 目录，并将网页注释文档存放在 help 目录下。如图 1.35 所示。

```
D:\chapter1>javadoc -d help -author -version SquareRootNum.java
正在加载源文件SquareRootNum.java...
正在构造 Javadoc 信息...
正在创建目标目录: "help\"
标准 Doclet 版本 13.0.2
正在构建所有程序包和类的树...
正在生成help\SquareRootNum.html...
正在生成help\package-summary.html...
正在生成help\package-tree.html...
正在生成help\constant-values.html...
正在构建所有程序包和类的索引...
正在生成help\overview-tree.html...
正在生成help\deprecated-list.html...
正在生成help\index-all.html...
正在构建所有类的索引...
正在生成help\allclasses-index.html...
正在生成help\allpackages-index.html...
正在生成help\index.html...
正在生成help\help-doc.html...
```

图 1.35　生成 Java 的 doc 文档

打开 help 目录下的 index.html 文件，查看文档信息，如图 1.36 所示。

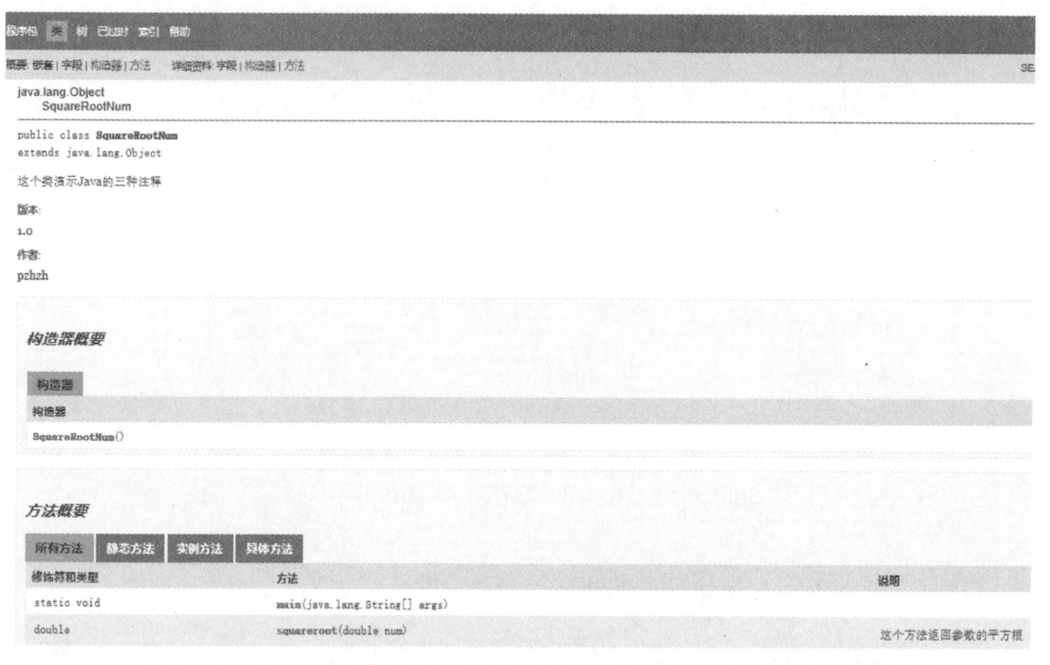

图 1.36 index.html 文件内容

1.3 集成开发环境

集成开发环境（Integrated Development Environment，IDE）是用于提供程序开发环境的应用程序，一般包括代码编辑器、编译器、调试器和图形用户界面等工具，集成了代码编写功能、分析功能、编译功能、调试功能等一体化的开发软件服务套。所有具备这一特性的软件或者软件套（组）都可以叫集成开发环境。如微软的 Visual Studio，它主要用来开发 C++、C#、.Net 等程序。

虽然使用记事本和 JDK 编译工具也可以编写 Java 程序，但在大型项目开发中必须使用大型的集成开发工具（IDE）来编写 Java 程序。而对于开源跨平台的 Java 语言，Eclipse IDE 是一款能跨平台的开源集成开发软件。

1.3.1 Eclipse 简介

Eclipse 最初由 IBM 公司开发，用于替代商业软件 Visual Age for Java，后来于 2001 年 11 月贡献给开源社区，现在由非营利软件供应商联盟 Eclipse 基金会（Eclipse Foundation）管理并维护。Eclipse 是一款相当强大的完全开源免费 IDE 开发工具，其为编程人员提供了一流的 Java 程序开发环境，其插件架构能够支持将任意的扩展加入到现有 IDE 环境中，使其适应其他编程语言的开发工具。它的代码编辑器支持语法高亮、代码重构、代码格式化，拥有强大高效的快捷键系统，拥有现代 IDE 几乎所有的应当具备的特性。

Eclipse 是著名的跨平台开源集成开发环境 IDE 软件，支持 Windows、macOS 和 Linux 系统，因此 Eclipse 是我们在学习 Java 编程所必须要学习和使用的集成开发工具。

1.3.2 下载 Eclipse

Eclipse 是免费的开源集成开发环境，直接在 Eclipse 官方网站下载安装使用，无须破解。

（1）通过在浏览器的地址栏中输入 https://www.eclipse.org/downloads 进入 Eclipse 下载页面，如图 1.37 所示。在图 1.37 页面中单击“Download Packages”链接。

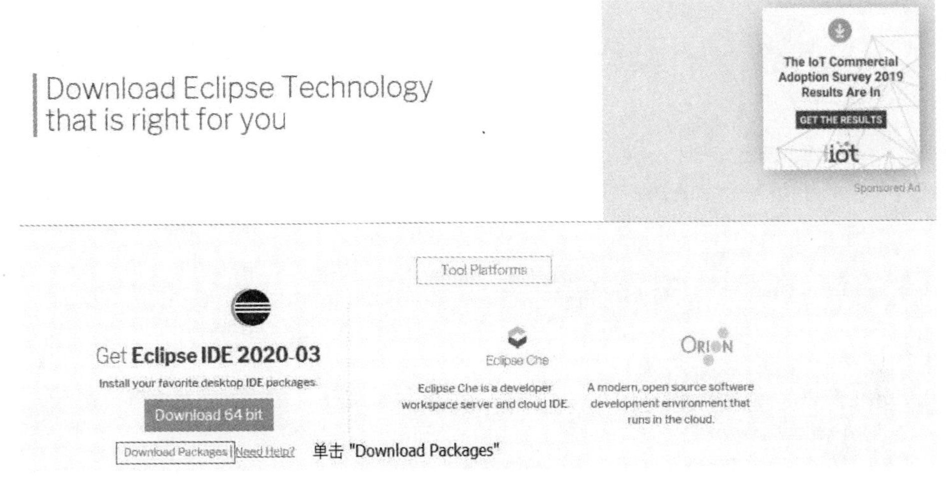

图 1.37　Eclipse 下载页面

（2）接下来进入图 1.38 所示 Eclipse 版本选择页面，在图中选择“Eclipse IDE for Java Developers”，再选择右侧的“Windows-64bit”进入 Eclipse 镜像下载页面。

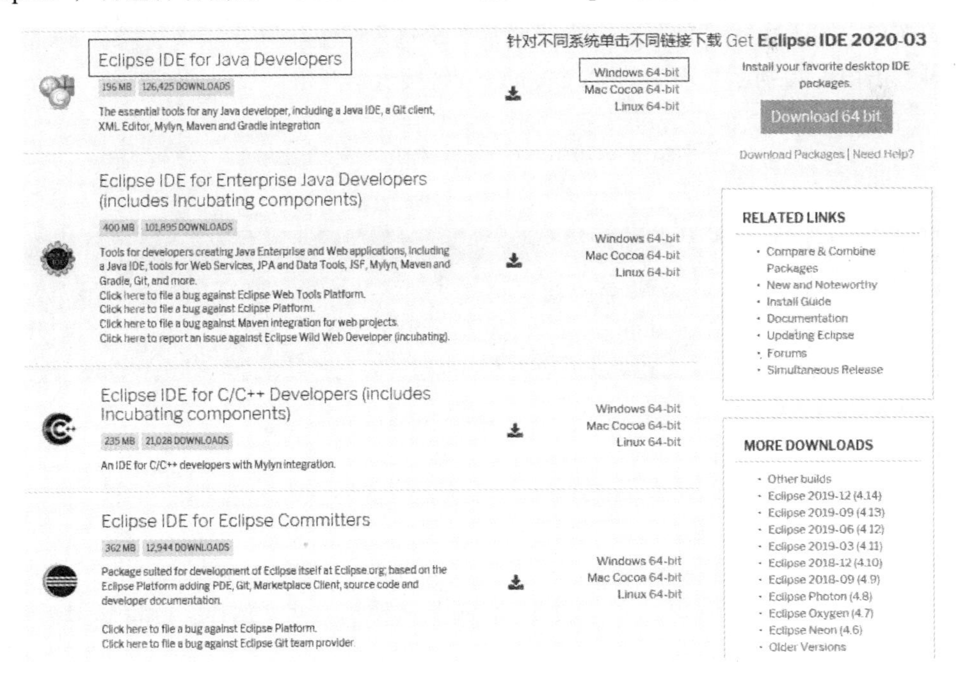

图 1.38　Eclipse 版本选择下载页面

（3）接下来进入图 1.39 所示 Eclipse 下载镜像页面，在图中单击“Select Another Mirror”链接后会在其下显示“Choose a mirror close to you”来选择最近的一个镜像，读者可选择国内镜像，这样下载速度相对较快，选择后即可以开始下载 Eclipse。

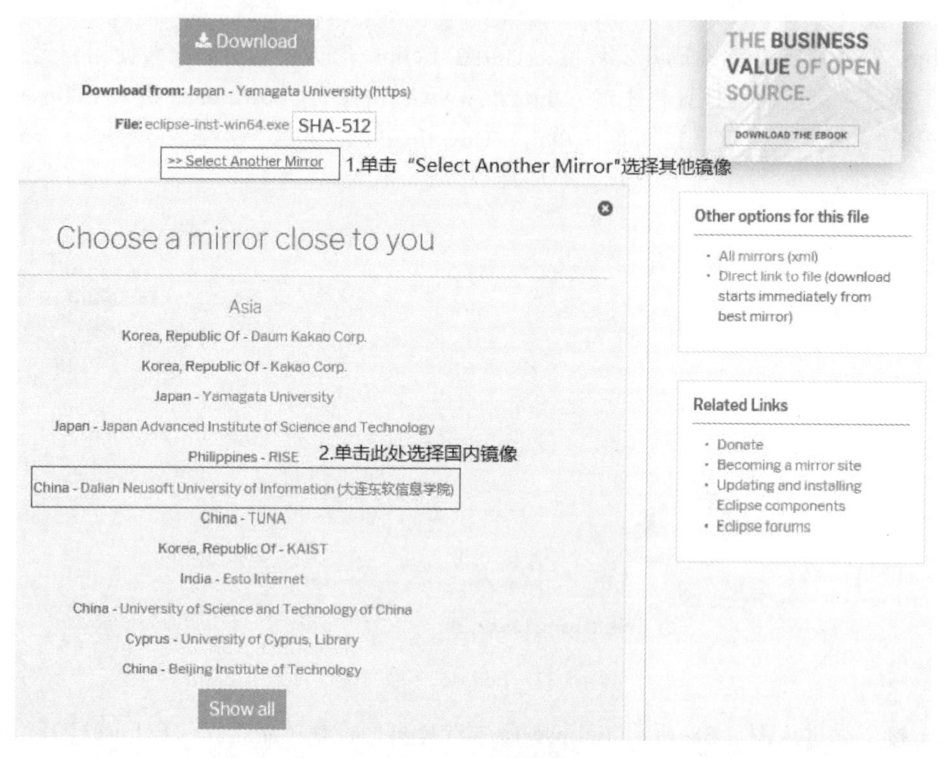

图 1.39　Eclipse 下载镜像选择页面

（4）在单击图 1.39 中“Download”链接后，会进入图 1.40 所示页面，若待 5 s 后未开始下载，可单击图 1.40 所示页面中的“click here”链接重新开始下载。

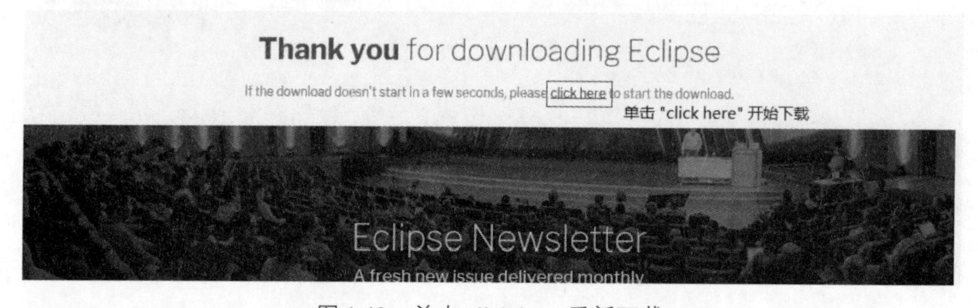

图 1.40　单击 click here 重新下载

1.3.3　Eclipse 安装

（1）双击下载的 Eclipse.exe 文件，在弹出的安装页面，可以选择各种不同的语言开发环境（包括 Java、C/C++、JavaEE、PHP 等），如图 1.41 所示。此处选择“Eclipse IDE for Java Developers”安装包进入下一步。

（2）Eclipse 是基于 Java 的可扩展开发平台，在安装 Eclipse 前需要确保当前的计算机已安装 JDK，所以在图 1.42 中，需要设置 Eclipse 运行的 JDK 版本，同时设置 Eclipse 的安装目录，单击“INSTALL”进行安装。

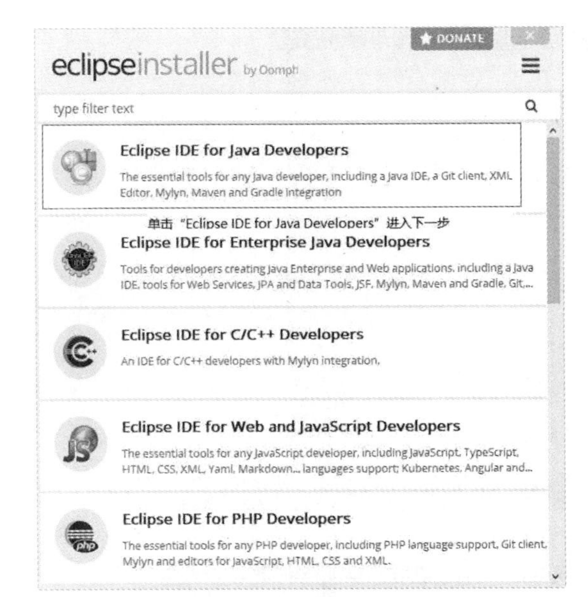

图 1.41　Eclipse 安装向导步骤 1

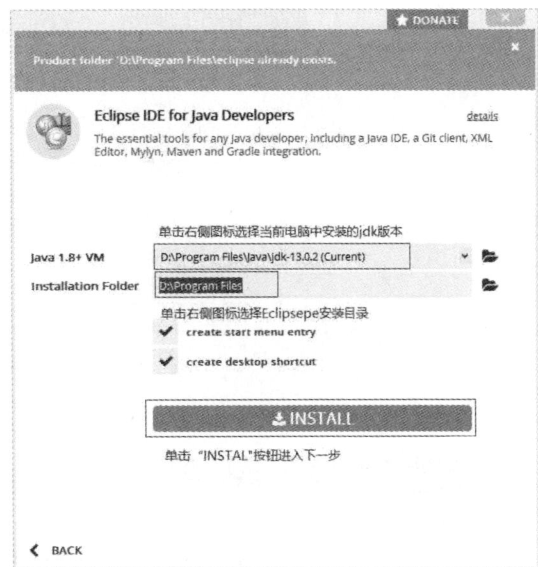

图 1.42　Eclipse 安装向导步骤 2

（3）安装完成，如图 1.43 所示。

图 1.43　Eclipse 安装完成

1.3.4　使用 Eclipse

Eclipse 安装完成后会在桌面生成 Eclipse 的快捷图标，同时也会在开始菜单下生成 Eclipse 启动项。

（1）双击桌面 Eclipse 快捷图标，或通过开始菜单下的 Eclipse 启动项启动 Eclipse，第一次打开时需要设置工作环境，指定工作空间，如图 1.44 所示。单击"Launch"按钮，启动 Eclipse。

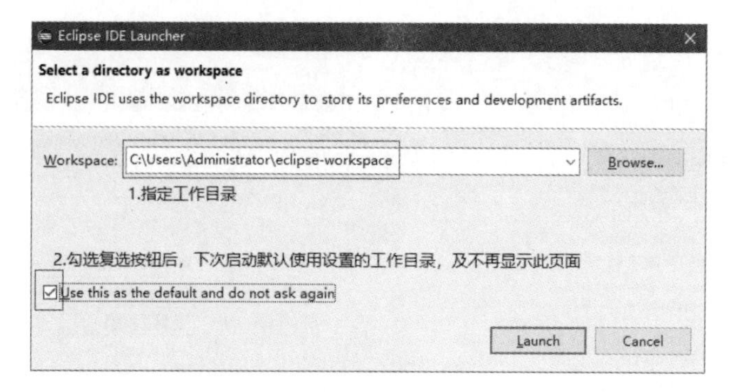

图 1.44　设置 Eclipse 工作空间

（2）接下来进入 Eclipse 欢迎界面，如图 1.45 所示。

图 1.45　欢迎界面

（3）关闭欢迎界面，进入 Eclipse 工作台界面，如图 1.46 所示。

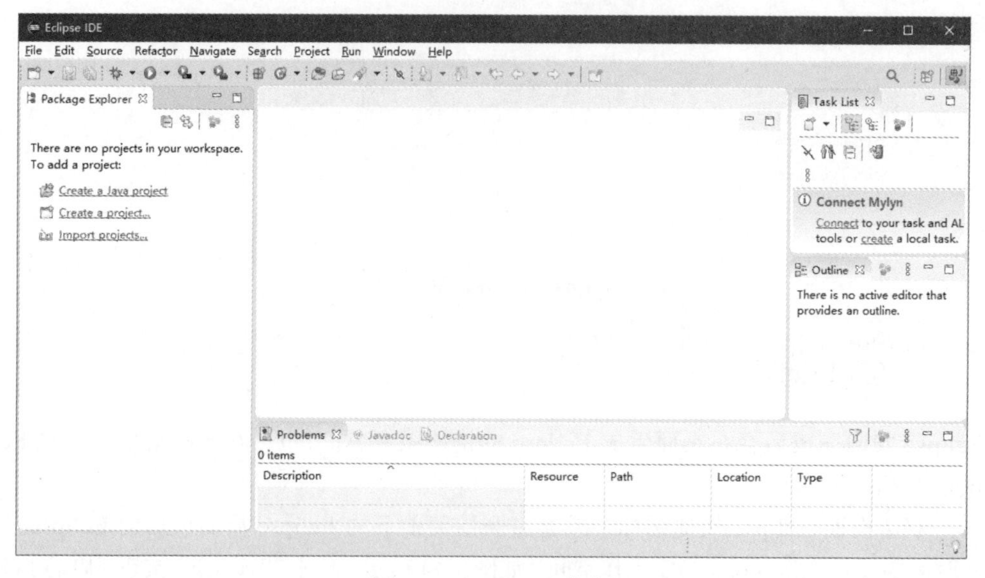

图 1.46　Eclipse 工作台

（4）在图 1.46 工作台界面中选择“File”→“New”→“java Project”，进入如图 1.47 所示新建 Java 项目界面。输入项目名称，单击“Finish”按钮，完成 Java 项目的新建。

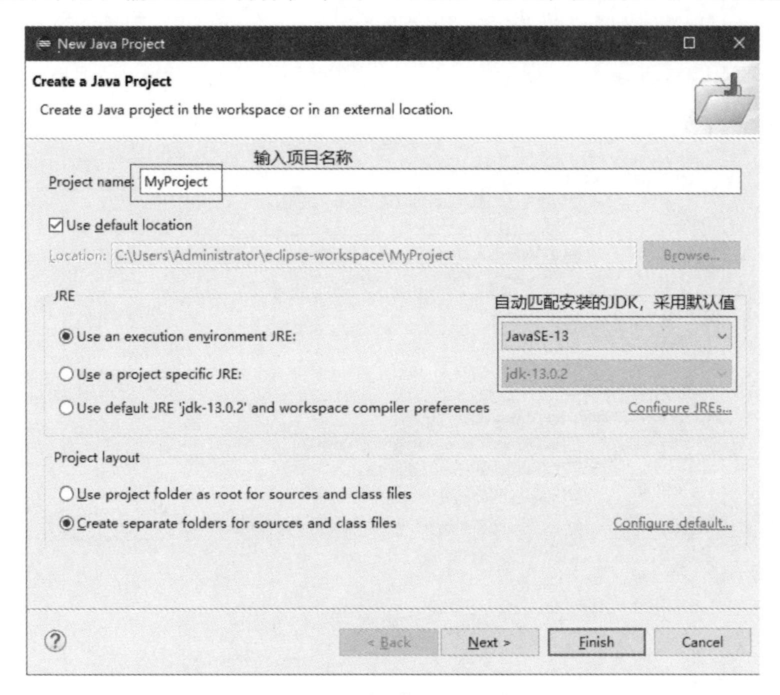

图 1.47　新建 Java 项目

（5）在图 1.48 左侧“Package Explorer”中选择 test 项目，单击右键选择“new”→“class”，新建一个 Java class 文件。

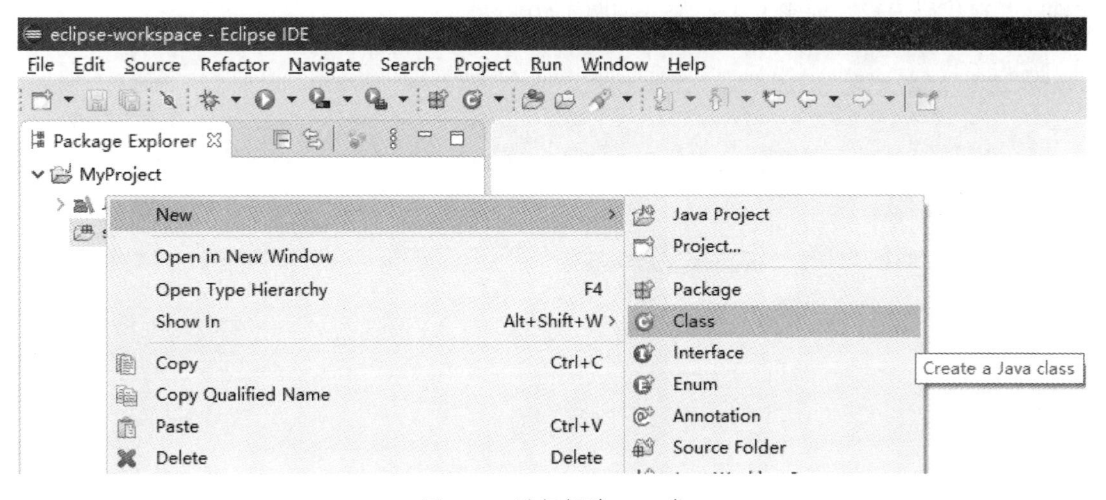

图 1.48　选择新建 Java 类

（6）接下来弹出图 1.49 所示窗口，在 Name 右侧输入新建 Class 的文件名。其他保持默认项，单击“Finish”按钮。

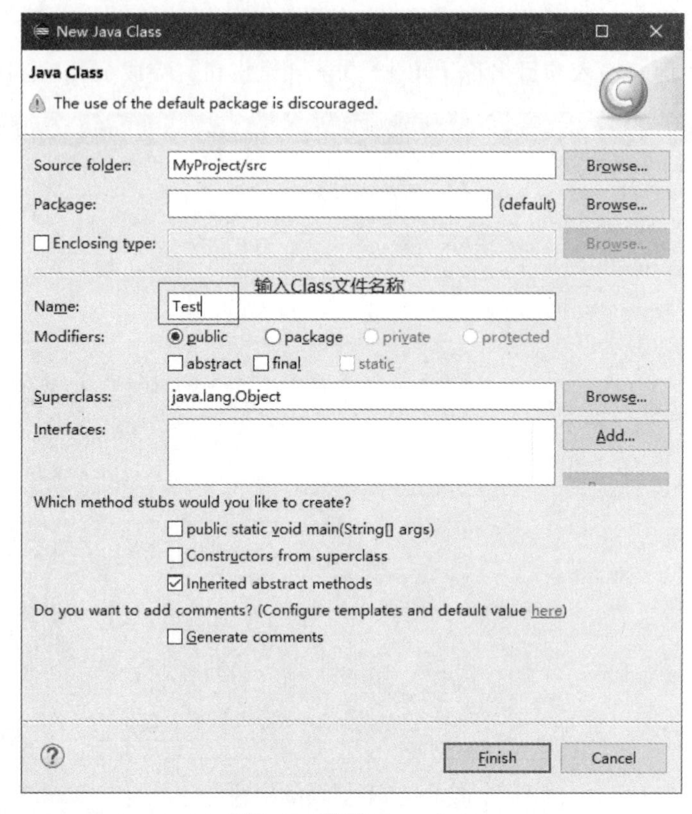

图 1.49　新建 Java class

（7）单击图 1.49 中的“Finish”按钮后，将会在“MyProject”项目的“src”下生成“Test.java”文件，并在代码编辑区创建了 Test 类，如图 1.50 所示。

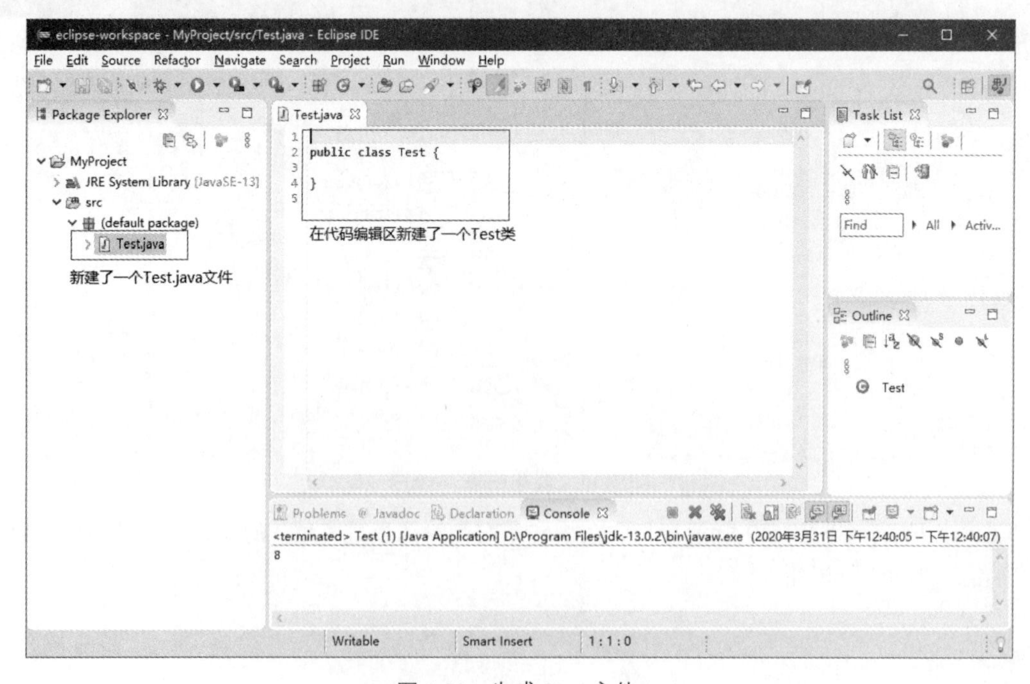

图 1.50　生成 Java 文件

（8）在 Test 类中加入主函数，代码如下，使其在运行时能输出“Hello World!”：

```
public class Test {
    public static void main(String[] args) {
        System.out.println("Hello World!");
    }
}
```

（9）在 Eclipse 中运行“Test.java”文件。“Test.java”文件中加入了 main 方法，因此可以作为主类进行运行。在“Test.java”文件上单击右键，选择“Run as”→“Java Application”，将会在 Console 窗口看到运行结果，如图 1.51 所示。

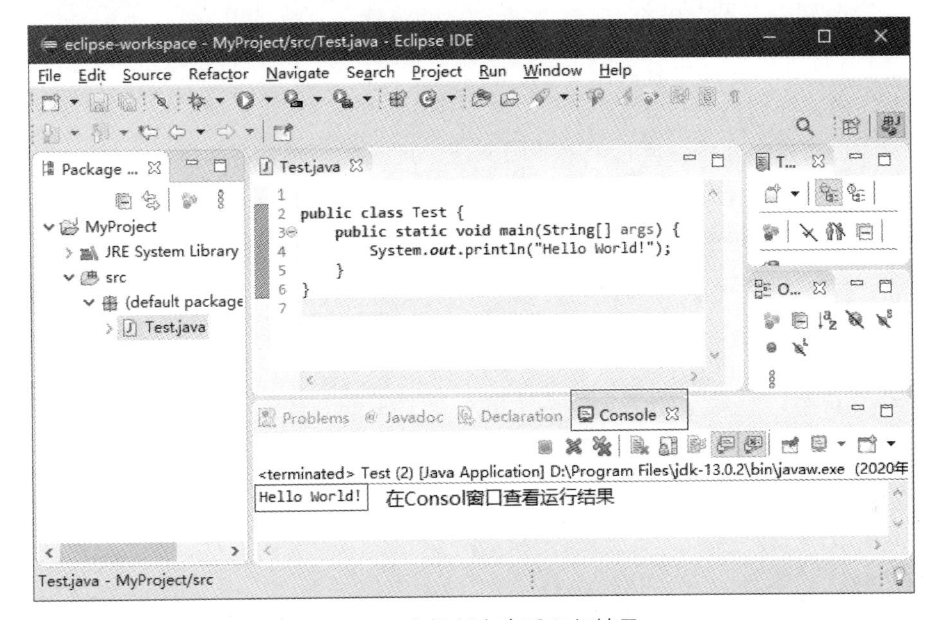

图 1.51　在控制台查看运行结果

Eclipse 集成开发环境具有关键字高亮显示、代码补全、代码提示及防空格自动补全等许多强大的功能，这些给编程人员进行开发带来很大的方便，但作为 Java 初学者，为了能更好地熟悉 Java 基础语法，建议在学习 Java 初期用记事本进行程序编写及在 Dos 命令提示符下对 Java 程序进行编译和解释执行。

习　题

1. JDK 提供的编译器和解释器分别是什么？
2. Java 应用程序主类中正确的 main 方法的写法是什么？
3. java 语言是否区分大小写？
4. 阅读下列 Java 源文件，回答问题。

```
class Student{
    String name;
```

```
    void introduce(){
        System.out.println("My name is "+name);
    }
}
public class Ex1_1{
    public static void main(String[] args) {
      Student stu=new Student();
      stu.name="Lily";
        stu. introduce ();
    }
}
```

（1）上述源文件的名字是什么？

（2）编译上述源文件将生成几个字节码文件？这些字节码名字都是什么？

（3）在 Dos 命令行下应该怎样输入命令来执行上述程序。

5. 编写并运行 HelloWorld 程序。

第 2 章　Java 语言基础

【学习要求】

理解标识符与关键字；

掌握基本数据类型及数据类型转换；

掌握 Java 常用的运算符及表达式；

掌握一维数组的使用，理解二维数组的使用，掌握 For each 语句，了解数组拷贝、对象数组的使用。

2.1　标识符与关键字

2.1.1　标识符

在 Java 语言中，标识符用来对各种变量、方法和类等要素进行命名。

（1）标识符由编程者自己指定，但需要遵循一定的语法规范：

标识符由字母、数字、下划线(_)、美元符号($)组成；

标识符从一个字母、下划线或美元符号开始；

Java 语言中，标识符大小写敏感，必须区别对待；

标识符没有最大长度的限制，但最好表达特定的意思；

标识符定义不能是关键字。

【例 2.1】以下哪些是合法的标识符？

```
Identifier          //合法
username            //合法
User_name           //合法
_sys_var1           //合法
$change             //合法
2Sun                //非法，以数字 2 开头
class               //非法，是 Java 的关键字，有特殊含义
#myname             //非法，含有其他符号#
```

（2）关于标识符的约定（非强制性的）：

类：每个字的首字母大写，如：MyClass。

接口：接口是一种特殊的类，接口名的命名约定与类名相同。

变量：首字符为小写，后面的字首用大写，变量名中不要使用下划线，如 studentName。

方法：首字母小写，其余各字的首字母大写，尽量不要在方法名中使用下划线。

常量：简单类型常量的名字应该全部为大写字母，字与字之间用下划线分隔，如 NUMBER_OF_STUDENT。

包名：所有单词都小写，如 pzhuniversity。

2.1.2 关键字

Java 语言中已经被赋予特定意义的标识符称为关键字，如表 2.1 所示。

表 2.1 Java 的关键字

abstract	default	private	this
boolean	do	protected	throw
break	double	public	throws
byte	else	return	transient
case	extends	short	try
catch	final	static	void
char	finally	strictfp	volatile
class	float	super	while
const	for	switch	null
continue	goto	synchronized	

说明：

编辑器会将关键字用特殊方式标出；

所有 Java 关键字都是小写；

goto 和 const 虽然从未使用，但也作为 Java 关键字保留。

2.2 基本数据类型

Java 数据类型的划分如图 2.1 所示，除基本数据类型外，其他的都是引用数据类型。

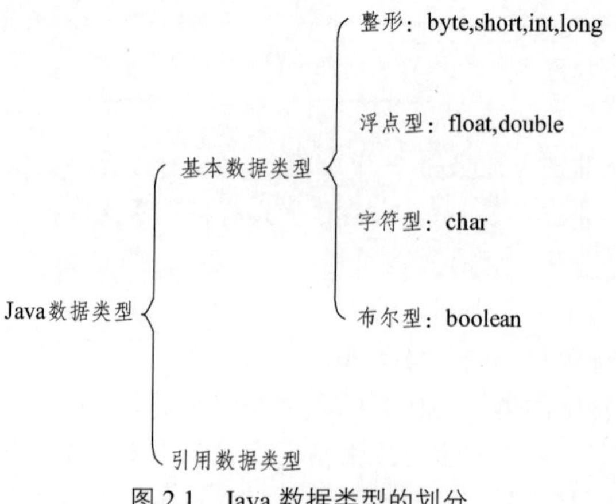

图 2.1 Java 数据类型的划分

2.2.1 基本数据类型介绍

Java 各数据类型有固定的存储范围和字段长度，其不受具体操作系统的影响，以保证 Java 程序的可移植性。基本数据类型共分为四类：整数类（byte、short、int、long）、浮点类（double、float）、字符类（char）和逻辑类（boolean），如表 2.2 所示。

表 2.2 Java 的基本数据类型

分 类	数据类型	关键字	占位数	缺省数值	取值范围
整数类	字节型	byte	8	0	$-2^{7} \sim 2^{7}-1$
	短整型	short	16	0	$-2^{15} \sim 2^{15}-1$
	整型	int	32	0	$-2^{31} \sim 2^{31}-1$
	长整型	long	64	0	$-2^{63} \sim 2^{63}-1$
字符类	字符型	char	16	'\u 0000'	'\u 0000' ~ '\u FFFF'
浮点类	浮点型	float	32	0.0F	—
	双精度型	double	64	0.0D	—
逻辑类	逻辑型	boolean	8	False	True、False

【例 2.2】获得各种数据类型的存储范围。

```
public class E2_2{
    public static void main(String[] args) {
        System.out.printf("byte \t 数值范围：%d ~ %d\n",
                    Byte.MAX_VALUE, Byte.MIN_VALUE);
        System.out.printf("short \t 数值范围：%d ~ %d\n",
                            Short.MAX_VALUE, Short.MIN_VALUE);
        System.out.printf("int \t 数值范围：%d ~ %d\n",
                            Integer.MAX_VALUE, Integer.MIN_VALUE);
        System.out.printf("long \t 数值范围：%d ~ %d\n",
                            Long.MAX_VALUE, Long.MIN_VALUE);
        System.out.printf("float \t 数值范围：%e ~ %e\n",
                            Float.MAX_VALUE, Float.MIN_VALUE);
        System.out.printf("double \t 数值范围：%e ~ %e\n",
                            Double.MAX_VALUE, Double.MIN_VALUE);
    }
}
```

程序的运行结果：

```
byte     数值范围：127 ~ -128
short    数值范围：32767 ~ -32768
int      数值范围：2147483647 ~ -2147483648
```

```
long     数值范围：9223372036854775807 ~ -9223372036854775808
float    数值范围：3.402823e+38 ~ 1.401298e-45
double   数值范围：1.797693e+308 ~ 4.900000e-324
```

1. 整数类

（1）Java 语言整型常量的三种表示形式：

十进制整数，如：12, -314, 0。

八进制整数，要求以 0 开头，如：012。

十六进制数，要求 0x 或 0X 开头，如：0x12。

（2）Java 语言的整型常量默认为 int 型，声明 long 型常量可以在后面加'l'或'L'。

如：int i1 = 600; //正确　　　long l1 = 88888888888L; //必须加 L，否则会出错

2. 浮点类

（1）Java 浮点类型常量有两种表示形式。

例如：十进制数形式，3.14、314.0、.314。

科学记数法形式，3.14e2、3.14E2、100E-2。

（2）Java 浮点型常量默认为 double 型，如要声明一个常量为 float 型，则需在数字后面加 f 或 F。

例如：double d = 12345.6; //正确　　　float f = 12.3f; //必须加 f，否则会出错。

3. 逻辑类

（1）布尔型用于逻辑运算，一般用于流程控制。

例如：

```
boolean  flag=true;
if (flag){
  //do something
}
```

（2）布尔型只能取 true 或 false 两个值。不允许把整数或 null 赋给布尔型变量。C 语言中的布尔型“非 0 即真”，这在 Java 中是不合法的。

例如：boolean　isStudent = 0；//错误

4. 字符类

（1）代表一个 16 bit Unicode 字符。

（2）必须包含用单引号' '引用的文字。

（3）使用下列符号：

'a'——一个字符。

'\t'——一个制表符。

'\u???? '——一个特殊的 Unicode 字符，????应严格使用四个十六进制数进行替换。

（4）转义符是指一些有特殊含义的、很难用一般方式表达的字符，如回车、换行等。所有的转义符以反斜线(\)开头，后面跟着一个字符来表示某个特定的转义符，如表 2.3 所示。

表 2.3　转义符

引 用 方 法	含　义
\b	退格
\t	水平制表符 Tab
\n	换行
\f	表格符
\r	回车
\'	单引号
\"	双引号
\\	反斜线

【例 2.3】字符类示例。

```
public class E2_3{

    public static void main(String[] args) {
        char c1='a',c2='中';
        //unicode
        System.out.println((int)c1);
        System.out.println((int) c2);
        System.out.println((char)97);
        System.out.println((char)20154);

        //转义字符
        System.out.println('\141');
        System.out.println('\u0061');
        System.out.println('\'');
        System.out.println('\"');
        System.out.println('\\');
        System.out.println("a\u0022+\u0022b");
        System.out.println('\n');
        System.out.println("end");
    }
}
```

程序的运行结果：

```
97
20013
a
人
a
a
```

```
'
"
\
ab


end
```

2.2.2 变量与常量

1. 常量

常量是指整个运行过程中不再发生变化的量，例如数学中的 π= 3.1415……，在程序中需要设置成常量。

2. 变量

变量是指程序的运行过程中发生变化的量，通常用来存储中间结果，或者输出临时值。变量的声明也指变量的创建。执行变量声明语句时，系统根据变量的数据类型在内存中开辟相应的存储空间并赋予初始值。变量有一个作用范围，超出它声明语句所在的块就无效。

【例 2.4】测试不同数据类型的变量。

```
public class E2_4 {
    // 常变量 pi;
    static final double pi = 3.141592654;
    // 类变量
    static int v1;
    static char v2;
    static double v3;
    static boolean v4;

    // 方法：修改类变量的值
    public static void change() {
        v1 = 88;
        v2 = 'B';
        v3 = -1.04E-5;
        v4 = true;
        //System.out.println(i + " " + ch + " " + f + " " + b + " ");//错误，超出 i 的使用范围。
    }

    public static void main(String args[]) {
        // 局部变量
        int i = -32;
```

```
        char ch = 'A';
        float f = 34.345f;
        boolean b = false;
        System.out.println(i + " " + ch + " " + f + " " + b + " ");
        change();// 改变类变量的值
        System.out.println(pi);
        System.out.println(v1 + " " + v2 + " " + v3 + " " + v4 + " ");

    }

}
```

程序的运行结果：

```
-32 A 34.345 false
3.141592654
88 B -1.04E-5 true
```

程序中 pi 为常变量，v1、v2、v3、v4 使用是全局的，可以在方法 change 中发生改变，然后在方法 main 中输出。而 i、ch、f、b 是方法 main 的局部变量，它们的作用范围只局限于方法 main 中，不能在 change 中使用。

3. 常变量

用关键字 final 修饰的变量，其值不能改变，称为常变量。

例如：final int MAX = 10；final float PI = 3.14f;

程序中使用常变量的优点：

（1）增加可读性，从常量名可知常量的含义。

（2）一改全改。

2.2.3 基本数据类型间的转换

Java 中，经常可以遇到类型转换的场景，从变量的定义到复制、数值变量的计算到方法的参数传递、基类与派生类间的造型等，随处可见类型转换的身影。Java 中的类型转换在 Java 编码中具有重要的作用。本章 java 中类型的转化指的是基本数据类型的转换，其遵循以下规则：

（1）boolean 类型不可以转换为其他的数据类型。

（2）整型、字符型、浮点型的数据在混合运算中相互转换，遵循以下规则：

① 容量小的类型自动转换为容量大的数据类型，比如：

byte, short, char-> int -> long ->float ->double。

byte、short、char 之间不会自动转换，在计算时首先会自动转换为 int 类型。

② 容量大的类型转换为容量小的数据类型，要加上强制类型转换。

③ 有多种类型的数据混合运算时，系统自动将所有数据转换成容量最大的那一种类型，再计算。

④ 浮点类常量默认为 double。

⑤ 整数常量默认为 int。

【例 2.5】基本数据类型的转换。

```
public class E2_5{
    public static void main(String arg[]) {
        int i1 = 123;
        int i2 = 456;
        double d1 = (i1+i2)*1.2;//系统将转换为 double 型运算
        float f1 = (float)((i1+i2)*1.2);//需要加强制转换符
        byte b1 = 67;
        byte b2 = 89;
        byte b3 = (byte)(b1+b2);//系统将转换为 int 型运算，需
                            //要强制转换符
        System.out.println(b3);
        double d2 = 1e200;
        float f2 = (float)d2;//会产生溢出
        System.out.println(f2);

        float f3 = 1.23f;//必须加 f
        long l1 = 123;
        long l2 = 30000000000L;//必须加 L
        float f = l1+l2+f3;//系统将转换为 float 型计算
        long l = (long)f;//强制转换会舍去小数部分（不是四舍五入）

    }
}
```

程序中 byte b1 = 67，常量 67 默认为 int 型，按规则从容量大的类型转换为容量小的数据类型，要加上强制类型转换，但这条语句没有使用强制类型转换仍然是正确的，这是比较特殊的。原因在于 int 型常量向 byte 类型转换时，如果在 byte 的取值范围内，可以直接转换，不需要强制类型转换。如果不在 byte 型的取值范围内，则不可以直接转换，如 byte b1=128 就是错误的。int 型常量向 short,char 类型转换也是如此。

2.2.4 基本类型数据的输入/输出

基本类型数据的输入/输出指的是从命令行输入、输出数据。

1. 输入基本型数据

可以使用 Scanner 类创建一个对象：

Scanner reader=new Scanner(System.in);

reader 对象调用下列方法，读取用户在命令行输入的各种基本类型数据：

nextByte()：读取 byte 类型的整数

nextShort()：读取 short 类型的整数。

nextInt()：读取 int 类型的整数。

nextLong()：读取 long 类型的整数。

nextFloat()：读取 float 类型的整数。

nextDouble()：读取 double 类型的整数。

next()：读取一个字符串。

nextLine()：读取整行。

注意：上述方法在执行时都会发生堵塞，程序等待用户在命令行输入数据并按“Enter”键确认后才能继续执行。

【例 2.6】输入各种基本类型的数据。

```
import java.util.Scanner;//导入 Scanner 类
public class E2_6 {
    public static void main(String[] args) {
        Scanner input =new Scanner(System.in);
        //int 类型的数据
        int i = input.nextInt();
        //double 类型的数据
        double d = input.nextDouble();
        //字符串类型的数据
        String s = input.next();
        System.out.println(i+","+d+","+s);
        //char 类型的数据
        char c=s.charAt(0);// String 类的 charAt（0）读取字符串的第一个字符
        System.out.println(c);
    }
}
```

上例程序运行后，从键盘输入：12　34.56　hello，按“Enter”确认，程序从输入流中依次读取数据，赋值给变量 i、d、s，运行的结果为:

12,34.56,hello

h

【例 2.7】输入若干个小数，以 0 为结束标志，求输入小数的和及平均值。

```
import java.util.Scanner;
public class E2_7{
    public static void main (String args[ ]){
        System.out.println("请输入若干个数，每输入一个数回车确认");
        System.out.println("最后输入数字 0 结束输入操作");
        Scanner reader=new Scanner(System.in);
        double sum=0;
        int m=0;
```

```
            double x = reader.nextDouble();
            while(x!=0){
                m=m+1;
                sum=sum+x;
                x=reader.nextDouble();
            }
            System.out.println(m+"个数的和为"+sum);
            System.out.println(m+"个数的平均值"+sum/m);
        }
    }
```

2. 输出基本型数据

1）System.out.println()或 System.out.print()

System 是一个类，out 是 System 类的静态成员变量，且是类 PrintStream 实例化的一个对象，且 println()是类 PrintStream 的成员方法，被对象 out 调用。println()输出数据后换行，print()不换行。

2）System.out.printf()

JDK 1.5 新增了和 C 语言中 printf()类似的输出方法：System.out.printf（“格式串”，表达式 1，…表达式 n)，有以下格式：

%d：int 型数据；

%f：浮点型数据，小数部分最多保留 6 位；

%c：char 型数据；

%s：字符串数据；

%md：输出的 int 数据占据 m 列；

%m.nf：输出的浮点型数据占据 m 列，小数点保留 n 位(小数点也会占一列)。

```
例如：System.out.printf(“%d,%f”,12,23.78)
```

2.2.5 基本数据类型的包装类

包装类实现了对基本数据类型的封装，并为其提供了一系列方法。这些类在 java.lang 包中，基本数据类型与其包装类的对应关系如表 2.4 所示。本小节建议在理解 Java 面向对象的知识后再学习。

常用方法，以 Integer 类为例：

public static final int MAX_VALUE //最大的 int 型数（$2^{31}-1$）

public static final int MIN_VALUE //最小的 int 型数（-2^{31}）

public static int parseInt(String s) throws NumberFormatException

//将字符串解析成 int 型数据，返回该数据

public static Integer valueOf(String s)

throws NumberFormatException

//返回 Integer 对象，其中封装的整型数据为字符串 s 所表示。

表 2.4　基本数据类型的包装类

基本数据类型	包装类
boolean	Boolean
byte	Byte
char	Character
short	Short
int	Integer
long	Long
float	Float
double	Double

【例 2.8】测试基本类型的包装类。

```
public class E2_8 {
   public static void main(String[] args) {
      //装箱：基本数据类型转换成相应包装类的对象
      Integer i = new Integer(100);
      Double d = new Double("123.456");
      //拆箱:包装类对象转换成相应的基本数据类型
      int j = i.intValue()+d.intValue();
      float f = i.floatValue()+d.floatValue();
      System.out.println(j);    System.out.println(f);
      //包装类的常用方法示例
      double pi = Double.parseDouble("3.1415926");
      double r = Double.valueOf("2.0").doubleValue();
      double s = pi*r*r;
      System.out.println(s);
      try {
              int k = Integer.parseInt("1.25");
      } catch (NumberFormatException e) {
            System.out.println("数据格式不对!");
      }
      System.out.println(Integer.toBinaryString(123)+"B");
      System.out.println(Integer.toHexString(123)+"H");
      System.out.println(Integer.toOctalString(123)+"O");
   }
}
```

运行结果：

```
223
223.456
12.5663704
数据格式不对!
1111011B
7bH
173O
```

2.3 运算符与表达式

Java 常用的运算符有：算术运算符、关系运算符、逻辑运算符、位运算符、赋值运算符、条件运算符、字符串连接运算符。

表达式是由常量、变量、对象、方法调用和操作符组成的式子。表达式必须符合一定的规范，才可被系统理解、编译和运行。表达式的值就是对表达式自身运算后得到的结果。

2.3.1 算术运算符

Java 中常用的算术运算符如下：

+ 加运算符
- 减运算符
* 乘运算符
/ 除运算符
% 取模运算(除运算的余数)
++ 增量运算符
-- 减量运算符

【例 2.9】测试算术运算符及表达式。

```
public class E2_9 {
    public static void main(String args[]) {
        // 变量初始化
        int a = 60;
        int b = 30;
        // 计算结果
        System.out.println("a = " + a + "    b = " + b); // a,b 的值
        System.out.println("a+b = " +   (a + b));
        System.out.println("a-b = " + (a - b));
        System.out.println("a*b = " + (a * b));
        System.out.println("a/b = " +(a/b) );
```

```
        System.out.println("a%b = " +(a%b) );
        System.out.println("a++ =" +(a++) );
        System.out.println("b-- =" + (b--));
        System.out.println("++a =" + (++a));
        System.out.println("--b =" + (--b));
    }
}
```

运行结果：

```
a=60    b=30
a+b = 90
a-b = 30
a*b = 1800
a/b = 2
a%b = 0
a++ =60
b-- =30
++a =62
--b =28
```

2.3.2 关系运算符

关系运算符用于比较两个数据之间的大小关系，关系运算表达式返回布尔值，即“真”或“假”。Java 中的常用关系运算符如下：

= = 等于

! = 不等于

> 大于

< 小于

>= 大于等于

<= 小于等于

【例 2.10】测试关系运算符及其表达式。

```
public class E2_10 {
    public static void main(String args[]) {
        // 变量初始化
        int a = 60;
        int b = 30;
        // 计算结果
        System.out.println("a = " + a + "     b = " + b);
        System.out.println("a==b = " + (a==b));
        System.out.println("a!=b = " +(a!=b) );
```

```
        System.out.println("a>b = " + (a>b));
        System.out.println("a<b = " + (a<b));
        System.out.println("a>=b = " +(a>=b) );
        System.out.println("a<=b = " + (a<=b));
    }
}
```

运行结果：

```
a = 60      b = 30
a==b = false
a!=b = true
a>b = true
a<b = false
a>=b = true
a<=b = false
```

2.3.3 逻辑运算符

逻辑运算符及其规则如表 2.5 所示。

表 2.5 逻辑运算符及规则

运算符	含 义	示 例	规 则
!	取反	! a	a 为真时，结果为假；a 为假时，结果为真
&	与	a & b	a、b 都为真时，结果为真；a、b 有一个为假时，结果为假
		或	a	b	a、b 有一个为真时，结果为真；a、b 都为假时，结果为假
^	异或	a ^ b	a、b 真假不同时结果为真；a、b 同真或同假时，结果为假
&&	与	a && b	a、b 都为真时，结果为真；a、b 有一个为假时，结果为假
||	或	a || b	a、b 有一个为真时，结果为真；a、b 都为假时，结果为假

【例 2.11】测试逻辑运算符及表达式。

```
public class e2_11 {
    public static void main(String args[]) {
        // 变量初始化
        boolean a = false;
        boolean b = true;
        System.out.println("a = " + a + "      b = " + b);
        System.out.println("!a = " + !a);
        System.out.println("a&b = " + (a&b));
        System.out.println("a|b = " +(a|b) );
        System.out.println("a^b = " + (a^b));
```

```
            System.out.println("a&&b = " + (a&&b));
            System.out.println("a||b = " + (a||b));
        }
}
```

运行结果：

```
a = false      b = true
!a = true
a&b = false
a|b = true
a^b = true
a&&b = false
a||b = true
```

其中&、|的执行结果分别与&&、||的执行结果是一致的，不同在于&&检测出符号左端的值为假时，不再判断符号右端的值，直接将运算结果置为假，称为短路与；而||不同在于符号左端为真时，不再判断符号右端的值，直接将运算结果置为真，称为短路或。

【例 2.12】测试&&、||与&、|的区别。

```
public class E2_12 {
    public static void main(String[] args) {
        boolean flag = false;
        flag = yin() && yang();
        flag = yang() || yin();
        System.out.println(yin() | yang());
    }
    private static boolean yang(){
        System.out.println("yang");
        return true;
    }
    private static boolean yin(){
        System.out.println("yin");
        return false;
    }
}
```

运行结果：

```
yin
yang
yin
yang
true
```

2.3.4　位运算符

Java 中的常用位运算符如下：

~ 位求反

& 按位与

| 按位或

^ 按位异或

<< 左移

>> 右移

>>> 不带符号右移

【例 2.13】测试位运算符及表达式。

```
public class e2_13 {
    public static void main(String[] args) {
        int a = 129;
        int b = 128;
        System.out.println("a 和 b 与的结果是：" + (a & b));
        System.out.println("a 和 b 或的结果是：" + (a | b));
        a = 0;
        System.out.println("a 非的结果是：" + ( ~ a));
        a = 15;
        b = 2;
        System.out.println("a 与 b 异或的结果是：" + (a ^ b));
        a = 36;
        b = 2;
        System.out.println("a>>b = " + (a >> b));
        System.out.println("a<<b = " + (a << b));
    }
}
```

运行结果：

```
a 和 b 与的结果是：128
a 和 b 或的结果是：129
a 非的结果是：-3
a 与 b 异或的结果是：13
a>>b = 9
a<<b = 144
```

程序中 a 的值是 129，转换成二进制就是 10000001，而 b 的值是 128，转换成二进制就是 10000000。根据与运算符的运算规律，只有两个位都是 1，结果才是 1，可以知道 a & b 结果就是 10000000，即 128。根据或运算符的运算规律，只有两个位有一个是 1，结果才是 1，可以知道 a | b 结果就是 10000001，即 129。a 的值是 0，转换成二进制就是 00000000，取反后，

为 11111111，即-1。右移运算符对应的表达式为 x>>a，运算的结果是操作数 x 被 2 的 a 次方来除，左移运算符对应的表达式为 x<<a，运算的结果是操作数 x 乘以 2 的 a 次方，因此 36>>2 = 9，36<<2 = 144。

2.3.5 赋值运算符

赋值运算符分为简单运算符和复杂运算符。简单运算符指“=”，而复杂运算符是由算术运算符、逻辑运算符、位运算符中的双目运算符后面再加上“=”构成的。表 2.6 所示列出 Java 常用的赋值运算符及其等价表达式。

表 2.6 赋值运算符及其等价表达式

运算符	含 义	示 例	等价表达式
+=	加并赋值运算符	a += b	a = a + b
-=	减并赋值运算符	a －= b	a = a-b
*=	乘并赋值运算符	a *= b	a = a * b
/=	除并赋值运算符	a /= b	a = a / b
%=	取模并赋值运算符	a %= b	a = a % b
&=	与并赋值运算符	a &= b	a = a & b
|=	或并赋值运算符	a |= b	a = a | b
^=	异或并赋值运算符	a ^= b	a = a ^ b
<<=	左移并赋值运算符	a <<= b	a = a << b
>>=	右移并赋值运算符	a >>= b	a = a >> b
>>>=	逻辑右移或无符号右移并赋值运算符	a >>>= b	a = a >>> b

2.3.6 条件运算符

三目运算符(?:)相当于条件判断，表达式 x?y:z 用于判断 x 是否为真，如果为真，表达式的值为 y，否则表达式的值为 z。

【例 2.14】测试条件运算符及其表达式。

```
public class E2_14 {
    public static void main(String[] args) {
        int score = 80;
        int x = -100;
        String type = score < 60 ? "不及格" : "及格";
        int flag = x > 0 ? 1 : (x == 0 ? 0 : -1);
        System.out.println("type= " + type);
        System.out.println("flag= " + flag);
    }
}
```

运行结果：

```
type= 及格
flag= -1
```

2.3.7 字符串连接运算符

“+”运算符两侧的操作数中只要有一个是字符串（String）类型，系统会自动将另一个操作数转换为字符串然后再进行连接。

例如：

```
int c = 12;
System.out.println("c=" + c);//输出 c=12
```

2.3.8 对象运算符

对象运算符（instanceof）用来判断一个对象是否属于某个指定的类或其子类的实例，如果是，返回真（true），否则返回假（false）。

例如：

```
boolean b = userObject instanceof Applet
```

用来判断 userObject 对象是否是 Applet 类的实例。

2.3.9 运算符优先级

在一个表达式中可能包含多个由不同运算符连接起来的、具有不同数据类型的数据对象，由于表达式有多种运算，不同的结合顺序可能得出不同结果甚至出现运算错误。因此，当表达式中含多种运算时，必须按一定顺序进行结合，才能保证运算的合理性和结果的正确性、唯一性。

运算符优先级如表 2.7 所示，从上到下依次递减，最上面具有最高的优先级，逗号操作符具有最低的优先级。表达式的结合次序取决于表达式中各种运算符的优先级。优先级高的运算符先结合，优先级低的运算符后结合，同一行中的运算符的优先级相同。

表 2.7 运算符优先级

优先级	含义描述	运算符	结合性
1	分隔符	[] () .	
2	单目运算、字符串运算	++ -- + - ~ ! (类型转换符)	右到左
3	算术乘除运算	* / %	左到右
4	算术加减运算	+ -	左到右
5	移位运算	<< >> >>>	左到右
6	大小关系运算、类运算	< > <= >= instanceof	左到右
7	相等关系运算	== !=	左到右
8	按位与，非简洁与	&	左到右

续表

优先级	含义描述	运 算 符	结合性
9	按位异或运算	^	左到右
10	按位或，非简洁或	|	左到右
11	简洁与	&&	左到右
12	简洁或	||	左到右
13	三目条件运算	?:	右到左
14	简单、复杂赋值运算	= *= /= %= += −= <<= >>= >>>= &= ^= |=	右到左
15	逗号	,	左到右

2.4 数 组

2.4.1 数组的基本概念

数组是存储同一种数据类型多个元素的集合。数组既可以存储基本数据类型，也可以存储引用类型。

2.4.2 一维数组

1. 声明数组

数组类型是在基本数据类型名加上方括号对“[]”表示的，数组成员为方括号前的基本数据类型，声明数组的语法：

```
数据类型 标识符[]
```

例如：

```
int[] a; //Java 建议
int a[];//C 风格
```

a 是数组名，是一个变量，其类型是引用类型，表示通过 a 可以引用一个元素类型为 int 的一维数组，没有初始化，其初值为 null，如图 2.2 所示。数组声明实际是创建一个引用，通过代表引用的这个名字来引用数组。

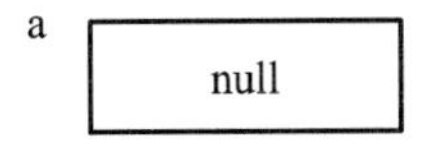

图 2.2 声明数组 a 的示意图

注意：Java 语言中声明数组时不能指定其长度，

```
例如：int a[5];
```

int a[5]是非法的，因为没有创建数组，无法指定数组的长度。

2. 创建数组

由于数组是一个对象，Java 使用关键字 new 创建数组，格式为：

```
数组名 = new  数组元素的类型[数组元素的个数];
```

例如：

```
a=new int[5];
```

在内存中分配了一个一维数组，它的长度为 5，元素类型 int，存储容量为 5*4=20 个字节，并将这个一维数组的首地址赋值给变量 a，通过 a 可以引用这个一维数组，如图 2.3 所示。

数组创建时，每个元素都按它所存放数据类型的缺省值被初始化，如上面数组 a 的值被初始化为 0，也可以进行显式初始化。在 Java 编程语言中，为了保证系统的安全，所有的变量在使用之前必须是初始化的，如果未初始化，编译时会提示出错。

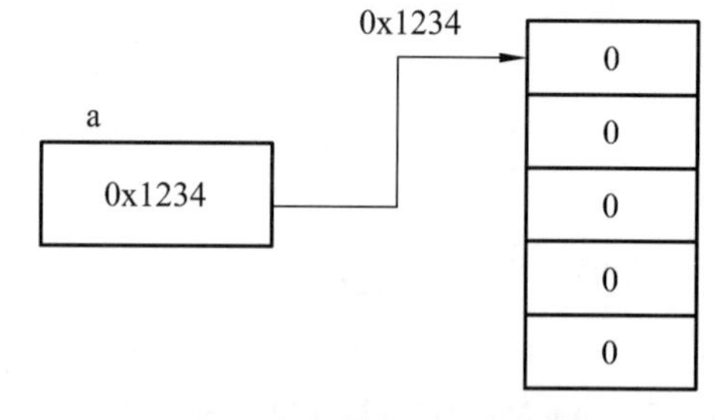

图 2.3　创建数组 a 的示意图

与 C 不同，Java 允许用 int 型变量的值指定数组元素的个数。

例如：

```
int size=5;
a[]=new int[size];
```

3. 数组元素的使用

数组中的元素通过下面的形式访问：

```
<数组名>[下标]    (0≤下标<数组长度)
```

例如：

```
a[0]=0; a[1]=1; a[2]=2; a[3]=3; a[4]=4;//正确
a[5]=5;//下标越界，错误
```

4. length 的使用

数组有一个整型的属性 length，它的值表示数组的长度。

例如：

```
a.length //数组 a 的长度是 5
```

5. 数组的初始化

（1）动态初始化：先创建数组，再赋值。

例如：

```
int[] a;
a=new int[5];
for (int i = 0; i < a.length; i++) {
        a[i] =   i;
 }
```

（2）静态初始化：声明数组并赋值。

例如：

```
int [] a = {0,1,2,3, 4 };
```

数组 a 初始化后的结果，如图 2.4 所示。

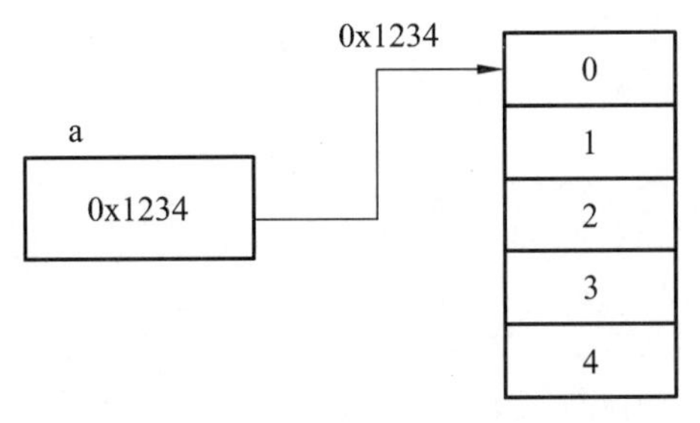

图 2.4　数组 a 初始化后的结果

6. 一维数组的应用举例

【例 2.15】数组的排序。

```
import java.util.Scanner;
public class E2_15 {
    public static void main(String[] args) {
        //数组创建与初始化
        int[] a=new int[10];
        Scanner s=new Scanner(System.in);
        for (int i=0;i<a.length;i++){
            a[i]=s.nextInt();
        }
        print(a);
        selectionSort(a);
        print(a);
//      Arrays.sort(a);
//      print(a);
//      System.out.println(Arrays.binarySearch(a, -1));
    }
    //选择排序
    private static void selectionSort(int[] a) {
        int k, temp;
        for(int i=0; i<a.length; i++) {
            k = i;
            for(int j=k+1; j<a.length; j++) {
                if(a[j] < a[k]) {
                    k = j;
                }
            }
```

```
            if(k != i) {
                temp = a[i];
                a[i] = a[k];
                a[k] = temp;
            }
        }
    }
    //打印数组
    private static void print(int[] a) {
        for(int i=0; i<a.length; i++) {
            System.out.print(a[i] + " ");
        }
        System.out.println();
    }
}
```

输入：

```
1 2 -3 56 -345 23 0 -1 234 9
```

运行结果：

```
1 2 -3 56 -345 23 0 -1 234 9
-345 -3 -1 0 1 2 9 23 56 234
```

类 Arrays 在 java.util 包中，封装了静态方法 sort()、binarySearch()可用于数组的排序、折半查找。例如：

```
Arrays.sort(a);//对数组 a 排序
Arrays.binarySearch(a, -1);//在数组 a 中查找-1，找到返回下标，未找到返回-1
```

【例 2.16】数组的查找。

```
public class E2_16 {
    public static void main(String[] args) {
        int a[] = { 1, 3, 6, 8, 9, 10, 12, 18, 20, 34 };
        int i = 12;
        System.out.println(search(a, i));
        System.out.println(binarySearch(a, i));
    }

    // 顺序查找
    public static int search(int[] a, int num) {
        for (int i = 0; i < a.length; i++) {
            if (a[i] == num)
                return i;
```

```
        }
        return -1;
    }

    // 折半查找
    public static int binarySearch(int[] a, int num) {
        if (a.length == 0)
            return -1;

        int startPos = 0;
        int endPos = a.length - 1;
        int m = (startPos + endPos) / 2;
        while (startPos <= endPos) {
            if (num == a[m])
                return m;
            if (num > a[m]) {
                startPos = m + 1;
            }
            if (num < a[m]) {
                endPos = m - 1;
            }
            m = (startPos + endPos) / 2;
        }
        return -1;
    }
}
```

运行结果：

```
6
6
```

2.4.3 二维数组

1. 二维数组的声明和创建

由于数组的元素可以是引用类型，因此二维数组又可以看作一维数组，数组的每个元素都是一维数组的引用，即每个数组元素引用一个一维数组。例如：

int[ ][ ] a = {{1,2},{3,4,5,6},{7,8,9}}

把二维数组 a 看成一个一维数组，数组元素分别是 a[0]、a[1]、a[2]。a[0]、a[1]、a[2]是一维数组的数组名，都是引用类型。a[0]指向一维数组{1,2}，a[0][0]表示 1，a[0][1]表示 2；a[1]指向一维数组{3,4,5,6}，a[1][0]表示 3，a[1][1]表示 4，a[1][2]表示 5，a[1][3]表示 6；a[2]

指向一维数组{7,8,9}，a[2][0]表示 7，a[2][1]表示 8，a[2][2]表示 9。其内存分配如图 2.5 所示。

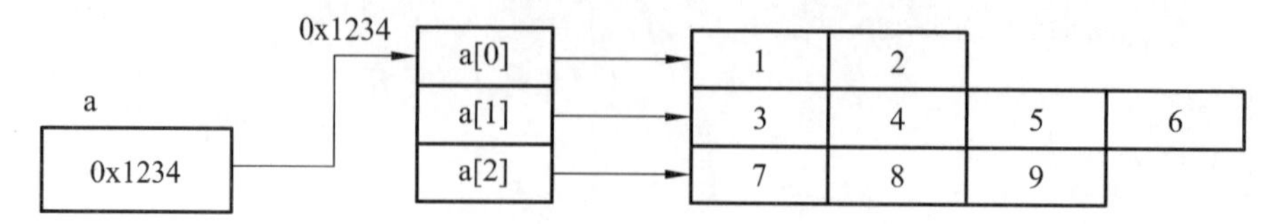

图 2.5　数组 a 内存分配示意图

int[ ][ ] a={{1,2},{3,4,5,6},{7,8,9}}是合法的，int[3][2] B = {{1,2},{2,3},{4,5}}是非法的，因为 int[3][2] B 是声明数组，而不是创建数组，因此不能指定具体的长度。int[ ][ ] a={{1,2},{3,4,5,6},{7,8,9}}的等价形式：先创建数组，再赋值。

例如：

```
int[][] a = new int[3][];
a[0] = new int[2];
a[1] = new int[4];
a[2] = new int[3];
a[0][0]=1; a[0][1]=2;
a[1] [0]=3; a[1] [1]=4; a[1] [2]=5; a[1] [3]=6;
a[2] [0]=7; a[2] [1]=8; a[2] [2]=9;
```

2. length 的使用

二维数组“数组名字.length”的值是它含有的一维数组的个数。

例如：

```
int b[][] = new int[3][6];      //b.length 的值是 3
```

【例 2.17】二维数组 length 的使用。

```
public class E2_17 {
    public static void main(String args[]) {
        int a[][] = { { 1, 2 }, { 3, 4, 5, 6 }, { 7, 8, 9 } };
        for (int i = 0; i < a.length; i++) {
            for (int j = 0; j < a[i].length; j++) {
                System.out.print("a[" + i + "][" + j + "] = " + a[i][j] + "    ");
            }
            System.out.println();
        }
    }
}
```

运行结果：

```
a[0][0] = 1    a[0][1] = 2
a[1][0] = 3    a[1][1] = 4    a[1][2] = 5    a[1][3] = 6
a[2][0] = 7    a[2][1] = 8    a[2][2] = 9
```

3. 二维数组的应用举例

【例 2.18】打印杨辉三角形。

```
public class E2_18 {
    public static void main(String args[]) {
        int i, j;
        int Level = 7;
        int iaYong[][] = new int[Level][];
        System.out.println("杨辉三角形");
        for (i = 0; i < iaYong.length; i++)
            iaYong[i] = new int[i + 1];
        iaYong[0][0] = 1;
        for (i = 1; i < iaYong.length; i++) // 计算杨辉三角形
        {
            iaYong[i][0] = 1;
            for (j = 1; j < iaYong[i].length - 1; j++)
                iaYong[i][j] = iaYong[i - 1][j - 1] + iaYong[i - 1][j];
            iaYong[i][iaYong[i].length - 1] = 1;
        }
        for (i = 0; i < iaYong.length; i++) // 显示出杨辉三角形
        {
            for (j = 0; j < iaYong[i].length; j++)
                System.out.print(iaYong[i][j] + "    ");
            System.out.println();
        }
    }
}
```

运行结果:

```
杨辉三角形
1
1  1
1  2  1
1  3  3  1
1  4  6  4  1
1  5  10  10  5  1
1  6  15  20  15  6  1
```

2.4.4 for each 语句

for each 语句是 Java 的新特征之一，在遍历集合、数组方面提供了很大的便利。for each

的语句格式：

```
for(元素数据类型　元素变量：遍历对象)
{
    //循环体内容
}
```

【例 2.19】测试 for each 语句的使用。

```
public class E2_19 {
    public static void main(String args[]) {
        int a[] = { 1, 2, 3, 4 };
        char b[] = { 'a', 'b', 'c', 'd' };
        for (int n = 0; n < a.length; n++) { // 传统方式
            System.out.print(a[n] + " ");
        }
        System.out.println();
        for (int n = 0; n < b.length; n++) { // 传统方式
            System.out.print(b[n] + " ");
        }
        System.out.println();
        for (int i : a) { // 循环变量 i 依次取数组 a 的每一个元素的值（改进方式）
            System.out.println(i);
        }
        for (char ch : b) { // 循环变量 ch 依次取数组 b 的每一个元素的值（改进方式）
            System.out.println(ch);
        }
    }
}
```

运行结果：

```
1 2 3 4
a b c d
1
2
3
4
a
b
c
d
```

for each 语句是 for 语句的特殊简化版本，但是 for each 语句并不能完全取代 for 语句，因为 for each 语句不能方便地访问下标值。除了遍历外，不建议使用 for each 语句。

2.4.5 数组的拷贝

使用 java.lang.System 类的静态方法：

public static void arraycopy(Object src,int srcPos,Object dest, int destPos,int length)

可以用于数组 src 从第 srcPos 项元素开始的 length 个元素拷贝到目标数组从 destPos 项开始的 length 个位置。

【例 2.20】数组拷贝。

```
public class E2_20 {
    public static void main(String args[]) {
        int[][] intArray = {{1,2},{1,2,3},{3,4}};
        int[][] intArrayBak = new int[3][];
        System.arraycopy (intArray,0,intArrayBak,0,intArray.length);
        intArrayBak[2][1] = 100;

        for(int i = 0;i<intArray.length;i++){
            for(int j =0;j<intArray[i].length;j++){
                System.out.print(intArray[i][j]+"    ");
            }
            System.out.println();
        }
    }
}
```

运行结果：

```
1  2
1  2  3
3  100
```

2.4.6 对象数组

数组元素可以是任何类型，既可以是基本数据类型，也可以是类对象。数组元素为类对象的数组为对象数组。在这种情况下，数组的每一个元素都是一个对象的引用。本小节建议在理解 Java 面向对象的知识后再学习。

例如：

```
class   Date {
    int year; int month; int day;
    Date(int y,int m,int d){
        year = y; month = m;
        day = d;
    }
}
```

```
Date[] days;
```

上面的代码声明了一个存储 Date 类对象的数组，与 C++不同，Java 在对象数组的声明中并不为数组元素分配内存，且对于如上定义的数组是不能引用的，必须经过初始化才可以引用。

```
days = new Date[3];
```

使用运算符 new 只是为数组本身分配空间，数组的元素是 Date 类对象的引用，且没有对数组的元素进行初始化，即数组元素都为空，如图 2.6 所示。

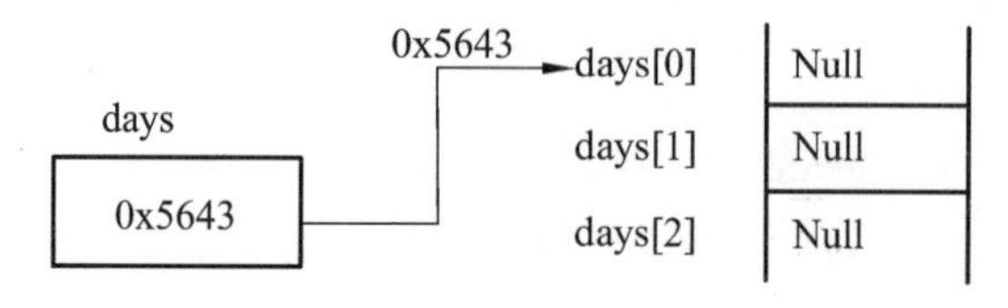

图 2.6　数组 days 内存分配示意图

```
days[0] = new Date(2020,4,1);
days[1] = new Date(2020,4,2);
days[2] = new Date(2020,4,3);
```

上面的代码创建 Date 类对象，并将其引用赋值给 days 的数组元素，对数组元素进行初始化，如图 2.7 所示。

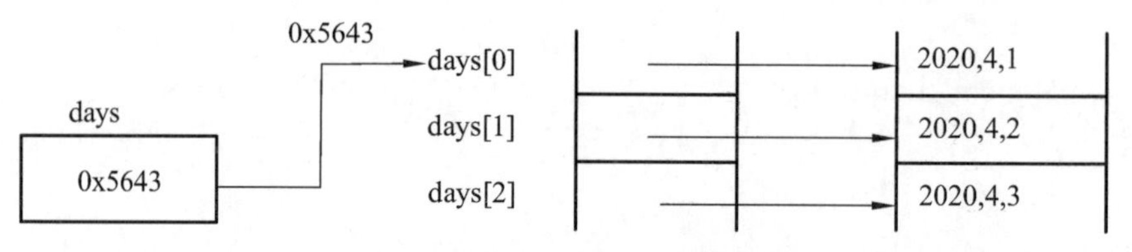

图 2.7　数组 days 初始化示意图

【例 2.21】对象数组排序。

```
public class E2_21 {
    public static void main(String[] args) {
        //对象数组的创建及初始化
        Date[] days ={ new Date(2006, 5, 4),
        new Date(2006, 7, 4),
        new Date(2008, 5, 4),
        new Date(2004, 5, 9),
        new Date(2004, 5, 4)};
        selectionSort(days);
        for(int i=0; i<days.length; i++) {
            System.out.println(days[i]);
        }


    }
    //选择排序
```

```
        public static Date[] selectionSort(Date[] a){
                int k;
                Date temp;
                    for(int i=0; i<a.length; i++) {
                        k = i;
                        for(int j=k+1; j<a.length; j++) {
                            if(a[j].compareTo(a[k])<0 ) {
                                k = j;
                            }
                        }

                        if(k != i) {
                            temp = a[i];
                            a[i] = a[k];
                            a[k] = temp;
                        }
                    }
                return a;
            }


}
//声明类 Date
class Date implements Comparable<Date>{
   int year, month, day;

   Date(int y, int m, int d) {
      year = y; month = m; day = d;
   }
 //重写接口 Comparable<Date>的方法 compareTo(Date date)，实现日期大小的比较
@Override
public int compareTo(Date date) {
      return year > date.year ? 1
                        : year < date.year ? -1
                        : month > date.month ? 1
                        : month < date.month ? -1
                        : day > date.day ? 1
                        : day < date.day ? -1 : 0;
}
```

```
    //重写类 Object 的方法 toString()，将日期对象转换成字符串输出
    public String toString() {
        return  year + "-" + month + "-" + day;
    }
}
```

运行结果：

```
2004-5-4
2004-5-9
2006-5-4
2006-7-4
2008-5-4
```

2.5 小 结

（1）标识符，关键字。标识符由字母、数字、下划线(_)、美元符号($)组成，不能以数字开始。

（2）Java 基本数据类型：

Java 有 8 种基本数据类型：整数类（byte、short、int、long）、浮点类（double、float）、字符类（char）和逻辑类（boolean）。

基本数据类型间的转换规则。

调用 Scanner 类的 nextXXX()方法输入数据，System.out.println()或 System.out.print()输出数据。

包装类实现了对基本数据类型的封装，并为其提供了一系列方法。

（3）Java 常用的运算符有：算术运算符、关系运算符、逻辑运算符、位运算符、赋值运算符、条件运算符、字符串连接运算符。

（4）数组是存储同一种数据类型多个元素的集合。数组既可以存储基本数据类型，也可以存储引用类型。

一维数组的使用；

二维数组的使用；

For each 语句遍历数组；

数组拷贝；

对象数组的使用。

习 题

一、选择题

1. 下列 Java 标识符，错误的是（　　）。

A. sys_var　　B. $change　　C. User_name　　D. 1_file

2. 下列属于 Java 关键词的是（　　）。

A. TRUE　　B. goto　　C. float　　D. NULL

3. 下列不属于基本数据类型的是（　　）。

A. 整数类型　　B. 类　　C. 符点数类型　　D. 布尔类型

4. 基本数据类型转换是由按优先关系从低级数据转换为高级数据，优先次序为（　　）。

A. char-int-long-float-double

B. int-long-float-double-char

C. long-float-int-double-char

D. 以上都不对

5. 下列语句片段中：

```
int three=3;
char one='1'
char four=(char)(three+one);
```

four 的值为（　　）。

A. 3　　B. 1　　C. 31　　D. 4

6. 假设有 int x=1，以下哪个代码导致“类型不匹配，不能从 int 转换成 char”这样的编译错误？（　　）

A. short　t=12+'a';　　B. char c ='a'+1;

C. char m ='a'+x;　　D. byte n ='a'+1;

7. 在 Java 语句中，运算符&&实现（　　）。

A. 逻辑或　　B. 逻辑与　　C. 逻辑非　　D. 逻辑相等

8. 已知 i 为整型变量，关于一元运算++i 和 i++，下列说法正确的是（　　）。

A. ++i 运算将出错

B. 在任何情况下运行程序结果都一样

C. 在任何情况下运行程序结果都不一样

D. 在任何情况下变量 i 的值都增 1

9. 下列数组定义及赋值，错误的是（　　）。

A. int intArray[];

B. intArray=new int[3];
   intArray[1]=1;
   intArray[2]=2;
   intArray[3]=3;

C. int a[]={1,2,3,4,5};

D. int[][]=new int[2][];
   a[0]=new int[3];
   a[1]=new int[3];

10. 使用 arraycopy()方法将数组 a 复制到 b，正确的是（　　）。

A. arraycopy(a,0,b,0,a.length)　　B. arraycopy(a,0,b,0,b.length)

C. arraycopy(b,0,a,0,a.length)　　　　　D. arraycopy(a,1,b,1,a.length)

二、程序阅读

1. 下列程序中哪些代码段是错误的？

```
public class E {
   public static void main(String args[]) {
      int a = 1;
      byte b = 2;      //【代码 1】
      b = a;           //【代码 2】
      a = 1L;          //【代码 3】
      long c=1.0;      //【代码 4】
      float d=1.0 ;    //【代码 5】
   }
}
```

2. 阅读下列程序并上机运行，注意观察输出结果。

```
public class E {
public static void main(String args[]){
for(int i=0;i<=50000;i++)
System.out.println((char)i);
}
}
```

3. 阅读下列程序并上机运行，注意 System.out.print()和 System.out.println()的区别。

```
public class T2_4 {
          public static void main(String args[]){
          int a=1,b=2;
          System.out.print("a:"+a+","+"b:"+b);
          System.out.println("换行");
          System.out.println("a+b="+(a+b));
          }
}
```

三、编程题

1. 有一个整数数组，其中存放着序列 1，3，5，7，9，11，13，15，17，19。请将该序列倒序存放并输出。

2. 整型数组 a 和 b，编程实现：将 a、b 中不同的数字保存到一个新的数组中。

如：int[] a={10,20,30,40,50}

 int[] b={10,20,60}

得到：int[] c={30,40,50,60}

第 3 章　Java 控制语句

【学习要求】

了解 Java 语句概述；
掌握顺序结构；
掌握分支结构；
掌握循环结构。

3.1　Java 语句概述

在 Java 语言中，语句就是计算机完成某种特定运算和操作的命令，每条语句以分号“;”作为结束标志，程序按流程控制一条一条地执行语句，实现特定的功能。Java 里的语句可分为以下 6 类：

1. 方法调用语句

```
例如：System.out.println("123");
```

2. 表达式语句

由一个表达式构成的语句，结尾处加分号。

```
例如：x=810;
```

3. 复合语句

可以用{}把一些语句括起来构成复合语句，它在流程控制中被看作是一个整体。

例如：

```
{
    x=810-y;
    System.out,println("How are you");
}
```

复合语句也称为块，块确定了变量的作用域。一个块可以嵌套在另一个块中。下面就是在 main 方法中嵌套另一个语句块的实例：

```
public static void main(String[] args) {
    int n;
    …
    {
        int k;
```

```
        ...
    }
}
```

但是，不能在嵌套的两个块中声明同一种变量。例如，下面的代码就有错误，而无法通过编译：

```
public static void main(String[] args){
    int n;
    ...
    {
        int k;
        int n;//编译错误
        ...
    }
}
```

4. 空语句

一个分号也是一条语句，称作空语句。

5. 控制语句

Java 控制语句就是用来控制程序中各语句的执行顺序的语句，是程序中基本却又非常关键的部分，例如：if 语句、循环语句。

6. package 语句和 import 语句

package 语句和 import 语句与类、对象有关，将在面向对象部分讲解。

本章重点介绍的控制语句。流程控制是指程序运行时，控制各语句的执行顺序。流程控制分为三种基本结构：顺序结构、分支结构和循环结构。顺序结构是指语句顺序执行，这是最常见的一个格式；分支结构是一种选择结构，根据条件的值选择不同的执行流程，可以得到不同的结果，分支结构包括单分支语句(if-else 语句)和多分支语句（switch 语句）；循环结构是指对于一些重复执行的语句，用户指定条件或次数，由机器自动识别执行，循环结构包括次数循环语句(for 语句)和条件循环语句(while 语句)。

3.2 顺序结构

顺序结构是最简单的流程控制，就是从上往下，依次执行，如图 3.1 所示。

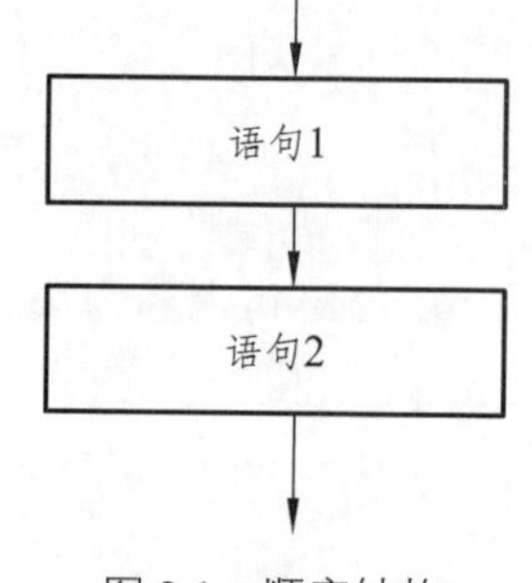

图 3.1 顺序结构

【例 3.1】测试顺序结构。

```
public class E3_1 {
    public static void main(String[] args) {
```

```
            System.out.println("start...");
            System.out.println("Java");
            System.out.println("end");
        }
}
```

3.3 分支结构

3.3.1 if 语句

if 语句有以下几种形式：

if 语句；

if-else 语句；

if-else if-else 语句。

1. if 语句

语法格式：

```
if(逻辑表达式)
{
    语句或块 1;
}
```

逻辑表达式的值为 true 或 false。如果为 true，则执行语句或块 1，然后顺序执行后面的语句。如果为 false，则跳过语句或块 1，直接执行后面的语句。

【例 3.2】测试 if 语句。

```
import java.util.Scanner;
public class E3_2{
    public static void main(String args[]) {
        Scanner sc=new Scanner(System.in);
        int x=sc.nextInt();
        if (x < 20) {
            System.out.println("if 语句");
        }
        System.out.println("end");
    }
}
```

输入：1，运行结果：

```
if 语句
end
```

输入：30，运行结果：

```
end
```

2. if-else 语句

语法格式：

```
if(逻辑表达式)
{
    语句块 1;
}
else
{
    语句块 2;
}
```

如果逻辑表达式的值为 true，则执行语句或块 1，然后顺序执行后面的语句。如果为 false，则执行 else 下的语句或块 2，然后顺序执行后面的语句。

【例 3.3】测试 if-else 语句。

```
import java.util.Scanner;
public class E3_3 {
    public static void main(String args[]) {
        Scanner sc=new Scanner(System.in);
        int x=sc.nextInt();
        if (x < 20) {
            System.out.println("if 语句");
        } else {
            System.out.println("else 语句");
        }
        System.out.println("end");
    }
}
```

输入：1，运行结果：

```
if 语句
end
```

输入：30，运行结果：

```
else 语句
end
```

3. if-else if-else 语句

语法格式：

```
if (逻辑表达式 1) {
```

```
        语句或块 1;
    } else if (逻辑表达式 2) {
        语句或块 2;
    } else if (逻辑表达式 3) {
        语句或块 3;
    } else {
        语句或块 4;
    }
```

如果表达式 1 的值为 true，则执行语句或块 1，然后跳出整个 if 语句，顺序执行后面的语句；如果为 false，则计算表达式 2 的值。如果布尔表达式 2 的值为 true，则执行语句或块 2，然后跳出整个 if 语句，顺序执行后面的语句；如果为 false，则计算表达式 3 的值。如果布尔表达式 3 的值为 true，则执行语句或块 3，然后跳出整个 if 语句，顺序执行后面的语句；如果为 false，则执行语句或块 4。

【例 3.4】测试 if-else if-else 语句。

```
import java.util.Scanner;
public class E3_4 {
    public static void main(String[] args) {
        Scanner sc=new Scanner(System.in);
        int i=sc.nextInt();
        if(i < 20) {
            System.out.println("<20");
        } else if (i < 40) {
            System.out.println("<40");
        } else if (i < 60) {
            System.out.println("<60");
        } else
            System.out.println(">=60");
        System.out.println("end");
    }
}
```

输入：1，运行结果：

```
<20
end
```

输入：30，运行结果：

```
<40
end
```

输入：50，运行结果：

```
<60
end
```

输入：100，运行结果：

```
>=60
end
```

3.3.2 switch 语句

语法格式：

switch 语句的基本格式为：

```
switch(表达式 1)
{
    case  表达式 2:
            语句或块 2;
            break;
    case 表达式 3:
            语句或块 3;
            break;
    case  表达式 4:
            语句或块 4;
            break;
    default:
             语句或块 5;
    break;
}
```

表达式 1 的值必须与整型兼容，表达式 2、3、4 是表达式 1 可能出现的值，不同的 case 分支对应着不同的语句或块序列。根据表达式 1 和表达式 2、3、4 的比较结果是否相等，选择执行不同的 case 分支，如果表达式 1 和表达式 2、3、4 都不相等，则执行 default 标识的语句或块序列。break 表示跳出该 switch 语句，然后顺序执行后面的语句。

【例 3.5】测试 switch 语句。

```
import java.util.Scanner;
public class E3_5 {
    public static void main(String[] args) {
        Scanner sc=new Scanner(System.in);
        int i=sc.nextInt();
        switch(i) {
            case 8 :
                System.out.println("A");
                break;
            case 3 :
                System.out.println("B");
                break;
```

```
                case 9 :
                        System.out.println("C");
                        break;
                default:
                        System.out.println("D");
            }
        System.out.println("end");
        }
}
```

输入：1，运行结果：

```
D
end
```

输入：8，运行结果：

```
A
end
```

在使用 switch 语句时候，应注意：

（1）小心 case 穿透问题，推荐使用 break 语句。例如在上例中，将 case 8 中的 break 取掉，程序运行输入 8，输出“A”后，没有遇到 break，则会顺序执行下一个 case 语句块，输出“B”，然后遇到 break，终止 switch 语句。执行后面的语句，输出“end”。

（2）多个 case 可以合并到一起。例如：

```
case 8 :
case 3 :
case 9 :
System.out.println("C");
break;
```

表示 i 的值等于 8、3、9 时，都会输出“C”。

【例 3.6】编写程序简单模拟自动购物机，实现以下功能：

（1）投入金额：2 元或 3 元（回车确认）：2

选择冰点矿泉水（1），农夫矿泉水（2）和完达山矿泉水（3）

输入 1,2,3：1

得到冰点矿泉水

（2）投入金额：2 元或 3 元（回车确认）：3

选择可乐（1），雪碧（2）和果汁（3）

输入 1,2,3：1

得到可乐

（3）投入金额：2 元或 3 元（回车确认）：1

输入的钱币不符合要求

```
import java.util.Scanner;
public class E3_6 {
```

```
    public static void main(String args[]){
        int money;
        int drinkKind;
        System.out.printf("投入金额:2 元或 3 元（回车确认）:");
        Scanner reader=new Scanner(System.in);
        money=reader.nextInt();
        if(money==2) {
            System.out.printf("选择冰点矿泉水（1），农夫矿泉水（2）和完达山矿泉水（3）\n");
            System.out.printf("输入 1,2,3:");
            drinkKind=reader.nextInt();
            switch(drinkKind) {
                case 1 : System.out.printf("得到冰点矿泉水\n");
                         break;
                case 2 : System.out.printf("得到农夫矿泉水\n");
                         break;
                case 3 : System.out.printf("得到完达山矿泉水\n");
                         break;
                default: System.out.printf("选择错误");
            }
        }
        else if(money==3) {
            System.out.printf("选择可乐（1），雪碧（2）和果汁（3）\n");
            System.out.printf("输入 1,2、3:");
            drinkKind=reader.nextInt();
            switch(drinkKind) {
                case 1 : System.out.printf("得到可乐\n");
                         break;
                case 2 : System.out.printf("得到雪碧\n");
                         break;
                case 3 : System.out.printf("得到果汁\n");
                         break;
                default: System.out.printf("选择错误");
            }
        }
        else {
            System.out.printf("输入的钱币不符合要求");
        }
    }
}
```

3.4 循环结构

3.4.1 while 循环

while 语句的语法格式：

```
while (逻辑表达式) {
    语句或块;
}
```

当逻辑表达式为 true 时，执行语句或块，否则跳出 while 循环。

3.4.2 do-while 循环

do-while 语句的语法格式：

```
do {
    语句或块
} while(逻辑表达式);
```

先执行语句或块，然后再判断逻辑表达式。

【例 3.7】用 while 语句、do-while 语句循环计算 1+3+5+7+…+99 的值，并输出结果。

```
public class E3_7 {
    public static void main(String[] args) {
        long result=0;
        int i=1;
        while (i<=99) {
            result+=i;
            i+=2;
        }
        System.out.println("result="+result);

        result=0;
        i=1;
        do {
            result+=i;
            i+=2;
        } while (i<=99);
        System.out.println("result="+result);
    }
}
```

运行结果：

```
result=2500
```

```
result=2500
```

上述两种方式的运行结果是一致的，但 do-while 语句与 while 语句有区别，当逻辑表达式一次都不为 true 时，while 语句一开始判断就跳出循环，不执行语句或块，而在 do 语句中则要执行一次。例如：在上例中，将 i 的值设为 100，则 while 语句一次也不执行，result=0，而 do-while 语句要执行一次，result=100。

3.4.3 for 循环

for 语句的语法格式：

```
for (表达式 1; 表达式 2; 表达式 3) {
    语句或块;
}
```

其执行顺序如下：

（1）执行表达式 1，初始化循环变量。

（2）执行表达式 2，如果表达式 2 为 true，执行语句或块；如果表达式 2 为 false，退出 for 循环。

（3）执行表达式 3。

（4）重复执行（2）、（3）步，直到表达式 2 为 false，退出 for 循环。

【例 3.8】用一个 for 语句循环计算 1+3+5+7+…+99 的值，并输出结果。

```
public class E3_8 {
    public static void main(String[] args) {
        long result=0;
        for(int i=1;i<=99;i+=2){
            result+=i;
        }
        System.out.println("result="+result);
    }
}
```

运行结果：

```
result=2500
```

【例 3.9】求 1！ +2！ +…+10!。

```
public class E3_9 {

    public static void main(String[] args) {
        long result=0;
        int an=1;
        for(int i=1;i<=10;i++){
            an=an*i;
            result+=an;
```

```
        }
        System.out.println("result="+result);
    }
}
```

运行结果：

```
result=4037913
```

3.5 其他辅助语句

3.5.1 break 语句

break 语句用于终止某个语句块的执行，用在循环语句体中，可以强行退出循环。

【例 3.10】测试 break 语句。

```
public class E3_10 {
  public static void main(String args[]) {
    int stop = 4;
    for (int i = 1; i <= 10; i++) {
       //当 i 等于 stop 时，退出循环
       if (i == stop) break;
       System.out.println(" i= " + i);
    }
  }
}
```

运行结果：

```
i= 1
i= 2
i= 3
```

【例 3.11】输出 1 ~ 100 前 5 个可以被 3 整除的数。

```
public class E3_11 {
  public static void main(String args[]){
    int num = 0, i = 1;
    while (i <= 100) {
        if (i % 3 == 0) {
            System.out.print(i + " ");
            num++;
        }
        if (num == 5) {
            break;
```

```
            }
            i++;
        }
    }
}
```

运行结果：

```
3 6 9 12 15
```

3.5.2 continue 语句

continue 语句用来终止某次循环，跳过其下面未执行的语句，开始下一次循环。

【例 3.12】测试 continue 语句。

```
public class E3_12 {
    public static void main(String args[]) {
        int skip = 4;
        for (int i = 1; i <= 5; i++) {
            //当 i 等于 skip 时，跳过当次循环
            if (i == skip) continue;
            System.out.println("i = " + i);
        }
    }
}
```

运行结果：

```
i = 1
i = 2
i = 3
i = 5
```

3.6 应用举例

【例 3.13】输出 101 ~ 200 内的质数。

实现思路：假设判断的数字是 n 的话，程序只需要判断[2，n-1]之间的数字即可，如果被该区间的任何一个数字整除了，则说明其不是质数。

```
public class E3_13 {
    public static void main(String
        args[]) {
        for (int i=101; i<200; i+=2) {
            boolean f = true;
```

```
            for (int j = 2; j < i; j++) {
                if (i % j == 0) {
                    f = false;
                    break;
                }
            }
            if (!f) {continue;}
            System.out.print(" " + i);
        }
    }
}
```

【例 3.14】水仙花数是指三位数中，每个数字的立方和与自身相等的数字，例如 370，3 × 3 × 3 + 7 × 7 × 7 + 0 × 0 × 0 =370，请输出所有的水仙花数。

实现思路：循环所有的三位数，拆分出三位数字的个位、十位和百位数字，判断 3 个数字的立方和是否等于自身。

```
public class E3_14 {
    public static void main(String[] args) {
        for(int i = 100;i < 1000;i++){ //循环所有三位数
            int a = i % 10;            //个位数字
            int b = (i / 10) % 10; //十位数字
            int c = i / 100;          //百位数字
            //判断立方和等于自身
            if(a * a * a + b * b * b + c * c * c == i){
                    System.out.println(i);
            }

        }
    }
}
```

【例 3.15】打印以下图形。

```
   *
  ***
 *****
*******
 *****
  ***
   *
```

实现思路：先打印前 4 行，外部循环循环 4 次打印 4 行，每行的内容分为两部分：空格和星号。然后打印后 3 行，外部循环循环 3 次打印 3 行，每行的内容分为两部分：空格和星号。本例关键是找到每行空格、星号的个数与行数、列数的对应关系。

```
public class E3_15 {
    public static void main(String[] args) {
        int H = 7, W = 7;// 行数和列数必须是相等的奇数
        for (int i = 0; i < (H + 1) / 2; i++) {
            for (int j = 0; j < W / 2 - i; j++) {
                System.out.print(" ");
            }
            for (int k = 1; k < (i + 1) * 2; k++) {
                System.out.print('*');
            }
            System.out.println();
        }
        for (int i = 1; i <= H / 2; i++) {
            for (int j = 1; j <= i; j++) {
                System.out.print(" ");
            }
            for (int k = 1; k <= W - 2 * i; k++) {
                System.out.print('*');
            }
            System.out.println();
        }
    }
}
```

3.7 小 结

（1）Java 里的语句可分为以下六类：方法调用语句、表达式语句、复合语句、空语句、控制语句、package 语句和 import 语句。本章介绍控制语句。

（2）流程控制：

顺序；

分支：if 语句，switch 语句；

循环：while 循环，do_while 循环，for 循环；

（3）其他辅助语句：break 语句，continue 语句。

习　题

一、选择题

1. 下面不属于 Java 条件分支语句结构的是（　　）。

   A. if 结构　　B. if-else 结构　　C. if-else if 结构　　D. if-else else 结构

2. 多分支语句 switch（表达式）{}中，表达式不可以是哪种类型的值？（　　）

   A. int　　B. float　　C. char　　D. byte

3. 下列方法 method()执行后，返回值为（　　）。

```
int method(){
    int num = 10;
    if (num>20)
      return num;
   num = 30;
}
```

   A. 10　　B. 20　　C. 30　　D. 编译出错

4. 一个循环一般应包括哪几部分内容?（　　）

   A. 初始化部分　　B. 循环体部分

   C. 迭代部分和终止部分　　D. 以上都是

5. 关于 while 和 do-while 循环，下列说法正确的是（　　）。

   A. 两种循环除了格式不同外，功能完全相同

   B. 与 while 语句不同的是，do-while 语句的循环至少执行一次

   C. do-while 语句首先计算终止条件，当条件满足时，才去执行循环体中的语句

   D. 以上都不对

6. 下列程序输出结果为（　　）。

```
public class test
   {
    public static void main(String args[])
    {
     int a=0;
     outer: for(int i=0;i<2;i++)
            {
             for(int j=0;j<2;j++)
              {
               if(j>i)
                 {
                  continue outer;
                 }
```

```
                    a++;
                }
            }
        System.out.println(a);
    }
}
```

A. 0　　　　B. 2　　　　C. 3　　　　D. 4

二、编程题

1. 使用 for 循环结构实现：从键盘上接收从周一至周五每天的学习时间（以小时为单位），并计算每日平均学习时间。

2. 分别用 while 循环和 do-while 计算 1+1/2!+1/3!+1/4!…的前 10 项和。

3. 质数就是除了 1 和它本身以外不再有其他的因数,编写一个应用程序求 200 以内的全部质数。

4. 完数就是该数恰好等于它的因子之和，如：6=1+2+3，编写应用程序求 1000 之内的所有完数。

5. 编写一个应用程序，它从 1 计数到 100，遇到 3 的倍数输出单词“Flip”，遇到 5 的倍数就输出单词“Flop”，遇到既是 3 又是 5 的倍数时则输出单词“FlipFlop”，其余情况下输出当前数字。

6.编写一个应用程序，实现快速排序。

该算法的实现可分为以下几步：

① 在数组中选一个基准数（通常为数组第一个）。

② 将数组中小于基准数的数据移到基准数左边，大于基准数的移到右边。一次循环：从后往前比较，用基准值和最后一个值比较，比基准值小的交换位置，如果没有，继续比较下一个，直到找到第一个比基准值小的值才交换。找到这个值之后，又从前往后开始比较，如果有比基准值大的，交换位置，如果没有继续比较下一个，直到找到第一个比基准值大的值才交换。直到从前往后的比较索引=从后往前比较的索引，结束第一次循环。

③ 对基准数左、右两边的数组不断重复以上两个过程，直到每个子集只有一个元素，即为全部有序。

第 4 章　类与对象

【学习要求】

掌握类与对象的概念及关系；
掌握类的定义，对象的创建及对象的内存模型；
掌握对象成员变量的封装实现；
掌握构造方法、构造代码块的调用；
掌握 this 关键字的作用及用法；
掌握 static 关键字的作用及用法；
熟悉包的作用。

4.1　面向对象

4.1.1　面向对象概述

我们在现实世界中所接触到各种各样的事与物，都可以通过其具有的公共特性，将它们进行归类，比如当我们见到猫就不会叫老虎。在现实生活中，我们通过具体的同类事物进行归纳，总结出它们的公共特性并形成类，所以类描述了某类事物的共性，相当于制造事物的图纸，我们可以根据图纸去做出具体的同类实物（对象）。

类与对象的关系如图 4.1 所示。类就是图纸，汽车 A，汽车 B，汽车 C 就是堆内存中的对象。

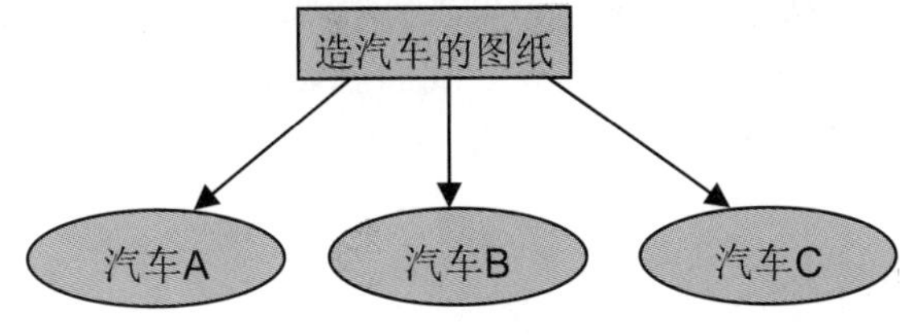

图 4.1　类与对象关系

类：对某种类型事物的共性属性与行为的抽象。

对象：在现实生活中存在的具体的一个事物。

使用计算机语言编写程序实质上就是在描述现实生活中的事物。Java 中描述事物是通过类的形式体现的，类是具体事物的抽象，是概念上的定义。而对象是某类事物具体存在的个体。

面向对象（Object Oriented,OO）编程是一种以事物为中心的编程思想。

面向对象程序设计（Object-oriented programming，OOP），是一种程序开发的方法。它将对象作为程序的基本单元，将操作和数据封装其中，以提高软件的重用性、灵活性和扩展性。

面向对象的说法是相对于面向过程而言的（C 是面向过程的语言）。若采用面向对象的角度去看问题，我们则是对象动作的指挥者；如果站在面向过程的角度去看问题，我们则是动作的执行者。

4.1.2 面向过程与面向对象对比

在 20 世纪 60 年代出现了的面向过程的程序设计语言，如 C 语言，Fortran 语言等都是面向过程的程序设计语言。使用面向过程程序设计语言编写的程序强调的是功能行为，是一种以过程为中心的编程思想。“面向过程”不支持丰富的“面向对象”特性（比如继承、多态），在分析出解决问题所需要的步骤后，再用函数把这些步骤一步一步实现，使用的时候一个一个依次调用就可以了。面向过程在这一系列工作的执行中，强调的是工作的执行。

面向对象编程中的对象（object）代表现实世界中可以明确标识的一个实体。例如：一个学生、一张桌子、一间教室，一台计算机都可以看成是一个对象。每个对象都有自己独特的状态标识和行为。

对象的属性（attribute）是对象的一种标识，如学生有姓名和学号，某学生的姓名和学号就是该学生（对象）的属性。对象的行为（behavior）由方法定义，调用对象的一个方法，其实就是给对象发消息，要求对象完成一个动作。如若定义学生对象具备学习的方法，则学生对象可以调用学习的方法，执行学习的动作。

现以现实中吃饭这个事件分别以面向过程编程思维和面向对象编程思维两种方式模拟实现。在面向过程中要实现吃饭，第一步是自己动手做，第二步是去菜市场买菜，第三步是回家洗菜，第四步是煮饭炒菜，第五步是吃饭，但做出来的饭菜有可能不合胃口，浪费了时间。而如果采用面向对象的思维去吃饭，则第一步是找专业对象如餐馆；第二步是拿餐馆菜单点餐；第三步是餐馆师傅做饭菜；第四步是饭菜上桌，这样饭菜既好吃，同时又节约时间和精力。

因此在面向对象思维中，当需要完成某种任务或事项时，首先想到需要找对象去完成任务或事项，因此面向对象编程思维中对象的概念比较重要，在找对象的过程中，我们一般是找现有的对象，这样可以直接拿来使用。如果现有的对象不能满足我们的需求，或者没有现有的对象，则就需要自己创造一个对象，总之我们需要对象进行编程。面向对象编程更加符合人的思维模式，使得编程人员容易编写出易于维护、易于扩展和易于复用的程序。

4.1.3 面向对象的特征

面向对象编程是利用类和对象编程的一种思想，万物皆对象，对象是具体的世界事物，万物皆可归类，类是对于世界事物的高度抽象。面向对象具有三大特征：封装，继承，多态。封装说明一个类行为和属性与其他类的关系：低耦合、高内聚；继承是父类和子类的关系；多态说的是类与类的关系。

1. 封装（encapsulation）

一个类就是一个封装了数据以及操作这些数据的代码的逻辑实体。在一个对象内部，某些代码或某些数据可能是私有的，不能被外界访问。通过这种方式，对象对内部数据提供了不同级别的保护，以防止程序中无关的部分意外地改变或错误地使用了对象的私有部分。封装隐藏了类的内部实现机制，可以在不影响使用的情况下改变类的内部结构，同时也保护了数据。对外界而言它的内部细节是隐藏的，暴露给外界的只是它的访问方法。

1）为什么需要封装？

通过封装可以隐藏一个类中不需要对外提供的实现细节。

属性的封装：使用者只能通过事先定制好的方法来访问数据，可以方便地加入逻辑控制，限制对属性的不合理操作。

方法的封装：使用者按照既定的方式调用方法，不必关心方法的内部实现，便于使用；便于修改，增强代码的可维护性。

2）如何封装？

利用权限修饰符来描述方法体或属性。用 private 修饰的属性或方法为该类所特有，在任何其他类中都不能直接访问；用 default 修饰的属性或方法具有包访问特性，同一个包中的其他类可以访问；用 protected 修饰的属性或方法在同一个包中的其他类可以访问，同时对于不在同一个包中的子类中也可以访问；用 public 修饰的属性或方法在外部类中都可以直接访问。

2. 继承（inheritance）

继承是从已有的类中派生出子类，子类能继承父类中的属性和行为，同时在子类中可以添加子类所特有的属性和行为。

继承关系是 is-a 关系。子类继承父类，表明子类是一种特殊的父类，并且具有父类所不具有的一些属性或方法。父类从多种实现类中抽象出来的一个基类，其具有多种实现类的共同特性。如猫类、狗类、虎类可以抽象出一个动物类，具有猫、狗、虎类的共同特性。

3. 多态（polymorphism）

多态就是指程序中定义的引用变量所指向的具体类型和通过该引用变量发出的方法调用在编程时并不确定，而是在程序运行期间才确定，即一个引用变量到底会指向哪个类的实例对象，该引用变量发出的方法调用到底是哪个类中实现的方法，必须在程序运行期间才能决定。因为在程序运行时才确定具体的类，这样不用修改源程序代码，就可以让引用变量绑定到各种不同的类实现上，从而导致该引用调用的具体方法随之改变，即不修改程序代码就可以改变程序运行时所绑定的具体代码，让程序可以选择多个运行状态，这就是多态性。

采用面向对象编程的开发过程实质就是不断地创建对象，使用对象，指挥对象做事情的过程。设计的过程实质就是在管理和维护对象之间的关系。

4.2 使用 Java 类描述事物

类是 Java 程序的基本组成单元，一个 Java 程序由若干个类所构成。类是 Java 语言最重要的“数据类型”，类声明的变量被称作对象变量，简称对象。

4.2.1 类的定义

在 Java 语言中定义类可以用如下形式：

```
class 类名{
    成员变量
    成员方法
}
```

说明：

（1）成员变量对应事物的属性，成员方法对应事物的行为。

（2）在 Java 中定义类时，使用关键字 class，

（3）class 与类名之间用空格间隔。

（4）类名是标识符，命名需符合标识符命名规范,尽量做到见名知意。如果类名使用英文单词命名，则单词的首字母大写，如 Date，System 等；若是多个单词，则每个单词的首字母大写，如 HelloWorld，HashMap，ArrayList 等（不是语法要求，但建议遵守）。

（5）类名后紧跟一对{}表示类体，表示类的开始和结束。

如通过 Java 语言定义一个汽车类，要求汽车具有名字、颜色和轮胎个数，并有运行的功能。

定义 Java 类就是定义一个类的成员的过程。汽车类具备的成员是：名字、颜色、轮胎数、行驶方法。

```
public class Car {
    String name; // 成员变量
    String color;// 成员变量
    int wheelNum; // 成员变量
    // 成员函数
    void run() {
        System.out.println(color + "的车，轮胎数：" + wheelNum + "个，跑起来了");
    }
}
```

4.2.2　对象的创建

当定义好类后，在 Java 中就可以根据类来创建一个类所对应的对象。如当我们定义好了 Car 类，就可利用 Java 语法中的 new 关键字来定义类对象实体，如 new Car();，然后就在内存中产生了一个对象实体。为了方便使用，类对象生成出来后，需要起一个名字，就需要声明一个对象名来表示对象实体的名字，如 Car car=new Car();。在 Java 中利用类类型定义的对象也叫作类类型变量。

用类创建对象分为对象的声明和为对象分配变量两个步骤。

1. 对象的声明

```
一般格式：类名 对象名；
如 Car car;
```

2. 对象的创建

```
使用 new 运算符创建对象。如 car=new Car();
```

也可以在声明对象的同时创建对象。

```
如 Car car1=new Car();
```

【例 4.1】

```
class Example4_1{
    public static void main(String[] args) {
        Car c = new Car();//用 new 创建对象并为创建的对象命名为 c
        c.run();   //使用对象的功能
    }
}
class Car {
    String name; //汽车名
    String color;// 汽车颜色
    int wheelNum; // 车轮数量
    // 成员函数
    void run() {
        System.out.println(color + "的车，轮胎数：" + num + "个，跑起来了");
    }
}
```

注意：程序中的 Car c=new Car();中的 c 只是持有对象的引用，新创建的汽车并没有直接赋值给 c，c 就像电视机遥控器一样，可以使用电视机的功能。

4.2.3　对象的内存模型

1. 声明对象时的内存模型

当用 Car 类声明一个类变量 car 时，如有：

```
Car car;
```

此时会在栈区为 car 分配内存，而当前 car 所分配的内存中没有任何数据，为一个空对象（见图 4.2），空对象不能当作实体对象引用成员变量及成员方法，如调用 car.run()会报错。

car	null

图 4.2　未指向实体的对象

2. 创建对象时的内存模型

当用 new 关键字创建一个对象后，会在堆内存中为对象的各成员变量分配内存，并获得一个引用值，通常我们会把这个引用值赋值给类对象，如图 4.3 中把引用值赋值给类对象 car，类对象一旦获得了一个实体对象的引用，则可以通过对象去引用对象实体的成员变量及成员方法。如：

```
car=new Car();
 car.run();
```

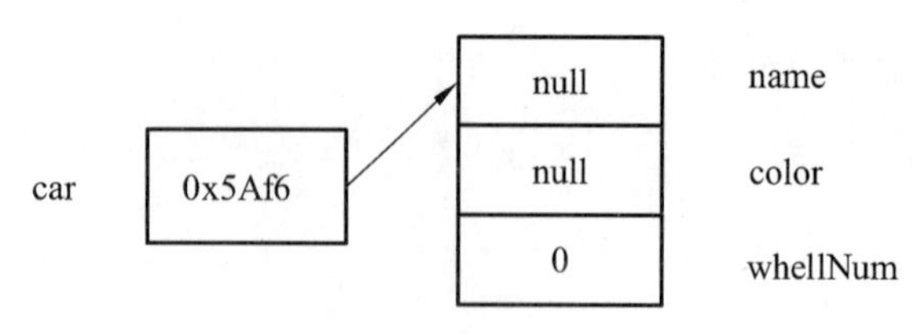

图 4.3　对象内存分配图

在创建对象时若未对对象的成员变量初始化，对象的成员变量会用默认值。整型成员变量的默认初值是 0，浮点型成员变量的默认值是 0.0，boolean 型成员变量的默认值是 false，类变量默认值是 null，如图 4.3 所示。

3. 创建多个不同对象时的内存模型

一个类使用 new 关键字可以创建多个不同的对象，这些对象将会分配不同的内存空间，各对象中的成员变量内存空间相互独立，因此各对象各自拥有独立的值，互不影响，如图 4.4 所示。

```
Car car1=new Car();
Car car2=new Car();
```

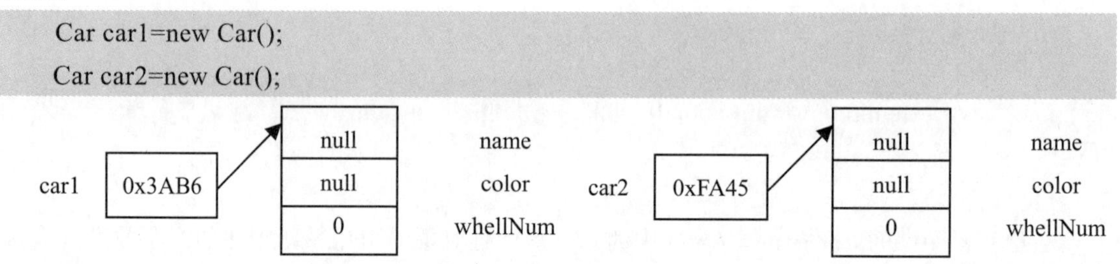

图 4.4　对象内存分配图

在 Java 中允许同一个类的两个对象之间进行赋值操作，如：

```
car2=car1;
```

将 car1 赋值给 car2 后，car2 和 car1 引用相同的实体对象，无论通过 car1 还是 car2 对实体对象的操作都是对同一个实体对象进行操作。内存分配情况如图 4.5 所示。

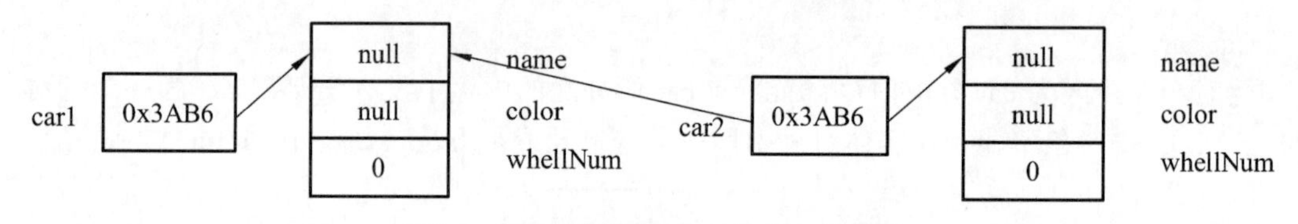

图 4.5　具有相同引用值对象内存分配图

在图 4.5 中，car2 指向了 car1 指向的实体对象后，car2 之前指向的对象实体没有任何对象指向它，则此段内存无法再被引用，因此这段内存将会被当作“垃圾内存”进行回收，这即是 Java 的垃圾回收机制。Java 的“垃圾回收机制”是指 Java 虚拟机周期性检测某个实体是否不再被任何对象所引用，如果发现这样的实体，就释放实体所占有的内存。

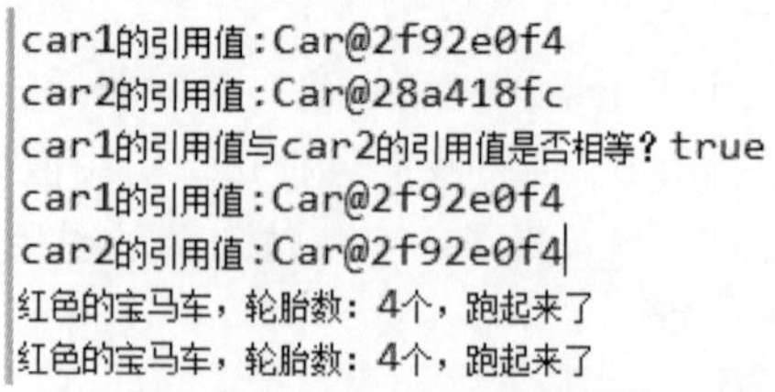

在下面的例子中对象 car1 的引用值赋给对象

```
car1的引用值:Car@2f92e0f4
car2的引用值:Car@28a418fc
car1的引用值与car2的引用值是否相等？true
car1的引用值:Car@2f92e0f4
car2的引用值:Car@2f92e0f4
红色的宝马车，轮胎数：4个，跑起来了
红色的宝马车，轮胎数：4个，跑起来了
```

图 4.6　对象的引用和实体运行结果图

car2 后，两对象的引用值相等，指向同一个实体对象，输出的汽车信息为相同。运行效果如图 4.6 所示。

【例 4.2】

```
Example4_2.java
class Car{
    String name;
    String color;
    int wheelNum;
    void setCarValue(String nm,String c,int num) {
        name=nm;
        color=c;
        wheelNum=num;
    }
    void run() {
        System.out.println(color + "的"+name+"车，轮胎数：" + wheelNum + "个，跑起来了");
    }
}
public class Example4_2 {
    public static void main(String[] args) {
        Car car1=new Car();
        Car car2=new Car();
        car1.setCarValue("宝马", "红色", 4);
        car2.setCarValue("奔驰", "白色", 4);
        System.out.println("car1 的引用值:"+car1);
        System.out.println("car2 的引用值:"+car2);
        car2=car1;
        System.out.println("car1 的引用值与 car2 的引用值是否相等？"+(car1==car2));
        System.out.println("car1 的引用值:"+car1);
        System.out.println("car2 的引用值:"+car2);
        car1.run();
        car2.run();
    }
}
```

4.2.4 对象成员的引用

用类创建了对象后，即可以用对象名加"."引用对象的成员变量或成员方法。

对象名.成员变量

对象名.成员方法

【例 4.3】使用 Car 类在主类中实例化对象 car 后，用 car.成员变量和 car.成员方法访问对象的成员。

Example4_3.java

```
class Car{
    String name;
    String color;
    int wheelNum;
    void setCarValue(String nm,String c,int num) {
        name=nm;
        color=c;
        wheelNum=num;
    }
    void run() {
        System.out.println(color + "的"+name+"车，轮胎数：" + wheelNum + "个，跑起来了");
    }
}
public class Example4_3 {
    public static void main(String[] args) {
        Car c = new Car();
        c.name = "大众车";// 对象名.成员变量名
        c.wheelNum = 4;
        c.color = "black";
        c.run();// 对象名.成员方法();
    }
}
```

4.2.5 局部变量和成员变量

成员变量：定义在类中变量。

局部变量：定义在方法中变量，如在方法体中、方法的参数列表中、复合语句中定义的变量。

成员变量与局部变量的区别：

1. 应用范围

成员变量：在整个类中的所有方法中都有效。

局部变量：只在其声明的方法体内或复合语句内有效。

2. 生命周期

成员变量：属于对象，成员变量是随着对象的创建而创建，随着对象的消亡而消亡。

局部变量：在调用方法时，给局部变量分配内存，使用完马上释放空间。

```
void show(int n) {
    for (int i = 1; i < n; i++) {
        for (int j = 1; j <= i; j++) {
            System.out.printf("%d*%d=%-3d", i, j, i * j);
        }
        System.out.println();
    }
}
```

在 show()方法中，n,i,j 都是在方法内声明的，属于局部变量。当内循环 for 开始执行时，j 变量的生命周期开始，当内循环 for 结束，j 变量消亡。当外循环 for 开始执行时，i 变量的生命周期开始，当外循环 for 结束，i 变量消亡。在方法被调用时 n 的生命周期开始，方法调用结束时，n 消亡。

3. 存储位置

成员变量：随对象实体存储在堆内。当没有引用指向堆内存中的实体对象时，才当垃圾回收内存。

局部变量：存在于栈内存中，当不再使用时，其内存马上被释放回收。

4. 初始值

成员变量：随对象实体存储在堆内，如果对象的成员变量没有赋初值，它有默认值。

整型：byte、short、int、long，默认值为 0;

字符型：char，默认值为'\uoooo';

逻辑型：boolean，默认值为 false;

字符串：String，默认值为 null;

类类型：默认值为 null;

数组：默认值为 null。

局部变量：存放在栈内存中，没有默认值，如果要使用必须初始化，没有初始值则不能使用。

4.2.6 类与程序基本结构

一个 Java 应用程序（或 Java 工程）由若干个类构成，这些类可以在一个源文件中，也可以分布在若干个源文件中。Java 应用程序有一个包含 main 方法的主类，Java 应用程序从主类的 main 方法开始执行。在编译 Java 源文件后，应用程序中的每个类生成一个字节码文件。

【例 4.4】汽车轮胎出现异常，需要修理汽车。

分析：采用面向对象的思维分析后得知需要的对象有汽车和汽车修理厂。进一步分析汽车具有的属性有轮胎数量、颜色、名字等属性，同时具有行驶的功能（当然汽车还具有其他的属性和功能，在此我们根据问题的描述抽象出其需要的属性和功能，其他的属性和功能不在问题描述中可不用抽象出来）。汽车修理厂具有名字、地址等属性，同时具有修理汽车功能。

因此需要实现修理汽车的功能，首先需要定义汽车类及汽车修理厂类，再在主类的 main 方法中测试代码。在测试代码中首先创建汽车对象，假设汽车的轮子少了，无法行驶，此时创建汽车修理厂对象，将汽车送至修理厂维修，汽车修好后，取车开走。上述功能的代码实现有 Car 类，CarRepairFactory 类及主类 Example4_5（对 Car 类及 CarRepairFactory 类对象进行测试）。

Car.java

```
public class Car {
    String name = "BMW";
    String color = "red";
    int wheelNum = 4;
    void run() {
        if (wheelNum < 4) {
            System.out.println("汽车坏了，赶紧修理吧！");
        } else {
            System.out.println(color + name + "车的" + +wheelNum + "个轮子跑起来了");
        }
    }
}
```

CarRepairFactory.java

```
public class CarRepairFactory {
    String name;

    void repairCar(Car sc) {
        sc.wheelNum = 4;
        System.out.println("汽车修好了！");
    }
}
```

Example4_4.java

```
public class Example4_4 {
    public static void main(String[] args) {
        Car car = new Car();
        car.run();
        car.wheelNum = 3; // 将汽车轮子改为 3 个
        car.run();
        CarRepairFactory cf = new CarRepairFactory();
        cf.name = "顺风修理厂";
        cf.repairCar(car);
        car.run();
        System.out.println();
```

```
	}
}
```

4.2.7 匿名对象

把没有名字的实体称之为匿名对象，即用 new 关键字创建一个对象后，并未把得到的引用值赋值给一个对象名，因此匿名对象实体没有变量名引用，匿名对象只能在创建时使用一次。因此，当对象对方法只调用一次的时候，可以使用匿名对象对代码进行简化。若要多次使用的对象，必须给对象起一个名字，而不能使用匿名对象。

```
如：new Car().run();
```

1. 匿名对象使用场景

（1）当对象对方法只进行一次调用时，可以使用匿名对象对代码进行简化，匿名对象引用属性没意义。通常匿名对象的方法执行完毕后该对象就变成了垃圾。

（2）匿名对象多用于作为实参传递给形参。

如：

```
CarRepairFactory repairFactory=new CarRepairFactory;
repairFactory. repairCar(new Car());//使用匿名对象作为实参
```

2. 不同的匿名对象占有不同的内存空间

如：

```
new Car().num=5;
new Car().color="blue";
```

上面两个 new 出来的匿名对象是两个不同的对象，在堆内存中有不同的空间，相互不干扰。因此若有 System.out.println(new car()==new car());，则结果为 false。

【例 4.5】阅读下列程序，体会对匿名对象设置的属性值是否能够被引用，两个匿名对象“==”比较的结果是什么。运行结果如图 4.7 所示。

```
Lily,18
eating: 米饭
null
false
```

图 4.7 匿名对象测试

Example4_5.java

```
class Person {
	String name;
	int age;
	void eat(String food) {
		System.out.println("eating：  " + food);
	}
}
```

```
public class Example4_5 {
    public static void main(String[] args) {
        //有名对象
        Person lily=new Person();
        lily.name="Lily";
        lily.age=18;
        System.out.println(lily.name+","+lily.age);
        lily.eat("米饭");
        new Person().name="Alice";//对匿名对象的 name 值初始化，对其他匿名对象无影响
        System.out.println(new Person().name);//新建的匿名对象的 name 值为默认值 null
    //两个匿名对象“==”比较结果永远为 false
    System.out.println(new Person()==new Person());
    }
}
```

3. 匿名对象小结

（1）因为没有引用变量指向匿名对象，永远无法获取给匿名对象设置的属性值，因此对匿名对象设置属性值没有意义。

（2）任何两个匿名对象使用“==”比较，计算结果永远为 false。

（3）匿名对象主要应用于实参传递。

4.3 封　装

在我们日常生活中的万千对象中，封装的例子无处不在，如洗衣机，电冰箱，计算机主机等。将对象的属性和操作方法进行封装有什么好处呢？

1. 安全

计算机主机把 CPU、内存、主板等都封装到机箱里。假如没有使用机箱进行封装，则 CUP、主板，内存条将全部散落在一处，同时开机也没有开机按钮，需要我们自己接跳线操作才能开启计算机，如若操作不慎，极易损坏计算机主机。如若用机箱封装起来，即可避免以上问题。因此通过封装可保证对象的安全性。

2. 将变化隔离

若计算机需要加内存，可以直接将其交给维修人员，维修人员加好内存后，用户拿到的还是那个机箱，里面发生了怎样的变化我们并不知道。封装的第二个好处是可以将变化隔离。

3. 使用方便

比如，在机箱上提供一个开机按钮，而不需用户直接使用跳线开机，体现了封装便于使用的特性。

4. 复用性

只要机箱提供了一个开机的功能，然后无论这个机箱拿到哪里去，都可以使用这个开机的功能。体现了封装所提供的复用性的特性。

Java 中的封装，是指在类中隐藏对象的属性和实现细节，对每个属性值提供对外的公共访问方法，同时在程序中控制对属性的读和修改的访问级别。程序员在 Java 类中通过对成员变量进行封装可实现隐藏类的具体实现，以及提高对象数据的安全性和操作简单等优点。

4.3.1 为何引入封装

【例 4.6】定义一个 Employee 类。Employee 类的属性有姓名、工号、性别；Employee 类的成员方法是 work 方法，所有成员使用 public 修饰。在主类中创建 Employee 对象，通过对象.成员的方式对属性进行赋值，再使用对象调用 work 方法。

Example4_6.java

```
class Employee {
    public String name;
    public String id;
    public String gender;
    public void work() {
        System.out.println("工号："+id + ",姓名：" + name + "，性别:" + gender );
        }
    }
public class Example4_6 {
        public static void main(String[] args) {
            // 创建对象
            Employee tom = new Employee();
            // 通过对象.成员进行初始化实例变量属性值
            tom.name = "tom";
            tom.id = "1001";
            tom.gender = "男";
            // 调用成员方法
            tom.work();
            // 给 gender 赋非法的值
            tom.gender = "狗狗";//性别被随意修改为“狗狗”
            tom.work();
        }
}
```

在上面例子中，程序没有错误，即便对 tom 对象的 gender 属性赋入非法值，程序仍然能输出，但结果不符常理。由此可发现如果不使用封装，很容易赋值错误，在程序中可以任意更改对象的属性值，造成数据的不安全。因此在编程中我们必须要避免随意修改对象的值，必须要对对象的属性值进行封装。

4.3.2 封装的实现

封装，即隐藏对象的属性和实现细节，仅对外公开接口，控制对象属性的读和修改的访问级别。那么类的封装如何实现呢？

（1）修改属性的可见性，在属性的前面添加修饰符（如 private）。

（2）对每个值属性提供对外的公共方法访问，如创建 getterXXX/setterXXX（取值和置值，其中 XXX 是类中的属性名）方法，用于对私有属性的访问。

（3）在 getterXXX/setterXXX 方法里加入属性的控制语句，例如我们可以加一个判断语句，对非法值给予限制。

如果我们没有在属性前面添加任何修饰符，我们通过对象就可以直接对属性值进行修改，没有体现封装的特性。这在程序设计中是不安全的，所以我们需要利用封装来改进代码。

首先在类里的属性前面添加 private 修饰符，然后定义 getter 和 setter 方法。修改例 4.6 中的两个类，分别把 Employee 类改为 Employee1 类，Example4_6 修改成 Example4_7，实现如下：

【例 4.7】

Example4_7.java

```
public class Example4_7 {
        public static void main(String[] args) {
                // 创建对象
                Employee1 tom = new Employee1();
                // 封装后的私有成员，在类外只能通过类中提供的 public 方法进行访问
                //tom.id = "1001";
                tom.setId("1001");
                tom.setName( "tom");
                tom.setGender("男");
                // 调用成员方法
                tom.work();
                // 修改 gender 的值时给 setter 方法传入非法的值
                tom.setGender("狗狗");
                tom.work();
        }
}

class Employee1 {
      // private 修饰成员变量，成为私有属性，只能在本类的方法中被访问,类外无法访问
      //加了 private 进行封装的属性，通常通过自定义 getter 和 setter 方法进行访问
      private String name;
      private String id;
```

```
    private String gender;
    //getter 方法获取封装的属性值
    public String getName() {
        return name;
    }
    public String getId() {
        return id;
    }
    public String getGender() {
        return gender;
    }
        //setter 方法设置或修改封装的属性的值
    public void setName(String nm) {
        this.name = nm;
    }
    public void setId(String i) {
        this.id = i;
    }
    //在 setter 方法中加入逻辑判断，过滤掉非法数据。
    public void setGender(String gen) {
        if ("男".equals(gen) || "女".equals(gen)) {
            gender = gen;
        } else {
            System.out.println("注意：性别只能是\"男\"或者\"女\"");
        }
    }
    public void work() {
        System.out.println("工号:"+id + ",姓名:" + name + ",性别:" + gender );
    }
}
```

程序 Example4_7 运行结果如图 4.8 所示。

```
工号:1001,姓名:tom,性别:男
注意: 性别只能是"男"或者"女"
工号:1001,姓名:tom,性别:男
```

图 4.8　封装实现

说明：

（1）private 修饰的成员变量在其所在类中可以直接访问，在类外不可以通过对象.属性名进行访问。

（2）private 修饰的成员，虽然无法在类外通过对象.属性名进行引用，但在类中可以对外提供公开的用于设置或获取对象属性的 public 方法。

（3）通过在类中用 public 权限的 getter 和 setter 方法分别获得或修改私有成员变量的值。

（4）为防止给封装了的成员变量设置非法值，通常会在 setter 方法中加入逻辑判断，用以过滤非法数据。

【例 4.8】定义一个能实现两个数的加减乘除的计算器类，并测试。

分析题意知，计算器类的成员变量至少有三个：两个运算数及运算符。为了实现封装可以把三个成员变量用 private 进行修饰。成员方法需要有成员变量相应的 getter 和 setter 方法及实现计算的 calculate 方法。本例直接将运算结果在 calculate 方法中进行输出，因此 calculate 方法无返回值，并且在进行除法运算时，需要判断除数是否为 0，若除数为 0，则在输出结果中需要给出相应的提示。具体实现参看 Example4_8.java。

Example4_8.java

```
public class Example4_8 {
    public static void main(String[] args) {
        Calculator cal = new Calculator();
        cal.setNum1(5);
        cal.setOption('%');
        cal.setNum2(-2);
        cal.calculate();
    }
}

class Calculator {
    private double num1;
    private double num2;
    private char option;

    public double getNum1() {
        return num1;
    }
    public void setNum1(double num) {
        num1 = num;
    }
    public double getNum2() {
        return num2;
    }
    public void setNum2(double num) {
        num2 = num;
    }
```

```
    public char getOption() {
        return option;
    }
    public void setOption(char op) {
        option = op;
    }

    public void calculate() {
        switch (option) {
        case '+':
            System.out.println(    num1 + " + " + num2 + " = " + (num1 + num2));
            break;
        case '-':
            System.out.println( num1 + " - " + num2 + " = " + (num1 - num2));
            break;
        case '*':
            System.out.println(num1 + " * " + num2 + " = " + (num1 * num2));
            break;
        case '/': {
            if (num2 != 0)
                System.out.println( num1 + " / " + num2 + " = " + (num1 / num2));
            else
                System.out.println("Cannot divide by zero");
            break;
        }
        case '%': {
            if (num2 != 0)
                System.out.println(num1 + " % " + num2 + " = " + (num1 % num2));
            else
                System.out.println("Cannot divide by zero");
            break;
        }
        default:
            System.out.println("运算符有误");

        }
    }
}
```

4.4 构造方法

所有人出生后都会有姓名，有些小孩是在出生后再取姓名的，而有些小孩一出生名字就已经取好。那么在 Java 中如何实现在对象创建时给对象成员变量赋初值？这是通过构造函数给对象的成员变量进行初始操作来实现的。

构造函数的特点：

（1）构造函数的函数名与类名相同。

（2）构造函数没有返回值类型。

（3）构造函数是在对象建立时由 Java 虚拟机调用，可以通过构造函数实现给对象成员初始化。

（4）构造函数可以重载，用以进行不同的初始化。

注意：当类中没有定义构造函数时，系统会给该类加上一个无参且方法体为空的构造函数。这个是类中默认的构造函数。当类中自定义了构造函数，则默认构造函数就没有了，可以通过 javap 反编译命令查看是否有默认构造函数。

如下列源文件 Student.java 中的 Student 类中没有定义构造方法，但经过反编译可以看出系统给 Student 类加上了一个无参且方法体为空的默认构造函数，如图 4.9 所示。由于默认构造函数的函数体为空，未对成员变量进行初始化，所以 main 方法中输出对象的值分别是 null 和 0.0，运行结果如图 4.9 所示。

Student.java

```
class Student{
    String name;
    double score;
    public static void main(String[] args) {
        //创建了 stu 对象，并调用默认构造函数初始化值,此时默认构造函数的方法体为空
        Student stu=new Student();
        //输出默认值 name:null,score:0.0
        System.out.println("name:"+stu.name+",score:"+stu.score);
    }
}
```

```
E:\chapter4>javac Student.java

E:\chapter4>java Student
name:null,score:0.0

E:\chapter4>javap Student.class
Compiled from "Student.java"
public class Student {
  java.lang.String name;
  double score;
  public Student();
  public static void main(java.lang.String[]);
}
```

图 4.9　反编译观察默认构造函数

在类中也可以自定义默认构造函数，即构造函数的参数仍然为空，在方法体中加入成员变量的初始化操作，修改 Student.java 中的 Student 类如下：

```
class Student{
    String name;
    double score;
    //在默认构造函数的方法体加入成员变量初始化语句
    public Student(){
        name="Lily";
        score=89;
    }
    public static void main(String[] args) {
        //创建 stu 对象，调用了默认构造函数初始化成员变量的值
        Student stu=new Student();
        //输出默认值 name:Lily,score:89
        System.out.println("name:"+stu.name+",score:"+stu.score);
    }
}
```

使用默认构造函数创建的对象的成员变量的值都是一样的，如果想实现创建出来的对象的属性值不一样，可以在类中加入带参数的构造函数。

【例 4.9】在 Student 类中定义了一个无参构造函数，同时定义了一个带参数的构造函数，形成了构造函数的重载。当在主类中创建对象时，系统判断参数的个数及类型确定调用哪一个构造函数对对象的成员变量进行初始化值。

Example4_9.java

```
class Baby{
    private String name;
    private int age;
    //无参构造函数
    public Baby(){
        cry();
    }
    //带参数的构造方法
    public Baby(String nm, int ag) {
        name = nm;
        age =ag;
        cry();
    }
    public String getName() {
        return name;
    }
```

```
    public void setName(String name) {
        this.name = name;
    }
    public int getAge() {
        return age;
    }
    public void setAge(int age) {
        this.age = age;
    }
    public void cry(){
        System.out.println("哇哇大哭…");
    }
    public void showInfo() {
        System.out.println("name:"+name+",age:"+age);
    }
}

public class Example4_10 {
    public static void main(String[] args) {
        //创建 Baby 对象，调用了默认构造函数初始化成员变量的值
        Baby baby1=new Baby();
        //输出 name:null,age:0
        baby1.showInfo();
        //创建 Baby 对象，调用了带参数构造函数初始化成员变量的值
        Baby baby2=new Baby("Alice",0);
        //输出 name:Alice,age:0
        baby2.showInfo();
    }
}
```

4.5 构造代码块

在例 4.9 中用 Baby 类创建 Baby 对象，即新出生的婴儿都会哭，因此在 Baby 类中的每个构造函数中都得调用 cry()函数，但是这样会造成代码重复问题，而构造代码块可实现给所有的对象进行统一的初始化。

构造代码块是直接在类中定义且没有加 static 关键字的用一对{}括起来的代码。构造代码块在每次创建对象时都会被调用，并且构造代码块的执行次序优先于构造函数。因此，通常会把所有构造方法中的公共信息抽取出来放在构造代码块中，如婴儿一出生就会先哭。

【例 4.10】

Example4_10.java

```
class Baby{
    private String name;
    private int age;
    //构造代码块
    {System.out.println("哇哇大哭....");}
    //无参构造函数
    public Baby(){
    }
    //带参数的构造方法
    public Baby(String nm, int ag) {
        name = nm;
        age =ag;
    }
    public String getName() {
        return name;
    }
    public void setName(String name) {
        this.name = name;
    }
    public int getAge() {
        return age;
    }
    public void setAge(int age) {
        this.age = age;
    }
    public void cry(){

    }
    public void showInfo() {
        System.out.println("name:"+name+",age:"+age);
    }
}
public class Example4_10 {
    public static void main(String[] args) {
        //创建 baby1,baby2 对象，都会先执行构造代码块
        //再调用相应的构造函数初始化成员变量的值
        Baby baby1=new Baby();
```

```
        Baby baby2=new Baby("Alice",0);
    }
}
```

注意：

（1）在类中可以有多个构造代码块，其执行与代码块在类中定义的先后顺序一致。

（2）若在构造代码块中存在对成员变量的显示初始化，则成员变量的初始化与构造代码块中初始化的执行顺序一致。

4.6　this 关键字

阅读例 4.11 程序，分析运行结果。

【例 4.11】

Example4_11.java

```
class Animal{
    String name ;   //成员变量
    String color;
    //带参数的构造函数，参数名与成员变量名相同，屏蔽成员变量名
    public Animal(String name , String color){
        name = name;
        color = color;
    }

    public void introduce(){
        System.out.println("大家好，我是一只"+color+"的"+name);
    }
}
class Example4_11
{
     public static void main(String[] args)
     {
          Animal dog = new Animal("狗","白色");
          dog.introduce();;
     }
}
```

运行上面程序得到运行结果为：

```
大家好，我是一只 null 的 null
```

为什么创建的 dog 对象的成员变量的值是 null 呢？究其原因，是因为调用的构造函数形

参变量 name 和 age 与成员变量名相同，当执行 name=name；语句时，JVM 采用就近原则在方法中能寻找到 name 局部变量，则不会去匹配成员变量。那么当成员变量或对象的属性与方法中的局部变量同名时如何实现对成员变量进行初始化呢？可以通过 this 关键字来实现。如在例 4.11 程序的 Animal 类的构造方法中实现为成员变量初始化则需在成员变量名前加上 this 来表示引用成员变量：

```
public Animal(String name , String color){
        this.name = name;
        this.color = color;
}
```

4.6.1 this 表示对当前调用方法的对象的引用

通常写 this 的时候，都是指“这个对象”或者“当前对象”，而且它本身表示对当前对象的引用。

this 关键字代表正在调用某方法的当前对象的引用。即 this 是指向当前对象，所指向的对象就是调用该函数的对象引用。当局部变量和成员变量重名的时候，在方法中的同名成员变量名前加 this 表示成员变量。

【例 4.12】

```
class Animal{
    String name;
    String color;
    public Animal() {
        //输出当前调用默认构造函数的对象的引用值
        System.out.println("this:"+this);
    }
    public Animal(String name,String color) {
        this.name=name;
        this.color=color;
    }
}
public class Example4_12 {
    public static void main(String[] args) {
        Animal dog=new Animal();
        //输出 dog 对象的引用值，与创建 dog 对象时调用默认构造函数时输出结果相同
        System.out.println("dog:"+dog);
        Animal cat=new Animal();
        System.out.println("cat:"+cat);
    }
}
```

运行结果如图 4.10 所示。

在上面程序中，当在创建 dog 和 cat 对象时，调用了默认构造函数，在默认构造函数中输出了 this 对象的引用值，this 出现在方法体中时代表调用当前方法的当前对象，因此在创建 dog 和 cat 对象调用默认构造函数时，输出的引用值分别是 dog 对象与 cat 对象的引用值，所以 this 在本程序中分别表示调用构造方法的 dog 对象和 cat 对象，运行结果如图 4.10 所示。

```
this:Animal@2f92e0f4
dog: Animal@2f92e0f4
this:Animal@28a418fc
cat: Animal@28a418fc
```

图 4.10 this 表示当前正在调用方法的对象

另外在例 4.12 Dog 类的有参构造函数中，通过“this.name=name;”将同名的成员变量与同名形参进行区别，this.name 中的 name 表示成员变量，而 name 表示形参变量。

4.6.2 在构造方法中调用同类中其他构造器只能使用 this

若一个类有多个重载的构造函数，则构造函数之间可以相互调用以避免重复编写代码，但是构造函数不是普通的成员函数，不能通过函数名直接调用，在 Java 中通过 this 关键字实现构造方法的相互调用。在构造方法中，根据 this 后面是否带参数列表及参数列表中参数的个数，来确定对符合此参数列表的某个构造器的明确调用，因此通过使用 this 关键字可以实现在一个构造函数中调用同类中的其他的构造方法。

```
class Student{
    int id;
    String name;
    public Student(){
        System.out.println("无参的构造方法被调用了...");
    }
    public Student(String name){
        this.name = name;
        System.out.println("一个参数的构造方法被调用了...");
    }
    //存在同名的成员变量与局部变量，在方法内部默认使用局部变量
    public Student(int id,String name){   //函数的形参是局部变量
        this(name); //调用本类带一个参数的构造方法
        //Student(name);编译错误，Java 中不能直接通过方法名调用构造函数，否则被认为
        //是在调用普通的自定义的 student(String)方法，而非构造方法
        //this(); //调用了本类无参的构造方法
        this.id = id; // this.id = id  局部变量的 id 给成员变量的 id 赋值
        System.out.println("两个参数的构造方法被调用了...");
    }
}
```

this 关键字调用构造函数要注意的事项：

（1）在同类的一个构造方法中只能用 this 调用一个同类中的其他构造方法，在一个构造方法中不能同时调用同类中的两个或多个构造方法；

（2）必须将 this 调用的构造方法放在构造函数第一行的最开始位置。

（3）在构造方法中不允许递归调用。如：

```
public Student(){
this();
}
```

（4）在构造函数外的其他方法内不能使用 this 调用构造函数。

4.7　static 关键字

static 可以修饰类的成员变量、类的成员方法以及代码块。被 static 关键字修饰的方法或者变量不需要依赖于对象来进行访问，只要类被加载，就可以通过类名直接进行访问，因此用 static 修饰类的成员变量及成员方法方便用户在没有创建对象的情况下进行调用。

4.7.1　static 修饰成员变量

定义 Person 类，Person 类具有姓名、年龄、国籍属性及自我介绍的行为，同时包含默认构造函数及带参数的构造函数用于对姓名和年龄进行初始化。在定义 Person 类时，默认国籍为“中国”。Person 类的定义如下：

```
class Person {
    String name;
    int age;
    String country = "中国";
    public Person() {
    }
    public Person(String name, int age) {
        this.name = name;
        this.age = age;
    }
    void introduce() {
        System.out.println("大家好，我是来自" + country + "的" + name + "，今年" + age + "岁");
    }
}
```

再在主类 PersonDemo 类中用 Person 类实例化两个对象，代码如下：

```
public class PersonDemo {
    public static void main(String[] args) {
        Person p1 = new Person("李清", 20);
```

```
        p1. introduce ();
        Person p2 = new Person("王诚", 18);
        p2. introduce ();
    }
}
```

对 PersonDemo 类中 p1，p2 对象进行内存分析：

（1）要执行主方法，首先把主类 PersonDemo.class 加载入数据共享区，然后再调用 main 方法，PersonDemo 类中的 main 方法进栈。

（2）在执行 Person p1 = new Person("李清", 20); 时创建 p1 对象，先将 Person.class 加载进数据共享区，在堆内存为 Person 实体开辟空间，再对实例变量的姓名和年龄及国籍进行初始化，最后将堆内存地址传给变量 p1，使栈和堆建立关联。

（3）在执行 Person p2 = new Person("王诚", 18); 时创建 p2 对象，其内存创建过程与 p1 对象是一样的。

思考：如果建立多个 Person 对象并且每个对象维护的国籍的值都是“中国”，则会浪费内存空间，为了优化内存，应该怎么办呢？

解决办法是让所有 Person 对象都共享一个 country，把 country 放入共享区。在 Java 语法中如果在成员变量前加上 static，则对应的成员变量被置于数据共享区被所有对象共享，因此要解决上述问题可以在定义 country 成员变量时，在其前加上 static 关键字，这样就不需要每个对象都维护一个 country 内存空间。

静态成员变量：在类中，用 static 声明的成员变量为静态成员变量，也称为类变量。类变量的生命周期和类相同，在整个应用程序执行期间都有效。类变量是为了实现对象之间重复属性的数据共享 。

静态成员变量和非静态成员变量的区别是：

（1）静态成员变量被所有的对象所共享，非静态成员变量被每个对象所拥有。

（2）静态成员变量在内存中只有一个，非静态成员变量存于各个对象中，每个对象中的非静态成员变量的值互不影响。

（3）静态成员变量可以通过类名或对象进行访问，非静态成员变量只能通过对象进行访问。

Person 类中的 country 成员若定义成静态成员，对 country 成员的引用既可以用类名访问，也可以用对象访问。

如：System.out.println(Person.country); 或 System.out.println(p1.country);

（4）当且仅当类初次加载时静态成员变量会被初始化，非静态成员变量在创建对象的时候被初始化。

注意：static 成员变量在类中初始化顺序按照定义的顺序进行初始化。如：

```
class Person{
  static String country="中国";
  static int count=1;
}
```

则在加载类时，对共享区中的 country 先初始化，再对 count 进行初始化。

【例 4.13】

Example4_13.java

```
class Person {
    String name;
    int age;
    //静态成员变量，被所有对象共享
    static String country = "中国";
    public Person() {}
    public Person(String name, int age) {
        this.name = name;
        this.age = age;
    }

    void introduce() {
        System.out.println("大家好，我是来自" + country + "的" + name + "，今年" + age + "岁");
    }
}
public class Example4_13 {

    public static void main(String[] args) {
            //访问静态成员，可以直接通过类名来调用
            System.out.println(Person.country);
            //访问静态成员，也通过对象.成员的形式访问
            Person p1 = new Person("tom", 18);
            System.out.println(Pl.country);
           //所有对象的 country 均被修改
            p1.country="英国";
            p1.introduce();

    }
}
```

4.7.2 static 修饰成员方法

在类中用 static 修饰的成员方法称为静态方法。由于类中的静态成员的生命周期与其所在的类相同，可不依赖于任何对象就可以通过类直接访问，因此静态成员的生命周期早于对象，所以在静态成员方法中没有 this 对象。由于非静态成员变量和非静态方法都是依赖于具体的对象进行调用及访问，因此在静态方法中不能访问类的非静态成员变量和非静态方法。

静态方法的说明：

（1）可以使用类名直接调用。

（2）静态函数中不能访问非静态成员变量，只能访问静态变量和静态方法。

（3）静态成员先于对象存在，所以在静态方法中不能使用 this, super 关键字。

（4）非静态函数中可以访问静态成员变量。

如果想在不创建对象的情况下调用某个方法，就可以将这个方法设置为 static。如 Arrays 类中的所有方法都是静态方法，可以方便地通过类名调用类中的方法实现对数组的基本操作。又如 Java 应用程序的执行入口方法 main 方法就是静态方法，因为程序在执行 main 方法的时候不需要创建任何对象，直接通过类名访问。

```
class Person {
    String name;
    int age;
    String gender;
    //static 修饰成员变量
    static String country = "CN";
    Person() {
    }
    Person(String name, int age, String gender) {
        this.name = name;
        this.age = age;
        this.gender = gender;

    }
    //非静态方法
   void speak() {
       //非静态方法可以访问静态成员
       System.out.println("国籍：" + country );

       System.out.println("国籍：" + country + " 姓名：" + name + " 性别：" + gender
                  + " 年龄：" + age + " 哈哈!!! ");

    }
    //静态方法
    static void run(){
       //静态方法只能访问静态成员变量
       System.out.println("国籍："+country);
       //静态方法访问非静态成员变量，编译报错
       //System.out.println(" 姓名：" + name);
       //静态方法中不可以出现 this,编译报错
       //this.speak();
    }
}
```

【例 4.14】静态方法的应用。自定义一个数组工具类 Arrays，实现遍历数组，数组求和，求数组中元素的最大值，求数组中元素最大值的下标值，求指定元素的下标，用冒泡和选择法对数组进行排序，对数组元素进行逆置和折半查找等功能。在 Arrays 类中的各方法可以实现对传递过来的数组进行前述各种功能，为方便可以直接通过类名调用 Array 工具类中各函数的功能，因此将 Arrays 类中的各方法定义成静态方法。注意，各方法的参数是需要处理的数组。具体实现如下：

```
/*
    Arrays 数组工具类
    1. 遍历数组
    2. 求数组和
    3. 求数组最大值
    4. 求数组最大值下标
    5. 求数组中某元素在数组中的下标
    6. 用冒泡法对数组进行排序
    7. 用选择法对数组进行排序
    8. 实现对数组中的元素进行逆置
    9. 采用折半查找法查找某数在数组中的下标
*/
class Arrays {
    private Arrays() {
    }
    // 1.定义一个遍历数组的函数
    public static void print(int[] arr) {
      for (int x = 0; x < arr.length; x++) {
            if (x != (arr.length - 1)) {
                  System.out.print(arr[x] + ",");
            } else {
                  System.out.print(arr[x]);
            }
      }
    }
    // 2.定义一个求数组和的功能函数
    public static int getSum(int[] arr) {
        int sum = 0;
        for (int x = 0; x < arr.length; x++) {
            sum += arr[x];
        }
        return sum;
    }
```

```
// 3.定义一个获取数组最大值的功能函数
public static int getMax(int[] arr) {
    int max = 0;
    for (int x = 0; x < arr.length; x++) {
        if (arr[max] < arr[x]) {
            max = x;
        }
    }
    return arr[max];
}
// 4.定义一个获取数组最大值下标的功能函数
public static int getIndexMax(int[] arr) {
    int max = 0;
    for (int x = 0; x < arr.length; x++) {
        if (arr[max] < arr[x]) {
            max = x;
        }
    }
    return max;
}

// 5.定义一个返回数组中某元素在数组中的下标的功能函数
public static int getIndex(int[] arr, int src) {
    int index = -1;
    for (int x = 0; x < arr.length; x++) {
        if (arr[x] == src) {
            index = x;
        }
    }
    return index;
}

//6.用冒泡法对数组进行排序
public static void bubbleSort(int[] arr) {
    for(i = 1; i<arr.length; i++)
        for (int x = 0; x < arr.length -i; x++) {
            if (arr[x] > arr[x + 1]) {
                int temp = arr[x + 1];
                arr[x + 1] = arr[x];
```

```
                    arr[x] = temp;

                }
            }
        }

        // 7.用选择排序法对数组进行排序
        public static void selectSort(int[] arr) {
            for (int x = 0; x < arr.length - 1; x++) {
                for (int y = 1 + x; y < arr.length; y++) {
                    if (arr[x] > arr[y]) {
                        int temp = arr[y];
                        arr[y] = arr[x];
                        arr[x] = temp;
                    }
                }
            }
        }
        // 8.定义一个可以将整数数组进行反序的功能函数。
        public static void reverseSort(int[] arr) {
            int start = 0;
            int end = arr.length - 1;
            for (int x = 0; x < arr.length; x++) {
                if (start < end) {
                    int tem = arr[start];
                    arr[start] = arr[end];
                    arr[end] = tem;
                }
                start++;
                end--;
            }

        }
        // 9.折半查找
        public static int halfSearch(int key, int[] arr) {
            int min = 0;
            int max = arr.length - 1;
            int mid = 0;
            while (min < max) {
                mid = (min + max) / 2;
```

```
                if (key > arr[mid]) {
                    min = mid + 1;
                } else if (key < arr[mid]) {
                    max = mid - 1;
                } else {
                    return mid;
                }
            }
            return -1;
        }
    }

    class Example4_14 {
        public static void main(String[] args) {
            int[] arr = { 3, 4, 5, 2, 3, 7, 4 };
            Arrays.print(arr);
            System.out.println();
            Arrays.selectSort(arr);
            Arrays.print(arr);
        }
    }
```

【例 4.15】静态成员变量的应用，统计 Person 类创建对象的个数。

```
    class Person
    {
        public String name;
        public int age;
        public static long allCount;
        public Person(){
            //用构造方法创建对象时 allCount 自加
            allCount++;
        }
        public Person( String name , int age ){
            //用构造方法创建对象时 allCount 自加
            allCount++;
            this.name = name;
            this.age = age;
        }
        //返回人数
        public long getCount(){
```

```
        return allCount;
    }
    // 具备找同龄人的功能
    public boolean isSameAge( Person p1 ){
        return this.age == p1.age;
    }
}
class Example4_15
{
    public static void main(String[] args)
    {
        Person p1 = new Person( "jame" ,   34 );
        Person p2 = new Person( "lucy" ,   34 );

        Person p3 = new Person( "lili" ,   34 );
        Person p4 = new Person();
        System.out.println( p1.getCount() + " " + p2.getCount() + "   " + p3.getCount()   );
        System.out.println( p1.isSameAge( p2 ) );
        System.out.println( p1.isSameAge( p3 ) );
    }
}
```

运行结果：

```
4 4  4
true
true
```

4.7.3 main 方法详解

主函数（main）是什么：主函数是一个特殊的函数，作为程序的入口，可以被 JVM 识别。

主函数的定义：public static void main(String[] args){方法体}

public：表示该函数的访问权限是 public 的。

static：表示主函数随着类的加载，就已经存在。

void：主函数没有具体的返回值。

main：不是关键字，是 Java 应用程序的入口，能被 JVM 识别。

String[] args：主函数的参数，参数是字符串类型的数组。

主函数的格式是固定的，JVM 能够识别。

可以在 Dos 窗口的命令行中输入 java Example4_16 hello world，实现给 Example4_16 类的 main 方法传递 hello 和 world 2 个字符串参数，参数与参数之间通过空格隔开，执行效果如图 4.11 所示。

【例 4.16】

```
class Example4_16 {
    public static void main(String[] args) {
        // 获取 String[] args 数组长度
        System.out.println(args.length);
        // 变量 args 数组
        for (int x = 0; x < args.length; x++) {
            System.out.println(args[x]);
        }
    }
}
```

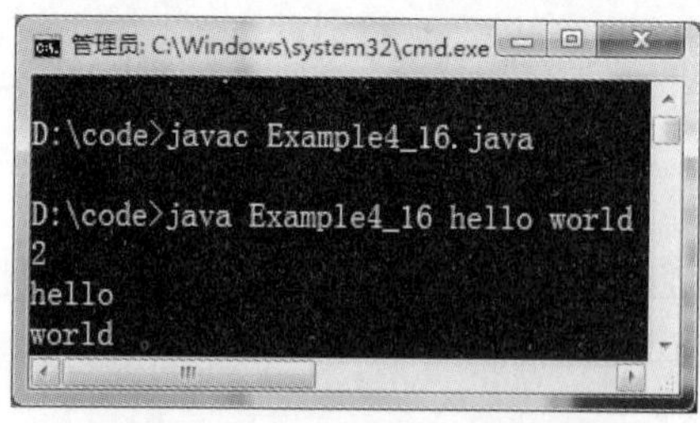

图 4.11　main 方法参数传递

【例 4.17】在 Example4_17 主类的主方法中调用 Example4_16 的主方法，并将在 Example4_17 类中的主方法里定义的 arr 字符串数组作为参数传给 Example4_16 类中的主方法，运行结果如图 4.12 所示。

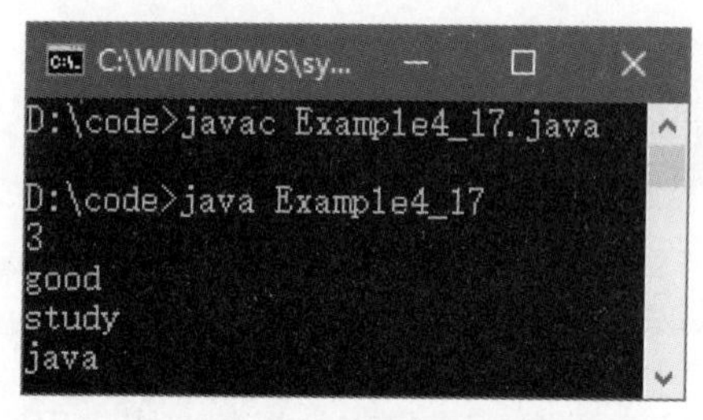

图 4.12　在一个主类中调用另一主类中的主方法

```
class Example4_17 {
    public static void main(String[] args) {
        // 字符串数组
        String[] arr = { "good", "study", "java" };
        // 调用 Example4_16 类的 main 方法，传递参数。
        Example4_16.main(arr);
    }
}
```

4.8 Java 包

Java 包（package）机制，提供了类的多层命名空间，用于解决类的命名冲突、类文件管理等问题。

Java 包相当于 Window 资源管理中的文件夹目录，Windows 的不同文件夹下可以存在同名文件，Java 包也是采用此种方式，来避免命名冲突。Java 包允许在更广泛的范围内保护类、数据和方法。

Java 包具有以下三个作用：

（1）区分相同名称的类。

（2）能够较好地管理大量的类。

（3）控制访问范围。

4.8.1 Java 包定义

Java 中使用 package 语句定义包，package 语句要求放在源文件的第一行，在每个源文件中只能有一个包定义语句。定义包格式如下：

```
package 包名；
```

Java 包的命名规则如下：

（1）包名全部由小写字母组成（多个单词也全部小写）。

（2）如果包名包含多个层次，每个层次用“.”分割。

（3）包名一般由倒置的域名开头，比如 com.baidu，不要有 www。

（4）自定义包不能以 java 开头。

注意：如果在源文件中没有定义包，那么类、接口、枚举和注释类型文件将会被放进一个无名的包中，也称为默认包。在实际企业开发中，通常不会把类定义在默认包下。

4.8.2 包导入

如果要使用不同包中的其他类，需要使用该类的全名（包名.类名）。代码如下：

example.Test test = new example.Test();

其中，example 是包名，Test 是包中的类名，test 是类的对象。

为了简化编程，Java 引入了 import 关键字，import 可以向某个 Java 文件中导入指定包层次下的某个类或全部类。import 语句位于 package 语句之后，类定义之前。一个 Java 源文件只能包含一个 package 语句，但可以包含多个 import 语句。

使用 import 导入单个类的语法格式：

```
import 包名.类名;
```

如导入 java.io.File 类：

```
import java.io.File;
```

使用 import 语句导入指定包下全部类的语法格式如下：

```
import java.util.*;
```

上面 import 语句中的星号（*）只能代表类，不能代表包，表明导入 java.uti 包下的所有类。

注意，使用星号（*）可能会增加编译时间，特别是引入多个大包时，所以明确地导入你想要用到的类是一个好方法。

Java 默认为所有源文件导入 java.lang 包下的所有类，因此前面在 Java 程序中使用 String、System类时都无须使用import语句来导入这些类。但若要用到Arrays类，Arrays类位于java.util包下，则必须使用 importjava.util.Arrays;语句导入 Arrays 类。当然 import 语句并不是必需的，若在类里使用“包名.类”的全名，可以不使用 import 语句。

如 java.sql.Date date = new java.sql.Date();

习　题

1. 阅读程序，运行结果是什么？（　　）

```
class Demo5
{
    //构造代码块，构造代码块的初始化
    {
        i = 2;
    }
    int i = 1;  //成员变量的显初始化
    public static void main(String[] args)
    {
        Demo5 d = new Demo5();
        System.out.println("i = "+d.i);
    }
}
```

2. 阅读程序，运行结果是什么？（　　）

```
class Demo5
{
    int i = 1;    //成员变量的显初始化

    //构造代码块，构造代码块的初始化
    {
        i = 2;
    }

    public static void main(String[] args)
    {
```

```
        Demo5 d = new Demo5();
        System.out.println("i = "+d.i);
    }
}
```

3. 阅读程序，运行结果是什么？（　　）

```
class Demo5
{
    //构造函数
    public Demo5(){
        i = 3;
    }

    //构造代码块，构造代码块的初始化
    {
        i = 2;
    }
    int i = 1;    //成员变量的显初始化
    public static void main(String[] args)
    {
        Demo5 d = new Demo5();
        System.out.println("i = "+d.i);
    }
}
```

第5章　继承、多态与接口

【学习要求】

掌握 Java 继承的实现；
掌握子类继承父类成员后，父类成员的访问权限；
掌握 super 关键字的用法；
掌握子类中重写父类方法的访问方式；
了解 instanceof 的用法；
掌握 final 修饰符的作用；
掌握抽象类及继承关系实现 Java 多态；
掌握接口的定义和实现及接口实现 Java 多态。

面向对象程序设计的三大特性包括：封装性、继承性及多态性。在第 4 章中介绍了封装性，本章将通过继承及接口介绍继承性和多态性两个重要特性。

5.1　类和类之间的常见关系

通过第 4 章的学习我们知道，Java 中对象与类之间的关系为类是由若干个同类对象的属性及功能抽象而来，而对象是由类进行实例化的关系。类与类之间常见的关系有聚合关系和继承关系。

5.1.1　聚合关系

聚合关系表现的是部分和整体之间的关系，整体与部分间存在 has-a 的关系。此时整体与部分之间有的是可分离的，有的却密不可分，各自具有自身的生命周期。如笔记本计算机包含 CPU、球队包含球员、公司包含员工等。代码层的表现形式为被包含类 B 以包含类的属性形式出现在关联类 A 中，也可能是关联类 A 引用了一个类型为被关联类 B 的全局变量。

如：汽车有发动机，而汽车的发动机这一属性是汽车这一整体的一部分，因此存在聚合关系（has-a 的关系）。其代码如下：

```
public class Engine{}
public class Car{
    private Engine engine;
    public Car(Engine engine){
        this.engine=engine;
    }
}
```

【例 5.1】定义一个出生日期类 Birthday 类，包含 year, month, day 三个属性及 Birthday 类的构造方法和 toString()方法。定义一个家庭住址类 Address 类，包含 country, city, street 三个属性及 Address类的构造方法和 toString()方法。再定义一个 Person类，在 Person类中包含 name，BirthDay 类定义的 birthday 和 Address 类定义的 address 三个属性，包含 Person 类的构造方法和 showMessage()方法。在 Person 类中的属性存在聚合关系，即 Person 类包含了 Birthday 和 Address 类的对象。代码实现如下：

Example5_1.java

```
//定义生日类
class BirthDay{
    private int year;
    private int month;
    private int day;
    public BirthDay() {}
    public BirthDay(int year,int month,int day) {
        this.year=year;
        this.month=month;
        this.day=day;
    }
    public String toString() {
        return year+"-"+month+"-"+day;
    }
}
//定义地址类
class Address{
    String country;
    String city;
    String street;
    Address(){    }
    Address(String country,String city,String street){
        this.country=country;
        this.city=city;
        this.street=street;
    }
    public String toString() {
        return "地址："+country+" "+"城市："+city+"   街道:"+street;
    }
}

class Person{
```

```
        private String name;
        private BirthDay birthday;//生日属性
        private Address address;   //家庭地址属性
        public Person(String name, BirthDay birthday, Address address) {
            super();
            this.name = name;
            this.birthday = birthday;
            this.address = address;
        }
        public void showMessage() {
        System.out.println("name:"+name+",address:"+address.toString()+",birthday:"+birthday.t
oString);
        }
    }

    public class Example5_1 {
        public static void main(String[] args) {
            BirthDay birthday=new BirthDay(1999,10,2);
            Address address=new Address("中国","攀枝花","机场路");
            Person p=new Person("Tom",birthday,address);
            p.showMessage();


        }
    }
```

5.1.2 继承关系

继承关系指一个类（称为子类）继承另外的一个类（称为父类）的属性和功能，同时子类结合自身特点增加其特有的新的属性或功能，继承关系是 is-a 的关系。在 Java 中继承关系通过关键字 extends 明确标识。

【例 5.2】定义 JavaTeacher 类，JavaTeacher 类包含姓名和所属教学部门属性，包含授课和自我介绍的方法。定义 DotNetTeacher 类，DotNetTeacher 类包含姓名和所属教学部门属性，包含授课和自我介绍的方法。再定义主类 Example5_2 类，在 Example5_2 类中测试 JavaTeacher 类和 DotNetTeacher 类创建的对象实现两类教师授课的功能。运行结果如图 5.1 所示。

```
大家好，我是来自软件工程教研室的张力
打开Eclipse.
开始授课!
课堂小结!
大家好，我是来自软件工程教研室的李刚
打开Visual Studio.
开始授课!
课堂小结!
```

图 5.1　Example5_2 类运行结果

Example5_2.java

```
public class Example5_2{
    public static void main(String[] args) {
        JavaTeacher t1=new JavaTeacher("张力", "软件工程教研室");
        t1.introduce();
        t1.giveLesson();
        DotNetTeacher t2=new DotNetTeacher("李刚", "软件工程教研室");
        t2.introduce();
        t2.giveLesson();
    }
}
class JavaTeacher {
    private String name;
    private String department;
    public JavaTeacher(String name,String department) {
        this.name=name;
        this.department=department;
    }
    public void introduce() {
        System.out.println("大家好，我是来自"+department+"的"+name);
    }
    public void giveLesson() {
        System.out.println("打开 Eclipse.");
        System.out.println("开始授课！");
        System.out.println("课堂小结！");
    }
}
class DotNetTeacher {
    private String name;
    private String department;
    public DotNetTeacher(String name,String department) {
        this.name=name;
        this.department=department;
    }
    public void introduce() {
        System.out.println("大家好，我是来自"+department+"的"+name);
    }
    public void giveLesson() {
        System.out.println("打开 Visual Studio.");
```

```
            System.out.println("开始授课！ ");
            System.out.println("课堂小结！ ");
        }
    }
```

通过观察在上述例子发现的 JavaTeacher 类和 DotNetTeacher 类中存在大量重复代码，如果在上述程序再增加一类数据库老师，则创建的数据库老师的 DBTeacher 类与 JavaTeacher 及 DotNetTeacher 类中仍然存在大量重复代码的问题。

继承可以解决类与类间的代码重复的问题，但是在写类与类间的继承关系时，要求类与类之间存在“is-a”的关系，如 Java 老师是老师的一类，.net 老师是老师的一类，因此上例可以把 JavaTeacher 和 DotNetTeacher 中的重复代码抽象出一个 Teacher 类，JavaTeacher 和 DotNetTeacher 再从 Teacher 类继承，以解决代码的复用问题。

【例 5.3】通过继承关系使 JavaTeacher 及 DotNetTeacher 从 Teacher 类继承，再实现例 5.2 中的教师授课功能。

Example5_3.java

```
public class Example5_3 {
    public static void main(String[] args) {
        JavaTeacher t1=new JavaTeacher("张力", "软件工程教研室");
        t1.introduce();
        t1.giveLesson();
        DotNetTeacher t2=new DotNetTeacher("李刚", "软件工程教研室");
        t2.introduce();
        t2.giveLesson();
    }
}
class Teacher {
    private String name;
    private String department;
    public Teacher(String name,String department) {
        this.name=name;
        this.department=department;
    }
    public void introduce() {
        System.out.println("大家好，我是来自"+department+"的"+name);
    }
    public void giveLesson() {
        System.out.println("开始授课！ ");
        System.out.println("课堂小结！ ");
    }
}
```

```java
//通过 extends 定义一个类的子类
class JavaTeacher extends Teacher{
    //构造方法不能继承
    public JavaTeacher(String name,String department) {
        //在子类构造函数中调用父类构造函数通过 super 实现，并且放在第一行
        super(name,department);
    }
    public void giveLesson() {
        System.out.println("打开 Eclipse.");
        //通过 super 调用父类与子类中的同名方法
        super.giveLesson();
    }
}
class DotNetTeacher extends Teacher{
    public DotNetTeacher(String name,String department) {
        super(name,department);
    }
    public void giveLesson() {
        System.out.println("打开 Visual Studio.");
        super.giveLesson();
    }
}
```

当类与类之间存在 is-a 的关系时，可以用继承进行描述，通过子类继承父类可以减少类与类之间的重复代码。

5.2 继承的特点

当多个类中存在相同属性和行为时，同时满足 is-a 的关系时，可以将这些内容抽取到一个单独的父类中，那么这些类无须再定义这些属性和行为，只需要继承父类即可，把这些继承父类的类称之为子类。初始化子类对象时先初始化从父类继承过来的属性，因此在创建子类对象时会隐式或显式的调用父类构造函数。

继承的特点：

（1）java 通过继承实现了代码的复用，被继承的类叫父类（或基类），由父类派生出的类叫子类。

（2）Java 中的类都是单继承，即一个类只能有一个直接基类，一个父类可以有很多子类，所有类都是 java.lang.Object 类的直接或间接子类。

（3）子类继承父类的成员变量和成员方法，同时修改父类的成员变量或重写父类的方法，还可以添加新的成员变量和成员方法。如在 JavaTeacher 类及 DotNetTeacher 类中重写 Teacher

父类中的 giveLesson()方法。

（4）子类的每个对象也是其父类的对象，这是继承的 is-a 关系。如 JavaTeacher 实例化的对象，既是 JavaTeacher 类的对象，也是 Teacher 类的对象。

（5）父类的对象不一定是它的子类的对象。如 Teacher 对象不一定是 JavaTeacher 类对象，因为教师不一定是 Java 教师。

（6）Java 程序中实例化子类对象时，会在执行子类的构造方法之前，先调用父类的构造方法，其目的是对继承自父类的成员进行初始化操作，可以使用 super([参数列表])中的参数个数及类型确定调用父类中的哪个构造方法，若在子类构造方法中没有出现 super([参数列表])调用形式，则一定调用父类的无参构造方法，此时若父类中没有无参构造方法，则编译时会报错。

（7）构造方法不能被子类继承，但可以使用 super([参数列表])被子类调用。

（8）调用父类构造方法的 super([参数列表])语句行必须写在子类构造方法的第一行，否则编译时将报错。

（9）super()与 this()在使用时，要求必须出现在构造方法内的第一行，因此 super()和 this()不能同时存在于同一个构造方法内。

（10）super 关键字表示父类对象，同 this 关键字一样不能在 static 环境中使用，如静态方法和静态代码块。

5.3 子类的继承性

如果类与类之间存在继承关系，则子类将会继承父类的成员作为自己类的一部分，因此在子类中除了有自己新增的成员外还具有从父类继承过来的成员变量和成员方法。虽然子类继承基类后，拥有基类所有成员（包括私有变量）的所有权，但在子类中会因为子类与父类所处的包位置不同，而影响父类中继承而来的 private 成员、友好成员、protected 成员和 public 成员在子类中的使用权，即继承自父类中的成员，具有不同的访问权限，在子类中的使用权会不一样。

5.3.1 子类和父类在同一个包中的继承性

如果父类与子类在同一个包中，子类会继承父类中包括 private 成员的所有成员，但在子类中及子类对象无法访问到父类中的 private 成员，父类中被子类继承过来的成员的访问权限不变。但需要注意的是父类的构造函数是不能被子类继承，因此在子类中必须要定义自己的构造方法，以实现对继承过来的成员变量的初始化。

【例 5.4】定义三个类：Animal.java，Cat.java，Example5_4.java，三个类没有包名，即都在同一包中，其中 Cat 类是 Animal 类的子类，在主类 Example5_4.java 中进行测试运行。

Animal.java

```
public class Animal {
    String color;
```

```java
    protected int legs;
    public void run() {
        System.out.println("开始跑跳");
    }
    public void sleep() {
        System.out.println("正在睡觉");
    }
}
```

Cat.java

```java
public class Cat extends Animal {
    public void catch() {
        System.out.println("会抓老鼠吃");
    }
}
```

Example5_4.java

```java
public class Example5_4 {
    public static void main(String[] args) {
        Cat cat=new Cat();
        cat.color="黄色";  //访问继承的友好成员
        cat.legs=4;           //访问继承的 protected 成员
        System.out.println("cat color:"+cat.color+",cat leg num:"+cat.legs);
        System.out.print("小猫");
        cat.run();           //访问继承的 public 成员方法
        System.out.print("小猫");
        cat.sleep();
        System.out.print("小猫");
        cat.catch();        //访问 Cat 类中新增加成员
    }
}
```

由于子类从同一个包中的父类继承过来的成员的访问权限不变，所以在 Example5_4 中实例化的子类对象可以访问到父类中的友好成员、protected 成员及 public 成员，如果在父类中有 private 成员，则在子类中是无法直接访问到的。

5.3.2 子类和父类不在同一个包中的继承性

当子类和父类不在同一个包中时，父类中的所有成员包括 private 成员都会被子类继承，但 private 和友好访问权限的成员变量的使用权会受限制，也就是说，在子类中只能直接访问父类中的 protected 和 public 访问权限的成员变量及成员方法，无法直接访问不在同一个包中父类的 private 和友好成员。

5.3.3 权限修饰词的使用法则

private:修饰属性或成员方法时，属性和方法只能在本类中被访问，不能在其他类中通过对象访问，也不能在其子类中直接被访问。private 还可以修饰内部类，但不能修饰外部类。

default：即在成员变量或成员方法前没有加任何访问权限的修饰符时，称为友好成员变量或友好成员方法。友好成员变量和友好方法在本类中可直接被访问，在同一个包下的其他类中可以通过对象进行访问。default 修饰类时，该类只能在同一个包下的其他类中使用，在其他包中无法使用。

protected：修饰属性或成员方法时，属性及成员方法在本类、同一个包中和子类中才是可见的，在其他地方是不可见的。

public：修饰属性或成员方法时，属性及成员方法在本类、同一个包中、子类中及其他地方均可见。

5.4 super 关键字

在 Java 程序中 super 关键字主要存在于子类方法中，super 用于在子类中指向父类的成员。使用 super 可以访问父类的属性和方法，也可以用于在子类构造方法中调用父类构造方法。

【例 5.5】在 BaseClass 类中定义了成员变量 x，定义了一个无参构造方法和一个有参构造方法，再定义一个 printMessage 方法。在 BaseClass 的子类 SubClass 类中定义了成员变量 y，定义了一个无参构造方法和一个有参构造方法，再定义一个 outputMessage 方法。在子类的带参构造方法中用 super(y)调用了父类带参数的构造方法，同时语句 this.y=y+x 中的 x 隐式的加了 super.x，表示访问的是父类中继承过来的 x 成员。在子类的 ouputMessage()方法中用 super.printMessage()调用父类中的方法。Example5_5 类是主类，实现对 BaseClass 类和 SubClass 类进行测试用。

```
class BaseClass {
    int x = 10;
    BaseClass() {
        System.out.println("BaseClass 无参构造方法");
    }
    BaseClass(int x) {
        this.x = x;
        System.out.println("BaseClass 有参构造方法");
    }
    void printMessage() {
        System.out.println("这是基类");
    }
}
class SubClass extends BaseClass {
```

```
    int y = 10;
    SubClass() {
        System.out.println("SubClass 无参构造方法");
    }
    SubClass(int y) {
        super(y);//调用父类带参数的构造方法
        this.y = y + x;//x 前有个隐式的 super 即 super.x
        System.out.println("SubClass 有参构造方法");
    }
    void ouputMessage() {
        super.printMessage(); // 访问父类的方法
        System.out.println("这是子类");
    }
}
class Example5_5 {
    public static void main(String[] args) {
        SubClass sc = new SubClass(1);
        System.out.println(sc.y);
        sc.ouputMessage();
    }
}
```

运行结果：

```
BaseClass有参构造方法
SubClass有参构造方法
2
这是基类
这是子类
```

super 使用说明：

（1）在子类对象中通过 super 访问父类的成员。如：this.y=y+x;，实质是：this.y=y+super.x;，当在子类中访问继承过来的成员时会在父类成员前有一个隐式的 super，如 super.x。

（2）this 和 super 很像，this 指向的是当前对象的调用，super 指向的是当前调用对象的父类。

在执行例 5.5 时，首先 Example5_5 主类被加载，执行 main 方法，用 SubClass 类创建对象时，SubClass.class 加载，发现其有父类 BaseClass 类，于是 BaseClass.class 类也被加载进内存。类加载完毕，创建对象，父类的带参数构造方法会被调用（如没有通过 super 显式调用父类构造方法，则默认执行父类无参构造方法），然后执行子类相应构造方法创建一个子类对象。在该子类对象中包含一个父类对象，该父类对象在子类对象内部。

（3）this 和 super 关键字只能在有对象的前提下使用，不能在静态上下文使用。

（4）子类的构造函数中若没有用 super 显式调用父类的构造方法，则子类的构造函数默认第一行会调用父类无参的构造函数，隐式语句为：

```
super();
```

若父类无参构造函数不存在，则编译报错。

```
SubClass(int y) {
        //super();隐式语句
        this.y = y + x;
        System.out.println("SubClass 有参构造方法");
    }
```

（5）子类显式调用父类构造函数。

在子类构造函数第一行可以通过 super 关键字调用父类有参或无参构造函数。若使用 super 关键字显式调用父类构造函数，编译器自动添加的调用父类无参数的构造方法就会消失。

```
SubClass(int y) {
        super(y);// 子类显式调用父类构造函数
        this.y = y + x;
        System.out.println("这是子类的有参构造");
    }
```

（6）super()和 this()不能同时存在于构造函数第一行。

无论是调用父类构造方法还是当前类的其他构造方法，都只能放在构造方法中的第一行，并且只能调用一次，super()和 this()不能同时存在于构造函数第一行。

```
SubClass(int y) {
        this();super(y); //错误，不能同时存在构造函数第一行
        this.y = y + x;
        System.out.println("这是子类的有参构造");
    }
```

super 思考：若一个类没有显式的继承于某个类，则在该类中的成员函数是否可以使用 super 关键字？可以使用，因为该类继承于 Object 类；Object 类是所有类的直接或间接父类。

5.5 重写（Override）

重写是子类对父类允许访问的方法的方法体实现过程进行重新编写，要求方法名和方法的参数个数以及参数类型都不能改变，同时方法的返回值类型必须是父类被重写函数的返回值类型或该返回值类型的子类，不能返回比父类更大的数据类。

重写的好处在于子类可以根据需要，定义适用于自己的行为。也就是说子类能够根据需要重新实现父类的方法。

【例 5.6】Dog 类从 Animal 类派生，在 Dog 类中重写 Animal 类中的 shout()方法，并在 Dog 类中新增 Dog 类的 lookHome()方法，以表现子类的新特性。在主类 Example5_6 中实例化一个 Dog 对象，并调用 Dog 类中重写父类的 shout()方法和新增的 lookHome()方法。注意，当在子类重写了父类的函数，则子类对象如果调用该函数，一定调用的是重写过后的函数。即

父类中被重写的方法对子类对象是不可见的，但可以通过 super 关键字调用父类的被重写函数。

Example5_6.java

```
class Animal{
    public void shout() {
        System.out.println("动物叫…");
    }
}
class Dog extends Animal{
    public void shout() {//重写父类中的 shout()方法
        System.out.println("小狗汪汪叫…");
    }
    public void lookHome() {//Dog 类中新增成员方法
        System.out.println("小狗看家…");
    }
}
public class Example5_6 {
    public static void main(String[] args) {
        Dog dog=new Dog();
        dog.shout();
        dog.lookHome();
    }
}
```

运行结果：

```
小狗汪汪叫...
小狗看家...
```

5.5.1 子类对象访问属性或方法的顺序

子类对象访问属性或方法的顺序原则上采用就近原则。

子类对象在调用某方法时，默认先用 this 进行查找，即在当前类中进行查找，如果在当前对象的类中没有找到其所访问的属性或方法，则再找当前对象所在类的父类属性或方法，若还没有找到，则继续找其父类的父类成员，以此类推，直到 Object 类，如果还没有找到则编译报错。

5.5.2 重载和重写区别

1. 重载(overload)

（1）重载的前提是所有的重载函数必须在同一个类中。

（2）重载函数的特点是函数名相同，函数参数列表不同，与方法的访问控制符、返回值类型无关。

（3）参数列表不同即是指参数的个数或类型不同。

2. 重写(override)

（1）重写的前提是存在继承关系，且在子类中定义和父类中名称相同且参数列表一致的函数，把子类中存在与父类相同的函数称之为函数的重写。

（2）重写函数的特点是函数名必须相同、参数列表必须相同。子类中重写函数的返回值类型要等于或者小于父类的返回值。

5.5.3 重写方法的说明

（1）在面向对象程序设计中，子类中可以重写父类中任何现有方法。

（2）重写函数的函数名必须相同，参数列表必须相同。

（3）子类重写父类的函数的时候，函数的访问权限必须大于等于父类的函数的访问权限，否则编译报错。

（4）子类重写父类的函数的时候，返回值类型必须是父类函数的返回值类型或该返回值类型的子类。不能返回比父类更大的数据类型。如子类函数返回值类型是 Object 时就会编译报错。

（5）重写方法时要求与被重写的父类方法中的异常一致，不能抛出新的异常或者比被重写方法声明更加宽泛的异常，即要么与被重写方法抛出的异常一致，要么是重写方法抛出异常的子类。例如，父类的一个方法声明了一个检查异常 IOException，但是在重写这个方法的时候不能抛出 Exception 异常，因为 Exception 是 IOException 的父类，只能抛出 IOException 或其子类异常。

（6）当子类重写了父类的函数，那么子类的对象如果调用该函数，一定调用的是重写过后的函数。

5.6 instanceof 关键字

instanceof 是比较运算符，用来判断一个对象是否是指定类的实例对象，比较结果是 boolea 类型值，结果是 true 或 false。

用法：对象　instanceof 类;

注意：使用 instanceof 关键字做判断时，对象与类之间必须有关系。

比如有一 Person 类：

```
Person p=new Person();
System.out.println( p instanceof Person);
```

则输出结果是 true。

5.7 final 关键字

final 关键字常用于修饰类、类的成员变量、成员方法以及方法的形参。

5.7.1 final 修饰成员属性

当用 final 修饰类中的成员变量时，则该成员变量是常量，其值不能被修改。用 final 修饰的成员变量必须在定义时赋初值，同时一般在命名常量时用大写进行命名。

```
如：public static final double PI=3.14;
```

说明：

（1）用 final 修饰的成员变量的值不能被修改，否则会报编译错误。

（2）final 修饰基本数据类型的成员变量时，其值不能改变。

（3）final 修饰对象引用作为类的成员变量时，final 使其引用值不变，无法让其指向一个新的对象，但是其指向的对象自身却可以被修改。

【例 5.7】

```
public class MyHome {
    public static final Dog MYDOG=new Dog();
    public static void main(String[] args) {
        MYDOG.name="小旺财";//修改指向对象的成员值
        MYDOG.eat();
        MYDOG.cry();
        //MYDOG=new Dog();编译无法通过，因为让 MYDOG 指向了新的对象。
    }
}
```

（4）当同时用 final 和 static 修饰成员时，final 和 static 的位置可以互换。

5.7.2 final 修饰方法

若在类中定义的方法前面加了 final 进行修饰，则该方法被称为终极方法，不能被其子类重写，因此当一个类被继承，那么所有的函数都将被继承，如果函数不想被子类重写，可以将该函数用 final 修饰。

5.7.3 final 修饰形参

当形参被 final 修饰时,则该形参的值在其所属的方法中不能被修改。形参用 final 进行修饰多用来遍历数据值的函数，以便增强数据的安全性。

【例 5.8】Example5_8 类中定义的 printArray(final String[] array)方法的形参加了 final 进行修饰，因此在 printArray 方法的执行过程中，形参数组 array 的元素不能被修改，实现只能对数据的只读而不能修改的保护，增强数据的安全性。

```
public class Example5_8 {
    public static void main(String[] args) {
        String[] array = { "Java 程序设计", "Java 虚拟机基础教程",
                                    "Java 编程思想" };
        printArray(array);
    }
    public static void printArray(final String[] array) {
        //array = new String[] {"C 程序设计","C++程序设计"}; 无法重新赋值
        for (int index = 0; index < array.length; index++) {
            System.out.println(array[index]);
        }
    }
}
```

5.7.4 final 修饰类

被 final 修饰的类称为终极类，终极类不能被其他类继承，如我们常用的 String 类，八大基本类型的封装类，其前都有 final 修饰，因此这些类不能被其他类继承，一旦定义一个类从这些类继承，会报编译错误。

将一个类定义为终极类的目的是因为该类没有必要再进行扩展，以防止代码功能被重写。

5.8 抽象类

当描述一个类的时候，如果不能确定功能函数的函数体如何定义，可以暂不写函数的函数体，只写函数首部，把这种只有方法首部说明而没有方法体的实现的函数称为抽象方法，包含抽象方法的类称之为抽象类。

下面通过一个例子来看为什么使用抽象类。

现在我们定义一个 Dog 类，其包含有颜色属性和吠叫的方法；定义 Bird 类，其包含有颜色属性和鸣叫的方法；定义 Dog 类和 Bird 类的父类 Animal 类，在 Animal 类中，抽取 Dog 类和 Bird 类的共同属性和行为，有颜色属性和叫的方法。在 Animal 类中定义的颜色的属性可以使用默认值初始化，但动物叫的方法在父类中如何定义呢？狗是汪汪叫，鸟是叽叽喳喳叫，我们可以将父类的方法定义为狗叫，然后让 Bird 类继承父类并重写叫的方法。但是我们在定义 Bird 类的时候如何确定是否需要重写父类中叫的方法呢？如果不重写，编译和运行都没有问题，只是在执行鸟叫的方法时会出现狗叫。

如果我们要求在子类中强制重写父类中的某个方法时，并且在父类中的某个方法的方法体无法明确其具体的实现时，可以将该方法定义为抽象方法，同时将该类定义为抽象类，这样在子类中就必须重写父类中的抽象方法；如果不重写父类的抽象方法，则子类也必须定义为抽象类，否则编译会报错。

在定义抽象方法和抽象类时，需要在类名或方法名前加上 abstract 关键字进行声明。一旦

将某个方法定义为抽象方法后，则该抽象方法就没有方法体，只有方法的声明。

如：public abstract void shout();

```
//抽象类
abstract class Animal {
    String color;
    //抽象方法，因不知道具体是什么动物，因此不清楚具体的叫声，故不写具体实现
    abstract void shout();//抽象方法在子类中将被强制重写，否则会报错
}
class Dog extends Animal {
    void shout() {//重写父类中的抽象方法，不重写编译错误
        System.out.println("汪汪…");
    }
}
class Bird extends Animal {
    void shout() {
        System.out.println("叽叽喳喳…");
    }
}
```

抽象类的特点：

（1）若在一个类包含有抽象函数，则该类一定是抽象类。

（2）抽象类中不一定有抽象函数，也可以没有抽象方法。

（3）抽象类不能使用 new 创建对象，因为抽象类中的抽象方法没有方法体。

（4）抽象类是为了解决代码的复用性而提出的，其主要是用来让子类继承。

（5）编译器强制子类实现抽象父类中的抽象方法，否则会报编译错误。当然也可以不实现，但子类也必须声明为抽象类。

（6）final 和 abstract 一定不能同时修饰一个类，二者修饰的类是矛盾的。final 修饰的类是终极类，不能被继承；而用 abstract 修饰的类却是用来被继承的，因此二者一定不能同时修饰一个类。

（7）static 和 abstract 一定不能同时修饰类中的方法，二者修饰的类是矛盾的。static 修饰的方法可以用类名调用，对于 abstract 修饰的方法是没有具体的实现方法体，所有不能直接调用，因此二者不能共同修饰一个方法。

（8）private 和 abstract 一定不能同时修饰类中的方法，private 修饰的方法只能在本类中使用，而 abstract 修饰的方法是用来被子类即类外进行重写，因此有矛盾，所以二者不能共同修饰同一个方法。

（9）抽象类不能创建对象，但抽象类中一定有构造函数。抽象类中的构造函数用于初始化抽象类中的属性，以便在用子类创建对象时实现对从父类继承过来的属性进行初始化。

【例 5.9】在抽象类 Amimal 类中重载了两个构造方法，实现对 Animal 类中的 name 属性进行初始化。在 Dog 类中的带参数的构造方法中用 super（name）调用父类 Animal 类中的带参数的构造方法实现对父类中的 name 属性进行初始化。

```
abstract class Animal {
	String name;
	// 抽象类中显示定义构造函数
	Animal() {
	}
	Animal(String name) {
		this.name = name;
	}
	abstract void shout();
}
class Dog extends Animal {
	Dog() {
	}
	Dog(String name) {
		super(name);
	}
	void shout() {
		System.out.println("汪汪");
	}
}

class Example5_9 {
	public static void main(String[] args) {
		// 抽象类不能创建对象
		// Animal a=new Animal();
		Dog d = new Dog("旺财");
		System.out.println();
	}
}
```

抽象类的优点：

（1）提高代码复用性。

（2）强制子类实现父类中没有实现的功能。

（3）提高代码的扩展性，便于后期的代码维护。

5.9 继承关系实现多态

5.9.1 多态的概述

Java 中的多态是指同一个行为具有多个不同表现形式或形态的能力。多态就是对同一个接口，使用不同的实例对象而执行不同操作。如有黑白和彩色打印机，对两种打印机都执行打印命令，则黑白打印机打印出来的效果是黑白色，而彩色打印机打印出来的效果是彩色。因此，多态性是指发出同一指令时，不同的多种形态的对象的执行效果不一样。如对于不同的动物，小猫和小狗，当它们在执行叫的命令时，虽然命令是相同的，但二者的叫声是不一样的，小猫发出的叫声是“喵喵”声，而小狗发出的是“汪汪”的叫声，这种现象就是多态，即同一个事件发生在不同的对象上会产生不同的结果。

在 Java 中使用继承实现多态性，必须具备三个条件：

（1）要存在继承关系。

（2）在子类中重写父类中的方法。

（3）父类引用指向子类对象，再用父类引用调用重写的方法，此时调用到的方法将会是子类中重写的方法。

注：当使用多态方式调用方法时，首先检查父类中是否有该方法，如果没有，则编译错误；如果有，再去调用子类的同名方法。多态的好处：可以使程序有良好的扩展，并可以对所有类的对象进行通用处理。

5.9.2 多态体现

多态可以通过下面两个方面进行体现：

（1）父类引用变量指向子类对象。

（2）父类引用也可以作为函数的参数接收自己的子类对象。

【例 5.10】通过父类引用变量指向子类的对象来体现并观察多态。本例中定义 Parent 类和 Child 类，Child 类继承于 Parent 类。Parent 类的成员变量有，非静态成员变量 x 和静态成员变量 y；成员方法有非静态方法 eat()方法用于输出父类吃饭信息，静态方法 sleep()方法用于输出父类说话信息。Child 类的成员变量有，非静态成员变量 x 和静态成员变量 y；成员方法有非静态方法 eat()方法用于输出子类吃饭信息，静态方法 sleep()方法用于输出子类说话信息。在主类 Example5_10 类的主方法中，用父类引用指向子类对象，阅读程序通过观察注释后的运行结果，体会父类引用调用到的成员变量及成员方法的区别。例 5.10 的三个类在同一个包中。

```
class Parent {
    int x = 100;
    static int y = 200;
    void eat() {
        System.out.println("调用父类的 eat()");
    }
    static void sleep() {
        System.out.println("调用父类的 sleep()");
    }
}
class Child extends Parent {
    int x = 300;
```

```
        static int y = 400;
        void eat() {
            System.out.println("调用子类的 eat()");
        }
        static void sleep() {
            System.out.println("调用子类的 sleep()");
        }
    }
    class Example5_10{
        public static void main(String[] args) {

            Parent p = new Child(); // 父类引用指向了子类对象
            System.out.println(p.x); // 输出：父类中的非静态成员变量 100
            System.out.println(p.y); // 输出：父类中的静态成员变量 200
            p.eat(); // 输出:调用子类重写的 eat()
            p.sleep();; // 输出:调用父类静态成员方法 sleep()
        }
    }
```

观察例 5.10 程序，满足多态的三个条件。当有 Parent p = new Child()，p 对父类和子类中的同名成员变量及成员方法的访问情况总结如下：

（1）当父类和子类具有相同的非静态成员变量，那么在多态下，p 访问的是父类的成员变量。

（2）当父类和子类具有相同的静态成员变量，那么在多态下，p 访问的是父类的静态成员变量。

（3）当父类和子类具有相同的非静态方法（即子类重写父类方法），多态下访问的是子类的成员方法。

（4）当父类和子类具有相同的静态方法（即子类重写父类静态方法），多态下访问的是父类的静态方法。

通过阅读及观察例 5.10 程序，可以发现多态具有如下特点：

（1）对于非静态方法的调用，在编译运行时步骤。

① 编译时期，编译器检查引用型变量所属的类是否有调用的方法，如果有，编译通过；没有，编译失败。

② 运行时期，编译器检查对象所属类中是否有调用的方法，有就直接调用，没有时若父类中有此方法，则调用父类中的方法。

总之，非静态成员函数在多态下调用时，编译看左边，运行看右边。

（2）在多态中，对于成员变量（包括静态和非静态成员变量）引用，编译和运行都参考左边（即引用型变量所属的类）。

（3）在多态中，对于静态成员函数的引用，编译和运行都只参考左边。

5.9.3 多态的应用

（1）多态作为形参，接受子类对象，避免函数重载过度使用，以增强程序的扩展性。

【例 5.11】编写程序，输出任何几何图形的面积和周长。

① 通过方法重载的方式进行实现。

定义 Shap 抽象类，Shap 类中包含 getArea()和 getLength()两个抽象方法，让 Circle 类和 Rectangle 类继承 Shap 类，同时 Circle 类定义自己新增的属性半径 radius 和圆周率 PI，Rectangle 类新增自己的属性宽度 width 和长度 length，再在 Circle 类和 Rectangle 类中重写 Shap 类中求面积和周长的方法，分别求圆形和方形的面积及周长。再定义一个 ComputShapAreaLen 类，在类中通过对 printAreaandLen()方法进行传递圆形和方形的方式进行重载，以分别实现输出圆形和方形的面积及周长。再在测试类的主方法中定义 ComputShapAreaLen 类的对象调用 printAreaandLen()分别求圆形和方形的面积及周长。Shap 类，Circle 类，Rectangle 类，Comput ShapAreaLen 类及测试类 Example5_11 都定义在同一个文件 Example5_11.java 中，具体代码如下：

Example5_11.java

```
abstract class Shap{
    public abstract double getArea();
    public abstract double getLength();
}
class Circle extends Shap{
    double radius;
    public static final double PI=3.1415926;
    public Circle() {
    }
    public Circle(double radius) {
        this.radius=radius;
    }
    public double getArea() {
        return PI*radius*radius;
    }
    public double getLength() {
        return 2*PI*radius;
    }
}
class Rectangle extends Shap{
    double width;
    double length;
    public Rectangle(double width,double length) {
        this.width=width;
        this.length=length;
```

```
    }
    public double getArea() {
        return width*length;
    }
    public double getLength() {
        return 2*(width+length);
    }
}
class ComputShapAreaLen{
    public void printAreaandLen(Rectangle rectangle) {
        System.out.println("area:"+rectangle.getArea());
        System.out.println("length:"+rectangle.getLength());;
    }
    public void printAreaandLen(Circle circle) {
        System.out.println("area:"+circle.getArea());
        System.out.println("length:"+circle.getLength());;
    }
}
public class Example5_11 {
    public static void main(String[] args) {
        ComputShapAreaLen comput=new ComputShapAreaLen();
        comput.printAreaandLen(new Circle(1));
        comput.printAreaandLen(new Rectangle(1, 1));
    }
}
```

在上述例子，只计算了圆形和方形两种图形的面积和周长，如果要再计算三角形、梯形或其他图形的面积和周长，则我们可以增加相应的形状类，但同时我们必须在 ComputAreaandLen 类中重载一个输出相应图形的面积及周长的 printAreaandLen()方法，即对 ComputAreaandLen 类进行修改。这样做存在一个问题，就是当我们在 ComputAreaandLen 类中去重载 printAreaandLen()方法时，有可能会误修改到 ComputAreaandLen 类中的其他方法，此操作不满足软件设计中的“开-闭”原则，即一个软件实体如类、模块应该对扩展开放，对修改关闭。接下来我们使用多态来解决重载所带来的问题。

② 多态作为形参用来满足“开-闭”原则。

多态的特点就是当父类引用指向子类对象后，父类引用可以调用子类中重写了父类中的非静态方法。因此，基于多态的特点我们可以在上面程序里的 ComputAreaandLen 类中，将 printAreaandLen()方法的参数定义为 Shap 引用即可，Shap 引用可以指向其子类对象，当 Shap 引用指向哪一个子类对象时，则 Shap 引用在调用 getArea()和 getLen()方法时，就调用的是那一个子类中重写到的非静态方法，从而实现输出各类图形的面积和周长要求。因此，我们只需要对例 5.11 中的 ComputAreandLen 中的 printAreaandLen()方法去掉方法重载，保留一个方法，并将

printAreaandLen()方法的参数设置成 Shap 类的引用即可。对例 5.11 中的 ComputAreaandLen 类进行修改如下。

```
class ComputShapAreaLen{
    public   void printAreaandLen(Shap myshap) {
        System.out.println("area:"+myshap.getArea());
        System.out.println("length:"+myshap.getLength());;
    }
}
```

通过使用多态来实现上述程序，可以减少方法的重载，并且可以满足软件设计中的“开-闭”原则，即如果在例 5.11 中还要输出梯形、三角形及其他图的面积及周长时，我们只需要定义相关的图形类，再直接在主方法中进行测试即可，而不需要去修改 ComputShapAreaLen 类。因此，多态可以使程序有良好的扩展，并可以对所有类的对象进行通用处理。

（2）多态可以作为返回值类型。

【例 5.12】本例通过多态作为返回值类型，来获取任意类型的车对象。定义汽车类 Car，成员变量有：名字和颜色，成员方法有：参构造函数及 run 方法。分别定义 Bmw 类、Benz 类、Audi 类继承自 Car 类，在各个类中定义有参构造方法，并用 super 关键字实现对父类 Car 类中的名字和颜色进行初始化。定义 CarFactory 类，在类中定义 produceCar()静态方法，随机生产各类汽车，并将生产的汽车对象使用父类引用即使用多态返回值进行返回。注：Car, Bmw, Benz, Audi，CarFactory 及测试类 Example5_12 类在此处均定义在同一个文件 Example5_12.java 中，也可以分别定义在各个以类命名的 java 文件中。

在 produceCar()方法中使用(int)Math.round(Math.random()*2); 生成 0 ~ 2 之间的随机整数。

Example5_12.java

```
class Car {
    String name;
    String color;
    Car(String name, String color) {
        this.name = name;
        this.color = color;
    }
    void run() {
        System.out.println(color+"的"+name+"车跑起来...");
    }
}
class Bmw extends Car {
    Bmw(String name, String color) {
        super(name, color);
    }
}
class Benz extends Car {
```

```
    Benz(String name, String color) {
        super(name, color);
    }
}
class Audi extends Car {
    Audi(String name, String color) {
        super(name, color);
    }
}
class CarFactory{
        /* 定义 produceCar()静态方法，根据生成的随机数生产汽车
         * produceCar()返回值类型为父类引用,即使用多态定义方法返回值类型
         */
        public static Car produceCar() {
            // 生成 0，1，2 三个数中的任一数
            int randomNum = (int) Math.round(Math.random() * 2);
            if (randomNum==0) {
                return new Bmw("宝马", "白色");
            } else if (randomNum==1) {
                return new Benz("奔驰", "蓝色");
            } else   {
                return new Audi("奥迪", "黄色");
            }
        }
}
class Example5_12 {
    public static void main(String[] args) {
        for(int count=1;count<=10;count++) {
            Car c = CarFactory.produceCar();
            c.run();
        }
    }
}
```

在 Example5_12.java 文件中的 CarFactory 类中定义的方法 produceCar()方法原型为：public static Car produceCar();，可以看出 produceCar()方法的返回值类型为 Car 类型，而在 produceCar()方法中生成的是各子类 Bmw, Benz, Audi 实体，但返回的是父类引用，即让父类引用指向子类对象，符合多态思想，如果还需要生产其他类型的汽车（如法拉利车），则只需要定义该车的类从 Car 类继承，则可以生产相应的汽车，因此增强了程序的扩展性。

（3）多态之类型转型。

① 基本类型转换：在类型兼容的情况下，如 int, float, double 数值型基本类型存在类型兼容，低类型向高类型转换时，在赋值时自动转换，高类型向低类型转换时，在赋值时需要强制转换。

② 类类型转换：类类型间能转换的前提是必须存在继承关系，若不存在继承关系且不存在多态，则进行了类类型转换，即使编译没错，运行时也会报错。子类对象转父类对象自动转换，父类对象转子类对象，需要类类型转换。如 Dog 类是 Animal 类的子类，则有:

Animal animal=new Dog();

Dog dog=(Dog)animal; dog.run();

【例 5.13】在 Example5_13.java 中定义 Animal 类，Animal 类中有 eat()和 cry()方法；定义 Dog 类继承 Animal 类，在 Dog 类中重写 Animal 类中的 eat()，新增加 lookHome()方法。再在主类 Example5_13 的主方法中用父类引用指向子类对象：Animal animal = **new** Dog();，则下列语句是否存在编译错误，若没错则调用的父类中还是子类中的方法呢？

① animal.eat();

② animal.cry();

③ animal.lookHome();

Example5_13.java

```
class Animal {
    String name;
    void eat() {
        System.out.println("吃东西");
    }
    void cry() {
        System.out.println("我是动物");
    }
}
class Dog extends Animal {
    void eat() {
        System.out.println("啃骨头");
    }
    void lookHome() {
        System.out.println("汪汪，看家");
    }
}
class Fish extends Animal {
    void eat() {
        System.out.println("鱼儿吃东西");
    }
    void swim() {
        System.out.println("鱼儿游泳");
```

```
    }
}
class Example5_13 {
    public static void main(String[] args) {
        Animal animal = new Dog();
        animal.eat(); // 啃骨头
        animal.cry(); // 我是动物
        // animal.lookHome(); //编译报错。多态弊端，父类引用只能引用父类成员
        // 父类对象通过强制类型转换为子类对象
        Dog dog = (Dog) animal;
        dog. lookHome ();
        System.out.println();
    }
}
```

（4）多态与非多态下的类类型转换。

以例 5.13 中所定义的 Animal 类，Dog 类，Fish 类为例说明类类型转换的相关知识。

① 多态下的类类型转换。

在 Example5_13.java 程序中如有：

Animal animal=new Dog();

若用父类引用 animal 调用 Dog 类中特有的方法 lookHome()，会出现编译错误，因为父类引用只能调用父类中的成员，此时可用类类型的强制类型转换来实现。

Dog dog=(Dog)animal;

转换后就能调用子类中的新增成员，如：

dog.lookHome();

② 非多态下的类类型转换。

若有：Animal animal=new Animal();

再通过类类型转换，如：

Dog dog=(Dog) animal;

dog.lookHome();

虽然编译能通过，但运行时将会出现 ClassCastException 异常。

③ 多态下的兄弟类类型转换。

若有：Animal animal=new Dog();

再将 animal 指向的 Dog 对象采用类类型转换为 Fish 对象，如：

Fish fish=(Fish)animal;

fish.swim();

虽然编译能通过，但运行时将会出现 ClassCastException 异常。

从③可以看出虽然是多态，但狗不能转为鱼，因为它们之间没有继承关系。因此在 Java 中，若要实现类类型转换，则必须存在继承关系，并且是在多态的状态下，若不存在继承关系或不是多态的状态，进行了类类型转换，即便是编译没错，但运行时也会报错。

（5）多态下调用子类中新增加的特有方法。

我们知道通过使用多态可以使程序的扩展性更强，但多态的弊端是父类引用只能指向父类成员，因此无法引用到在子类中的新增成员，为了解决能在多态的状态下引用子类的新增成员方法的问题，可以使用 instanceof 关键字，判断具体是哪一个子类对象，再进行类类型转换，从而可以执行该子类中新增的特有方法。

【例 5.14】多态下类类型转换的应用——多态下调用子类中新增加的特有方法。在主类中定义 runSubclassMethod(Animal animal)方法，参数 animal 接收动物对象，根据传入的具体动物，执行该动物特有的方法。由于方法参数使用多态，因此不能确定传入的是哪种动物，runSubclassMethod 方法中使用 instanceof 关键字进行判断具体是何种动物，进行类类型转换后，再执行该动物的特有方法。

Example5_14.java

```
class Animal {
	void eat() {
		System.out.println("动物吃东西");
	}
}
class Dog extends Animal {
	void eat() {
		System.out.println("小狗吃东西");
	}
	void lookHome() {
		System.out.println("小狗看家");
	}
}
class Fish extends Animal {
	void eat() {
		System.out.println("小鱼吃东西");
	}
	void swim() {
		System.out.println("鱼儿游泳");
	}
}
class Bird extends Animal {
	void eat() {
		System.out.println("小鸟吃东西");
	}
	void fly() {
		System.out.println("小鸟飞");
	}
```

```
    }

    class Example5_14 {
        public static void main(String[] args) {
            System.out.println();
            runSubclassMethod(new Dog());
            runSubclassMethod(new Bird());
            runSubclassMethod(new Fish());
        }
        // runSubclassMethod 方法的参数接收的各种动物对象，并执行该动物特有的方法
        public static void runSubclassMethod(Animal animal) {
            if (animal instanceof Dog) {
                Dog dog = (Dog) animal;
                dog.lookHome();
            } else if (animal instanceof Fish) {
                Fish fish = (Fish) animal;
                fish.swim();
            } else if (animal instanceof Bird) {
                Bird bird = (Bird) animal;
                bird.fly();
            } else {
                System.out.println("Bye Bye");
            }
        }
    }
```

5.10 接口（Interface）

5.10.1 接口的概述

现实生活中的接口例子无处不在，如计算机主板上的 PCI 插槽为声卡、显卡、网卡提供了统一的接口，声卡、显卡、网卡都可以插在 PCI 插槽中，而不用记住哪个插槽是专门插网卡、显卡或声卡，这是因为做主板的厂家和做各种硬件卡的厂家都遵守了统一的规定，如尺寸、排线等规范，但是各种硬件卡的内部实现结构却是不一样的。如计算机上的 USB 接口，通过 USB 接口可以连接鼠标、键盘、U 盘等外部输入输出设备，扩展了计算机的功能。

在 java 中的接口主要是用来拓展定义类的功能，弥补 Java 中单继承的缺点。在 Java 编程语言中接口是一个抽象类型，是抽象方法的集合，用关键字 interface 来声明。接口不是类，类描述对象的属性和方法，而接口则是抽象方法的集合，接口中的方法由类来实现。一个实

现接口的类，必须实现接口内所描述的所有方法，否则就必须将该类声明为抽象类。

5.10.2 接口的定义

使用 interface 关键字来定义接口。接口定义类似类的定义，由接口的声明和接口体组成，其中接口体由常量的定义和方法的声明两部分组成。定义接口的基本格式如下：

```
[修饰符] interface 接口名 [extends 父接口名列表] {
[public] [static] [final] 常量;
[public] [abstract] 方法;
}
```

修饰符：只能是 public 和默认两种访问权限；

接口名：指定接口的名称，默认情况下，接口名必须是合法的 Java 标识符，命名法则与类名类似。

extends 父接口名列表：此为可选参数，指定定义的接口继承于哪个父接口。当使用 extends 关键字时，父接口名为必选参数。

方法：接口中的所有非静态方法都是抽象方法，即只有声明而没有方法体的实现。**注：**JDK 1.8 以后，接口里可以有静态方法及静态方法的方法体了。

下面定义了一个 USB 接口，在其中定义了两个没有方法体的抽象方法。

```
interface USB{
    double USBVERSION=3.0;
    public abstract void startWork();
    public abstract void stopWork();
}
```

注意：

（1）接口中所有属性默认的修饰符是 public static final，因此在接口中定义属性时可以不用写出 public static final。如在上面的 USB 接口中的 double USBVERSION 的定义实质为：public static final double USBVERSION=3.0。接口中的属性是常量，因此在定义时必须进行初始化。

（2）接口中的所有非静态抽象方法默认的修饰符是 public abstract，因此在接口声明方法时可以省略 public abstract。

5.10.3 接口与类及接口与接口之间的关系

1. 接口与类

类与类之间可以是继承关系，而接口与类之间是实现关系。非抽象类实现接口时，必须把接口里面的所有方法实现。类实现接口用关键字 implments，一个实现类可以同时实现多个接口。

下面定义的 KeyBoad 类和 Mouse 类都实现了上面的 USB 接口。两个类在实现 USB 接口时，需要把 USB 接口中的 startWork()及 stopWork()（即接口中所有抽象方法）的方法体进行实现，否则类中会有从 USB 接口中继承过来的抽象方法，这样类就只能定义成抽象类。具体实现如下：

```
class KeyBoard implements USB{
    public void startWork() {
        System.out.println("键盘开始工作");
    }
    public void stopWork() {
        System.out.println("键盘结束工作");
    }
}
class Mouse implements USB{
    public void startWork() {
            System.out.println("鼠标开始工作");
        }
        public void stopWork() {
            System.out.println("鼠标结束工作");
        }
}
```

由于接口中存在抽象方法，因此接口类似于抽象类，不能实例化对象，但可以定义引用，并且在 Java 规范中允许接口引用变量指向实现类对象，在实际中抽象类和接口都可以作为多态中的父类引用类型。即当有接口引用指向了实现类对象，则可以用接口引用调用到实现类中实现了的接口中的方法。

如：

USB usbDevice=new KeyBord();

usbDevice.startWork();

调用到的 startWork()方法是 KeyBoard 类中的 startWork()方法。

虽然接口和抽象类不能实例化对象，但可以定义引用来指向实现类对象，并实现多态，达到扩展程序功能的效果，并满足“开-闭”原则。

下面的 Computer 类中定义了 useUSB 方法，其中的 useUSB（USB usbDevice）方法参数用接口引用作为参数，usbDevice 可接收 USB 实现类的对象，调用实现类中的实现方法，实现多态。在主类 Example5_15 的主方法中，使用 Computer 类调用静态方法 useUSB()方法，并传递 USB 实现类对象，当传递不同的对象，其 USB 接口将按照实现类中的实现方法进行执行。

【例 5.15】

```
class Computer{
    public static void useUSB(USB usbDevice) {
        usbDevice.startWork();
        usbDevice.stopWork();
    }
}
public class Example5_15 {
```

```
    public static void main(String[] args) {
        Computer.useUSB(new KeyBoard());
        Computer.useUSB(new Mouse());
    }
}
```

在上述程序中，如果需要扩充计算 USB 接口的使用功能，如需要使用 U 盘实现数据的存取，则只需要程序中再添加一个 UDisk 类实现 USB 接口，再在主类中使用 UDisk 对象进行测试即可，因此程序的扩展性强。

在 Java 中多态的实现可以通过父类引用，抽象类引用指向子类对象，或接口引用指向实现类对象来实现，但为什么要用接口而不用继承关系来实现多态，其原因有以下两点：

（1）Java 规范是单继承，多接口。

Java 中是单继承，即一个类只能有一个直接父类，如果要扩展功能只能从一个类进行扩展，有局限性，但一个类可以实现多个接口，因此可以在多个接口的基础上进行功能扩展。

（2）接口与实现类间有约束关系。

接口中的非静态方法一定是抽象方法，因此类在实现接口时，是一种强制实现，不实现接口定义的抽象方法，会报编译错误，因此实现类要么全部实现接口中的方法，要么该类必须定义成抽象类，因此实现类与接口间存在着一种约束关系。

2. 接口可以从其他接口继承

接口与接口之间可以存在继承关系，而且接口间可以是多重继承关系，即一个接口既可以从一个接口继承，也可以从多个接口继承。

```
interface IA{
    void funA();
}
interface IB{
    void funB();
}
interface IC extends IA,IB{
}
```

上面例子中，IC 接口同时从 IA、IB 两个接口派生，因此在 IC 中虽然没有定义任何属性和方法，但由于继承的关系，在 IC 中存在 IA 和 IB 两个接口中的抽象方法 funA()和 funB()。因此，若有类实现 IC 接口，则必须要实现继承过来的 funA()和 funB()方法，否则编译错误。

5.10.4 接口的特点

（1）类通过关键字 implements 实现接口，实现接口的时候必须把接口中的所有抽象方法实现，一个类可以实现多个接口。

（2）接口中定义的所有的属性默认是 public static final，即静态常量，接口中没有成员变量。接口中的属性由于是常量，所以在定义的时候必须赋值。

（3）接口中定义的非静态方法不能有方法体。接口中定义的方法默认添加 public abstract（只能是 public abstract，其他修饰符都会报错）。

（4）有抽象函数的类不一定是抽象类，也可以是接口类。

（5）由于接口中的非静态方法默认都是抽象的，所以接口不能实例化对象。

（6）如果实现类中要访问接口中的成员，不能使用 super 关键字。因为两者之间没有显式的继承关系，而接口中的成员属性是静态的，因此属性直接使用接口名即可访问。

（7）接口中没有构造方法。

习　题

一、简答题

1. 为什么子类一定要访问父类的构造函数？
2. 为什么 super()、this()语句要放在构造函数的第一行？
3. 抽象类的特点以及细节是什么？
4. 描述接口中属性及方法的默认修饰关键字。
5. 接口的表现形式的特点有哪些？
6. 接口的思想特点是什么，请举例。
7. 多实现和多继承的区别是什么？
8. 抽象类和接口的区别是什么？
9. 简述多态的体现、前提、好处、弊端。

二、阅读下列 Java 源文件，分析运行结果

```
class Father {
    String name;
    void eat() {
        System.out.println("吃窝窝");
    }
}
class Son extends Father {
    public void eat() { // 继承可以使得子类增强父类的方法
        System.out.println("来俩小菜");
        System.out.println("来两杯");
        System.out.println("吃香喝辣");
    }
}
class Demo1 {
    public static void main(String[] args) {
        Son son= new Son();
        //执行子类的方法
```

```
            son.eat();
        }
    }
```

三、instanceof 练习

阅读下列代码段，分析运行结果。

```
String string="abc";
Number number=new Integer(2);
System.out.println(string instanceof String);
System.out.println(string instanceof Object);
System.out.println(number instanceof Double);
System.out.println(number instanceof Number);
System.out.println(number instanceof Integer);
```

四、重写练习

编写类描述不同动物的不同叫法。要求：定义动物 Animal 类，属性有名字，具有吃（eat()）和叫(shout())两个方法。定义狗 Dog 类继承动物类，并重写父类中 eat()和 shout()方法。定义猫 Cat 类继承动物 Animal 类，并重写父类中 eat()和 shout()方法。再定义一个主类，在主类中定义 Dog 类和 Cat 类对象，并调用重写的 eat()和 shout()方法。

五、程序编写

定义静态方法求圆的面积及圆的周长。在求圆的面积和周长的方法中都需要用到圆周率 PI。将 PI 定义成 public static final 成员，这样在类内外都可以访问并且不能随意修改 PI 的值。

public static final double *PI* = 3.14;

六、抽象练习

设计抽象类来计算一个矩形与圆形的面积。

要求：（1）定义 MyShape 抽象类，类中定义获取图形周长和面积抽象方法。

（2）定义子类 Rect 继承 MyShape 抽象类。在 Rect 类中定义自身特有的长和宽属性，实现父类中未实现的求周长和面积的函数。

（3）定义子类 Circle 继承 MyShape 抽象类。在 Circle 类中定义自身特有的半径和圆周率（常量），实现父类中未实现的求周长和面积的函数。

七、接口编程

定义一个 Pencil 类，具有 write()方法。定义一个接口 Eraser，具有 clean 抽象方法。定义 PencilWithEraser 类继承 Pencile 类并实现 Eraser 接口。在 PencilWithEraser 类中一定要实现接口 Eraser 中的擦除 clean()方法，而 Pencil 类中的 write()不一定重写。

第6章　内部类与异常

【学习要求】

掌握内部类的分类；
掌握成员内部类的定义及使用；
掌握局部内部类的定义及成员的访问；
掌握匿名内部类定义的两种方式；
了解 Java 异常处理体系结构及异常处理机制；
掌握 try-catch-finally 的用法；
掌握 throw 及 throws 用法区别；
学会自定义异常类。

本章介绍 Java 内部类及如何通过 Java 内部类实现多态，同时介绍 Java 程序运行过程中可能会发生的异常及对可能发生的异常如何进行处理。

6.1　内部类概述

在 Java 中，可以将一个类定义在另一个类里面或者一个方法里面，这样的类称为内部类，把包含内部类的类称为外部类。我们知道，一个类中包含两部分：成员变量及成员函数。同样，内部类根据在外部类定义的位置也可以分为成员内部类和局部内部类。成员内部类定义位置同外部类的成员变量及成员方法，作为外部类的一个成员。局部内部类是定义在一个方法或者一个作用域里面的类。

【例 6.1】 定义 Book 类、School 类，在 School 类中定义一个 Book 对象，在 School 类中的 showInfo()方法中输出学校名称及 book 信息。

```
class Book{
    String bookName="Java 程序设计";
    String author="猿猿";
    Book(){}
    public Book(String bookName, String author) {
        this.bookName = bookName;
        this.author = author;
    }
    public void showBookInfo() {
        System.out.println(author+"编写,书名是《"+bookName+"》!");
```

```
        }
}
class School{
        Book book;
        String schoolName;
        School(String schoolName){
                book=new Book("Java 程序设计教程","张丽");
                this.schoolName=schoolName;
        }

        public void showInfo() {
                System.out.print("这本书是来自"+schoolName+"的");
                book.showBookInfo();
        }
}
public class Example6_1 {
        public static void main(String[] args) {
                Book book=new Book("Java 程序设计教程","张丽");//可以直接创建 book 对象
                book.showBookInfo();
                School school=new School("攀枝花学院");
                school.showInfo();
        }
}
```

运行结果：

```
猿猿编写,书名是《Java程序设计教程》!
这本书是来自攀枝花学院的猿猿编写,书名是《Java程序设计教程》!
```

在例 6.1 中，Book 类在定义时其访问权限是默认的，即在同一个包中的其他类里是可以使用 Book 类进行对象创建，试想，如果某本书是学校的内部教材，不希望其他学校使用，则学校可以把这种内部教材类定义在学校类中，作为学校类的成员内部类，这样外部其他类就无法直接使用到这个内部教材类。例 6.2 将例 6.1 中的 Book 类定义在 School 类中。

【例 6.2】用内部类实现例 6.1 功能。

```
class School{
        Book book;
        String schoolName;
        School(){}
        School(String schoolName){
                book=new Book("Java 程序设计","张丽");
                this.schoolName=schoolName;
        }
```

```
        public void showInfo() {
            System.out.print("这本书是来自"+schoolName+"的");
            book.showBookInfo();
        }
        class Book{
            String bookName;
            String author;
            Book(){}
            public Book(String bookName, String author) {
                this.bookName = bookName;
                this.author = author;
            }
            public void showBookInfo() {
                System.out.println(author+"编写,书名是《"+bookName+"》!");
            }
        }
    }
    public class Exmple6_2 {
        public static void main(String[] args) {
            //内部类不能直接创建对象，需要通过外部类来访问内部类
            //Book book=new Book("Java 程序设计教程","张丽");
            //在外部类外的其他类中创建内部类对象
            School.Book book=new School().new Book();
            School school=new School( "攀枝花学院");
            school.showInfo();
        }
    }
```

运行结果：

```
这本书是来自攀枝花学院的张丽编写,书名是《Java程序设计》!
```

注：内部类生成的字节码（.class）文件为“外部类名$内部类名”，以此标明该内部类是属于哪一个外部类。例 6.2 中的内部类的字节码文件是 School$Book.class.class。

6.2 成员内部类

根据内部类在外部类中定义的位置，把内部类分为成员内部类及局部内部类。成员内部类的定义位置类似于类的成员变量与成员方法，相当于外部类的成员变量，因此叫成员内部类。成员内部类中可以访问外部类的任何成员。

6.2.1 成员内部类的访问方式

（1）内部类中的方法可以直接访问外部类的成员属性和成员方法（包括 private 和 static 修饰的成员）。

（2）外部类访问内部类的成员属性或成员方法时需要先创建内部类的对象，再通过内部类对象访问内部类属性。

创建内部对象的两种方式：

① 在外部类的成员函数中创建内部类的对象。

成员内部类作为外部类的成员，可以在外部类的成员方法中或在定义内部类引用时直接用成员内部类创建对象。如在例子 6.2 中，在外部类 School 类的构造方法中直接用内部类 Book 类创建对象。

```
Book book=new Book();
```

② 在外部类以外的其他类中创建内部类的对象。

成员内部类是依附外部类而存在的，如果要创建成员内部类的对象，必须先创建一个外部类的对象，再使用外部类对象创建内部类对象。形式如下：

```
School.Book book=new School().new Book();
```

【例 6.3】成员内部类的成员访问方式。阅读 Example6_3.java 程序，理解在成员内部类中可以直接访问外部类成员，而在外部类中要访问内部类成员则必须先创建内部类对象，再通过内部类对象访问内部类的成员。

```
class OuterClass{
    int outerNum=10;
    class InnerClass{
        int innerNum=100;
        void showOuterNum() {
            //在内部类中可以直接访问外部类成员
            System.out.println("outerNum:"+outerNum);
        }
    }
    void showInnerNum() {
        //内部类成员必须要通过内部类对象访问
        //System.out.println("innerNum:"+innerNum);//编译错
    }
}
public class Example6_3 {
    public static void main(String[] args) {
        OuterClass.InnerClass obj=new OuterClass().new InnerClass();
        //在部类外部通过内部类对象访问内部类成员
        obj.showOuterNum();
```

```
    }
}
```

外部类访问内部类的属性和方法时，必须先创建内部类对象，再通过内部类的对象访问内部类对象的属性和方法。而成员内部类作为外部类的成员，在类中可以直接访问外部类的任意成员。

（3）当成员内部类与外部类有同名的成员变量或者方法时，在成员内部类中访问到的是成员内部类中的同名成员。如果要在成员内部类中访问外部类的同名成员，用以下形式进行访问：

① 在内部类中访问同名外部类中的成员变量：外部类.this.成员变量。

② 在内部类中访问同名外部类中的成员方法：外部类.this.成员方法。

【例 6.4】

```
class OuterClass{
    int num=10;
    class InnerClass{
        int num=100;
        void showNum() {
            //System.out.println("outerNum:"+num);访问的是内部类中的 num
            System.out.println("num:"+OuterClass.this.num);//访问外部类的 num
        }
    }
}
public class Example6_4 {
    public static void main(String[] args) {
        OuterClass.InnerClass obj=new OuterClass().new InnerClass();
        obj.showNum();
    }
}
```

在例 6.4 中，内部类在 showNum 方法中存在了两个 this 对象，一个是外部类对象，另一个是内部类对象，所以在 this 前面加上类名标明对应的类。如 OuterClass.this.num 表示引用外部类的 num 成员，如果写成 InnerClass.this.num 则表示引用内部类的 num 成员。

6.2.2 成员内部类的访问权限

内部类可以拥有 private 访问权限、protected 访问权限、public 访问权限及包访问权限共四种权限。这一点与外部类的访问权限修饰不一样，外部类只能有 public 和包访问两种权限。由于成员内部类是外部类的一个成员，因此与类的成员一样有 public,private,protected 及包访问四种权限修饰。

（1）如果用 public 修饰，则任何地方都能访问。

（2）如果用 protected 修饰，则只能在同一个包下或者继承外部类的情况下访问。

（3）如果是默认的包访问权限，则只能在同一个包下访问。

（4）如果成员内部类用 private 修饰，则只能在外部类的内部访问，不能在其他类中通过创建外部类对象再创建内部类对象来访问。

【例 6.5】

```
class OuterClass{
    int outerNum=10;
    //private 修饰内部类，则只能在其所在的外部类中可见
    private class InnerClass{
        int innerNum=100;
        void showOuterNum() {
            //在内部类中可以直接访问外部类成员
            System.out.println("outerNum:"+outerNum);
        }
    }
    void showInnerNum() {
        // private 修饰的内部类在其所在外部类中访问
        System.out.println("innerNum:"+new InnerClass().innerNum);
    }
}
public class Example6_5 {
    public static void main(String[] args) {
      //private 修饰的内部类只能在其所在外部类中访问
      //OuterClass.InnerClass obj=new OuterClass().new InnerClass();//编译错
    }
}
```

（5）如果内部类中包含有静态成员，那么 Java 规定内部类必须声明为静态内部类。内部类一旦用 static 进行修饰，则对内部类的引用类似于类中的静态成员变量与静态方法一样，可以直接用类名进行访问。如在 Example6_6 中创建静态内部类对象和引用静态内部类中的静态成员变量。

创建静态内部类对象的形式为：Outer.Inner in = new Outer.Inner();

引用静态内部类中的静态成员变量：System.out.println(OuterClass.InnerClass.innerNum);

【例 6.6】

```
class OuterClass{
    //用 static 修饰内部类
    static class InnerClass{
        //内部类中定义 static 成员
        static int innerNum=100;
        void showNum() {
            //在内部类中可以直接访问外部类成员
```

```
            System.out.println("outerNum:"+innerNum);
        }
    }
    void showInnerNum() {
        //static 内部类创建对象直接用外部类引用内部类的构造方法进行创建
        new OuterClass.InnerClass().showNum();
    }
}
public class Example6_6 {
    public static void main(String[] args) {
    //static 内部类创建对象直接用外部类引用内部类的构造方法进行创建
      OuterClass.InnerClass obj=new OuterClass.InnerClass();
      obj.showNum();
      System.out.println(OuterClass.InnerClass.innerNum);
    }
}
```

6.3 局部内部类

定义在外部类的方法中或代码块中的内部类称为局部内部类。局部内部类仅在其所定义的方法或代码块中有效，不能在外部类的方法以外的位置使用。由于局部内部类的局部可见性，因此局部内部类定义引用变量、创建对象及派生子类等功能，都只能在定义局部内部类所在的方法中实现，通过在所在方法中创建的局部内部类对象调用局部内部类的成员变量及成员方法。

【例 6.7】

```
class Student{
    String name="小明";
    int age=10;
    Student(){}
    public Student(String name, int age) {
        this.name = name;
        this.age = age;
    }
    public void printfInfo() {
        class Pupile{//局部内部类，定义在 printfInfo()方法中
            String grade;
            Pupile(String grade){
                this.grade=grade;
```

```
                }
                void showInfo() {
                    System.out.println("name:"+name+",age:"+age+",grade:"+grade);
                }
            }
            //只能在所在方法中创建局部内部类对象和引用局部内部类中的成员
            new Pupile("三年级").showInfo();
        }
    }
public class Example6_7 {
    public static void main(String[] args) {
        new Student().printfInfo();
    }
}
```

说明：

（1）局部内部类就像是方法里面的一个局部变量一样，是不能有 public、protected、private 以及 static 修饰符的。

（2）局部内部类可以访问外部类的任何成员变量和方法。

（3）创建局部内部类的实例或派生子类不能在所定义的方法体外，只能在定义局部内部类所在的方法中实现。

（4）局部内部类成员的访问必须在内部类定义之后。

（5）局部内部类和外部类有同名变量和方法时，通过“外部类名.this”方式访问外部类成员变量或方法。

6.4 匿名内部类

匿名内部类是指没有类名的局部内部类，匿名内部类必须继承一个父类或者实现一个接口。由于匿名内部类没有类名，因此在用匿名内部类创建对象时，是在定义匿名内部类的同时创建匿名内部类的对象。如果某个类在整个程序执行过程中只使用一次，则可以将其定义成匿名内部类。匿名内部类是在接口及抽象类的基础上发展而来，分为继承式的匿名内部类，接口式的匿名内部类，参数式的匿名内部类。定义匿名内部类的同时必须创建匿名类的对象，其格式如下：

```
new 类名/接口名/抽象类名([实参列表]){
//成员变量
//继承的方法
//新增方法
};
```

说明：

（1）new：表示创建匿名对象的关键字。

（2）类名/接口名/抽象类名([实参列表]):表示如果匿名类是继承于父类或抽象类，则 new 后面的类名/抽象类名([实参列表])表示所继承的父类构造方法，构造方法是父类中定义的带参数或不带参数的构造方法；如果匿名类实现的是接口，则接口名后面的括号内不带参数，即“接口名(){}”。

（3）{ }：表示匿名类，是继承于格式中前面父类的匿名子类或实现接口的匿名类。

（4）;：表示 new 匿名对象语句结束。

6.4.1 继承式的匿名内部类

如果匿名内部类继承于父类，其中父类可以是普通类，也可以是抽象类，则在定义匿名类时创建对象的格式如下：

```
new 父类名（[参数列表]）{
 匿名类类体
};
```

其中，“参数列表”是可选项，根据父类中定义的构造方法确定是否带参数及参数列表的个数和类型。

【例 6.8】定义一个抽象 People 类，People 类中有两个构造方法，一个默认构造方法，一个带参数的构造方法实现对成员变量 name 进行初始化。在主类 Example6_8 的主方法中，定义 People 类的匿名子类，在实例化匿名类对象时，使用了匿名类的父类 People 类的带参数的构造方法，实现对继承过来的 name 进行初始化。在匿名类中实现抽象类 People 类中的 sayHello()方法。在主方法中定义父类引用 person 指向匿名子类对象，当用 person 调用 sayHello()方法时，调用的是匿名类中重写的 sayHello()方法，是多态的应用。

```
abstract class People{
        String name;
        People(){}
        People(String name){
                this.name=name;
        }
        public abstract void sayHello() ;
}
public class Example6_8 {
        public static void main(String[] args) {
                //定义匿名类并创建匿名类对象,此处匿名类是 People 类的子类
                People person=new People("Tom") {
                        public void sayHello() {
                                System.out.println(name+"say:"+"Hello!");
                        }
```

```
        };
        //利用多态，调用在匿名类中重写的方法
        person.sayHello();
    }
}
```

6.4.2 接口式的匿名内部类

如果匿名内部类实现接口，则在定义匿名类时创建对象的格式如下：

```
new 接口名( ){
 匿名类类体
};
```

由于在接口中没有构造方法，所以在定义接口实现的匿名内部类并用其创建匿名内部类的对象时，接口名后面的()内不加任何参数。

【例 6.9】定义 PrintLetter 接口，在 ScreenShow 类中的 show(PrintLetter letter)方法的参数是 PrintLetter 接口变量，其可以接收 PrintLetter 接口的实现类对象。在 Example6_9 类的主方法中，show(PrintLetter letter)方法接收的是 PrintLetter 接口的匿名内部实现类的对象。传递 show(PrintLetter letter)方法的参数时采用了两种形式：第一种将匿名类对象赋值给接口变量，将接口变量传递给 show(PrintLetter letter)方法；第二种给 show(PrintLetter letter)方法传参数时，直接把创建出来的匿名类对象传递给 show()方法。同时让 ScreenShow 对象调用 show(PrintLetter letter)方法，而在 show(PrintLetter letter)方法中调用匿名类中重写的 print()方法，以实现输出英文小写字母及俄文小写字母，属于多态的应用。

```
interface PrintLetter{
    void print();
}
class ScreenShow{
    void show(PrintLetter letter) {
        letter.print();
    }
}
public class Example6_9 {
    public static void main(String[] args) {
        ScreenShow screen=new ScreenShow();
        //定义的接口变量 letter 指向实现 PrintLetter 接口的匿名类对象
        PrintLetter letter=new PrintLetter() {
            public void print() {
                for(char ch='a';ch<='z';ch++)
                    System.out.print(ch+" ");
            }
```

```
        };
        //letter 作为 show()方法的参数，再在 show()中调用重写的 print 方法
        screen.show(letter);
        System.out.println();
        //直接将匿名类对象作为 show()的参数，此匿名类对象只能用一次
        screen.show(new PrintLetter() {
            public void print() {
                for(char ch='a';ch<='z';ch++)
                    System.out.print(ch+" ");
            }
        });
    }
}
```

如果需要多次使用匿名类创建的对象，可把创建的匿名类对象赋值给父类引用变量或接口引用变量，但这种赋值形式，只能调用到在匿名类中重写的父类或接口中的方法，如果想调用到匿名类中新增的成员，只能在直接创建出匿名类对象时进行调用，但此类对象只能使用一次，即在创建时使用。因此匿名类通常是用来重写父类或接口中的方法，较少在匿名类中新增成员方法。

匿名内部类说明：

（1）匿名内部类没有类名，因此匿名内部类不能定义构造方法，匿名内部类是唯一一种无构造方法的类。

（2）匿名内部类没有构造方法，因此在创建匿名内部类时就必须创建其实例对象，因此匿名内部类不能是抽象类，匿名内部类必须实现接口或抽象父类的所有抽象方法。

（3）一个匿名内部类只能继承唯一的一个父类或实现唯一的一个接口，在匿名内部类中除了实现父类或接口中所有抽象方法，也可以添加自定义方法。

（4）匿名内部类属于局部内部类，匿名内部类没有访问修饰符和 static 修饰符。

（5）当匿名内部类和外部类有同名变量（方法）时，匿名内部类中默认访问匿名内部类中同名变量或同名方法，若要访问外部类的同名变量或方法需要加上外部类的类名。

（6）匿名内部类在编译时由系统自动起名为外部类名$1.class。

（7）匿名内部类可以访问外部类任何变量和方法。

6.5 异 常

6.5.1 生活中的异常

我们的现实生活中存在着各类异常现象，如开车上班途中若没有发生异常，则能顺利按时到达工作单位，但在开车上班途中可能会发生如堵车、汽车故障、交通事故等异常事件，这些异常有的能处理，有的却无法处理，如汽车故障是必须要进行处理的，而堵车异常无须

处理而且也无法处理。因此异常就是指有异于常态，有别于正常情况下所发生的错误。

6.5.2 Java 异常体系结构

Java 异常处理是指当 Java 程序出现错误时，程序如何处理，通过异常处理保障 Java 程序安全退出。

程序错误分为编译错误和逻辑错误。编译错误是指程序中的语法错误，通过编译程序来检测语法错误所在位置及错误原因。逻辑错误是指程序没有按照预期的逻辑顺序执行而导致最终的运行结果不正确。异常是指程序运行时发生的错误，而异常处理就是当运行发生错误时对错误进行妥善的处理，不至于程序的执行直接被中断。

在 Java 中，对在运行时出现的异常现象进行封装，定义成相应的异常类。Java 的异常体系结构包含在 java.lang 这个包中，该包为默认包，在使用时不需要导入。在 Java 中，所有的异常类和错误类都直接或间接的从 Throwable 类继承。Throwable 有两个直接子类——Error（错误）类和 Exception（异常）类，异常可以处理，而错误是无法通过程序进行处理的，因此 Java 中的异常处理是指对发生的 Exception 子类异常进行的处理，而异常（Exception）又分为运行时异常和非运行时异常。在 Java 中非运行异常必须要使用 try-catch 进行处理，否则会报语法错误，而发生运行时异常即 RuntimeException 及其子类异常时在程序中可处理也可不处理，发生运行时异常时不处理编译器也不会报错。Java 异常体系如图 6.1 所示。

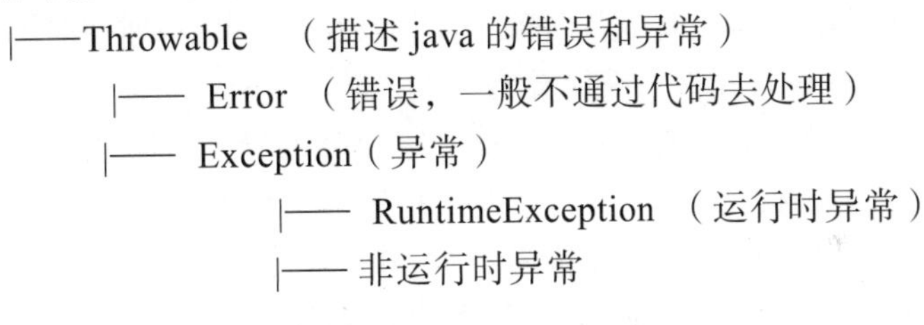

图 6.1 Java 异常体系

1. Throwable

Throwable 有两个重要的直接子类，Exception（异常）和 Error（错误），二者都是 Java Throwable 的重要子类，Exception 和 Error 都包含了大量子类，通过 Java 的 API 文档可获知。异常和错误的区别是异常可以处理，而错误是无法通过程序进行处理。Trowable 类中，异常对象可以调用如下方法得到或输出有关的异常信息：

public string getMessage();//返回异常发生时的详细信息

public string toString();//返回异常发生时的简要描述

public void printStackTrace();//在控制台上打印 Throwable 对象封装的异常信息

2. Error（错误）

在 Java 中，程序无法处理的错误通过 Error 的子类描述，Error 指的是一个合理的应用程序不能截获的严重的问题。大多数错误是因为 Java 虚拟机出现的问题。例如，Java 虚拟机运行错误（VirtualMachineError），当 JVM（Java 虚拟机）没有足够的程序执行所需的内存资源时，将出现内存溢出 OutOfMemoryError 错误。通常这样的异常发生时，JVM 一般会终止线程的执行。因此 VirtualMachineError、OutOfMemoryError 这些错误无法通过程序代码进行处理，这类错误在应用程序的控制和处理能力之外，因此对于设计合理的应用程序来说，即使发生了这些错误（Error），也不需要去处理 Error 所引起的异常状况，而且编程人员也无法处理这样的错误。

3. Exception（异常）

Exception 是可以通过程序代码处理的异常。

Exception（异常）分两大类：运行时异常和非运行时异常。其中非运行时异常又称为编译异常，程序中需要尽可能去处理这些异常。

1）运行时异常（RuntimeException）

RuntimeException 类是 Exception 类的一个重要的子类，是非受检异常，运行时异常都是 RuntimeException 类及其子类所对应的异常。RuntimeException 类及其子类异常表示 JVM 的常用操作引发的异常。如：用空值对象引用成员变量和成员方法、除数为零或数组下标越界，会分别引发 NullPointerException、ArithmeticException 和 ArrayIndexOutOfBoundException 运行时异常。编译器不检查这些异常，在程序中可以捕获处理，也可以不处理，如若程序中没有处理则由 JVM 自行处理，Java Runtime 会自动捕获到程序抛出的 RuntimeException，然后停止线程，同时打印异常。运行时异常多因为程序逻辑错误引起，程序编写人应多从逻辑角度检查并尽可能避免运行时异常的发生。

运行时异常的特点是 Java 编译器不会检查，即当程序中可能出现这类异常时，如用 throw 子句声明抛出了运行时异常对象，没用 try-catch 语句捕获时，也不会出现编译错误。

2）非运行时异常（编译异常）

非运行时异常是 RuntimeException 以外的异常，类型上都属于 Exception 类及其子类，是编译异常，或称之为受检异常，即从程序语法角度讲是必须进行捕获处理或向上抛出的异常，若不处理，程序会出现编译错误。如 FileNotFoundException、ClassNotFoundException 等异常以及用户自定义的从 Exception 派生的异常类。

6.5.3 异常处理机制中的捕捉异常

Java 提供的异常处理机制能在 Java 程序发生异常时，按照程序的预先设定的异常处理逻辑，有效地处理异常，使程序继续正常执行。Java 程序中的异常可以在程序语句执行时所发生，也可以是编程人员通过 throw 语句手动抛出的，在 Java 程序中一旦有异常发生，就会有一个对应类型的异常对象，在程序代码中我们可以用 try 块把可能发生异常的语句块包起来，用 catch 去捕获发生的异常对象，并做出相应的处理。

【例 6.10】在 Example6_10 中，实现的功能是输入两个整数，再求两整数整除的结果。

```
import java.util.Scanner;
public class Example6_10 {
    public static void main(String[] args) {
        int num1,num2,result;
        Scanner input = new Scanner(System.in);
        System.out.println("Input num1,num2:");
```

```
            num1=input.nextInt();
            num2=input.nextInt();
            result=num1/num2;
            System.out.println("result="+result);
        }
    }
```

我们都知道除法中，除数不能为 0，如果 num2 输入的值是 0，则在运行程序时，会发生 java.lang.ArithmeticException 运行时异常，由于 ArithmeticException 异常是非受检异常，因此在程序中可以用 try-catch 处理，也可以不处理。但为了使程序能够正常结束，可以在程序中用 try-catch 块进行异常处理。

1. try-catch 语句

Java 中用 try-catch 语句来处理异常，try 语句块用于监听可能发生异常的代码块，将可能抛出异常的语句或调用的某个可能会抛出异常的方法放在 try 语句块内，当 try 语句块中有异常发生时，抛出相应异常对象，并立即中止 try 语句块的执行，转向相应异常处理所对应的 catch 语句块执行，因此 catch 语句块用于捕获 try 语句块中发生的异常。catch 块在捕获 try 块中抛出的异常对象时，若其后有多个 catch 块，则是从 try 语句块后第一个 catch 块开始从上至下依次对每一个 catch 后的异常对象参数进行匹配，第一次匹配上某 catch 块后的异常对象参数，就执行相应的 catch 后的代码块，进行异常处理。在执行完 catch 块中的语句后，再顺序执行程序中 catch 块后的其他代码，不再匹配其他 catch 后的异常对象。如果 try 块中发生的异常没有 catch 块异常参数能与之匹配，则程序执行异常结束，并在控制台打印出异常堆栈信息。其格式如下：

```
try{
  try 块中包含可能会发生异常的语句
}catch(Exception 子类 1 e1){
  捕获到 try 块中发生的 e1 类型异常后，执行的异常处理语句
} catch(Exception 子类 2 e2){
  捕获到 try 块中发生的 e2 类型异常后，执行的异常处理语句
} catch(Exception 子类 3 e3){
  捕获到 try 块中发生的 e3 类型异常后，执行的异常处理语句
}…
```

一个 try 语句块可能会发生多个异常，因此一个 try 块后可以跟多个 catch，但多个 catch 后的异常对象必须是不同类型的异常对象，如果多个 catch 块后的异常存在父子关系，则必须把父类异常放在子类异常后面进行捕获，否则如果父类异常 catch 块放在子类异常 catch 块的前面，由于在进行异常匹配时是从上至下逐一进行匹配，从而导致后面的 catch 块中的子类异常无法匹配成功，从而发生编译错误。

【例 6.11】计算输入的两个整数的整除结果。在输入整数时，有可能输入非数字，如字母，因此可能会发生 InputMismatchException 异常。另外，如果除数 num2 输入为 0 时，有可能会发生 ArithmeticException 异常。因此，try 块所包含的那段代码有可能会发生两种异常之一，

所以在 try 块后跟了两个 catch 语句块，捕获可能发生的异常。

```
import java.util.Scanner;
public class Example6_11 {
    public static void main(String[] args) {
        int num1,num2,result;
        Scanner input = new Scanner(System.in);
        System.out.println("Input num1,num2:");
        try {
        num1=input.nextInt();
        num2=input.nextInt();
        result=num1/num2;
        System.out.println("result="+result);
        }catch(ArithmeticException e) {
            System.out.println("除数不能为 0!");
        }catch(InputMismatchException e) {
            System.out.println("请检查输入的数据！ ");
        }
    }
}
```

执行情况如图 6.2 与图 6.3 所示。

```
Input num1,num2:
6.5 2
请检查输入的数据!
```

图 6.2　输入错误数据运行结果图

```
Input num1,num2:
4 0
除数不能为0!
```

图 6.3　除数 num2 输入为 0 运行结果图

2. finally 语句

finally 语句块不能单独使用，通常以 try-catch-finally 形式出现，也可以是 try-finally 形式。格式如下：

```
try {
        //监视代码执行过程，一旦发生异常则立即跳转至 catch 块
        // 如果没有异常，try 块执行完后则直接跳转至 finally 块
} catch (SomeException e) {
        //如果 try 块发生与 catch 后参数一致的异常对象则进行异常处理
} finally {
      //无论是否有异常发生都会执行 finally 代码块
      // 通常用于关闭文件，断开与数据库的连接
}
```

或

```
try {
    // 逻辑代码块
} finally {
    // 清理代码块
}
```

finally 语句块通常用于处理善后清理工作，如在 try 块中打开的文件或连接的数据库及网络连接在用完后都需要关闭，这些关闭操作可以放在 finally 语句块中执行，因为无论是否有异常发生，及发生异常是否被 catch 块捕获，finally 语句块都会被执行。除非在其前的 try 块或 catch 块中执行了 System.exit()方法，finally 块将不执行。

【例 6.12】在例 6.11 的基础上增加了 finally 语句块，在 finally 语句块中将 Scanner 对象 input 输入流对象进行关闭，即无论 try 中的发生什么样的异常，或者 catch 块是否有异常捕获，都会执行 finally 语句块中的关闭操作，实现资源回收。

```
import java.util.Scanner;
public class Example6_12 {
    public static void main(String[] args) {
        int num1,num2,result;
        Scanner input = new Scanner(System.in);
        System.out.println("Input num1,num2:");
        try {
            num1=input.nextInt();
            num2=input.nextInt();
            result=num1/num2;
            System.out.println("result="+result);
        }catch(ArithmeticException e) {
            System.out.println("除数不能为 0!");
        }catch(InputMismatchException e) {
            System.out.println("请检查输入的数据！ ");
        }finally {
            input.close();//关闭输入流
            System.out.println("在 finally 块中执行 input 流的关闭！ ");
        }
        System.out.println("程序运行结束！ ");
    }
}
```

运行结果如图 6.4 ~ 图 6.6 所示。

```
Input num1,num2:
6.5 2
请检查输入的数据!
在finally块中执行input流的关闭!
程序运行结束!
```

图 6.4　输入非整数运行图

```
Input num1,num2:
4 0
除数不能为0!
在finally块中执行input流的关闭!
程序运行结束!
```

图 6.5　除数输入 0 运行图

```
Input num1,num2:
8 2
result=4
在finally块中执行input流的关闭!
程序运行结束!
```

图 6.6　输入正确值运行图

如果在 try 块中发生的某个异常没有被 catch 块进行捕获，则程序将直接异常退出，如果没有 finally 块中对打开的资源进行关闭，则可能导致资源浪费，也有可能导致数据丢失，因此我们要习惯在 finally 块中对在 try 块中打开的资源进行关闭。

当在进行异常处理时，try，catch，finally 三个语句块都包含时的执行情况如下：

（1）若 try 块中没有异常发生，则执行完 try 代码块后直接执行 finally 代码块，再执行程序中 try-catch-finally 语句块之后的其他语句。

（2）若在 try 代码块中有异常发生，则在抛出异常语句处终止 try 代码块的执行，若 try 代码块抛出的异常对象被其后 catch 子句捕捉，则转而执行与之相匹配的 catch 代码块，之后再执行 finally 代码块，最后再执行程序中 try-catch-finally 语句块之后的其他语句。

（3）如果 try 代码块中抛出的异常没有被任何 catch 子句捕捉到，那么将直接执行 finally 代码块中的语句，并把该异常传递给该方法的调用者，将异常交给调用者处理，若调用者并未处理接收到的异常，则程序异常中止，并在控制台输出异常的堆栈信息。

总之，只有在 try 块或 catch 块中调用了退出虚拟机的方法 System.exit(int status)，在 System.exit(int status)位置处会直接退出 Java 程序的执行，否则无论是否有异常抛出，异常处理的 finally 块一定会执行。

3. try-catch-finally 语句使用说明

（1）异常处理语法结构中，try、catch、finally 三个语句块都不能单独使用，try、catch、finally 使用只可以是 try-catch、try-catch-finally 或 try-finally 三种形式之一。

（2）try 语句块后可以跟多个 catch 块，如果在多个 catch 块捕获的异常类中存在父子关系，则捕获父类异常的 catch 块必须位于捕获子类异常 catch 块的后面。

（3）在异常处理时，若 try，catch，finally 语句块都存在，则 catch 块必须位于 try 块之后，而 finally 块必须位于所有 catch 块之后，且 finally 语句块最多只有一个。

（4）finally 与 try 语句块匹配的语法格式，因为没有 catch 块的这种情况会导致异常丢失，较少使用。

4. JAVA 中 try、catch、finally 带 return 的执行顺序总结

异常处理中，try、catch、finally 的是按顺序执行的。如果 try 中没有异常，则执行顺序为 try→finally，如果 try 中有异常，则顺序为 try→catch→finally。但是当 try、catch、finally 语句块中有 return 语句的执行时，程序是遇到 return 就直接返回到调用处呢，还是会继续把 finally 语句执行结束后再返回呢？

（1）try 中有 return 语句，且 return 返回基本类型数据的执行过程。

【例 6.13】阅读程序 Example6_13，分析运行结果。

```
public class Example6_13 {
    private static int tryReturn() {
        int num = 10;
        try {
            ++num;
            System.out.println("in try block : num=" + num);
            return num;
        } catch (Exception e) {
            num++;
            System.out.println("in catch block : num=" + num);
        } finally {
            num++;
            System.out.println("in finally block : num=" + num);
        }
        return num;
    }

    public static void main(String[] args) {
        int returnNum = tryReturn();
        System.out.println("in main returnNum=" + returnNum);
    }
}
```

输出结果：

```
in try block : num=11
in finally block : num=12
in main returnNum=11
```

当 try 中包含有 return 语句时，且没有异常发生时，会先执行 try 代码块中 return 前的代码，然后暂时保存需要 return 的数据，再执行 finally 中的代码，最后再通过 return 返回之前保存的信息。所以，在 Example6_13 程序中返回的值是 try 中计算后的 11，而不是 finally 代码块中计算出来的 12。

（2）try 中带有 return，且通过 return 返回引用类型数据的执行过程。

【例 6.14】阅读程序 Example6_14，分析运行结果。

```
public class Example6_14 {
	private static int[] tryReturn() {
		int numArray[] = {10,100};
		try {
			numArray[0]++;
			System.out.println("in try block : numArray=" + Arrays.toString(numArray));
			return numArray;
		} catch (Exception e) {
			numArray[0]++;
			System.out.println("in catch block : numArray=" + Arrays.toString(numArray));
		} finally {
		numArray[0]++;
			System.out.println("in finally block : numArray=" + Arrays.toString(numArray));
		}
		return numArray;
	}

	public static void main(String[] args) {
		int returnNumArray[] = tryReturn();
		System.out.println("in main returnNumArray = " + Arrays.toString(returnNumArray));
	}
}
```

运行结果：

```
in try block : numArray=[11, 100]
in finally block : numArray=[12, 100]
in main returnNumArray = [12, 100]
```

Example6_14 中，当执行到 try 块中的 return numArray；语句时，同样会先临时保存需要返回的数据信息，但返回的是数组名，即引用的值，而引用值是指向堆内存中的数组的地址。当 try 块中没有异常发生时，同样转向 finally 块去执行，在执行 finally 代码块时，修改了 numArray[0]的值之后，再回到 try 块的 return 处，由于 return 的是 numArray 的值，而 numArray 里存的不是数据本身，而是指向堆内存的数组的地址，所以在 finally 块中已经把 numArray[0]的值做了修改，因此 Example6_4 的主方法得到的返回的数组的元素值与 finally 块中修改后的值是一致的。

总之，在 try 块中若没有异常发生，且没有执行 System.exit(int status)方法，同时在 try 块中有 return 语句，则其后 finally 语句块一定会被执行，在执行完 finally 块后会回到 try 块中 return 处，再将执行 finally 语句块前的暂存数据返回。注意：如果 return 的是基本数据类型，则其值不会受 finally 代码块的影响；如若返回的是引用类型，且在 finally 中对该引用类型数据有修改，则返回的值是会受 finally 代码块的执行影响。

（3）catch 中带有 return 的执行过程。

【**例 6.15**】阅读 Example6_15 程序，分析运行结果。

```
public class Example6_15 {
    private static int catchReturn() {
        int num = 10;
        try {
            ++num;
            System.out.println("in try block : num=" + num);
            int i=4/0;
        } catch (Exception e) {
            num++;
            System.out.println("in catch block : num=" + num);
            return num;
        } finally {
            num++;
            System.out.println("in finally block : num=" + num);
        }
        return num;
    }

    public static void main(String[] args) {
        int returnNum = catchReturn ();
        System.out.println("in main returnNum=" + returnNum);
    }
}
```

运行结果：

```
in try block : num=11
in catch block : num=12
in finally block : num=13
in main returnNum=12
```

catch 中包含 return 与 try 中包含 return 语句的执行情况是一样的，当 catch 代码块捕获了 try 块中的异常，则会先执行 catch 代码块中 return 前的代码，然后暂时保存将要 return 的数据于栈中，再转向执行 finally 中的代码，最后再从 finally 代码块回到 catch 代码块的 return 位置并返回之前保存的数据。所以，Example6_15 类中的 catchReturn 方法返回的值是 try、catch 中累积计算后的 12，而非 finally 中计算后的 13。

当然，在 catch 块中返回的值是否会受 finally 代码块中对返回值数据的修改的影响，还得看 return 的数据是基本数据类型还是引用类型，如若是基本数据类型，则像 Example6_15 中的运行结果一样不受影响，如若返回的是引用类型，如果在 finally 代码块中对将返回的引用类型的数据有修改，则 finally 代码块将会对 catch 中返回的数据有影响，但最终都会从 catch 块中的 return 处返回。

（4）finally 中带有 return。

【例 6.16】在 Example6_16 中，try，catch，finally 块中均包含了 return 语句，阅读 Example6_16 程序，分析在主方法中调用 finallyReturn()方法所获得的返回值是从 try，catch 及 finally 块中哪段代码中的返回。

```
public class Example6_16 {
    private static int finallyReturn() {
        int num = 10;
        try {
            num++;
            System.out.println("in try block : num=" + num);
            int i=4/0;
            return num;
        } catch (Exception e) {
            num++;
            System.out.println("in catch block : num=" + num);
            return num;
        } finally {
            num++;
            System.out.println("in finally block : num=" + num);
            return num;
        }
    }
    public static void main(String[] args) {
        int returnNum = finallyReturn ();
        System.out.println("in main returnNum=" + returnNum);
    }
}
```

运行结果：

```
in try block : num=11
in catch block : num=12
in finally block : num=13
in main returnNum=13
```

当 finally 中有 return 的时候，try 和 catch 中的 return 会失效，在执行完 finally 的 return 之后，就不会再执行 try 或 catch 中的 return 语句。因此在 Example6_16 中，先执行了 try 中的 num++，后发生除数为 0 的异常，被 catch 块捕获执行 catch 块中的 num++，执行到 catch 块中有 return 语句，转向到 finally 块去执行，在 finally 块中执行了 num++后，在 finally 块中有 return 语句，此时将会从 finally 块中返回，而不会再回到 catch 中去返回函数的返回值了。

注意，在 finally 中使用 return 这种写法，编译虽然可以通过，但是编译器会给予警告，因此不推荐在 finally 中写 return，因为如果在 finally 里发生异常，会导致 catch 中的异常被覆盖。

（5）try，catch，finally 代码块含有 return 时执行小结：

① 如果在 try，catch 块中没有执行到 System.exit ()方法，则 finally 中的代码总会被执行。

② 当 try、catch 中有 return，而 finally 块中没有 return 时。则会把 finally 块执行结束后再返回到 try 或 catch 中的 return 处返回。在 return 值的时候，返回值的类型若是基本数据类型，其值不会受 finally 代码块的执行影响，若返回的是引用类型 ，则返回值若在 finally 代码块中有修改，则会受到 finally 中代码的影响。

③ 若 finally 代码中有 return，代码会直接在 finally 中 return 处返回，无论 try 及 catch 块中是否有 return 语句。

6.5.4 throw 和 throws 抛出异常

异常处理存在两个过程，一个是捕捉异常，另一个是抛出异常。捕捉异常是用 try 把可能会发生异常的代码块包起来，而用 catch 去捕捉 try 语句块中可能发生的异常，并处理所捕捉到的异常，最后用 finally 语句块进行如关闭文件、断开与数据库连接等之类的清理工作。而异常的抛出有三种形式，分别是系统自动抛出异常和在程序代码中用 throw 抛出异常对象，以及用 throws 声明方法体中可能抛出的异常类型。系统定义的所有运行时异常和编译异常都可能在程序运行过程中发生并由系统抛出，而用 throw 和 throws 关键字既可以抛出系统定义的异常也可以抛出自定义的异常。

1. throw 用于在语句中抛出一个异常对象

如果在方法体中不想系统自动抛出异常，而想实现编程人员控制抛出系统异常对象或自定义异常对象，则只能使用 throw 语句。注意 throw 语句抛出的不是异常类型，而是一个异常实例对象，并且一次只能抛出一个异常对象。一旦执行到 throw 抛出异常对象时，则从 throw 位置转向到捕捉该异常的 catch 块去执行，如果当前方法中没有进行捕获，就会跳转到其上一级方法调用者中去处理，以此类推，若都未进行处理，系统结束程序的执行。throw 语句的语法格式如下：

```
throw ExceptionInstance;
```

【例 6.17】在 Example6_17 类中，定义了一个 div 方法，在方法体中实现输入两个整数，对这两个整数进行除法运算，当输入的 num2 的值为 0 时，用 throw 语句手动抛出 Arithmetic Exception 异常对象。程序中用 try-catch-finally 进行异常捕获并处理。

```
public class Example6_17 {
    private static void div() {
        int num1,num2,result;
        Scanner input=new Scanner(System.in);
        System.out.println("input num1,num2:");
        try {
            num1=input.nextInt();
            num2=input.nextInt();
            if(num2==0) throw new ArithmeticException("除数不能为 0！ ");
```

```
                result=num1/num2;
                System.out.println("result:"+result);
            }catch(ArithmeticException e) {
                System.out.println(e.getMessage());
            }finally {
                if(input!=null)input.close();
            }
        }
        public static void main(String[] args) {
            div();
        }
    }
```

当然，ArithmeticException 异常是系统定义的异常，如果出现除数为 0 的情况，程序中不用 throw 抛出也会自动抛出。本例介绍了用 throw 抛出异常对象的语法格式，用 throw 手动抛出异常更多用于抛出自定义异常，自定义异常在下一节中介绍。

在 Java 程序运行过程中，如果发生异常并被 catch 块捕捉，则会中止当前 try 语句块的执行，转向捕捉到该异常对应的 catch 块去处理异常。因此系统自动抛出的异常与在程序中用 throw 手动抛出的异常处理机制是没有区别且一致。

如果 throw 语句抛出的异常是运行时异常，程序既可以使用 try-catch 来捕获并处理该异常，也可以完全不理会该异常，把该异常交给该方法调用者处理。如果 throw 语句抛出的异常是编译异常，则该 throw 语句要么处于 try 块中，同时让 try 后的 catch 块显式捕获该异常；要么放在一个带 throws 声明抛出该异常类型的方法中，把该异常交给方法的调用者处理。因此 throw 抛出编译异常时，throw 要么和 try-catch-finally 语句配套使用，要么与用了 throws 声明抛出该异常类型的方法配套使用。

2. 用 throws 声明方法可能抛出的异常类型

throws 用于方法的声明，表示所声明的方法有可能要抛出 throws 后面的异常类型对象。调用了用 throws 声明了异常的方法必须要做异常处理。其语法格式如下：

```
[(修饰符)](返回值类型)(方法名)([参数列表])[throws(异常类)]{...}
如：public void div( ) throws ArithmeticException, InputMismatchException {...}
```

在方法中若使用了 throw 抛出了一个编译异常，则在该方法中需要使用 try-catch-finally 语句进行异常捕获处理，若没有用 try-catch 语句块进行处理，则需要在该方法的首部用 throws 声明在方法体中可能抛出的异常类型，在调用该方法的方法体中对抛出的异常进行处理或者交给其上一级调用者进行处理，如若不处理会报编译错误。

throw 是具体向外抛异常的动作，所以它抛出一个异常实例，一次只能抛出一个异常对象。而 throws 声明抛出的异常类型，所以在 throws 后面跟的是异常类名称，一个方法可以用 throws 声明可能抛出的多个异常类，其间用逗号分隔。

【例 6.18】在程序 Example6_18 中的 div()方法体内用 throw 抛出了 ArithmeticException 异常对象，但在方法体中未用 try-catch 进行处理，而是在 div()方法首部用 throws 声明了 div()方法

可能会抛出 ArithmeticException、InputMismatchException 两种异常，将异常的捕获和处理交由上一级即调用 div()方法的 main()方法中去处理，因此在 main()方法中，用 try-catch 语句块分别捕获 ArithmeticException、InputMismatchException 两种异常对象。如果在主方法中还不想捕获处理异常 div()中声明的异常，则可以在 main()首部用 throws 声明可能抛出的 ArithmeticException、InputMismatchException 两种异常，交由系统进行处理。本例中所抛出的异常是运行异常，不是编译异常，因此对异常不做捕获处理，编译也不会错，如果是编译异常或自定义异常，则必须要对异常进行捕获处理。

```
import java.util.InputMismatchException;
import java.util.Scanner;
public class Example6_18 {
    private static void div() throws ArithmeticException, InputMismatchException {
        int num1, num2, result;
        Scanner input = new Scanner(System.in);
        System.out.println("input num1,num2:");
        num1 = input.nextInt();
        num2 = input.nextInt();
        if (num2 == 0)
            throw new ArithmeticException("除数不能为 0！ ");
        result = num1 / num2;
        System.out.println("result:" + result);
    }
    public static void main(String[] args) {
        try {
            div();
        } catch (ArithmeticException e) {
            System.out.println(e.getMessage());
        } catch (InputMismatchException e) {
            System.out.println("请检查输入的数据是否正确！ ");
        }
    }
}
```

6.5.5 自定义异常

在项目的开发过程中前后端一般会遇到很多的异常，这些异常既包括系统定义的异常，也有系统没有定义而程序开发人员根据程序的需要自定义的异常。

自定义异常都应该继承自 Exception 基类，如果希望自定义运行时异常，则应该继承 RuntimeException 基类。自定义的异常类通常需要提供两个构造方法，一个是无参构造方法，一个是带有一个字符串参数的构造方法，其中的字符串参数作为该异常对象的描述信息，此信息通过调用父类的有参构造方法将异常对象的描述信息传递给 Throwable 类中 detailMessage 成员变量，再通过异常对象继承自 Throwable 类的 getMessage()方法获得自定义异常类的描述信息。

如下面的 InsufficientFunds 类是自定义的从 Exception 类继承的异常类。

```
class InsufficientFunds extends Exception{
    //无参构造方法
    public InsufficientFunds() {}
    //带异常信息的构造方法
    public InsufficientFunds(String message) {
        super(message);
    }
}
```

在 InsufficientFunds 异常类中，定义了一个不带参数的构造方法和一个带异常信息的字符串参数的构造方法，其中带参数的构造方法中通过 super 调用父类的构造方法，实现将异常信息字符串传递给从 Throwable 类中继承而来的 detailMessage 属性，detailMessage 属性是该异常对象的描述信息。

如果想将自定义异常类定义成运行时异常类，则把自定义异常类的基类改成 Runtime Exception 即可。

【例 6.19】在程序 Example6_19 中，定义了一个 buyBusTicket()方法来模拟用微信支付乘坐公交车。在该方法中，如果参数 money 值大于等于 2 不会发生异常，如果参数 money 值小于 2 时，用 throw 手动抛出自定义 InsufficientFunds 异常对象，且在 buyBusTicket()方法中并没有做异常处理，由于 InsufficientFunds 属于编译异常，因此在 buyBusTicket()方法中如若不用 try-catch 进行处理，则在 buyBusTicket()方法首部用 throws InsufficientFunds 对方法可能抛出的 InsufficientFunds 异常类型进行声明，交由调用 buyBusTicket()方法的 main()方法处理，因此在 main()方法中用 try-catch 进行捕获处理。在 catch 块中，用 e.getMessage()方法获得异常信息后，再用 System.out.println()进行输出。

```
public class Example6_19 {
    public static void main(String[] args) {

        System.out.println();
        try {
            buyBusTicket(0);
        } catch (InsufficientFunds e) {
            System.out.println(e.getMessage());
            System.out.println("请投币！ ");
        }
    }
    public static void buyBusTicket(double money) throws InsufficientFunds {
        if (money < 2) {
```

```
            throw new InsufficientFunds("余额不足!");
        }
        System.out.println("请您上车！ ");
    }
}
```

习 题

1. 为什么要将一个类定义成内部类?

2. 匿名内部类的使用和细节是什么?

3. 异常的思想和体系特点是什么?

4. 如何使用 throws 和 throw?

5. try，catch，finally 语句在使用时应注意哪些细节?

6. 编译时被检测异常和运行时异常的区别是什么?

7. finally 的应用有哪些?

8. 编写程序，模拟打开计算机上网课。

定义一个 study(String ip)方法接收 ip 地址。当 ip 地址为 null 时，可以通过 throw new Exception("无法获取 ip")抛出异常;如果想抛出更具体的子类，自定义描述没有 IP 地址的异常 NoIpException，继承自 Exception 类。再在主方法中进行测试自定义异常类的使用。

9. 编写程序，模拟在外吃饭没带钱的异常处理。

定义吃饭需要钱的方法，如 eat(double money)，如果吃完饭发现钱不够有异常发生。自定义 NoMoneyException 类继承自 Exception 类，在 NoMoneyException 类中提供有参及无参构造方法，在构造方法中调用父类有参构造方法初始化继承来的 detailMessage 成员变量。在 eat 方法中进行判断：money 小于 10 元，throw NoMoneyException("钱不够");。在 eat 方法首部用 throws NoMoneyException 进行声明，如果钱不够，在主调方法中用 try-catch 进行异常处理。

第 7 章　常用实用类

【学习要求】

掌握 String 类的常用方法；
掌握 StringBuffer 和 StringBuilder 类的常用方法；
掌握随机数相关类的用法；
掌握常见的大数字运算；
掌握 Date 类的常用方法；
掌握 Calender 类的常用方法。

Java 程序开发中会高频率地用到一些类，如字符串相关类（String、StringBuffer 和 StringBuilder）、随机数类（Random）、大数字类（BigInteger、BigDecimal）、日期类（Date）和日历类（Calendar）等，这些类在编程中有什么作用？我们将在本章一一介绍这些类的用途和用法。

7.1　字符串类

字符串处理是编程中最常见的操作，能否正确的对字符串进行操作，关系到程序运行的效率。本小节将介绍 String 类、StringBuilder 类和 StringBuffer 类的特性以及用于字符串操作和正则表达式，正则表达式能简单迅速地实现复杂的字符串处理。

7.1.1　String 类

字符串即字符序列。在 Java 中，字符串是 String 类的对象。

1. 字符串对象的创建

有两种方式创建字符串对象，其中最直接的创建方式如下：

```
String name = “James Gosling”;
```

上面双引号中的字符序列“James Gosling”称作字符串字面值，当代码中出现字符串字面值时，编译器会使用这个字面值来创建字符串对象。

第二种创建字符的方式和创建其他类型的对象一样，使用 new 关键字和 String 类的构造方法，如：

```
String name = new String(“James Gosling”);
```

String 类有十几个构造方法，列举其中部分构造方法如下：

public String()：创建一个表示空字符序列的字符串对象。

public String(char[] value)：用字符数组参数作为字符串对象的内容。

public String(String original)：用字符串参数作为字符串对象的内容。

public String(byte[] bytes)：通过使用平台默认字符集解码指定的 byte 数组，构造一个新的 String。

public String(byte[] bytes, Charset charset)：通过使用指定的字符集解码指定的 byte 数组，构造一个新的 String。

2. String 类的常用方法

public int length()：返回此字符串的长度，即字符个数。

public String concat(String str)：返回一个新字符串，它的内容是在当前字符串后面附加上参数字符串 str 的内容。在编程中，经常使用“+”操作符实现与此方法相同的字符串连接功能，如：

```
"hello," + "world" + "!"
```

将得到一个新字符串对象：

```
"hello,world!"
```

“+”操作符可以连接任何对象，如果被连接的对象不是字符串对象，则会自动调用此对象的 toString()方法将它转换为字符串对象。

public static String format(String format, Object... args)：静态方法，使用指定的格式字符串 format 和参数 args 返回一个格式化字符串。此方法与 PrintStream 类中的 printf()方法用法类似。

public char charAt(int index)：返回字符串指定索引 index 处的字符。索引范围为从 0 到 length() - 1。

public void getChars(int srcBegin, int srcEnd, char[] dst, int dstBegin)：将字符从当前字符串复制到目标字符数组 dst 中。参数 srcEnd 是字符串中要复制的最后一个字符之后的索引，即要复制的最后一个字符位于索引 srcEnd-1 处。

public boolean contains(CharSequence s)：当此字符串包含指定的 char 值序列 s 时，返回 true。

public boolean equals(Object anObject)：判断两个字符串对象内容是否相同，若相同则返回 true。

public boolean equalsIgnoreCase(String anotherString)：判断两个字符串对象内容是否相同，忽略大小写。

public byte[] getBytes()：使用平台的默认字符集将此 String 编码为 byte 序列，并将结果存储到一个新的 byte 数组中。

public int indexOf(int ch)：返回在此对象表示的字符序列中第一次出现该字符的索引，如果未出现该字符，则返回-1。

public int indexOf(String str)：返回指定子字符串在此字符串中第一次出现处的索引，如果它不作为一个子字符串出现，则返回-1。

public boolean isEmpty()：如果 length()为 0，则返回 true；否则返回 false。

public boolean endsWith(String suffix)：判断此字符串是否以指定的后缀结束。

public boolean startsWith(String prefix)：判断此字符串是否以指定的前缀开始。

public String substring(int beginIndex)：返回一个新的字符串，它是此字符串的一个子字符串。该子字符串从指定索引 beginIndex 处的字符开始，直到此字符串末尾。

public boolean equals(Object anObject)：如果参数表示的 String 与当前 String 相等，则返回 true；否则返回 false。

public String trim()：返回字符串的副本，忽略前导空白和尾部空白。

public String toLowerCase()：转换为小写的 String。

public String toUpperCase()：转换为大写的 String。

public char[] toCharArray()：将此字符串转换为一个新的字符数组。

public int compareTo(String anotherString)：如果参数字符串等于此字符串，则返回值 0；如果此字符串按字典顺序小于字符串参数，则返回一个小于 0 的值；如果此字符串按字典顺序大于字符串参数，则返回一个大于 0 的值。

public static String copyValueOf(char[] data)：静态方法，返回一个 String，它包含参数字符数组中的字符。如：

```
char[] ch = {'h','e','l','l','o'};
String str = String.copyValueOf(ch);
System.out.println(str);                //打印 hello
```

public static String valueOf(int i)：静态方法，返回 int 参数的字符串表示形式。该方法还有一系列重载方法，如：

```
public static String valueOf(float f)
public static String valueOf(double d)
public static String valueOf(long l)
public static String valueOf(char c)
```

其都是将参数所表示类型转换为字符串类型对象。如：

```
System.out.println(String.valueOf(123.4f));        //打印 123.4
System.out.println(String.valueOf('a'));           //打印 a
```

public boolean matches(String regex)：判断当前字符串是否匹配给定的正则表达式 regex。

public String[] split(String regex)：根据给定正则表达式 regex 将当前字符串分割为几个字符串，并以字符串数组返回。

public String replaceAll(String regex, String replacement)：使用给定的 replacement 替换此字符串所有匹配给定的正则表达式 regex 的子字符串，返回替换后的字符串对象。

上述 matches( )、split( )和 replaceAll( )三个方法的参数设计正则表达式，在本节我们将其当作普通字符串，在后面正则表达式一节中将详细介绍正则表达式的知识以及上述三个方法的详细用法。

3. 不可变字符串

String 类是不可变字符串类，用 String 类创建的字符串对象的字符内容是不可改变的，前面介绍的某些 String 类的方法表面上好像修改了字符串对象，如 public String substring(int beginIndex)、public String toLowerCase()等，实际上这些方法只是创建并返回了一个新字符串对象。

如果要对字符串进行频繁的修改操作，如频繁连接字符串，使用 String 类开销会很大，这种情况下就要使用可变字符串类，下面将介绍可变字符串类 StringBuilder 和 StringBuffer，利用这两个类进行频繁的字符串连接等修改操作，相比 String 类，其效率会大幅提高。

7.1.2 可变字符串类 StringBuilder

StringBuilder 对象也是一种字符串对象，与 String 对象不同之处在于它的长度和内容可以通过方法调用改变。当 StringBuilder 相较 String 类能简化代码，或者能提高程序效率（如进行大量字符串连接操作）时，就使用 StringBuilder。

1. StringBuilder 类的构造方法

public StringBuilder()：创建一个内容为空的 StringBuilder 对象，其初始容量为 16 个字符。

public StringBuilder(int capacity)：创建一个内容为空的 StringBuilder 对象，其初始容量由 capacity 参数指定。

public StringBuilder(String str)：创建一个 StringBuilder 对象，它的字符串内容由参数 str 指定。该对象初始容量为字符串参数的长度加上 16。

2. StringBuilder 类的常用方法

public StringBuilder append(String str)：将参数指定的字符串 str 内容附加到当前对象字符串内容后面，类似于字符串拼接。此方法有十几个重载方法，用于对不同类型的参数进行附加。如：public StringBuilder append(char c)、public StringBuilder append(int i)、public StringBuilder append(StringBuffer sb)，等等。如：

```
StringBuilder builder = new StringBuilder();
builder.append(1).append("little,").append(2).append("little,").append(3).append("little Indians");
System.out.println(builder);          //打印 1 little,2 little,3 little Indians
```

public char charAt(int index)：返回当前对象字符序列中指定索引处的 char 值。

public StringBuilder delete(int start, int end)：删除当前对象字符序列中的子字符串。该子字符串从参数指定的 start 处开始，到 end - 1 处结束。如：

```
StringBuilder builder = new StringBuilder("hello world");
System.out.println(builder.delete(2, 5));       //打印 he world
```

public StringBuilder deleteCharAt(int index)：删除指定索引 index 处的字符。

public StringBuilder replace(int start, int end, String str)：用参数 str 替换当前对象中从 start 处开始、end-1 处结束的字符。如：

```
StringBuilder builder = new StringBuilder("hello world");
System.out.println(builder.replace(6, 11, "java"));            //打印 hello java
```

public StringBuilder insert(int offset, String str)：将参数指定字符串 str 插入此字符序列 offset 索引处。此方法有一系列重载方法。如：

```
StringBuilder builder = new StringBuilder("hello world");
System.out.println(builder.insert(6, "java,"));           //打印 hello java,world
```

public int indexOf(String str)：返回参数 str 第一次在该字符串中出现的索引，若未出现，返回-1。

public int lastIndexOf(String str)：返回最后一次出现的参数指定子字符串 str 在此字符串中的索引。

public String substring(int start)：返回从 start 处开始、到当前字符序列末尾的子字符串。

public String substring(int start, int end)：返回从 start 处开始，到 end-1 处结束的子字符串。

public int length()：返回长度（字符数）。

public StringBuilder reverse()：将此字符序列用其反转形式取代。如：

```
//判断回文字符串
 public static boolean isPalindrome(String str){
     StringBuilder builder = new StringBuilder(str);
     return str.equals(builder.reverse().toString());
 }
```

7.1.3 可变字符串类 StringBuffer

StringBuffer 与 StringBuilder 提供的方法相同，在此不重复介绍这些方法。它们的区别在于 StringBuffer 是线程安全的，StringBuilder 反之。当可变字符串被多个线程使用时，采用 StringBuffer 类保证线程安全；当可变字符串被单个线程使用时，尽量优先使用 StringBuilder，因为它比 StringBuffer 更快。

7.2 正则表达式

String 类中有 public boolean matches(String regex)、public String replaceAll(String regex, String replacement)、public String[] split(String regex, int limit)等方法，这些方法中的参数 regex 是正则表达式（Regular Expression）字符串。正则表达式是根据一组字符串的共同特征来描述这组字符串的一个特殊字符串。正则表达式主要用于字符串的对比、分离、替换等操作。本节将介绍书写正则表达式的基本语法规则、String 类中涉及正则表达式的相关方法、java.util.regex 包中正则表达式相关类 Pattern 和 Matcher。

1. 普通字符串作为正则表达式

没有特殊含义的普通字符串作为正则表达式，如正则表达式“abc”只与内容一致的字符串“abc”匹配，例：

```
System.out.println("abc".matches("abc"));   //打印 true
```

正则表达式的用途主要体现在普通字符和特殊含义字符按一定的语法规则组合，表示某种字符串模式，下面分别介绍。

2. 字符类

表 7.1 字符类

字符类范例	含义描述
[abc]	表示 a、b 或 c
[^abc]	除 a、b 和 c 以外的其他字符
[a-zA-Z]	a 到 z，或 A 到 Z 的任意字符
[a-d[m-p]]	a 到 d，或 m 到 p，也可写成：[a-dm-p]
[a-z&&[def]]	d、e 或 f
[a-z&&[^bc]]	a 到 z，但是除了 b 和 c，也可写成：[ad-z]
[a-z&&[^m-p]]	a 到 z，但是除了 m 到 p，也可写成：[a-lq-z]

注意：表中的中括号和其中的内容表示符合某种规则的一个字符，所以称为字符类（Character Classes）。

字符类举例：

```
System.out.println("abc".matches("[a-d][a-d][a-d]")); //打印 true
System.out.println("atm".matches("[a-d][a-d][a-d]")); //打印 false
```

3. 预定义字符类

可以使用预定义的符号来表示某类字符，这些符号就是下面要介绍的预定义字符类，预定义字符类可以简化某些字符类的书写，如表 7.2 所示。

表 7.2 预定义字符类

预定义字符类	含义描述
.	任何字符
\d	数字：[0-9]
\D	非数字：[^0-9]
\s	空白字符：[\t\n\x0B\f\r]
\S	非空白字符：[^\s]
\w	数字字母：[a-zA-Z_0-9]
\W	非数字字母：[^\w]

表 7.2 中左边一栏中的预定义字符类是右边一栏中相应字符类的简化方式，可使代码简洁不易出错。如：

```
String regex = "zip:\\d\\d\\d\\d\\d\\d";
System.out.println("zip:617000".matches(regex));        //打印 true
System.out.println("zip:710308".matches(regex));        //打印 true
System.out.println("zip:12345a".matches(regex));        //打印 false
```

上面代码中的正则表达式表示匹配邮政编码的字符串模式。最后一条语句中由于邮政编码字符串中含有非数字字符'a'，与指定正则表达式不匹配，所以打印 false。

注意：由于'\'在转义字符中用于转义，因此要在字符串中表示'\'字符的字面值，必须用'\'

对其进行转义，因此在字符串中预定义字符类“\d”的正确书写方式是“\\d”。

4. 量词

量词用来指定字符在字符串中出现的次数，如表 7.3 所示。

表 7.3　量词

范例	含义描述
X?	X 出现 1 次或不出现
X*	X 出现 0 次或多次
X+	X 出现 1 次或多次
X{n}	X 恰好重复 n 次
X{n,}	X 至少重复 n 次
X{n,m}	X 至少重复 n 次，但不多于 m 次

注意：可以看到，上面两个表中，'.'、'?'、'*'、'+'等字符在正则表达式中有特殊含义，如果要在字符串中表示这些字符的字面值，也要在其前面添加“\\”。

前面例子中表示邮政编码的正则表达式“\\d”重复书写了 6 次，使用量词语法可简化书写，例：

```
//使用正则表达式量词简化重复字符的书写
 String regex = "zip:\\d{6}";
 System.out.println("zip:617000".matches(regex));        //打印 true
 System.out.println("zip:710308".matches(regex));        //打印 true
 System.out.println("zip:12345a6".matches(regex));       //打印 false
```

Split( )方法举例：

仓库物品清单信息如下：“篮球 20 个，足球 35 个，排球 15 个，网球拍 10 个，羽毛球拍 40 个”。编写程序，统计体育用品总数。

```
String inventory = "篮球 20 个，足球 35 个，排球 15 个，网球拍 10 个，羽毛球拍 40 个";
String[] list = inventory.split("\\D+");
int total = 0;
for(String count:list){
    if(!count.isEmpty()){
        total += Integer.parseInt(count);
    }
}
System.out.println("体育用品总数："+total);        //体育用品总数：120
```

replaceAll( )方法举例：

用'*'替换字符串中的所有敏感词。

```
String post = "吾生也敏感词 1 有涯，而敏感词 2 知也无涯";
```

```
//正则表达式中的'|'表示或。如：X|Y 表示 X 或 Y
System.out.println(post.replaceAll("敏感词 1|敏感词 2","*"));
```

5. Pattern 与 Matcher 类

String 类的方法 matches( )、split( )和 replaceAll( )用正则表达式操作字符串，也可以使用 java.util.regex.Pattern 类中的 matches( )、split( )和 java.util.regex.Mathcher 类中 replaceAll( )这些对等的方法实现相同的功能。Pattern 与 Matcher 类提供了更全面和强大的正则表达式功能。

如果要频繁使用某个正则表达式，可以使用 Pattern 的静态方法 public static Pattern compile(String regex)创建一个 Pattern 对象，这个对象就代表了参数 regex 所表示的正则表达式，然后调用该 Pattern 对象的 public Matcher matcher(CharSequence input)方法，让 Pattern 对象所代表的模式和参数字符串 input 进行匹配，返回一个 Matcher 对象，该对象封装了匹配结果，可以通过该对象的一系列方法来获取各种匹配结果信息或对匹配字符串对象进行操作。下面通过一个简单例子说明这两个类的基本用法。

Pattern 与 Matcher 基本用法示例：

```
//求体育用品总数
String inventory = "篮球 20 个，足球 35 个，排球 15 个，网球拍 10 个，羽毛球拍 40 个";
Pattern pattern = Pattern.compile("\\d+");
Matcher matcher = pattern.matcher(inventory);
int total = 0;
while(matcher.find()){
    String digital = matcher.group();
    total += Integer.parseInt(digital);
}
System.out.println("体育用品总数："+total);          //体育用品总数：120
```

结合上面具体代码对 Pattern 和 Matcher 的几个方法进行说明：

public static Pattern compile(String regex)：调用 Pattern 的静态方法 compile( )，实参是代表正则表达式的字符"\\d+"，返回一个表示该正则表达式模式的 Pattern 类对象 pattern。

public Matcher matcher(CharSequence input)：调用 pattern 对象的 matcher( )方法，实参 inventory 与 pattern 所代表的模式（正则表达式）进行匹配，返回匹配结果 matcher 对象。

public boolean find()：尝试查找与该模式匹配的输入序列的下一个子序列。matcher 对象封装了匹配信息。由于 pattern 表示的模式是一到多个数字字符，inventory 字符串中有五个子字符串"20"、"35"、"15"、"10"和"40"依次与该模式相匹配，find( )每次调用都会查找到与该模式相匹配的下一个子字符串，返回 true，直到第六次调用 find( )才返回 false。

public String group()：返回由以前匹配操作所匹配的输入子序列。拿上面具体代码来说，调用 find( )方法查找到第一个匹配的子字符串”20”时，调用 group()将返回该子字符串”20”，再次调用 find( )方法查找到第二个匹配的子字符串”35”时，调用 group()将返回该子字符串”35”，以此类推。

有关正则表达式、Pattern 和 Matcher 类更全面的知识请参考 Java API 文档。

7.3　Math 类

Math 类包含用于执行基本数学运算的方法，如初等指数、对数、平方根和三角函数。Math 类在 java.lang 包中，因此不需要使用 import 语句导入就可使用，Math 类中的所有方法都是静态方法，通过类名就可以方便的调用。Math 类中还定义了静态常量自然对数的底 E 和圆周率 PI。本节重点介绍 Math 类常用和实用方法。

Math 类包括以下常用方法：

public static int abs(int a)：返回参数 a 的绝对值。此方法有重载方法。

public static double cos(double a)：返回弧度为 a 的角的三角余弦。其余几个三角函数请参考 Java API 文档，在此不一一列举。

public static double sqrt(double a)：返回 a 的正平方根。

public static double cbrt(double a)：返回 a 的立方根。

public static int max(int a, int b)：返回 a 和 b 中的较大数。此方法有重载方法。

public static int min(int a, int b)：返回 a 和 b 中的较小数。此方法有重载方法。

public static double pow(double a, double b)：返回 a^b。如：

System.out.println(Math.pow(2, 3));　　　　//打印：8.0

public static double random()：返回大于等于 0.0 且小于 1.0 的伪随机 double 值。

public static double ceil(double a)：返回 double 值，此值大于等于参数 a，并且等于与 a 最接近的整数值。如果参数值 a 已经等于某个整数，那么结果与该参数相等。如：

```
System.out.println(Math.ceil(5.9));          //打印：6.0
System.out.println(Math.ceil(5.1));          //打印：6.0
System.out.println(Math.ceil(5));            //打印：5.0
```

public static double floor(double a)：返回 double 值，此值小于等于参数 a，并且等于与 a 最接近的整数值。如果参数值 a 已经等于某个整数，那么结果与该参数相等。如：

```
System.out.println(Math.floor(5.9));         //打印：5.0
System.out.println(Math.floor(5.1));         //打印：5.0
System.out.println(Math.floor(5));           //打印：5.0
```

public static int round(float a)：返回参数 a 四舍五入的整数值。该方法有重载方法。如：

```
System.out.println(Math.round(5.5));              //打印：6
System.out.println(Math.round(5.4));              //打印：5
```

public static double toDegrees(double angrad)：将用弧度表示的角 angrad 转换为近似相等的用角度表示的角。

public static double toRadians(double angdeg)：将用角度表示的角 angdeg 转换为近似相等的用弧度表示的角。

7.4　随机数相关类和方法

在编程中常需要生成随机数。java 中 Math 类和 Random 类都提供了生成随机数的功能，但这两个类生成随机数的方式和功能上都有所差异，本节介绍如何使用这两个类生成随机数。

7.4.1 Math.random()方法

Math.random()方法在前面 Math 类中已做过简单介绍，该方法本身是生成大于等于 0.0 且小于 1.0 的伪随机 double 值，例如：

```
//调用 Math.random()方法生成 3 随机数
for(int i=0;i<3;i++){
    //打印：0.4150602323951783 0.7487374321902277 0.29963385528097497
    System.out.print(Math.random()+" ");
}
```

也可以通过代码间接生成特定范围内的随机整数，下面通过具体例子演示使用 Math.random()方法生成特定范围内的随机整数。

例：生成 1 到 100 之间的随机数

```
//生成 5 个 1 到 100 之间的随机数
for(int i=0;i<5;i++){
    System.out.print(((int)(Math.random()*100) + 1) + " ");     //打印：63 77 30 99 58
}

//生成 5 个 5 到 95 之间的随机数（大于等于 5，小于 95）
for(int i=0;i<5;i++){
    System.out.print(((int)(Math.random()*90) + 5) + " ");     //打印：84 5 61 50 15
}
```

7.4.2 java.util.Random 类

虽然 Math.random()方法可以生成随机数，但是要生成各种不同范围的随机数有时需要进行复杂的运算，而 java.util.Random 类是专门用来生成随机数的类，它提供了一系列用于生成随机数的方法，使用这些方法，能以灵活简便的方式生成各种范围的随机数。下面将介绍 Random 类的常用方法。

public int nextInt()：返回下一个 int 类型允许范围内的 int 型随机数。

public int nextInt(int n)：返回下一个大于等于 0 并且小于参数 n 的随机整数。

public long nextLong()：返回一个位于 long 类型允许范围内的 long 型随机数。

public boolean nextBoolean()：返回下一个 boolean 型随机数，值为 true 或 false。

public float nextFloat()：返回下一个在 0.0（包括）和 1.0（不包括）之间 float 类型随机数。

public double nextDouble()：返回下一个在 0.0（包括）和 1.0（不包括）之间 double 类型随机数。

以下代码使用 Random 类的常用方法生成随机数，例如：

```
    Random random = new Random();
```

```
//生成 int 型随机数
//打印：549633671
System.out.println(random.nextInt());
//生成 long 型随机数
//打印：-245265088897027859
System.out.println(random.nextLong());
//生成[0,1)之间的 double 型随机数
//打印：0.7443062876704621
System.out.println(random.nextDouble());
//生成[0,1)之间的 float 型随机数
//打印：0.112860024
System.out.println(random.nextFloat());
//生成 boolean 型随机数
//打印：true
System.out.println(random.nextBoolean());
//生成[0,50)之间的 int 型随机数
//打印：2
System.out.println(random.nextInt(50));
//生成[20,70)之间的 int 型随机数
//打印：62
System.out.println(20+random.nextInt(50));
```

7.5 大数字类

java.math 包提供用于执行任意精度整数算法（BigInteger）和任意精度小数算法（BigDecimal）的类。BigInteger 除提供任意精度之外，它类似于 Java 的基本整数类型，因此在 BigInteger 上执行的操作不产生溢出，也不会丢失精度。除标准算法操作外，BigInteger 还提供模（modular）算法、GCD（最大公约数）计算、基本（primality）测试、素数生成、位处理以及一些其他操作。BigDecimal 提供适用于货币计算和类似计算的任意精度的有符号十进制数字。

7.5.1 BigInteger 类

BigInteger 提供任意精度的整数运算，常用构造方法如下：

public BigInteger(String val)：将 BigInteger 的十进制字符串表示形式 val 转换为 BigInteger。

常用方法如下：

public BigInteger add(BigInteger val)：加法，返回值为 (this + val) 的 BigInteger。

public BigInteger subtract(BigInteger val)：减法，返回值为 (this - val) 的 BigInteger。

public BigInteger multiply(BigInteger val)：乘法，返回值为 (this * val) 的 BigInteger。

public BigInteger divide(BigInteger val)：除法，返回值为 (this / val) 的 BigInteger。

public BigInteger pow(int exponent)：返回值为 ($this^{exponent}$) 的 BigInteger。注意，exponent 是一个整数而不是 BigInteger。

public String toString()：返回此 BigInteger 的十进制字符串表示形式。

public String toString(int radix)：返回此 BigInteger 的给定基数的字符串表示形式。

BigInteger 类方法举例：

```
BigInteger bi1 = new BigInteger("88888888888888888888888888888888");
BigInteger bi2 = new BigInteger("99999999999999999999999999999999");
//bi1+bi2
BigInteger result = bi1.add(bi2);
//打印：188888888888888888888888888888887
System.out.println(result);
//bi2-bi1
result = bi2.subtract(bi1);
//打印：11111111111111111111111111111111
System.out.println(result);

//bi1*bi2
result = bi1.multiply(bi2);
//打印：8888888888888888888888888888888711111111111111111111111111111112
System.out.println(result);
//bi2/bi1
result = bi2.divide(bi1);
//打印：1
System.out.println(result);

BigInteger bi3 = new BigInteger("2");
//求 2 的 64 次方
result = bi3.pow(64);
//打印：18446744073709551616
System.out.println(result);

BigInteger bi4 = new BigInteger("123456789");
//求 bi4 的二进制字符串形式
String str = bi4.toString(2);
//打印：123456789 的二进制字符串:111010110111100110100010101
System.out.println("123456789 的二进制字符串:"+str);
```

7.5.2 BigDecimal 类

BigDecimal 表示任意精度的浮点数，提供算术、舍入、比较和格式转换等操作。BigDecimal 的四则运算等方法与 BigInteger 类似，这里不一一介绍这些方法，详细信息请参考 Java API 文档。

由于精度问题，浮点数在计算机中的存储并不是精确的。如果需要进行不产生舍入误差的精确数字计算，需要使用 BigDecimal 类。浮点数直接比较有时可能会出错，应避免对浮点数进行比较，要对浮点数进行比较也可以使用 BigDecimal 类。本节重点介绍使用 BigDecimal 类解决对浮点数运算和比较的精度问题。

浮点数四则运算和比较精度问题举例：

```
//请观察下面浮点数运算和比较的结果
double a = 0;
for(int i=0;i<21;i++){
    a+=0.1;
}
//打印：2.1000000000000005
System.out.println(a);
double b = 0.1*21;
//打印：2.1
System.out.println(b);
//打印：false
System.out.println(a==b);
```

从代码和运行结果可以看出，浮点数在运算过程中精度出现了问题，导致本应相等的结果不相等，可以使用 BigDecimal 解决，示例代码如下：

```
double a = 0;
double b = 0.1;
BigDecimal incre = new BigDecimal("0.1");
BigDecimal factor = new BigDecimal("21");
BigDecimal ba = BigDecimal.valueOf(a);
BigDecimal bb = BigDecimal.valueOf(b);
for(int i=0;i<21;i++){
    ba = ba.add(incre);
}
bb = bb.multiply(factor);
//打印：2.1
System.out.println(ba);
//打印：2.1
System.out.println(bb);
if(ba.compareTo(bb)==0){
```

```
        System.out.println("ba 与 bb 相等");
    }else{
            System.out.println("ba 与 bb 不相等");
    }
```

可见，进行浮点数运算，尤其是商业运算，要使用 BigDecimal，避免出现错误。

7.6 日期类 java.util.Date

Java.util.Date 类表示特定的瞬间，精确到毫秒。

Date 类的构造方法：

public Date()：创建并初始化 Date 对象，以表示创建它的当前时间（精确到毫秒）。

public Date(long date)：创建并初始化 Date 对象，以表示自从标准基准时间[称为“历元（epoch）”，即格林尼治时间 1970 年 1 月 1 日 00:00:00]到创建该对象时所历经的毫秒数。

Date 类的常用方法：

public boolean after(Date when)：测试此日期是否在指定日期之后。

public boolean before(Date when)：测试此日期是否在指定日期之前。

public int compareTo(Date anotherDate)：比较两个日期的顺序。如果参数 Date 等于此 Date，则返回值 0；如果此 Date 在 Date 参数之前，则返回小于 0 的值；如果此 Date 在 Date 参数之后，则返回大于 0 的值。

public boolean equals(Object obj)：比较两个日期是否相等。

public long getTime()：返回自 1970 年 1 月 1 日 00:00:00GMT 以来此 Date 对象表示的毫秒数。

public void setTime(long time)：设置此 Date 对象，以表示 1970 年 1 月 1 日 00:00:00GMT 以后 time 毫秒的时间点。

public String toString()：将此 Date 对象转换为字符串形式。

Date 类常用方法的使用：

```
import java.util.Date;
public class DateDemo {
    public static void main(String[] args) {
        Date date1 = new Date();
        System.out.println("date1:"+date1.toString());
        long current = date1.getTime();
        Date date2 = new Date(current+5000);
        Date date3 = new Date(current-5000);
        System.out.println("date2:"+date2);
        System.out.println("date3:"+date3);
        System.out.println(date2.after(date1));
        System.out.println(date3.before(date1));
```

```
            System.out.println(date2.equals(date3));
            System.out.println(date2.compareTo(date3));
            date1.setTime(50L*365*24*60*60*1000);
            System.out.println(date1);
        }
}
```

程序运行结果如图 7.1 所示。

编程中有时需要获取当前时间，除了使用 Date 类之外，使用 java.lang.System 类的 currentTimeMillis()方法获取当前时间更方便，该方法的返回值表示从标准基准时间[称为“历元（epoch）”，即格林尼治时间 1970 年 1 月 1 日 00:00:00]到调用该方法的此时此刻所历经的毫秒数。例如：

```
public class getCurrentTimeDemo {
        public static void main(String[] args) {
            long currentTime = System.currentTimeMillis();
            System.out.println("历元（epoch）到现在经过的毫秒数:"+currentTime);
        }
}
```

程序运行结果如图 7.2 所示。

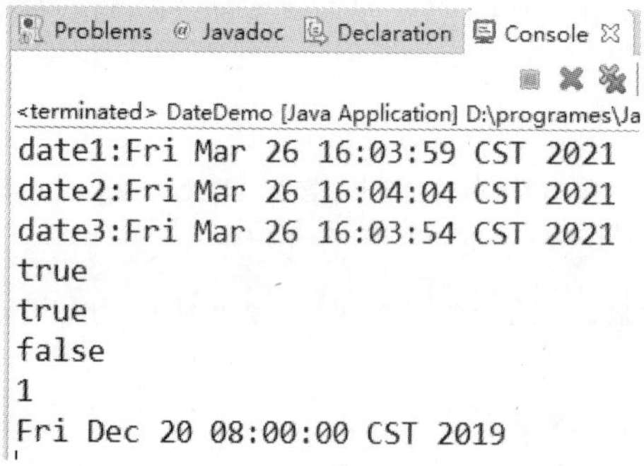

```
Problems  @ Javadoc  Declaration  Console
<terminated> DateDemo [Java Application] D:\programes\Ja
date1:Fri Mar 26 16:03:59 CST 2021
date2:Fri Mar 26 16:04:04 CST 2021
date3:Fri Mar 26 16:03:54 CST 2021
true
true
false
1
Fri Dec 20 08:00:00 CST 2019
```

图 7.1　运行结果

```
Problems  @ Javadoc  Declaration  Console
<terminated> getCurrentTimeDemo [Java Application] D:\programe
历元（epoch）到现在经过的毫秒数:1616751451739
```

图 7.2　运行结果

7.7　日期格式化类 java.text.DateFormat

DateFormat 是日期/时间格式化子类的抽象类，它以与语言无关的方式格式化并解析日期或时间。它的具体子类 SimpleDateFormat 能以简便的方式对日期/时间进行格式化，经常在实际中得到应用。

SimpleDateFormat 常用构造方法和方法：

public SimpleDateFormat(String pattern)：用给定的模式和默认语言环境的日期格式符号构造 SimpleDateFormat。参数 pattern 是日期和时间模式字符串，用这个模式字符串来指定日期和时间的格式，如用"yyyy 年 MM 月 dd 日 hh 时"这个模式字符串格式化日期时间的一个例子是：“2021 年 03 月 26 日 04 时”。模式字符串中的'y'、'M'和'd'等字符称为模式字母，用来表示日期或时间字符串元素，模式字母的详细介绍请参考 Java 帮助文档。

public void applyPattern(String pattern)：将给定模式字符串应用于此日期格式。

DateFormat 常用方法：

public final String format(Date date)：将一个 Date 对象格式化为日期/时间字符串。

public Date parse(String source)：将字符串转化成一个日期。

例如：

```
import java.text.ParseException;
import java.text.SimpleDateFormat;
import java.util.Date;
public class DateFormatDemo {
    public static void main(String[] args) throws ParseException {
        SimpleDateFormat sdf = new SimpleDateFormat("yyyy-MM-dd hh:mm");
        Date date = new Date();
        String time = sdf.format(date);
        System.out.println(time);

        sdf.applyPattern("yyyy 年 MM 月 dd 日 hh 时");
        time = sdf.format(date);
        System.out.println(time);

        sdf.applyPattern("yyyy 年 MM 月 dd 日");
        //将指定格式的时间字符串转化为 Date 对象
        date = sdf.parse("2020 年 10 月 21 日");
        System.out.println(date.toString());
    }
}
```

运行结果如图 7.3 所示。

```
Problems  @ Javadoc  Declaration  Cor
<terminated> DateFormatDemo [Java Application]
2021-03-27 06:58
2021年03月27日06时
Wed Oct 21 00:00:00 CST 2020
```

图 7.3　运行结果

7.8　日历类 java.util.Calendar

日历类 Calendar 类是一个抽象类，它可以获取某个时间点的 YEAR（年）、MONTH（月）、DAY_OF_MONTH（月的第几天）、HOUR（时）等日历字段信息，或者将这些日历字段值转化为日期对象；可以操作日历字段，例如获得下星期的日期，加一年、加一小时，获取一星期之前的日期，设置 YEAR（年）、MONTH（月）等日历字段等。

Calendar 是抽象类，不能被实例化，可以使用以下两种方法创建 Calendar 对象：

（1）使用 Calendar 的静态方法 Calendar.getInstance()。

（2）使用 Calendar 的具体子类 GregorianCalendar 创建对象。

下面例子使用 Calendar 的静态方法 Calendar.getInstance()创建日历对象，并使用 get()方法获取年月等日历字段值。

```
import java.util.Calendar;
public class CalendarDemo1 {
    public static void main(String[] args) {
        //使用 Calendar 类静态方法 getInstance()创建日历对象
        Calendar calendar = Calendar.getInstance();
        //获取日历对象的年月日字段值
        //get()方法的参数是 Calendar 类中的常量
        //用这些常量来指定年、月等日历字段信息
        int year = calendar.get(Calendar.YEAR);
        int month = calendar.get(Calendar.MONTH);
        int day = calendar.get(Calendar.DAY_OF_MONTH);
        System.out.println(year);
        System.out.println(month+1);
        System.out.println(day);
    }
}
```

程序运行结果如图 7.4 所示。

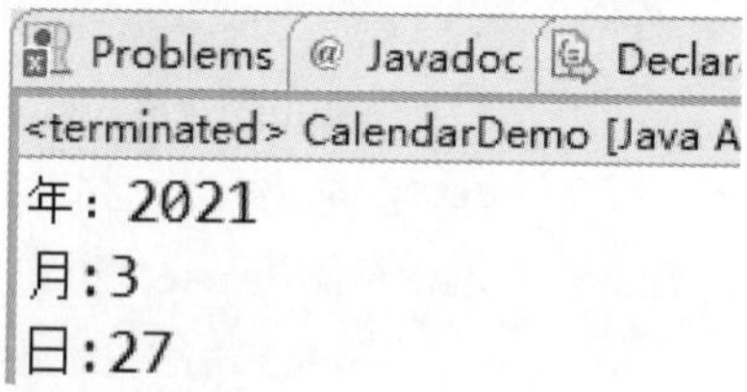

注意上面程序中的月份值，在 Calendar 类中，一月份用 0 表示，二月份用 1 表示，三月份用 2 表示，依此类推，十二月份用 11 表示。因此，get()方法返回的月份值加 1，才能得到实际月份值。在实际编程中进行月份转换时要注意这点。

图 7.4　运行结果

下面例子演示使用 Calendar 的具体子类创建对象，使用 set()方法设置日历字段值。

```
import java.util.Calendar;
import java.util.GregorianCalendar;
public class CalendarDemo2 {
    public static void main(String[] args) {
        //使用 Calendar 类的具体子类 GregorianCalendar 创建日历对象
        //通过参数设置日历时间为 2012 年 12 月 12 日
        //如果使用无参构造方法，则为当前时间
        Calendar calendar = new GregorianCalendar(2012,11,12);
        displayCalendar(calendar);
        System.out.println("-----------------");

        //将 calendar 对象年字段值设置为 2049 年
        calendar.set(Calendar.YEAR, 2049);
```

```
        //将 calendar 对象日字段设置为 26 日
        calendar.set(Calendar.DAY_OF_MONTH, 26);
        displayCalendar(calendar);

        System.out.println("-----------------");

        //将 calendar 对象设置为 2025 年 10 月 1 日
        calendar.set(2025,9,1);
        displayCalendar(calendar);
    }
    private static void displayCalendar(Calendar calendar){
        //获取日历对象的年月日字段值
        //get()方法的参数是 Calendar 类中的常量
        //用这些常量来指定年、月等日历字段信息
        int year = calendar.get(Calendar.YEAR);
        int month = calendar.get(Calendar.MONTH);
        int day = calendar.get(Calendar.DAY_OF_MONTH);
        System.out.println("年： "+year);
        System.out.println("月:"+(month+1));
        System.out.println("日:"+day);
    }
}
```

运行结果如图 7.5 所示。

下面例子使用 public void add(int field, int amount)方法，根据日历规则，将指定的（有符号的）时间量添加到给定的日历字段中，对日历字段进行加减。

```
import java.util.Calendar;
import java.util.GregorianCalendar;
public class CalendarDemo3 {
    public static void main(String[] args) {

        Calendar calendar = new GregorianCalendar();
        calendar.set(1985, 6, 9, 20, 30, 40);
        displayCalendar(calendar);

        System.out.println("-----------------");

        calendar.add(Calendar.MONTH, 4);
        displayCalendar(calendar);
```

```
Problems @ Javadoc Declaration
<terminated> CalendarDemo2 [Java Applic
年：2012
月:12
日:12
-----------------
年：2049
月:12
日:26
-----------------
年：2025
月:10
日:1
```

图 7.5　运行结果

```
        System.out.println("------------------");
        calendar.add(Calendar.YEAR, 50);
        calendar.add(Calendar.MONTH, -8);
        displayCalendar(calendar);
    }
    private static void displayCalendar(Calendar calendar){
        //获取日历对象的年月日字段值
        //get()方法的参数是 Calendar 类中的常量
        //用这些常量来指定年、月等日历字段信息
        int year = calendar.get(Calendar.YEAR);
        int month = calendar.get(Calendar.MONTH);
        int day = calendar.get(Calendar.DAY_OF_MONTH);
        System.out.println("年："+year);
        System.out.println("月:"+(month+1));
        System.out.println("日:"+day);
    }
}
```

运行结果如图 7.6 所示。

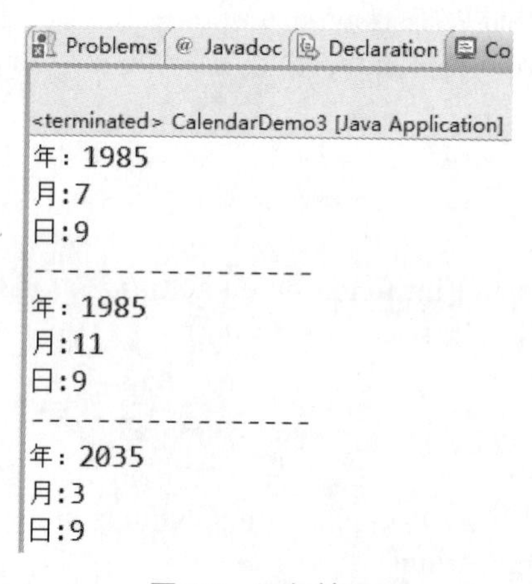

图 7.6　运行结果

下面程序演示 Calendar 对象和 Date 对象之间的相互转化。

```
import java.text.ParseException;
import java.text.SimpleDateFormat;
import java.util.Calendar;
import java.util.Date;
public class CalendarDemo4 {
    public static void main(String[] args) {
        SimpleDateFormat sdf = new SimpleDateFormat("yyyy-MM-dd HH:mm:ss");
        Calendar calendar1 = Calendar.getInstance();
```

```
        //将 Calendar 对象转化为 Date 对象
        Date date1 = calendar1.getTime();
        System.out.println("date1:"+ sdf.format(date1));
        System.out.println("-----------------");

        try {
            Date date2 = sdf.parse("1999-10-15 10:20:30");
            System.out.println("date2: " + sdf.format(date2));
            Calendar calendar2 = Calendar.getInstance();
            //将 Date 对象转化为 Calendar 对象
            calendar2.setTime(date2);
            displayCalendar(calendar2);
        } catch (ParseException e) {
            e.printStackTrace();
        }
    }
    private static void displayCalendar(Calendar calendar){
        //获取日历对象的年月日字段值
        //get()方法的参数是 Calendar 类中的常量
        //用这些常量来指定年、月等日历字段信息
        int year = calendar.get(Calendar.YEAR);
        int month = calendar.get(Calendar.MONTH);
        int day = calendar.get(Calendar.DAY_OF_MONTH);
        System.out.println("年： "+year);
        System.out.println("月:"+(month+1));
        System.out.println("日:"+day);
    }
}
```

程序运行结果如图 7.7 所示。

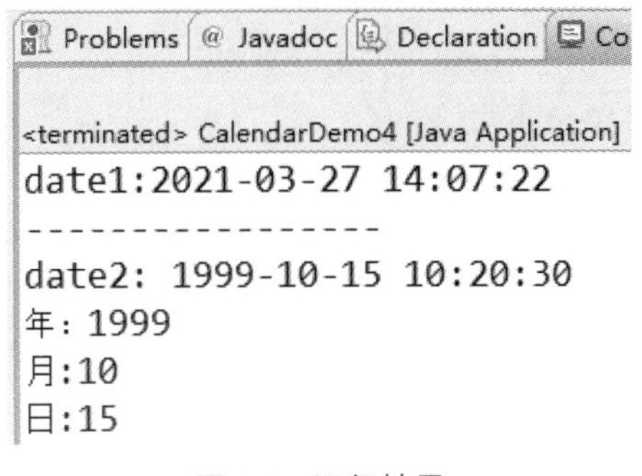

图 7.7　运行结果

习　题

一、单选题

1. 下列哪个叙述是错误的？（　　）

   A. "9dog".matches("\\ddog")的值是 true

   B. "12hello567".replaceAll("[123456789]+","@")返回的字符串是@hello@

   C. new Date(1000)对象含有的时间是公元后 1000 小时的时间

   D. "\\hello\n"是正确的字符串常量

2. 给出如下代码片段，以下哪个选项的值为 false？（　　）

   String s1 = “Hello”;

   String s2= “Hello”;

   String s3 = new String(“Hello”);

   A. s1.equals(s2);　　　　B. s1 == s2;

   C. s1 == s3;　　　　D. s1.equals(“Hello”);

3. 字符串 s1 的值为（　　）。

   String s = "hypertext";

   String s1 = s.substring(2, 5);

   A."yper"　　　　B."ype"

   C."pert"　　　　D."per"

4. Math.round(11.5)等于多少？Math. floor (11.5)等于多少？（　　）

   A. 11，11.0　　　　B. 11，12.0

   C. 12，11.0　　　　D. 12，12.0

5. 下列 Java 类提供了随机访问文件功能的是（　　）。

   A. RandomAccessFile 类

   B. RandomFile 类

   C. File 类

   D. AccessFile 类

6. 以下关于字符串类的说法错误的是（　　）。

   A. 字符串常量是 String 类对象

   B. String 类的对象只能用“new”关键字生成

   C. String 类生成的对象是不可变的

   D. StringBuffer 类生成的对象用于存储可变的字符串

7. 下列叙述哪个是正确的？（　　）

   A. String 类是 final 类，不可以有子类

   B. String 类在 java.util 包中

   C. "abc" == "abc"的值是 false

   D. "abc".equals("Abc")的值是 true

8. 以下代码输出结果是（　　）。

```
String s="Hello 2012,welcome to pzhu!";
        System.out.println(s.substring(s.indexOf(",")+1, s.lastIndexOf("!")));
```

A. Hello 2012

B. welcome to pzhu

C. elcome to pzhu

D. welcome to pzhu!

二、编程题

1. 编写程序，使用 String 类和 StringBuilder 类分别实现判断字符串是否是回文字符串。

2. 使用本章所学常用类计算 2 的 64 次方。

3. 编写程序统计任意字符串中各字符出现的次数，并将统计结果输出到屏幕上。

4. 编写一个 main 方法，按要求解析字符串和输出到控制台：

String source="1,zhang3,20;2,Li4,30;3,wang5,40";

如上字符串，包含了多个学生的信息，每个学生的信息使用分号(;)分隔，在一个学生信息字符串中包含了三个属性（依次为 ID,Name,Age）使用逗号(,)分隔。请使用 String 对象的 split()方法进行处理，解析以上信息（计算出学生数量、每个学生的属性信息），并按如下格式输出在控制台上：

```
Student Count:3
ID:1 Name:zhang3 Age:20
ID:2 Name:Li4 Age:30
ID:3 Name:wang5 Age:40
```

5. 使用 Calendar 相关类显示当月日历。

第 8 章　Java 组件及事件处理

【学习要求】

了解 Swing 包中的各组件的继承关系；
掌握常用顶层组件、中间组件及基本组件的用法；
掌握常用的布局方案；
掌握事件处理模式；
掌握常用对话框的使用。

Java Swing 是图形用户界面（Graphics User Interface，GUI）即窗口开发的基础，本章将介绍 Java Swing 开发中常用的一些组件、布局管理器等相关知识与技术，并通过代码实例展示实际应用。

8.1　Java Swing 概述

Swing 是 Java 为图形界面应用开发提供的一组工具包，是 Java 基础类的一部分。Swing 包含了构建图形界面（GUI）的各种组件，如：窗口、标签、按钮、文本框，对话框等。Swing 提供了许多比 AWT（抽象窗口工具包）更好的屏幕显示元素，使用纯 Java 实现，能够更好地兼容并跨平台运行。为了和 AWT 组件区分，Swing 组件在 javax. swing 包下，类名均以 J 开头，例如:JFrame、JLabel、JButton 等。Swing 组件继承图如图 8.1 所示。

一个 Java 的图形界面由若干种不同类型的元素组成，如窗口、菜单栏、对话框、标签、按钮、文本框等，这些可以被包含在图形用户界面中的基本单元称之为组件（Component）。

组件按照不同的功能，可分为顶层容器、中间容器、基本组件。

8.1.1　顶层容器

顶层容器是可以独立显示的窗口或对话框。顶层容器有窗口（JFrame）和对话框（JDialog）组件。顶层容器中可以添加中间组件和基本组件。顶层容器属于窗口类组件，继承自 java.awt.Window，如图 8.1 所示。

8.1.2　中间容器

中间容器充当基本组件的载体，不可独立显示。中间容器可以添加若干基本组件，也可以嵌套添加中间容器，对容器内的组件进行管理，类似于给各种复杂的组件进行分组管理。

最顶层的一个中间容器必须依托在顶层容器（如窗口或对话框）内，即加入窗口或对话框中。

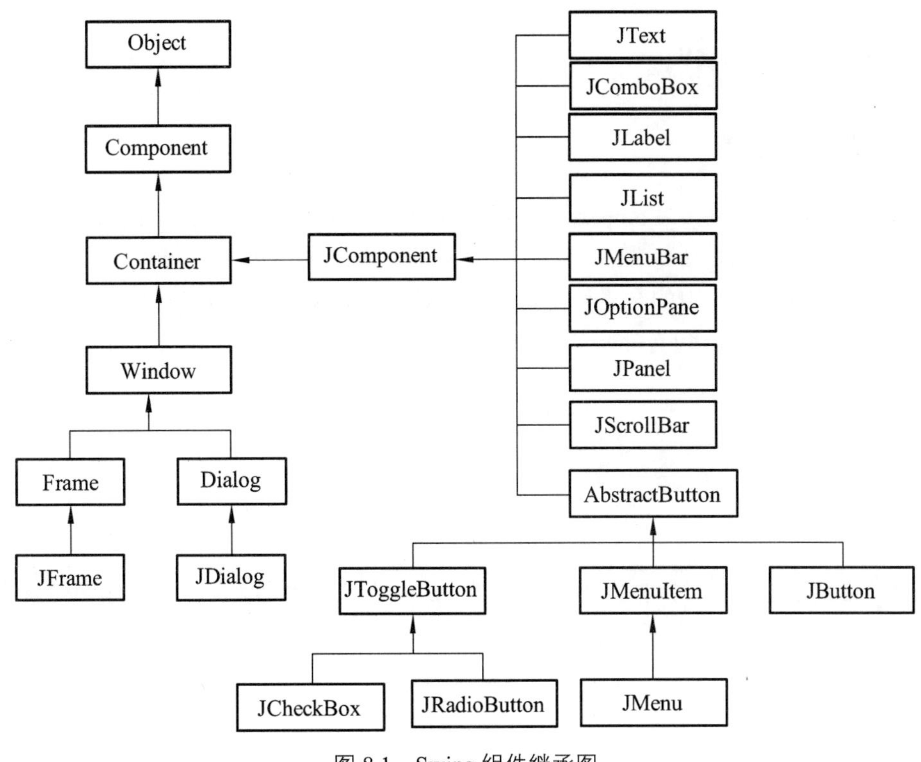

图 8.1　Swing 组件继承图

常见的中间容器有：

JPanel：轻量级面板容器组件；

JScrollPane：带滚动条的，可以水平和垂直滚动的面板组件；

JSplitPane：分隔面板；

JTabbedPane：选项卡面板；

JLayeredPane：层级面板；

JMenuBar：菜单栏。

8.1.3　基本组件

基本组件是直接实现人机交互的组件，常作为顶层容器或中间容器的基本元素放置在其中，如按钮，文本框，标签等。常用基本组件都是 JComponent 的子类。

常见的基本组件有：

JLabel：标签；

JButton：按钮；

JRadioButton：单选按钮；

JCheckBox：复选框；

JToggleButton：开关按钮；

JTextField：文本框；

JPasswordField：密码框；
JTextArea：文本区域；
JComboBox：下拉列表框。

8.1.4　布局管理器

把 Swing 的各种组件（JComponent）添加到顶层窗口或中间容器中时，需要给容器指定布局管理器（LayoutManager），明确容器（Container）内的各个组件之间的排列布局方式（即在容器中的显示位置）。常用的布局管理器有 FlowLayout 流式布局管理器，GridLayout 网格布局管理器，BorderLayout 边界布局管理器，CardLayout 卡片布局管理器，BoxLayout 箱式布局管理器等。

8.2　窗　口

窗口 JFrame 类是一个可以独立显示的组件，是一个顶层容器。一个窗口通常包含有标题、图标、关闭、最小化、最大化操作按钮，可以为窗口添加菜单栏、工具栏等。一个进程中可以创建多个窗口，并根据情况进行显示、隐藏或销毁。

8.2.1　JFrame 类常用方法

JFrame()：创建一个最初不可见的无标题的窗口对象。
JFrame(String title)：创建一个最初不可见的标题是 title 的窗口对象。
pubic void setTitle(String title)：设置窗口的标题。
pubic void setIconImage(Image image)：设置窗口的图标。
pubic void setSize(int width, int height)：设置窗口的宽高值。
pubic void setVisible(boolean b)：设置窗口是否可见，窗口默认不可见。
pubic void setContentPane(Container contentPane)：设置窗口的内容面板。
pubic boolean isShowing()：判断窗口是否处于显示状态。
pubic void dispose()：销毁窗口，释放窗口及其所有子组件占用的资源。
pubic void pack()：调整窗口的大小，以适合其子组件的首选大小和布局。
pubic void setBounds(int x, int y, int width, int height)：设置窗口的位置和宽高。

public void setLocationRelativeTo(Component comp)：设置窗口的相对位置。如果 comp 整个显示区域在屏幕内，则将窗口放置到 comp 的中心；如果 comp 显示区域有部分不在屏幕内，则将该窗口放置在最接近 comp 中心的一侧；comp 为 null，表示将窗口放置到屏幕中心。

public void setDefaultCloseOperation(int operation)：设置用户在此窗口上单击“关闭”按钮时默认执行的操作。其中，operation 必须指定为以下常量值之一：

WindowConstants.DO_NOTHING_ON_CLOSE：不要做任何事情。要求程序重写 Window Listener 对象的 windowClosing 方法执行相应操作。该值为 operation 的默认值。

WindowConstants.HIDE_ON_CLOSE：隐藏窗口，不会结束进程，再次调用 setVisible(true) 将再次显示。

WindowConstants.DISPOSE_ON_CLOSE：销毁窗口，如果所有可显示的窗口都被 DISPOSE，则可能会自动结束进程。

Jframe.EXIT_ON_CLOSE：退出进程。

pubic void setResizable(boolean resizable)：设置窗口是否可缩放。

pubic void setLocation(int x, int y)：设置窗口相对于屏幕左上角的位置。

图 8.2　创建窗口

【例 8.1】在屏幕中心显示第一个窗口，再在第一个窗口的屏幕中心显示第二个窗口。程序运行效果如图 8.2 所示。

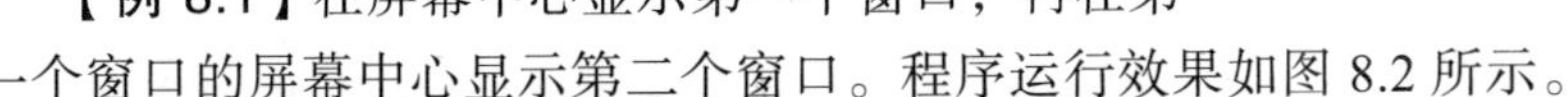

```
Example8_1.java
import javax.swing.*;
import java.awt.*;

public class Example8_1 {
public static void main(String[] args) {
    final JFrame window1 = new JFrame("第一个窗口");
    window1.setSize(350, 280);
    // 把第一个窗口的位置设置在屏幕中心
    window1.setLocationRelativeTo(null);
    // 点击第一个窗口关闭按钮后，结束程序运行
    window1.setDefaultCloseOperation(WindowConstants.EXIT_ON_CLOSE);
    JPanel panel = new JPanel();
    panel.setBackground(Color.GREEN);
    // 将 panel 设置为 window1 的内容面板
    window1.setContentPane(panel);
    window1.setVisible(true);
    showSecondWindow(window1);
}

public static void showSecondWindow(JFrame relativeWindow) {
    // 创建第二个新窗口
    JFrame window2 = new JFrame("第二个窗口");
    window2.setSize(260, 150);
    // 把第二个窗口的位置设置到 relativeWindow 窗口的中心
    window2.setLocationRelativeTo(relativeWindow);
    // 点击第二个窗口的关闭按钮时，将销毁第二个窗口。
```

```
    window2.setDefaultCloseOperation(WindowConstants.DISPOSE_ON_CLOSE);
        // 窗口设置为不可改变大小
        window2.setResizable(false);
        window2.setVisible(true);
    }
}
```

注：如果第二个窗口的 setDefaultCloseOperation(operation)方法的 operation 值也设置成 WindowConstants. EXIT_ON_CLOSE，则在关闭第二个窗口时，将会结束整个程序。

8.2.2 菜单条、菜单、菜单项、工具条

1. 菜单条

菜单栏组件添加到 JFrame 窗口后，在窗口的内容显示区域的顶部出现。实现一个菜单栏主要涉及三种类。

1）JMenuBar

JMenuBar 构造方法实现创建一个菜单条。使用 JFrame 类中的一个方法可以把菜单条对象添加到窗口顶端，方法如下：

```
public void SetJMenuBar(JMenuBar bar)
```

2）JMenu

JMenu 类的构造方法可以创建一个菜单，如果把一个菜单当作菜单项添加到某个菜单中时，把这样的菜单称为子菜单，因此 JMenu 对象既可以作为一级菜单，又可以作为菜单下的子菜单。

JMenu 常用方法：

JMenuItem add(JMenuItem menuItem)：添加菜单项到 JMenu 中。

void addSeparator()：添加一个菜单项间的分割线。

3）JMenuItem

JMenuItem 的构造方法可以创建一个菜单项，菜单项用于添加到某一个菜单中。可以在菜单项前加上一个图标，可以用 Icon 类的 ImageIcon 类创建一个图标。如：

```
Icon icon=new ImageIcon("save.png");
```

再用菜单项对象调用 setIcon(Icon icon)方法设置菜单项前的图标。

JMenuItem 常用方法：

JMenuItem(String text)：创建带文本的菜单项。

JMenuItem(Icon icon)：创建带图标的菜单项。

JMenuItem(String text, Icon icon)：创建文本及图标的菜单项。

void setText(String text)：设置菜单显示的文本。

void setIcon(Icon defaultIcon)：设置菜单显示的图标。

void setMnemonic(int mnemonic)：设置菜单的键盘助记符。

void setAccelerator(KeyStroke keyStroke)：设置键盘快捷键直接触发菜单项的动作。

4）JCheckBoxMenuItem

JCheckBoxMenuItem 的构造方法可以创建一个带复选框的菜单项。

5）JRadioButtonMenuItem

JRadioButtonMenuItem 的构造方法可以创建一个带单选按钮的菜单项。

JCheckBoxMenuItem、JRadioButtonMenuItem 常用方法：

void setSelected(boolean b)：设置复选框/单选按钮是否选中。

boolean isSelected()：判断复选框/单选按钮是否选中。

2. 工具条

工具条是用于显示位图式按钮行的控制条，通常把常用操作放置在工具条中以方便用户操作。JToolBar 用于定义工具条，是容器组件，可在其内添加基本组件如按钮等。JToolBar 对象可以被用户拖到其父容器上下左右四边中的一边，并支持在单独的窗口中浮动显示。

JToolBar 对象常用方法：

JToolBar()：创建一个无标题的工具条。

JToolBar(String name)：创建一个带标题的工具条，悬浮显示时可见工具栏的标题。

JToolBar(intorientation)：创建一个水平或垂直方向显示的工具条，orientation 的值为 SwingConstants.HORIZONTAL 或 SwingConstants.VERTICAL，默认为 SwingConstants. HORIZONTAL。

JToolBar(String name, int orientation)：创建一个标题为 name 的工具条，工具栏的方向由 orientation 的值决定。

Component add(Component comp)：添加组件到工具栏。

void addSeparator()：添加分隔符组件到工具栏。

Component getComponentAtIndex(int index)：获取工具栏中指定位置的组件（包括分隔符）。

void setFloatable(boolean b)：设置工具栏是否可拖动。

Void setOrientation(int o)：设置工具栏方向，值为 wingConstants.HORIZONTAL 或 Swing Constants.VERTICAL。

void setMargin(Insets m)：设置工具栏边缘和其内部工具组件之间的边距（内边距）。

void setBorderPainted(boolean b)：是否需要绘制边框。

【例 8.2】 在主类 Exampe8_2 中用 JFrame 的子类 MenuToolWindow 创建一个带菜单及工具条的窗口，效果如图 8.3 所示。

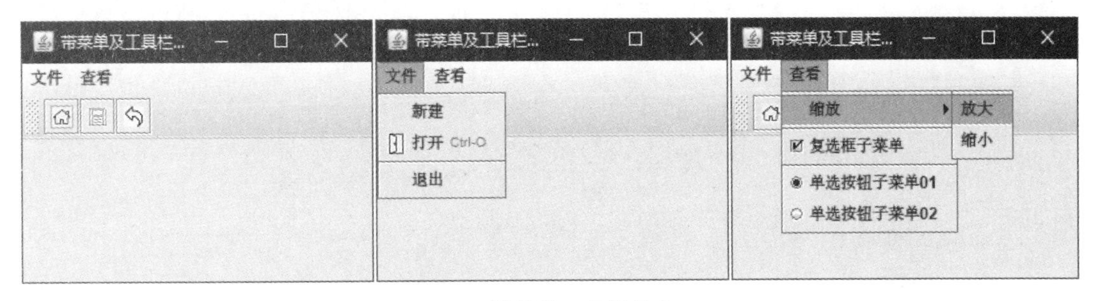

图 8.3 带菜单工具栏的窗口

Example8_2.java

```
public class Example8_2 {
```

```java
    public static void main(String[] args) throws Exception {
        MenuToolWindow window=new MenuToolWindow("带菜单及工具栏窗口");
    }
}
```

MenuToolWindow.java

```java
import java.awt.BorderLayout;
import java.awt.event.InputEvent;
import java.awt.event.KeyEvent;
import javax.swing.*;

class MenuToolWindow extends JFrame{
    public  MenuToolWindow (String title){
        super("带菜单及工具栏窗口");
        this.setSize(300, 300);
        this.setLocationRelativeTo(null);
        this.setDefaultCloseOperation(WindowConstants.EXIT_ON_CLOSE);
        initMenu();
        initToolBar();
        this.setVisible(true);
    }
    public void initToolBar() {
        // 创建一个工具栏实例
        JToolBar toolBar = new JToolBar("常用工具栏");
        // 创建工具栏按钮
        JButton previousBtn = new JButton(new ImageIcon("home.png"));
        JButton pauseBtn = new JButton(new ImageIcon("save.png"));
        JButton nextBtn = new JButton(new ImageIcon("back.png"));
        // 添加按钮到工具栏
        toolBar.add(previousBtn);
        toolBar.add(pauseBtn);
        toolBar.add(nextBtn);
        // 添加工具栏在当前窗口顶部
        this.add(toolBar, BorderLayout.PAGE_START);
    }
    public void initMenu() {
        //创建一个菜单栏
        JMenuBar menuBar = new JMenuBar();
        // 创建一级菜单
        JMenu fileMenu = new JMenu("文件");
```

```
        JMenu lookMenu = new JMenu("查看");
        // 一级菜单添加到菜单栏
        menuBar.add(fileMenu);
        menuBar.add(lookMenu);
        //创建 "文件" 一级菜单的子菜单
        JMenuItem newMenuItem = new JMenuItem("新建");
        JMenuItem openMenuItem = new JMenuItem("打开",new ImageIcon("open.png"));
        JMenuItem exitMenuItem = new JMenuItem("退出");
    openMenuItem.setAccelerator(KeyStroke.getKeyStroke(KeyEvent.VK_O,InputEvent.CTRL_D
OWN_MASK));
        // 子菜单添加到一级菜单
        fileMenu.add(newMenuItem);
        fileMenu.add(openMenuItem);
        fileMenu.addSeparator();            // 添加一条分割线
        fileMenu.add(exitMenuItem);
        //创建 "查看" 一级菜单的子菜单
        JMenu scaleMenu=new JMenu("缩放");
        JCheckBoxMenuItem checkBoxMenuItem = new JCheckBoxMenuItem("复选框子菜
单");
        JRadioButtonMenuItem radioButtonMenuItem01 = new JRadioButtonMenuItem("单
选按钮子菜单 01");
        JRadioButtonMenuItem radioButtonMenuItem02 = new JRadioButtonMenuItem("单
选按钮子菜单 02");
        //创建 "查看" 一级菜单的子菜单"缩放"二级菜单
        JMenuItem enlargeItem=new JMenuItem("放大");
        JMenuItem reduceItem=new JMenuItem("缩小");
        scaleMenu.add(enlargeItem);
        scaleMenu.add(reduceItem);
        // 子菜单添加到一级菜单
        lookMenu.add(scaleMenu);
        lookMenu.addSeparator();
        lookMenu.add(checkBoxMenuItem);
        lookMenu.addSeparator();                    // 添加一个分割线
        lookMenu.add(radioButtonMenuItem01);
        lookMenu.add(radioButtonMenuItem02);
        // 其中两个单选按钮子菜单，要实现单选按钮的效果，需要将它们放到一个按钮
组中
        ButtonGroup btnGroup = new ButtonGroup();
        btnGroup.add(radioButtonMenuItem01);
```

```
            btnGroup.add(radioButtonMenuItem02);
            // 默认第一个单选按钮子菜单选中
            radioButtonMenuItem01.setSelected(true);
            // 最后把菜单栏设置到窗口
            this.setJMenuBar(menuBar);
        }
    }
```

8.3 常用组件与布局

在窗口中通过加入基本组件实现与用户进行交互，加入的组件在容器中是按照一定的布局形式进行排列的。本节介绍一些常用的组件在容器中的常用布局。常用组件和常用布局的属性和方法可以通过查阅类库文档进行深入学习。

8.3.1 常用布局

常用的布局管理器有：

1. BorderLayout 边界布局

JFrame 窗口类的默认布局方案为 BorderLayout 布局。BorderLayout 边界布局把 Container 按方位分为 5 个区域（东、西、南、北、中），中间的区域最大，表示方位的 5 个常量如下：

```
BorderLayout.NORTH          // 容器的北边
BorderLayout.SOUTH          // 容器的南边
BorderLayout.WEST           // 容器的西边
BorderLayout.EAST           // 容器的东边
BorderLayout.CENTER         // 容器的中心
```

在采用 BorderLayout 布局的容器加入组件时需要指定组件放在哪个区域，若不指定则默认把组件放在中心区域，后加入的组件会覆盖前面加入的组件。如将一个 button（按钮组件）放在 container 容器对象南面：

```
container.add(button, BorderLayout.SOUTH);
```

容器使用 BorderLayout 布局管理器，能最多添加 5 个组件，若加入的组件多于 5 个，则可以在中间容器加入多个组件，再加入到容器的 5 个区域之一位置。

BorderLayout 构造方法：

BorderLayout()：构造一个组件之间没有间距的布局。

BorderLayout(int hgap, int vgap)：构造一个具有指定组件间距的边框布局。

【例 8.3】在 Example8_3 中，窗口中的 5 个 JButton 按钮组件采用 BorderLayout 布局放于窗口的 5 个区域中，如图 8.4 所示。

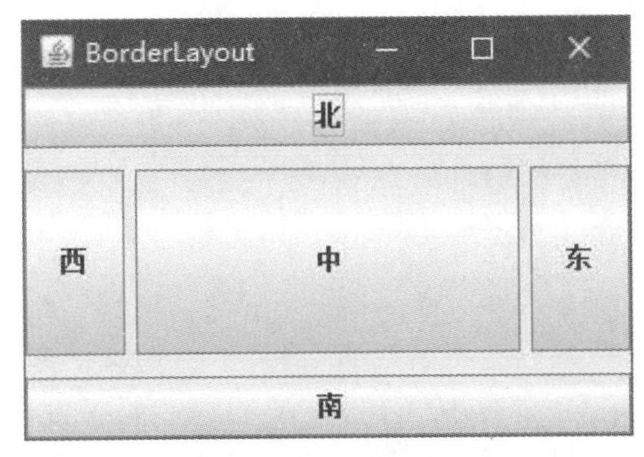

图 8.4　BorderLayout 布局

Example8_3.java

```
public class Example8_3 {
    public static void main(String[] args) {
        ShowBorderLayout frame = new ShowBorderLayout();
        frame.setTitle("BorderLayout");
        frame.setSize(300, 200);
        frame.setLocationRelativeTo(null);
        frame.setDefaultCloseOperation(JFrame.EXIT_ON_CLOSE);
        frame.setVisible(true);
    }
}
```

ShowBorderLayout.java

```
class ShowBorderLayout extends JFrame {
    public ShowBorderLayout() {
        setLayout(new BorderLayout(5, 10));
        add(new JButton("西"), BorderLayout.WEST);
        add(new JButton("东"), BorderLayout.EAST);
        add(new JButton("南"), BorderLayout.SOUTH);
        add(new JButton("北"), BorderLayout.NORTH);
        add(new JButton("中"), BorderLayout.CENTER);
    }
}
```

2. FlowLayout 流式布局

按组件加入的顺序，按水平方向排列，排满一行换下一行继续排列。排列方向（左到右或右到左）取决于容器的 componentOrientation 属性，该属性用容器的 applyComponentOrientation(ComponentOrientation o)方法设置，o 的值如下：

ComponentOrientation.LEFT_TO_RIGHT（默认）。

ComponentOrientation.RIGHT_TO_LEFT。

同一行（水平方向）的组件的对齐方式由 FlowLayout 的 align 属性确定，它可能的值如下：

FlowLayout.LEFT：左对齐。

FlowLayout.CENTER：居中对齐（默认）。

FlowLayout.RIGHT：右对齐。

FlowLayout.LEADING：与容器方向的开始边对齐，例如，对于从左到右的方向，则与左边对齐。

FlowLayout.TRAILING：与容器方向的结束边对齐，例如，对于从左到右的方向，则与右边对齐。

如将设置了 flowLayout 布局的容器内加入的组件按每行左对齐方式进行排列：

```
FlowLayout flowLayout=new FlowLayout();
flowLayout.setAlignment(FlowLayout.LEFT);
```

FlowLayout 的**构造方法**：

FlowLayout()：默认居中对齐，水平和垂直间隙是 5 个单位。

FlowLayout(int align)：指定对齐方式，默认的水平和垂直间隙是 5 个单位。

FlowLayout(int align, int hgap, int vgap)：指定对齐方式同时设计水平和竖直间隙。

【**例 8.4**】在 Example8_4 中，窗口中的 JLabel 及 JTextFild 组件采用 FlowLayout 布局放于窗口中，如图 8.5 所示。

图 8.5　FlowLayout 布局

Exampe8_4.java

```
public class Example8_4 {
    public static void main(String[] args) {
        ShowFlowLayout frame = new ShowFlowLayout();
        frame.setTitle("FlowLayout");
        frame.setSize(500, 100);
        frame.setLocationRelativeTo(null);
        frame.setDefaultCloseOperation(JFrame.EXIT_ON_CLOSE);
        frame.setVisible(true);
    }
}
```

ShowFlowLayout.java

```
class ShowFlowLayout extends JFrame {
    public ShowFlowLayout() {
        super.setLayout(new FlowLayout(FlowLayout.LEFT, 10, 20));
        add(new JLabel("姓名:"));
        add(new JTextField(8));
```

```
        add(new JLabel("邮箱:"));
        add(new JTextField(8));
        add(new JLabel("电话:"));
        add(new JTextField(8));
    }
}
```

3. GridLayout 网格布局

把 Container 按指定行列数分隔出若干大小相等的网格，每一个网格按顺序放置一个控件，组件宽高自动撑满网格。

GridLayout 网格布局以行数和总数优先，通过构造方法或 setRows 和 setColumns 方法将行数和列数都设置为非零值时，指定的列数将被忽略。列数通过指定的行数和布局中的组件总数来确定。例如，指定了 3 行和 1 列，在布局中共添加了 6 个组件，则它们将显示为 3 行 2 列。仅当将行数设置为零时，指定的列数才对布局有效。

构造方法：

GridLayout()：默认构造，将 Container 分为一行，列数由加入的组件个数决定。

GridLayout(int rows, int cols)：创造一个指定行数和列数的网格布局。

GridLayout(int rows, int cols, int hgap, int vgap)：指定行数和列数的网格布局，并指定网格间水平和垂直网格间隙。

【例 8.5】 在 Example8_5 中，窗口中的 JLabel 及 JTextField 组件采用 3 行 2 列的 GridLayout 布局放于窗口中，如图 8.6 所示。

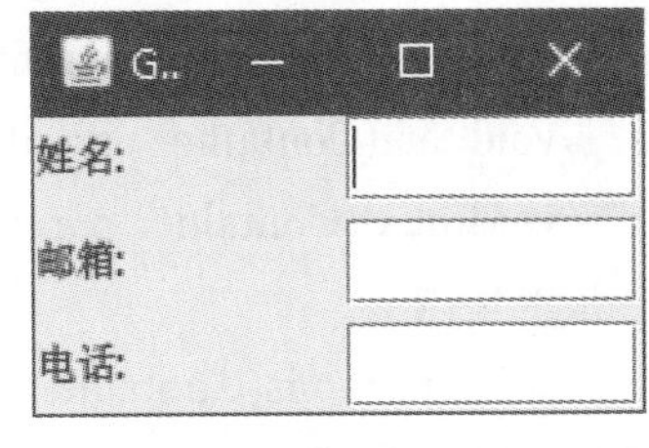

图 8.6 GridLayout 布局

Example8_5.java

```
public class Example8_5 {
    public static void main(String[] args) {
        ShowGridLayout frame = new ShowGridLayout();
        frame.setTitle("GridLayout");
        frame.setSize(200, 125);
        frame.setLocationRelativeTo(null);
        frame.setDefaultCloseOperation(JFrame.EXIT_ON_CLOSE);
        frame.setVisible(true);
    }
}
```

ShowGridLayout.java

```
class ShowGridLayout extends JFrame {
    public ShowGridLayout() {
        setLayout(new GridLayout(3, 2, 5, 5));
```

```
            add(new JLabel("姓名:"));
            add(new JTextField(8));
            add(new JLabel("邮箱:"));
            add(new JTextField(8));
            add(new JLabel("电话:"));
            add(new JTextField(8));
        }
    }
```

注：如果使用 setLayout(new GridLayout(3,10))替换 setlayout 语句，还是会得到 3 行 2 列，因为行的参数非零，所以列的参数会被忽略，列的实际参数是由布局管理器计算出来的。

4. CardLayout 卡片布局

将 Container 中的每个组件看作一张卡片，一次只能显示一张卡片，默认显示最先放的那一张卡片。

常用方法：

CardLayout()：创建一个间距大小为 0 的卡片布局。

CardLayout(int hgap, int vgap)：创建一个指定水平和垂直间距大小的卡片布局。

void first(Container parent)：显示放入容器中的第一张卡片。

void last(Container parent)：显示放入容器中的最后一张卡片。

void next(Container parent)：显示下一张卡片，当前卡片是最后一张时，自动循环显示第一张卡片内容。

void previous(Container parent)：显示上一张卡片，当前卡片是第一张时，自动循环显示最后一张卡片内容。

void show(Container parent, String name)：显示指定名称的组件。指定名称的组件在添加组件到容器时，指定名称。

5. BoxLayout 箱式布局

将 Container 中的多个组件按水平或垂直的方式排列。Swing 提供了一个实现了 BoxLayout 的容器组件 Box，使用 Box 提供的静态方法，可快速创建水平或垂直箱容器。如：

```
Box hBox = Box.createHorizontalBox();//创建一个水平箱容器
Box vBox = Box.createVerticalBox();//创建一个垂直箱容器
```

Box 内的组件之间默认没有空隙并居中，如果想在组件之间（或头部/尾部）添加空隙，可以在其中添加一个影响布局的不可见组件。Box 提供了三种用于填充空隙的不可见组件：glue、struts 和 rigidAreas。

1）创建胶状（宽/高可伸缩）的不可见组件（glue）

```
Component hGlue = Box.createHorizontalGlue();//创建一个水平方向胶状的不可见组件，
//用于撑满水平方向剩余的空间（如果有多个该组件，则平分剩余空间）
Component vGlue = Box.createVerticalGlue();//创建一个垂直方向胶状的不可见组件，用于
//撑满垂直方向剩余的空间（如果有多个该组件，则平分剩余空间）
```

```
Component glue = Box.createGlue();//创建一个水平和垂直方向胶状的不可见组件，用于撑
//满水平和垂直方向剩余的空间（如果有多个该组件，则平分剩余空间）
```

2）创建固定宽度或高度的不可见组件（struts）

```
Component hStrut = Box.createHorizontalStrut(int width); //创建一个固定宽度的不可见组件
//（用于水平箱）
Component vStrut = Box.createVerticalStrut(int height); //创建一个固定高度的不可见组件
//（用于垂直箱）
```

3）创建固定宽高的不可见组件（rigidAreas）

```
Component rigidArea = Box.createRigidArea(new Dimension(int width, int height)); //创建固
//定宽高的不可见组件。
```

6. null 绝对布局

绝对布局指将容器的布局管理器设置为 null，容器中组件放置位置是通过设置组件在 Container 中的坐标位置来确定的。

8.3.2 常用基本组件

常用基本组件都是 JComponent 的子类。

（1）JTextField（文本框）：用于输入单行文本的文本框。

（2）JPasswordField（密码框）：用于输入单行密码的密码框。密码框默认回显字符为“*”，可以用密码框对象调用 setEchoChar(char c)方法设置回显字符。密码框通过调用 char[] getPassword()方法返回用户在密码框中输入的密码。

（3）JLabel（标签）：用于展示文本或图片，也可以同时显示文本和图片。

（4）JButton（按钮）：命令按钮。

（5）JCheckBox（复选框）：通过复选框，给用户提供多项选择。复选框通过单击实现在勾选与取消勾选两种状态之间切换。

（6）JRadioButton（单选按钮）：在同组单选按钮中，只提供单项选择，一旦选择了同组中的某一项，再单击同组的其他单选项，则会取消之前的选择，而选中当前选中的单选项。

（7）JComboBox（下拉列表）：单击下拉列表右侧的箭头按钮时，打开下拉列表，从中选择某一项后，将会选中下拉列表框中所选单项，并收起下拉列表框。

（8）JTextArea（文本框）：用于输入多行文本的文本区。

图 8.7　注册窗口

【例 8.6】窗口使用 FlowLayout 布局，窗口中的“欢迎注册”做成图片加入到一个 JLabel 组件中，居中显示。窗口中的 JLabel 组件（用户名、密码、性别、证件类型）放在一个垂直箱式布局中，JLable 组件后对应的文本框、密码框、性别单选按钮及下拉列表框放在另一个垂直箱

式布局中，再将两个垂直箱式布局加入一个水平箱式布局中。在窗口中加入两个复选按钮以及注册和取消按钮。运行效果如图 8.7 所示。

Example8_6.java

```
public class Example8_6 {
    public static void main(String[] args) {
        new RegisterWindow("注册");
    }
}
```

RegisterWindow.java

```
import java.awt.*
import javax.swing.*;
class RegisterWindow extends JFrame{
    JLabel titleLabel,nameLabel,pwdLabel,sexLabel,credentLabel;
    JTextField nameText;
    JPasswordField pwdText;
    JRadioButton maleRadio,femaleRadio;
    JCheckBox remeberMeCheckBox,approveCheckBox;
    JComboBox credentComboBox;
    Box vBox1,vBox2,hBox,sexBox;
    JButton regiesterBtn,cancelBtn;
    public void initRegisterWindow() {
        //初始化各组件
        titleLabel=new JLabel(new ImageIcon("welcom.png"));
        nameLabel=new JLabel("用户名");
        nameText=new JTextField(15);
        pwdLabel=new JLabel("密码");
        pwdText=new JPasswordField(15);
        sexLabel=new JLabel("性别");
        maleRadio=new JRadioButton("男");
        femaleRadio=new JRadioButton("女");
        //将 maleRadio 与 femalRadio 加入组，以实现组中单选
        ButtonGroup btnGroup=new ButtonGroup();
        btnGroup.add(maleRadio);
        btnGroup.add(femaleRadio);
        credentLabel=new JLabel("证件类型");
        credentComboBox=new JComboBox();
        credentComboBox.addItem("身 份 证");
        credentComboBox.addItem("驾 驶 证");
        credentComboBox.addItem("护照");
```

```
        remeberMeCheckBox=new JCheckBox("记住我的信息");
        approveCheckBox=new JCheckBox("同意并遵守注册协议");
        regiesterBtn=new JButton("注册");
        cancelBtn=new JButton("取消");
        //在 vBox1 中放置运行图中左侧 JLabel,JCheckBox,JButton 等组件
        vBox1=Box.createVerticalBox();
        vBox1.add(nameLabel);
        //创建一个垂直方向胶状的不可见组件,用于撑满垂直方向剩余的空间,若有多个
//该组件，则平分剩余空间
        vBox1.add(Box.createVerticalGlue());
        vBox1.add(pwdLabel);
        vBox1.add(Box.createVerticalGlue());
        vBox1.add(sexLabel);
        vBox1.add(Box.createVerticalGlue());
        vBox1.add(credentLabel);
        vBox1.add(Box.createVerticalGlue());
        //在 vBox2 中放入右侧 JTextField, JPasswordField,JRadioButton 等组件
        vBox2=Box.createVerticalBox();
        vBox2.add(nameText);
        vBox2.add(pwdText);
        //sexBox 水平排列性别
        sexBox=Box.createHorizontalBox();
        sexBox.add(maleRadio);
        sexBox.add(femaleRadio);
        vBox2.add(sexBox);
        vBox2.add(credentComboBox);
        //在水平箱式布局中加入 vBox1,vBox2
        hBox=Box.createHorizontalBox();
        hBox.add(vBox1);
        //建一个宽度为 3 的不可见组件置于用于水平箱中
        hBox.add(Box.createHorizontalStrut(3));
        hBox.add(vBox2);
        //添加组件到窗口
        add(titleLabel);
        add(hBox);
        add(remeberMeCheckBox);add(approveCheckBox);
        add(regiesterBtn);add(cancelBtn);
    }
    public RegisterWindow(String title) {
```

```
            super(title);
            setSize(300, 300);
            setLocationRelativeTo(null);
            setLayout(new FlowLayout());//设置流动布局
            initRegisterWindow();
            setVisible(true);
            setDefaultCloseOperation(JFrame.EXIT_ON_CLOSE);
        }
    }
```

8.3.3 中间容器

中间容器充当基本组件的载体，不可独立显示。中间容器可以添加若干基本组件，也可以嵌套添加中间容器。最顶层的一个中间容器必须添加到顶层容器（如窗口或对话框）内才能发挥作用。

1. JPanel 面板

JPanel 是在开发中使用频率非常高的一般轻量级面板容器组件，Jpanel 不能单独的使用，必须依赖于外层的顶层容器（JFrame）。JPanel 中组件布局方案默认用 FlowLayout 布局。

构造方法：

JPanel()：创建默认使用流式布局的面板。

JPanel(LayoutManager layout)：在创建面板的同时指定布局管理器。

2. JTabbedPane 选项卡面板

选项卡面板。它允许用户通过点击给定标题或图标的选项卡，在一组件之间进行切换显示。

常用方法：

JTabbedPane()：创建一个选项卡面板，选项卡标签默认在选项卡面板顶部。

JTabbedPane(int tabPlacement)：创建一个指定选项卡标题位置的选项卡，默认在面板顶部。其中，tabPlacement 表示选项卡标题的位置，值为 JTabbedPane.TOP、JTabbedPane.BOTTOM、JTabbedPane.LEFT 或 JTabbedPane.RIGHT，默认为 JTabbedPane.TOP。

void addTab(String title, Component component)：添加组件到选项卡面板中，并设置标题名称为 title。

void remove(Component component)：移除指定内容控件的选项卡。

Component getSelectedComponent()：获取当前选中的选项卡对应的内容组件。

int getTabCount()获取选项卡面板中选项卡的数量。

3. JScrollPane 滚动面板

JScrollPane 支持水平和垂直滚动视图。文本区域、表格等需要显示较多数据而空间又有限时，通常使用 JScrollPane 进行包裹以实现滚动显示。JTextArea 不带滚动条，通常会把 JtextArea 组件放到 JScrollPane 中，再把 JScrollPane 添加到窗口中。如：

```
new JFrame().add(new JScrollPane(new JTextArea);
```

常用方法：

JScrollPane(Component view)：创建一个滚动面板，并在滚动面板中显示 view 视图组件。

void setWheelScrollingEnabled(boolean handleWheel)：是否响应鼠标滚动事件，默认响应。

void setViewportView(Component view)：设置滚动显示视图内容组件。

void setVerticalScrollBarPolicy(int policy)：设置垂直滚动条的显示策略。垂直滚动条显示策略（policy）的取值有：

ScrollPaneConstants.VERTICAL_SCROLLBAR_AS_NEEDED：需要时显示（默认）。

ScrollPaneConstants.VERTICAL_SCROLLBAR_NEVER：从不显示。

ScrollPaneConstants.VERTICAL_SCROLLBAR_ALWAYS：总是显示。

4. JSplitPane 分隔面板

JSplitPane 用于分隔两个（只能两个）组件，两个组件通过水平或垂直分隔条分别左右或上下显示，并且可以拖动分隔条调整两个组件显示区域的大小。

常用的两个构造方法：

```
JSplitPane(int orientation, Component leftComponent, Component rightComponent);
```

其中，参数 orientation 表示分隔的方向，取值为 JSplitPane.HORIZONTAL_SPLIT（水平左右分隔）或 JSplitPane.VERTICAL_SPLIT（垂直上下分隔），默认水平左右分隔。leftComponent 和 rightComponent 参数表示左右或上下要显示的组件。

```
JSplitPane(int orientation, boolean continuousLayout, Component leftComponent, Component rightComponent);
```

其中，参数 continuousLayout 表示拖动分隔条时，是否连续重绘组件，如果为 flase，则拖动分隔条停止后才重绘组件。其他三个参数同上一个构造函数。

5. JLayeredPane 层级面板

JLayeredPane 为容器添加了深度，允许组件互相重叠。JLayeredPane 将深度范围按层划分，在同一层内又对组件按位置进一步划分，将组件放入容器时需要指定组件所在的层，以及组件在该层内的位置（position/index）。层的编号越大越显示在前面。同层内位置编号越大越靠近底部，位置编号取值范围: [0, n - 1]，其中 n-1 表示最底层，0 表示最顶层。

通过 setLayer(Component c, int layer)可设置组件所在的层数。同一层内的组件，可通过调用 moveToFront(Component)、moveToBack(Component) 和 setPosition(int) 调整层内的位置。

注意：添加到 JLayeredPane 内的组件需要明确指定组件位置和宽高，否则不显示，类似绝对布局。

8.4 处理事件

在学习完 Java Swing 的基本组件及布局后，需要进一步学习 Java 图形用户界面的人机交互事件处理模型。当用户在图形界面上进行一些操作，如单击按钮、在文本框中输入文本后敲回车键、选取菜单项等操作时，都会发生界面事件。根据具体情况，程序会做出相应的反应，以实现相应的程序功能，此过程称之为事件处理。

8.4.1 事件处理模式

下面介绍 Java 提供的事件处理模型的几个重要概念。

1. 事件

事件是用户在界面上的一个操作（通常使用各种输入设备，如鼠标、键盘等来完成）。不同的事件类描述不同类型的用户动作，比如按钮单击、键盘按键操作等。一个事件是事件类的实例对象。事件类的根类是 java.util.EventObject。

事件对象包含事件相关的属性，可以使用 EventObject 类中的实例方法 getSource 获得事件的源对象。EventObject 类的子类可以描述特定类型的事件。表 8.1 所示为常见事件类对应事件及用户操作。

表 8.1 常见事件类对应事件及用户操作表

源对象	用户动作	触发的事件类型
JButton	点击按钮	ActionEvent
JTextField	文本域按回车	ActionEvent
Window	窗口打开、关闭、最小化	WindowEvent
Component	鼠标单击，双击，移动	MouseEvent
JradioButton	点击单选框	ItemEvent、ActionEvent
JcheckBox	点击复选框	ItemEvent、ActionEvent

2. 事件源

产生事件的组件叫事件源。在一个按钮上单击鼠标时，该按钮就是事件源，会产生一个 ActionEvent 类型的事件。

3. 事件处理器（事件处理方法）

事件处理器是一个接收事件对象并进行相应处理的方法。事件处理器包含在一个类中，这个类的对象负责检查事件是否发生，若发生就激活事件处理器进行处理。

4. 事件监听器（Event Listener）

事件监听器负责监听事件源上发生的特定类型的事件，当事件发生时负责处理相应的事件。事件监听器类必须实现事件监听器接口或继承事件监听器适配器类。事件监听器接口定义了处理事件必须实现的方法。

5. 注册事件监听器

为了能够让事件监听器检查某个组件（事件源）是否发生了某些事件，并且在发生时激活事件处理器进行相应的处理，必须在事件源上注册事件监听器。用“事件源组件.addXXXListener(XXXListener)”的形式为组件注册事件监视器，其中 XXX 对应相应的事件类。一个事件源可以添加多个监听器。

比如，为了处理按钮上的单击事件(ActionEvent 事件)，需要定义一个实现 ActionListener 接口的监视器类，并在类中重写 ActionListener 接口中唯一的 actionPerformed()方法。一旦为按钮用“按钮对象.addActionListener(ActionListener l)”的形式注册事件监视器后，当单击按钮时发生 ActionEvent 事件，系统就会回调 actionPerformed()方法，并执行重写的方法体中的功能代码，实现事件处理。Java 虚拟机通过传递过来的 ActionEvent 对象，获得事件发生时与该事件及事件源相关联的信息。事件处理模型如图 8.8 所示。

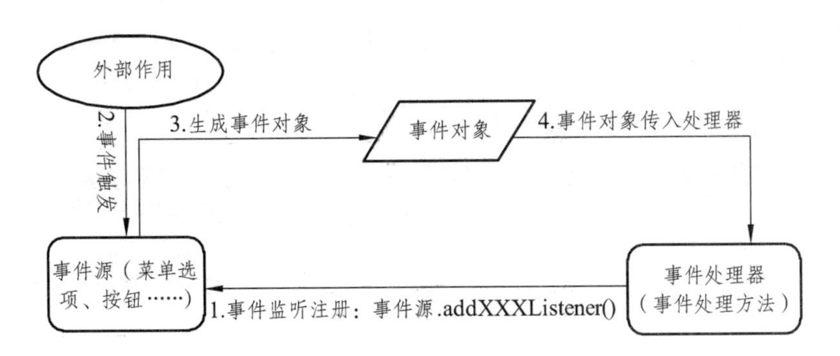

图 8.8　事件处理模型

要处理某 GUI 组件（假定为 c）上发生的 XXXEvent 事件，事件处理具体步骤如下：

（1）编写一个监听器类，该监听器类实现了 XXXListener 接口（假定监听器类的类名为 MyXXXListener)。

（2）在 MyXXXListener 中的相应事件处理方法中编写事件处理代码（事件处理器)。

（3）调用 GUI 组件 c 的 addXXXListener()方法注册事件监听器对象。

```
c.addXXXListener(new MyXXXListener());
```

注：要处理组件上的多种事件，可以编写多个相应的监听器类，进行多次注册。也可以编写一个实现了多个监听器接口的类，进行一次注册。

8.4.2　ActionEvent 事件

1. ActionEvent 事件源

ActionEvent 事件可以通过单击按钮、菜单项、单选按钮及在文本框、密码框获得输入焦点后敲回车触发。

2. 注册监视器

对于能触发 ActionEvent 事件的组件，使用方法 addActionListener（ActionListener listen）把实现了 ActionListener 接口的实现类对象注册为事件源的监听器。其中，参数 listen 即为 ActionListener 接口实现类对象，即为监视器对象。

3. ActionListener 接口

在 java.awt.event 包下的 ActionListener 接口中只有一个方法 public void action Performed（ActionEvent e）。当事件源触发 ActionEvent 事件后，监视器调用接口中的方法 action Performed

（ActionEvent e）对发生的事件做处理，其中参数 e 是指在触发事件源时被传递过来的事件对象。

4. ActionEvent 类中常用的方法

public Object getSource()：返回事件源的上转型对象的引用。

public String getActionCommand()：返回触发 ActionEvent 事件的事件源的相关的一个命令字符串。

【例 8.7】运行效果如图 8.9 所示，当单击“点我”按钮后，按钮的 ActionEvent 事件被触发，按钮上的文本改变成“按钮被点击”，再单击该按钮，按钮上的文本再次被修改成“点我”，通过不断单击按钮，按钮上的文本循环切换。

图 8.9　ActionEvent 事件处理

Example8_7.java

```
public class Example8_7 {
    public static void main(String[] args) {
        ShowButton frame = new ShowButton();
        frame.setLayout(new FlowLayout());
        frame.setTitle("ActionEvent");
        frame.setSize(300, 150);
        frame.setLocationRelativeTo(null);
        frame.setDefaultCloseOperation(JFrame.EXIT_ON_CLOSE);
        frame.setVisible(true);
    }
}
```

ShowButton.java

```
class ShowButton extends JFrame {
    public ShowButton() {
        JButton button = new JButton("点我");
        add(button);
        // 添加 ActionListener 接口匿名对象作为按钮监听器
        button.addActionListener(new ActionListener() {
            @Override
            public void actionPerformed(ActionEvent e) {
```

```
                System.out.println("按钮被点击");
                Object source = e.getSource();
                JButton button = (JButton) source;
                String text = button.getText();
                if ("按钮被点击".equals(text)) {
                    button.setText("点我");
                } else {
                    button.setText("按钮被点击");
                }
            }
        });
    }
}
```

上例中是把实现 ActionListener 接口的匿名类对象作为监视器对象。

8.4.3 窗口事件

Window（窗口）类从 Container 类派生，Window 对象是一个顶层窗口。Window 对应的事件叫作窗口事件（WindowEvent），任何窗口（Window）以及窗口的子类（如 JFrame 类）都可能触发窗口事件，窗口事件包括打开窗口、正在关闭窗口、激活窗口、变成非活动窗口、最小化窗口和还原窗口。

Window 类添加监听器通过 void addWindowListener（WindowListener l）方法实现，为指定的窗口添加侦听器，从而实现为该窗口接收窗口事件。其中的参数 WindowListener l 作为窗口监听 Window 窗口事件监听器对象。

监听 Window 窗口事件（WindowEvent）的监听器接收 java.awt.event 包下 WindowListener 接口的实现类对象，当通过打开、关闭、激活、图标化、取消图标化或关闭而改变了窗口状态时，将调用该侦听器对象中的相关方法。

WindowListener 接口中定义的抽象方法：

void windowActivated(WindowEvent e)　//激活窗口

void windowClosed(WindowEvent e)　//关闭窗口

void windowClosing(WindowEvent e)　//正在关闭窗口

void windowDeactivated(WindowEvent e)　//变为非活动窗口

void windowDeiconified(WindowEvent e)　//还原窗口

void windowIconified(WindowEvent e)　// 最小化窗口

void windowOpened(WindowEvent e)　//打开窗口

通过查看 API 文档可知，JFrame 类间接从 Window 类派生，创建一个 JFrame 对象，JFrame 对象是一个框架，属于窗体（Window）体系中的一员，因此同样可以实现窗口的最大化、最小化、关闭、点击窗体等一系列的操作。当用户触发的这些事件发生时需要做出响应，则需要注册 WindowEvent 事件监听器。

JFrame 对象是通过 addWindowListener 方法注册窗体事件监听器，该方法需要接受一个监听器（WindowListener）对象。查找 API 文档，发现 WindowListener 是一个接口，

窗口监听器（WindowListener）的实例对象，是需要实现 WindowListener 接口，并重写 WindowListener 接口中的抽象方法，然后创建该实现类对象，作为参数传递给 addWindow Listener。

当单击窗口右上角的最小化按钮时，监视器调用 windowIconified()方法后，还会调用 windowDeactivated()方法，使窗口处于非活动窗口。当单击任务栏上图标化的窗口按钮后，监视器调用 windowDeiconified()还原窗口后，还会调用 windowActivated()方法使窗口处于激活状态。

当单击窗口上的关闭图标时，监视器首先调用 windowClosing()方法，该方法的执行必须保证窗口调用 dispose()方法，这样才能触发“窗口已关闭”事件，监视器才会调用 windowClosed()方法，同时必须把窗口的 setDefaultCloseOperation()方法的参数设置成 JFrame.DO_NOTHING_ON_CLOSE。

【例 8.8】当窗口发生了打开、关闭、激活、图标化、取消图标化或关闭而改变了状态时，注册的 WindowEvent 侦听器回调 MyWindowListener 中的不同的方法。

Example8_8.java

```
public class Example8_8   {
    public static void main(String[] args) {
        JFrame frame = new JFrame();
        frame.addWindowListener(new MyWindowListener());;
        frame.setTitle("WindowEvent");
        frame.setSize(300, 200);
        frame.setLocationRelativeTo(null);
        frame.setDefaultCloseOperation(JFrame.EXIT_ON_CLOSE);
        frame.setVisible(true);
    }
}
```

MyWindowListener.java

```
//实现 WindowListener 接口
class MyWindowListener implements WindowListener {
    // 激活窗口
    public void windowActivated(WindowEvent e) {
        System.out.println("激活窗口");
    }
    // 关闭窗口
    public void windowClosed(WindowEvent e) {
        System.out.println("关闭窗口");
    }
    // 正在关闭窗口
```

```
		public void windowClosing(WindowEvent e) {
			System.out.println("正在关闭窗口");
			//w.dispose();
		}
		// 变为非活动窗口
		public void windowDeactivated(WindowEvent e) {
			System.out.println("变为非活动窗口");
		}
		// 还原窗口
		public void windowDeiconified(WindowEvent e) {
			System.out.println("还原窗口");
		}
		// 最小化窗口
		public void windowIconified(WindowEvent e) {
			System.out.println(" 最小化窗口");
		}
		// 打开窗口
		public void windowOpened(WindowEvent e) {
			System.out.println("打开窗口");
		}
	}
```

注：Window 类或者 Window 类的任何子类都可能会触发 WindowEvent。JFrame 是 Window 的子类，同样可以触发 WindowEvent。

8.4.4 监听器接口适配器

WindowListener 接口中有 7 个抽象方法，当一个类实现 WindowListener 接口时，如果程序中不想处理某些方法，但是也必须要实现所有的方法。为了方便起见，Java 提供了适配器，适配器可以代替接口处理事件，当 Java 提供的接口多于一个方法时，Java 相应地就提供一个适配器。如 Java 提供了一个针对 WindowListener 接口的实现类 WindowAdapter，在 WindowAdapter 类中把 WindowListener 接口中的方法全部实现，只不过方法体都为空。因此，可以使用 WindowAdapter 的子类创建的对象作监视器，在子类中重写所需回调的接口方法即可。

如在后面将要学习的鼠标事件和键盘事件处理的 MouseListener 和 KeyListener 接口，其对应的适配器类分别是 MouserAdapter 和 KeyAdapter 类。

【例 8.9】使用适配器作为监视器，只处理关闭事件，因此在 MyWindowAdapter 类中只需要重写继承自 WindowAdapter 适配器类中的 windowClosing()方法即可。

Example8_9.java

```
import java.awt.event.*;
import javax.swing.*;
```

```java
class MyWindowAdapter extends WindowAdapter {
    public void windowClosing(WindowEvent e) {
        System.exit(0);
    }
}
class MyWindow extends JFrame {
    MyWindow() {
        this.setTitle("WindowAdapter");
        this.setSize(400, 200);
        this.setLocationRelativeTo(null);
        this.setDefaultCloseOperation(JFrame.DO_NOTHING_ON_CLOSE);
        this.setVisible(true);
    }
}
public class Example8_9 {
    public static void main(String[] args) {
        new MyWindow().addWindowListener(new MyWindowAdapter());
    }
}
```

8.4.5 鼠标事件

当在一个组件上按下、释放、点击、移动或者拖动鼠标时，就会产生鼠标事件。MouseEvent对象捕获鼠标事件。MouseEvent是java.awt.event包下的一个类。

Java对鼠标事件提供了MouseListener监听器接口，可以监听鼠标的按下、释放、单击、进入或退出事件源的动作。

MouseListener接口中的抽象方法：

void mouseClicked(MouseEvent e)：鼠标按键在组件上单击（按下并释放）时调用。

void mouseEntered(MouseEvent e)：鼠标进入到组件上时调用。

void mouseExited(MouseEvent e)：鼠标离开组件时调用。

void mousePressed(MouseEvent e)：鼠标按键在组件上按下时调用。

void mouseReleased(MouseEvent e)：鼠标按钮在组件上释放时调用。

8.4.6 键盘事件

键盘按键事件可以利用键盘来控制和执行一些动作，如按下、释放一个键盘键就会触发键盘按键事件。KeyEvent对象可以捕获按键的按下释放和敲击事件。KeyEvent提供了getkeyChar来获取按键上对应的字符。

char getKeyChar()：返回与此事件中的键关联的字符。

Java 提供了 KeyListener 监听器接口来监听按键事件。

KeyListener 接口中的抽象方法：

void keyPressed(KeyEvent e)：按下某个键时调用此方法。

void keyReleased(KeyEvent e)：释放某个键时调用此方法。

void keyTyped(KeyEvent e)：完成按下和释放某个键时调用此方法。

【例 8.10】MousEvent、KeyEvent 及 ActionEvent 事件的监听。

在本例的窗口中加入两个按钮，其中“测试鼠标事件按钮”添加 MousListener 接口的实现类，即当前窗口作为监听器，监听鼠标的 5 个动作。另外，“清除内容”按钮添加 ActionListener 的匿名内部类作为监听器，当单击此按钮时，可以把 JTextArea 对象中的内容清空。给窗口添加 KeyListener 监听器，为了代码的简便，例 8.10 通过 KeyAdapter 适配器类的匿名对象进行监听，从而实现只需要重写其中的 keyTyped()方法，而不用把 KeyListener 中的所有方法都实现。当用键盘输入字母“q”时，将关闭窗口，在关闭窗口前使用 JOptionPane 的 showConfirmDialog()进行确认退出。运行效果如图 8.10 所示。

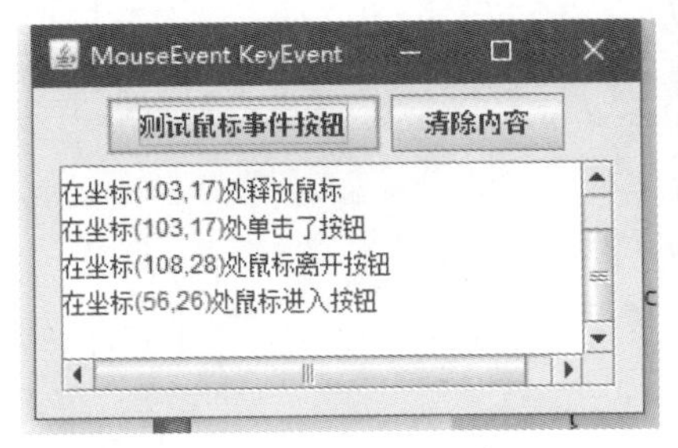

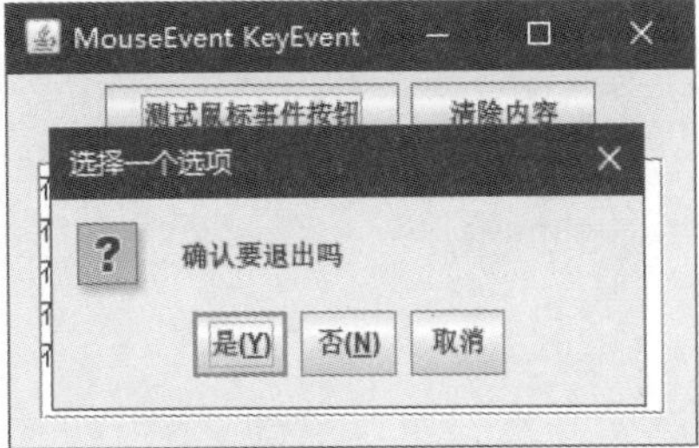

图 8.10　MouseEvent 及 KeyListener 事件

Example8_10.java

```
import java.awt.*;
import java.awt.event.*;
import javax.swing.*;
class MyWindow2 extends JFrame implements MouseListener{
    JButton btn,clearBtn;
    JTextArea text;
    public MyWindow2(String title) {
        super(title);
        this.setSize(320, 200);
        this.setLocationRelativeTo(null);
        this.setVisible(true);
        this.setLayout(new FlowLayout());
        initMyWindow();
        this.validate();
        this.setDefaultCloseOperation(JFrame.EXIT_ON_CLOSE);

        btn.addMouseListener(this);
```

```
        clearBtn.addActionListener(new ActionListener() {
            @Override
            public void actionPerformed(ActionEvent e) {
                text.setText("");
            }
        });
        this.addKeyListener(new KeyAdapter() {
            @Override
            public void keyTyped(KeyEvent e) {
                if(e.getKeyChar()=='q') {
                    int state=JOptionPane.showConfirmDialog(null, "确认要退出吗");
                    if(state==JOptionPane.OK_OPTION) {
                        System.exit(0);
                    }
                }
            }
        });
    }

    private void initMyWindow() {
        btn=new JButton("测试鼠标事件按钮");
        clearBtn=new JButton("清除内容");
        text=new JTextArea(6,25);
        this.add(btn);
        this.add(clearBtn);
        this.add(new JScrollPane(text));
    }
    public void mouseClicked(MouseEvent e) {
        text.append("在坐标("+e.getX()+","+e.getY()+")处单击了按钮\n");
    }
    public void mousePressed(MouseEvent e) {
        text.append("在坐标("+e.getX()+","+e.getY()+")处按下鼠标\n");
    }
    public void mouseReleased(MouseEvent e) {
        text.append("在坐标("+e.getX()+","+e.getY()+")处释放鼠标\n");
    }
    public void mouseEntered(MouseEvent e) {
        text.append("在坐标("+e.getX()+","+e.getY()+")处鼠标进入按钮\n");
```

```
        }
        public void mouseExited(MouseEvent e) {
            text.append("在坐标("+e.getX()+","+e.getY()+")处鼠标离开按钮\n");
        }
    }

public class Example8_10 {
    public static void main(String[] args) {
        new MyWindow2("MouseEvent KeyEvent");
    }
}
```

8.4.7 事件总结

1. 确定事件源（容器或组件）

明确发生事件的组件，以便在事件源上添加监听器。

2. 注册监听器

通过事件源对象的 addXXXListener()方法将监听器对象注册到该事件源上。处理相应的事件用其与之相关的接口。

3. 监听器对象

注册监听器时，需要指定监听器对象。用户是以参数的形式把监听器对象传递给事件源的 addXXXListener(XXXListener l)方法。监听器对象是 XXXListener 接口的实现类对象或者 XXXAdapter 类的子类对象。监听器对象一般用匿名内部类对象来传递。

XXXListener 接口或 XXXAdapter 类中被实现或重写方法的参数一般是 XXXEvent 类型的变量接收。事件触发后会把事件打包成对象传递给该 XXXEvent 变量。在 XXXEvent 变量中封装了事件源对象。可以通过 getSource()或者 getComponent()获取。

8.5 对话框

对话框类 JDialog 是 Window 的子类，JDialog 对象是底层容器。对话框分为非模式和模式两种。模式对话框处于激活状态时，必须对模式对话框进行响应，并在关闭模式对话框后才能处理父窗口。比如，我们在使用 Microsoft Word 新建一个文档时，只有对弹出的新建模式对话框进行响应后，才能操作 Word 的其他窗口。而无模式对话框就是不用先处理此对话框也可以处理父窗口。

8.5.1　消息对话框

消息对话框是一个模式对话框，通常用于消息提示。消息对话框可以调用 JOptionPane 类的 showMessageDialog()静态方法进行显示。

```
public static void showMessageDialog(Component parentComponent,
                                     Object message,
                                     String title,
                                     int messageType)
                              throws HeadlessException
```

参数说明：

parentComponent：确定在其中显示对话框的 Frame；如果为 null，对话框显示在屏幕正前方。

message：要显示的消息内容。

title：对话框的标题字符串。

messageType：要显示的消息类型，其取值为 JOptionPane 中的类常量，分别是 ERROR_MESSAGE、INFORMATION_MESSAGE、WARNING_MESSAGE、QUESTION_MESSAGE 或 PLAIN_MESSAGE，这些常量值给出对话框的外观。如 JOptionPane. ERROR_MESSAGE 时，消息对话框上会显示一个“×”符号，常用来表示一个出错消息。

icon：要在对话框中显示的图标，该图标可以帮助用户识别要显示的消息种类。

图 8.11　消息对话框

【例 8.11】 当在文本框中输入的手机号码第一位不是数字 1，或者不是 11 位，或者出现了非数字字符并按下回车键时，将弹出消息对话框。运行效果如图 8.11 所示。

Example8_11.java

```
import java.awt.*;
import java.awt.event.*;
import javax.swing.*;
class NumberWindow extends JFrame{
    JTextField numberText;
    public NumberWindow(String title) {
        super(title);
        this.setSize(200,100);
        this.setLocationRelativeTo(null);
        this.setLayout(new FlowLayout());
        numberText=new JTextField(11);
        add(numberText);
        this.setVisible(true);
        this.setDefaultCloseOperation(JFrame.EXIT_ON_CLOSE);
        //使用匿名内部类给 numberText 组件添加监视器
```

```
        numberText.addActionListener(new ActionListener() {
        public void actionPerformed(ActionEvent e) {
                String number=numberText.getText();
                String regex="[1][\\d]{10}";
                if(!number.matches(regex))
                JOptionPane.showMessageDialog(null, "手机号码输入有误",
                                                    "消息对话框",
                                                     JOptionPane.ERROR_MESSAGE);
                }
            });
        }
}
public class Example8_11 {
   public static void main(String[] args) {
      new NumberWindow("MessageDialog");
      }
}
```

8.5.2 输入对话框

输入对话框含有一个供用户输入文本的文本框，一个确认和取消按钮，是模式对话框。输入对话框可以调用 JOptionPane 类的 showInputDialog()静态方法进行显示并输入相关的文本。showInputDialog()方法共有 6 个重载方法，在此介绍一个 showInputDialog()方法的使用，其他方法的使用可参考 JDK API 文档。

```
public static String showInputDialog(Component parentComponent,
                                     Object message,
                                     String title,
                                     int messageType)
                              throws HeadlessException
```

参数：

parentComponent：对话框的父 Component。

message：要显示的提示信息。

title：要在对话框的标题栏中显示的 String。

messageType：要显示的消息类型，其取值为 JOptionPane 中的类常量，分别是：ERROR_MESSAGE、INFORMATION_MESSAGE、WARNING_MESSAGE、QUESTION_MESSAGE 或 PLAIN_MESSAGE 。

【例 8.12】使用输入对话框输入若干个由空格或标点符号间隔的数字，对输入的数字进行排序并输出排序后的数据到控制台。运行效果如图 8.12 所示。

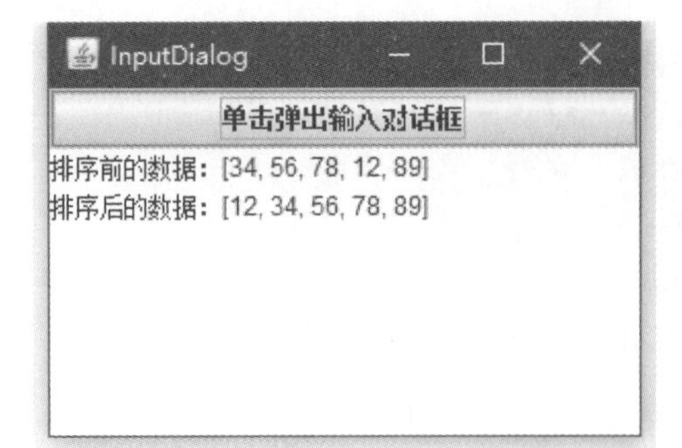

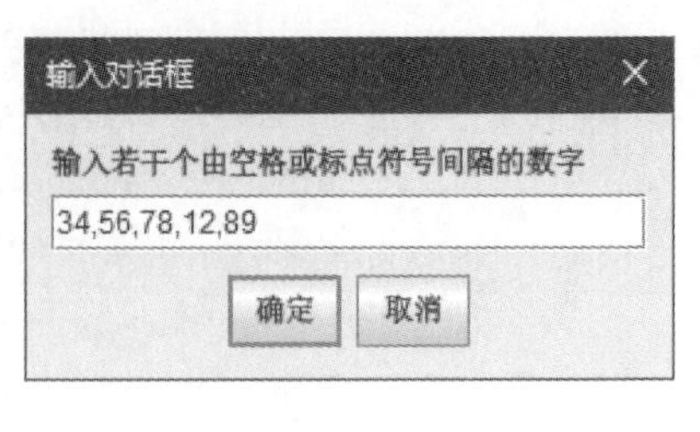

图 8.12　输入对话框示例

Example8_12.java

```
import java.awt.*;
import java.awt.event.*;
import java.util.Arrays;
import javax.swing.*;

class InputWindow extends JFrame {
    JButton inputBtn;
    JTextArea text;

    public InputWindow(String title) {
        super(title);
        this.setSize(300, 200);
        this.setLocationRelativeTo(null);
        init();
        this.setVisible(true);
        this.setDefaultCloseOperation(JFrame.EXIT_ON_CLOSE);
    }

    public void init() {
        inputBtn = new JButton("单击弹出输入对话框");
        text = new JTextArea();
        this.add(inputBtn, BorderLayout.NORTH);
        this.add(text);
        inputBtn.addActionListener(new ActionListener() {
            public void actionPerformed(ActionEvent e) {
                String numStr = JOptionPane.showInputDialog(null, "输入若干个由空格或
标点符号间隔的数字", "输入对话框",
                        JOptionPane.PLAIN_MESSAGE);
                if (numStr != null) {
```

```
                    String nums[] = numStr.split("[\\s\\p{Punct}]+");
                    text.append("排序前的数据：" + Arrays.toString(nums) + "\n");
                    Arrays.sort(nums);
                    text.append("排序后的数据：" + Arrays.toString(nums) + "\n");
                }
            }
        });
    }
}

public class Example8_12 {
    public static void main(String[] args) {
        new InputWindow("InputDialog");

    }
}
```

8.5.3 确认对话框

确认对话框是模式对话框，通常用于对操作的确认，如确认删除、确认保存、确认退出操作。使用 JOptionPane 的静态方法 showConfirmDialog()方法显示。showConfirmDialog()方法在 JOptionPane 类中重载了 4 个方法，在此介绍一个 showInputDialog()方法的使用，其他方法的使用可参考 jdk API 文档。

```
public static int showConfirmDialog(Component parentComponent,
                                    Object message,
                                    String title,
                                    int optionType)
                              throws HeadlessException
```

参数：

parentComponent：确定对话框显示的父容器；如果为 null 则在屏幕正前方显示。

message：要显示的提示信息内容。

title：对话框的标题字符串。

optionType：指定可用于对话框的选项的消息类型，其取值为 JOptionPane 中的类常量，分别是：YES_NO_OPTION、YES_NO_CANCEL_OPTION 或 OK_CANCEL_OPTION 等常量。

返回值：依赖于用户所单击的对话框上的按钮和对话框上的关闭图标。

【例 8.13】当单击窗口的关闭按钮时，弹出确认对话框，当单击“确认”按钮时，关闭窗口，当单击“取消”按钮时，取消本次窗口的关闭。运行效果如图 8.13 所示。

图 8.13　确认对话框

Example8_13.java

```
import java.awt.event.*;
import javax.swing.*;
class WindowClose extends JFrame{
    public WindowClose(String title) {
        this.setSize(200, 100);
        this.setLocationRelativeTo(null);
        this.setVisible(true);
        this.setDefaultCloseOperation(JFrame.DO_NOTHING_ON_CLOSE);
        this.addWindowListener(new WindowAdapter() {
            @Override
            public void windowClosing(WindowEvent e) {
                int state=JOptionPane.showConfirmDialog(null, "确认关闭窗口？", "确认对话框", JOptionPane.OK_CANCEL_OPTION);
                if(state==JOptionPane.OK_OPTION) {
                    System.exit(0);
                }
            }
        });
    }
}
public class Example8_13 {
    public static void main(String[] args) {
        new WindowClose("ConfirmDialog");
    }
}
```

8.5.4　颜色对话框

颜色对话框是一个模式对话框，使用 javax.swing 包中的 JColorChooser 类的静态方法 showDialog()可以打开一个颜色对话框。

```
public static Color showDialog(Component component,
                               String title,
```

Color initialColor)
throws HeadlessException

参数：

component：颜色对话框的父 Component。

title：颜色对话框标题。

initialColor：显示颜色选取器的初始 Color 值。

返回值：返回所选择的颜色；如果用户直接关闭对话框或单击取消按钮，则返回 null。

【例 8.14】当单击设置前景色按钮后，弹出一个颜色对话框，根据用户选择的颜色设置 JTextArea 组件中输入的字体颜色。当单击设置背景色按钮后，弹出一个颜色对话框，根据用户选择的颜色设置 JTextArea 组件的背景颜色。运行效果如图 8.14 所示。

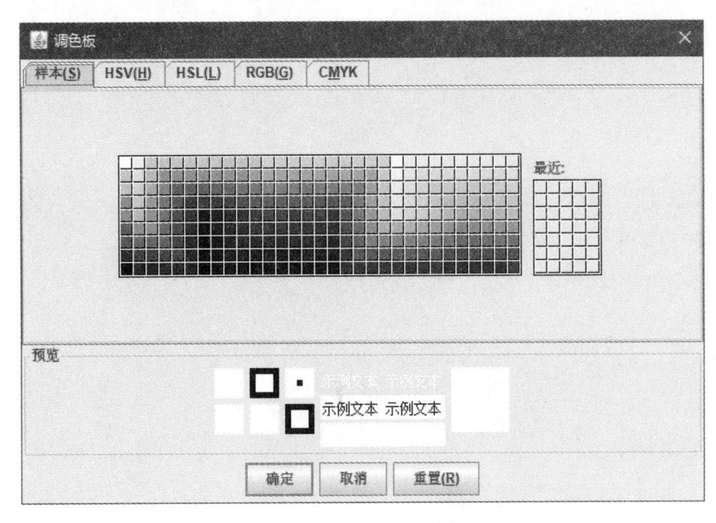

图 8.14　颜色对话框

Example8_14.java

```
import java.awt.*;
import java.awt.event.*;
import javax.swing.*;

class ColorSetWindow extends JFrame{
    JButton backColorBtn,foreColorBtn;
    JTextArea text;
    JPanel p;
    ColorSetWindow(String title){
    super(title);
    setSize(400, 300);
    setLocationRelativeTo(null);
    init();
    setVisible(true);
    setDefaultCloseOperation(JFrame.EXIT_ON_CLOSE);
```

```
    backColorBtn.addActionListener(new ActionListener() {
    public void actionPerformed(ActionEvent e) {
      Color color=JColorChooser.showDialog(null,
    "调色板", Color.white);
      text.setBackground(color);
    }
    });
    foreColorBtn.addActionListener(new ActionListener() {
    public void actionPerformed(ActionEvent e) {
     Color color=JColorChooser.showDialog(null, "调色板",Color.white);
     text.setForeground(color);
    }
    });
    }
  public void init() {
    backColorBtn=new JButton("设置背景色");
    foreColorBtn=new JButton("设置前景色");
    p=new JPanel();
    p.add(foreColorBtn);
    p.add(backColorBtn);
    text=new JTextArea();
    this.add(p, BorderLayout.NORTH);
    this.add(new JScrollPane(text));
    }
  }
  public class Example8_14 {
    public static void main(String[] args) {
    new ColorSetWindow("ColorDialog");
    }
  }
```

习　题

一、选择题

1. Window 是显示屏上独立的本机窗口，它独立于其他容器，Window 的两种形式是(　　)。

A. JFrame 和 JDialog　　B. JPanel 和 JFrame

C. Container 和 Component　　D. LayoutManager 和 Container

2. 框架（Frame）的缺省布局管理器是（　　）。

A. 流程布局（Flow Layout）　B. 卡布局（Card Layout）

C. 边框布局（Border Layout）　D. 网格布局（Grid Layout）

3. java.awt 包提供了基本的 Java 程序的 GUI 设计工具，包含控件、容器和（　　）。

A. 布局管理器　B. 数据传送器

C. 图形和图像工具　D. 用户界面构件

4. 下列哪些事件监听器在 Java 中定义了适配器?

A. MouseListener　B. KeyListener　C. ActionListener

D. ItemListener　E. WindowListener

5. 事件处理机制能够让图形界面响应用户的操作，主要包括（　　）。

A. 事件　B. 事件处理　C. 事件源　D. 以上都是

6. Swing 采用的设计规范是（　　）。

A. 视图-模式-控制　B. 模式-视图-控制

C. 控制-模式-视图　D. 控制-视图-模式

7. 下列哪些方法可以在 WindowEvent 里获得事件源?（　　）

A. getFrame( )　B. getID( )

C. getSource( )　D. getWindow( )

8. 哪个布局管理器是根据添加的组件的次序，按照从左到右、从上到下的原则来排列组件的?（　　）

A. BorderLayout　B. FlowLayout

C. GridLayout　D. CardLayout

9. 下列事件监听器的描述哪些是正确的?（　　）

A. 一个组件可以注册多个监听器

B. 一个组件只可以注册一个监听器

C. 一个监听器可以注册多个组件

D. 一个监听器只可以注册一个组件

二、填空题

1. 在需要自定义 Swing 构件的时候，首先要确定使用哪种构件类作为所定制构件的______，一般继承 Jpanel 类或更具体的 Swing 类。

2. Swing 的事件处理机制包括______、事件和事件处理者。

3. Java 事件处理包括建立事件源、________和将事件源注册到监听器。

4. Java 的图形界面技术经历了两个发展阶段，分别通过提供 AWT 开发包和________开发包来实现。

5. 抽象窗口工具包_________提供用于所有 Java applets 及应用程序中的基本 GUI 组件。

6. Window 有两种形式：Jframe（框架）和______。

7. 容器里的组件的位置和大小是由_____________决定的。

8. 可以使用 setLocation()、setSize()或____________中的任何一种方法设定组件的大小或位置。

9. 容器 Java.awt.Container 是_____________类的子类。

10. 框架的缺省布局管理器是_________。

11. _____________包括五个明显的区域：东、南、西、北、中。

12. ____________布局管理器是指容器中各个构件呈网格布局，平均占据容器空间。

13. ____________组件提供了一个简单的“从列表中选取一个”类型的输入。

14. 在组件中显示时所使用的字体可以用___________方法来设置。

15. 为了保证平台独立性，Swing 是用________编写的。

16. Swing 采用了一种 MVC 的设计范式，即__________。

17. Swing GUI 使用两种类型的类，即 GUI 类和__________支持类。

18. ________由一个玻璃面板、一个内容面板和一个可选择的菜单条组成。

19. 对 Swing 构件可以设置_______边框。

20. __________对话框在被关闭前将阻塞包括框架在内的其他所有应用程序的输入。

21. 类可用于创建菜单对象。_______方法可以在菜单中放置分隔条。

22. 用户可以使用_______类提供的方法来生成各种标准的对话框，也可以使用_______类根据实际需要生成自定义对话框。

三、编程题

1. 写一 AWT 程序，在 JFrame 中加入 80 个按钮，分 20 行 4 列，用 GridLayout 布局方式，按钮背景为黄色(Color.yellow)，按钮文字颜色为红色(Color.red)。

2. 写一 AWT 程序，在 Frame 中加入 2 个按钮(Button)和 1 个标签(Label)，单击两个按钮，显示按钮的标签于 Label。

3. 在 JFrame 中加入 1 个文本框，1 个文本区，每次在文本框中输入文本，回车后将文本添加到文本区的最后一行。

4. 在 JFrame 中加入 2 个复选框，显示标题为“学习”和“玩耍”，根据选择的情况，分别显示“玩耍”“学习”“劳逸结合”。

5. 做一个简易的+、-、×、/ 计算器：JFram 中加入 2 个提示标签，1 个显示结果的标签，2 个输入文本框，4 个单选框（标题分别为+-x/），1 个按钮。分别输入 2 个整数，选择相应操作按钮，做相应的计算。

第 9 章　泛型与集合框架

【学习要求】

理解泛型的概念；
掌握泛型创建和使用；
掌握泛型通配符的使用；
了解 Java 集合框架以及集合常用方法；
掌握迭代器接口的使用；
掌握 List 的使用；
掌握 Set 的使用；
掌握 Map 的使用。

9.1 泛　型

Java 泛型（generics）是 JDK 5 中引入的新特性，提供了编译时类型安全检测机制，该机制将在编译时对一些非法的类型进行检测。

那么，为什么 Java 要引入泛型呢？泛型能解决什么问题呢？

设想一下，如果需要编写一个排序方法，该方法要能实现对整型数组、浮点数数组、字符串数组甚至其他任何类型的数组进行排序，这应该如何实现？能不能编写一个适用于所有类型的排序方法来实现对任意对象的排序？

看看以下代码：

```
public class SortObject {
    private Object[] array;
    private int size;
    public void add(Object e) {...}
    public void remove(int index) {...}
    public Object get(int index) {...}
    public void sort() {...} //对 Object 类型的数组进行排序
}
```

如上述代码，采用了 Object 类型来表示任意类型，其中 sort()方法可以实现对任意类型的数组进行排序，但这种实现方式存在以下缺点：

1. 需要强制类型转换

如果使用上述方法对一个 String 类型的数组进行排序，那么在向数组中添加元素和获取元素时需要强制类型转换，如：

```
SortObject list = new SortObject ();
list.add("Hello");
//获取存入的第一个字符串"Hello"
String first = (String) list.get(0);
```

因为 get()方法返回的是一个 Object 类型的数据，因此必须将结果强制转型为 String。很明显，在处理数据的过程中将无法避免地出现很多强制类型转换。

2. 使用过程中易出现错误

由于给定的数组是 Object 类型的数组，那么这个数组就可以存储任意类型的数据。因此，在使用过程中将无法避免类型错误的问题，编译器将无法判断存储的数据是否符合要求，如：

```
list.add(new Integer(123));
String second = (String) list.get(1); // Exception: ClassCastException:
```

上述代码中，向数组 list 中存入了一个整型数据，然而在后续操作的时候误认为是一个字符串数据，那么就会发生 java.lang.ClassCastException 异常。

通过上面的示例，我们不难发现采用 Object 类型的数组虽然能够存储任意类型的数据，但是在使用过程中会存在诸多问题。如果我们分别针对不同的类型编写排序方法，这虽然能解决强制类型转换的问题，但对 String 类型的数据进行排序就需要一个 SortString，对 Integer 类型的数据进行排序就需要一个 SortInteger，实际上可能还需要为其他所有 class 单独编写排序方法：SortLong、SortDouble、SortPerson……。很明显，这是不可能的，JDK 中的 class 就有上千个，而且这还不包括开发人员自定义的 class。

为了解决此问题，Java 的泛型就出现了。

9.1.1 泛型概述

泛型（Generic）的本质是参数化类型，也就是说所操作的数据类型被指定为一个参数。Java 的泛型可以用一个类型占位符来表示任意类型，实现一个泛型方法来对一个对象数组排序，调用这个方法就可以对整型数组、浮点数数组、字符串数组等进行排序，且编译器会检查传入的类型是否合法。

泛型的语法结构为用一对尖括号“< >”来声明泛型，并在尖括号中使用任意字符来表示任意类型：

```
<type-param>    如：  <T>
```

这样，上述示例代码就可以修改为：

```
public class Sort<T> {
    private T[] array;
    private int size;
    public void add(T e) {...}
    public void remove(int index) {...}
    public T get(int index) {...}
```

```
    public void sort() {...} //对 T 类型的数组进行排序
}
```

使用类型占位符 T 来代替任意类型，在调用对某个类型数据进行排序的时候，只需要设置 T 的具体类型，编译器会根据设定的类型来检查类型的合法性。

提示：

Java 的泛型是用过擦拭法（Type Erasure）来实现的。所谓擦拭法是指虚拟机对泛型一无所知，所有的工作都是由编译器完成的。也就是说，泛型是在编译阶段检测类型的合法性，当检测通过之后，编译器会将泛型中的类型占位符替换为某个具体的类。

9.1.2　泛型的创建和使用

在了解泛型的作用之后，可以灵活地在不同场合使用泛型。泛型可以用在类、方法和接口中，下面将详细介绍泛型类、泛型方法和泛型接口。

1. 泛型类

在类的声明时使用泛型，其定义格式如下：

修饰符　class　类名<代表泛型的变量> {　}

例如，在 Java API 中的 ArrayList 类的关键代码为：

```
class ArrayList<E>{
    public boolean add(E e){ }
    public E get(int index){ }
    ....
}
```

上述代码中的 E 表示类型占位符。如果在类的声明时使用了泛型，那么在创建这个类的实例时需要指定这个泛型的具体类型。例如，创建一个 String 类型的 ArrayList 集合关键代码为：

```
ArrayList<String> list = new ArrayList<String>();`
```

此时，变量 E 的值就是 String 类型，那么可以认为编译器理解的代码为：

```
class ArrayList<String>{
    public boolean add(String e){ }
    public String get(int index){  }
    ...
}
```

要创建一个 Integer 类型的 ArrayList 集合，就需要使用 ArrayList<Integer> list = new ArrayList<Integer>()，此时，变量 E 的值就是 Integer 类型，那么 ArrayList 类的代码就可以理解为：

```
class ArrayList<Integer> {
    public boolean add(Integer e) { }

    public Integer get(int index) {  }
    ...
```

```
}
```

说明：

类型占位符可以是任意字符，建议使用一个大写字母表示（如字母 T），且该字符不能为已定义的关键字。

2. 泛型方法

除了在声明类的时候使用泛型，在方法中也可以使用泛型。含有泛型的方法定义格式为：

修饰符 <代表泛型的变量> 返回值类型 方法名(参数){ }

例如，在 Java API 中的 ArrayList 类的 add()方法和 get()方法：

```
class ArrayList<E>{
    public boolean add(E e){ }
    public E get(int index){ }
    ....
}
```

ArrayList 类的 add()方法参数为泛型，get()方法的返回值类型为泛型。再例如，自定义一个泛型方法，传递任意类型的数据都能正常输出，定义的关键代码如下：

```
class MyGenericMethod {
    //方法的参数的类型是泛型
    public <T> void show(T clazz) {
            System.out.println(clazz.getClass());
    }
    //方法的返回类型是泛型
    public <T> T print(T data) {
            return data;
    }
}
```

在调用泛型方法时，应该确定泛型的类型：

```
public class Demo01 {
    public static void main(String[] args) {
        MyGenericMethod my = new MyGenericMethod();
        my.show("pzhu");//T 为 String 类型
        my.show(111);//T 为 Integer 类型
        my.show(11.11);//T 为 Double 类型
    }
}
```

注意：

泛型的类型不能指定为基本类型，如果是数据是基本类型应该传递该类型的包装集类型。如 int 类型的数据应使用 Integer，double 类型的数据应使用 Double。

Demo01 的输出结果为：

```
class java.lang.String
class java.lang.Integer
class java.lang.Double
```

3. 泛型接口

在声明接口的时候，也可以采用泛型，表示当前接口可以接收泛型，其定义格式如下：

```
修饰符 interface 接口名<代表泛型的变量> {  }
```

例如：

```
public interface MyGenericInterface<E>{
    public abstract void add(E e);

    public abstract E get();
}
```

上述代码中，MyGenericInterface 是一个泛型接口，在该接口中包含两个虚方法 add()和get()。

由于接口必须要有实现类，因此泛型接口的类型指定有两种方式：一是在编写实现类时指定泛型的类型；二是实现类也采用相同的泛型占位符，在创建实现类的实例时指定泛型的类型。

（1）编写实现类时指定泛型的类型。

例如，编写一个 MyGenericInterface 的实现类 MyImp1.java，并在实现接口的时指定泛型的类型为 String，代码如下：

```
public class MyImp1 implements MyGenericInterface<String> {
    @Override
    public void add(String e) {
        // 省略...
    }

    @Override
    public String get() {
        return null;
    }
}
```

如果在实现类中已经指定了泛型接口的类型，那么在创建类的实例时就不需要再指定类型了。

```
public class GenericInterface {
    public static void main(String[] args) {
        MyImp1 my = new MyImp1();
        my.add("pzhu");
    }
}
```

（2）始终不确定泛型的类型，直到创建实现类的实例时，确定泛型的类型。

例如，编写一个 MyGenericInterface 的实现类 MyImp2.java，在实现接口时不指定泛型的类型，代码如下：

```
public class MyImp2<E> implements MyGenericInterface<E> {
    @Override
    public void add(E e) {
        // 省略...
    }

    @Override
    public E getE() {
        return null;
    }
}
```

如果在实现类中没有指定泛型接口的类型，那么在创建类的实例时就需要指定类型，以 String 类型为例，代码如下：

```
public class GenericInterface {
    public static void main(String[] args) {
        MyImp2<String>   my = new MyImp2<String>();
        my.add("pzhu");
    }
}
```

9.1.3 泛型通配符

在前面介绍了泛型的创建和使用，了解到如果指定了泛型的类型，那么编译器就会限制传递的类型并检查其是否合法。然而，有的时候这种限制会给开发带来一些不便。

例如，定义一个输出集合元素的 print()方法，这个方法可以输出任意集合中的所有元素。由于 Java 中集合采用了泛型，因此 print()方法无法确定集合的类型。如果为 print()方法指定了具体类型，那么将无法处理所有的集合。

如：

```
public class Demo02 {
    public static void main(String[] args) {
        //将集合的泛型设置为 Object
        ArrayList<Object> array1 = new ArrayList<Object>();
        array1.add(new Object());
        array1.add("String");
        print(array1);

```

```
        //将集合的泛型设置为 String 类型，是 Object 子类
        ArrayList<String> array2 = new ArrayList<String>();
        array2.add("pzhu");
        array2.add("123");          /*************编译不通过***************/
        print(array2);
    }

    public static void print(ArrayList <Object> arr) {
        Iterator<Object> it = arr.iterator();
        while (it.hasNext()) {
            Object next = it.next();
            System.out.println(next);
        }
    }
}
```

上述代码中，由于将 print()方法接收的集合进行了元素限定，只接受限定为 Object 类型的集合，即使 String 类型是 Object 的子类，也无法通过编译。编译器提示“The method print (ArrayList<Object>) in the type Demo02 is not applicable for the arguments (ArrayList<String>)”。

提示：

上述代码中使用的 ArrayList 和 Iterator 相关方法参见集合、迭代器以及 List 接口介绍。

要解决上述问题，可以使用泛型通配符。泛型通配符用“？”表示，它可以表示一个未知的类型。因此，在不知道使用什么类型来接收数据的时候可以使用“？”通配符。

因此，Demo02.java 中的 print()方法可以修改为：

```
public static void print(ArrayList <?> arr) {
    Iterator<?> it = arr.iterator();
    while (it.hasNext()) {
        Object next = it.next();
        System.out.println(next);
    }
}
```

9.1.4 泛型限定符

与泛型通配符相对应的是泛型限定符，即当需要限定泛型的类型时可以使用限定符。在之前设置泛型的时候，实际上是可以任意设置的，只要是类就可以设置。但在很多应用场景，往往要求必须是某一类类型，这时就需要限定泛型的类型。在 JAVA 中，可以设置泛型的上限和下限。

1. 泛型的上限

泛型的上限指的是限定泛型类型的父类，只允许该泛型接收该类型及其子类，使用关键

字 extends 进行限定，格式为：

```
类型名称 <? extends 父类 > 对象名称
```

例如，存在一个读取集合元素的方法：

```
public static void getElement1(ArrayList <? extends Number> coll){}
```

该方法对泛型的上限进行了限定，此时泛型中的“?”必须是 Number 类型或 Number 类型的子类型，如 Integer 或 Double。

```
public static void main(String[] args) {
        ArrayList <Integer> list1 = new ArrayList<Integer>();
        ArrayList <String> list2 = new ArrayList<String>();
        ArrayList <Number> list3 = new ArrayList<Number>();
        ArrayList <Object> list4 = new ArrayList<Object>();

        getElement(list1);
        getElement(list2);//错误
        getElement(list3);
        getElement(list4);//错误
}
```

上述代码中，list1 是 Integer 类型的集合、list3 是 Number 类型的集合，符合泛型限定要求，因此 getElement(list1)和 getElement(list3)能够编译通过，而 String 和 Object 不是 Number 的子类，因此 getElement(list2)和 getElement(list4)无法通过编译。

2. 泛型的下限

泛型的下限指的是限定泛型类型的子类，只允许该泛型接收该类型及其父类，使用关键字 super 进行限定，格式为：

```
类型名称 <? super 子类 > 对象名称
```

例如，存在一个读取集合元素的方法：

```
public static void getElement1(ArrayList <? super Number> coll){}
```

该方法对泛型的下限进行了限定，此时泛型中的“?”必须是 Number 类型或 Number 类型的父类型，如 Object。

```
public static void main(String[] args) {
        ArrayList <Integer> list1 = new ArrayList<Integer>();
        ArrayList <String> list2 = new ArrayList<String>();
        ArrayList <Number> list3 = new ArrayList<Number>();
        ArrayList <Object> list4 = new ArrayList<Object>();

        getElement(list1); //错误
        getElement(list2);//错误
        getElement(list3);
        getElement(list4);
}
```

上述代码中，list1 是 Integer 类型的集合，list2 是 String 类型的集合，不符合泛型限定要求，因此 getElement(list1)和 getElement(list2)无法通过编译。而 Object 是 Number 的父类，因此 getElement(list3)和 getElement(list4)能通过编译。

9.2 集合概述

在之前已经介绍过，如果要保存多个相同类型的数据或者对象可以采用数组的方式。但使用数组需要先确定保存数据的个数，即要先确定数组的长度。然而，在某些情况下开发人员可能无法预先确定需要保存的数据个数，而数组的长度又是不可变的，所以这时采用数组将不太合适（可能会因为数据太多而无法全部存入，也可能因为数组长度设置过大，造成严重的空间浪费）。

为了解决上述问题，JDK 中提供了一系列特殊的类，这些类被统称为集合（Collection）。集合实际上是 Java 中提供的一种容器，可以用来存储多个数据。Java 的集合类采用了泛型，可以存储任意类型的对象，并且集合的长度是可变的，这就能很好解决数据个数不确定的问题。

集合与数组相比，区别在于：

（1）数组的长度是固定不变的，而集合的长度是可变的。

（2）数组存储的是某一类型的元素，可以存储基本数据类型，而集合存储的是对象。

提示：

Java 的集合类都位于 java.util 包中，在使用集合类的时候应导入这个工具包。

按照存储结构的不同，Java 的集合可以分为两类：单列集合 java.util.Collection 和双列集合 java.util.Map。

1. Collection

Collection 用于存储一系列符合某种规则的元素，它是单列集合类的父接口。Collection 接口有两个重要的子接口，分别是 java.util.List 和 java.util.Set。其中，List 的特点是存储的元素是有序的，且元素可以重复。List 接口的主要实现类有 java.util.ArrayList 和 java.util.LinkedList。Set 的特点是存储的元素是无序的，而且元素不可重复（向 Set 中添加重复的元素不会出现错误，只是会忽略该添加操作），Set 接口的主要实现类有 java.util.HashSet 和 java.util.TreeSet。

2. Map

Map 用于存储一系列一一对应的映射元素，它是双列集合类的父接口。使用 Map 可以存储具有键(key)、值(Value)映射关系的元素，每个元素都包含一对键值，且这个 key 是唯一的、不可重复的。通过一个指定的 key 可以找到对应的 Value。Map 接口有两个重要的实现类 java.util.HashMap 和 java.util.TreeMap。

JDK 中提供了丰富了集合类库，其集合体系架构如图 9.1 所示。

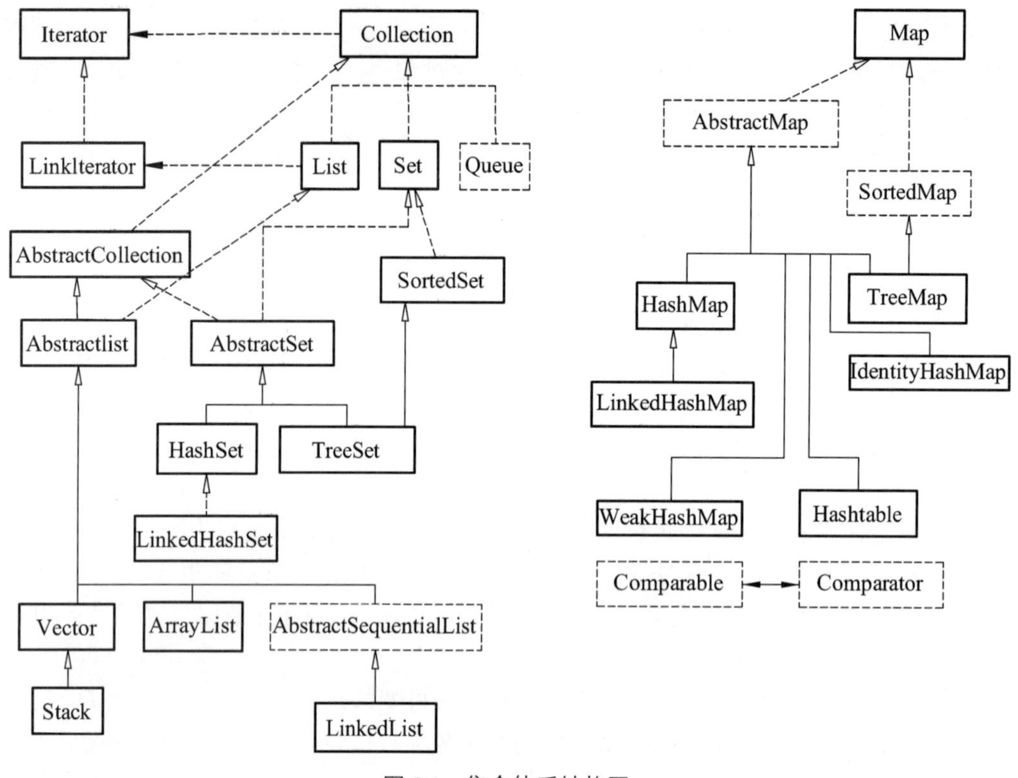

图 9.1　集合体系结构图

图 9.1 中列出了 Collection（集合）、Map（映射）以及 Iterator（迭代器）的继承和实现体系，其中加粗的框中的类和接口是本章学习的重点。

9.3　Collection

Collection 是所有单列集合的父接口，在该接口中声明了所有集合共有的核心方法，如元素的添加、删除等操作，还提供了对集合中元素的查询和判断操作等。Collection 接口中的常用方法及说明如表 9.1 所示。

表 9.1　Collection 接口的常用方法

方法	描述
boolean add(E e)	将 e 元素添加到集合中，如果成功则返回 true
boolean addAll(Collection<? extends E> c)	将指定集合 c 中的所有元素添加到此集合中，如果操作成功则返回 true
void clear()	删除该集合中的所有元素
boolean　remove(Object o)	删除集合中的指定元素 o，如果删除成功则返回 true
boolean　removeAll(Collection<?> c)	从集合中删除指定集合 c 中的所有元素，如果删除成功则返回 true
Boolean retainAll(Collection<?> c)	从集合中删除除了指定集合 c 中的元素外的所有元素，如果删除成功则返回 true

续表

方法	描述
boolean contains(Object o)	判断集合中是否包含指定的元素 o，如果存在则返回 true
boolean containsAll(Collection<?> c)	判断集合中是否包含指定集合 c 中的所有元素，如果存在则返回 true
boolean isEmpty()	判断当前集合是否为空，如果为空则返回 true
int hashCode()	返回此集合的哈希码值
int size()	返回此集合中的元素个数
Iterator<E> iterator()	返回此集合中的元素的迭代器，用于遍历该集合的元素
Object[] toArray()	返回一个包含此集合中所有元素的数组

表 9.1 中列举了部分集合的方法，更多的集合方法以及详细描述可以查阅 Java API 文档。需要说明的是，虽然可以向集合中存入任何 Object 及其子类的元素，但不建议在同一个集合实例中存储不同类型的元素，建议在集合的使用过程中采用泛型来限制存储的元素类型。

【例 9.1】创建一个存储 String 类型元素的集合，练习集合的常用方法。

```
package cn.pzhu.collection;
import java.util.ArrayList;
import java.util.Collection;

public class Demo01 {
    public static void main(String[] args) {
    // 创建 String 类型的集合对象
        Collection<String> coll = new ArrayList<String>();
        /*常用方法*/
        // 添加功能    boolean add(String s)
        coll.add("张三");
        coll.add("李四");
        coll.add("王五");
        System.out.println("集合中元素："+coll);

        // boolean contains(E e) 判断 e 是否在集合中存在
        System.out.println("判断“张三”是否在集合中："+coll.contains("张三"));

        //boolean remove(E e) 删除在集合中的 e 元素
        System.out.println("删除李四："+coll.remove("李四"));
        System.out.println("删除操作之后集合中元素："+coll);

        // size() 集合中有几个元素
        System.out.println("现在集合中有"+coll.size()+"个元素。");
```

```
        // Object[] toArray()转换成一个 Object 数组
        Object[] objects = coll.toArray();
        // 遍历数组
        for (int i = 0; i < objects.length; i++) {
                System.out.print(objects[i]+"    ");
        }
        System.out.println();
        // void clear() 清空集合
        coll.clear();
        System.out.println("清空集合后，集合内容为："+coll);
        // boolean isEmpty()   判断是否为空
        System.out.println(coll.isEmpty());
    }
}
```

运行上述代码，程序输出结果如图 9.2 所示。

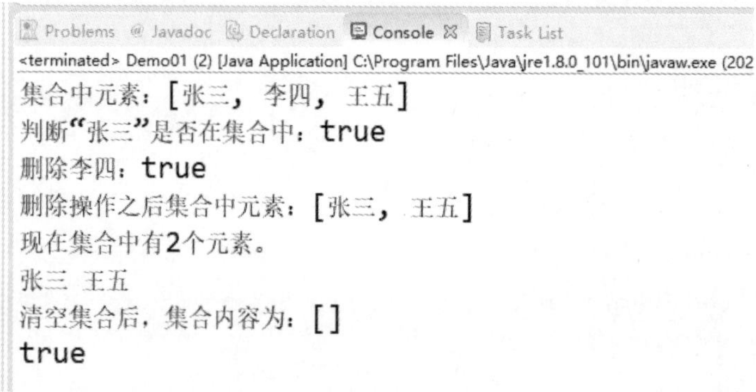

```
Problems  Javadoc  Declaration  Console  Task List
<terminated> Demo01 (2) [Java Application] C:\Program Files\Java\jre1.8.0_101\bin\javaw.exe (202
集合中元素：[张三, 李四, 王五]
判断“张三”是否在集合中：true
删除李四：true
删除操作之后集合中元素：[张三, 王五]
现在集合中有2个元素。
张三 王五
清空集合后，集合内容为：[]
true
```

图 9.2　程序输出结果

Collection 接口有两个重要的子接口：java.util.List 和 java.util.Set。下面将分别介绍 List 接口和 Set 接口。

扩展：

JDK 中提供了一个 Collections 类，用于对集合进行辅助操作，如排序、查找、复制、填充等；同时 JDK 中也提供了一个 Arrays 类，用于对数组进行辅助操作。

9.3.1　List 接口

java.util.List 接口继承自 Collection 接口。List 集合允许存储的元素出现重复，所有的元素按照添加的次序有序地进行存放，类似于数组。由于 List 集合中的所有元素是以线性方式进行存储的，因此可以通过索引直接访问 List 集合中指定索引位置的元素。

List 作为 Collection 的子接口，不但继承了 Collection 接口中的全部方法，还增加了一些根据索引来操作集合中元素的方法，List 接口的常用方法如表 9.2 所示。

表 9.2　List 接口的常用方法

方法	描述
E get(int index)	返回此 List 中指定索引位置 index 的元素
E set(int index, E element)	用指定的元素 element 替换 List 中指定位置 index 的元素，该方法将返回 List 中 index 索引处被替换的元素
E remove(int index)	删除 List 中指定位置 index 的元素，该方法将返回被删除的元素
void add(int index, E element)	将指定的元素插入此 List 中的指定位置
boolean addAll(int index, Collection<? extends E> c)	将指定集合 c 中的所有元素插入到 List 的指定位置处
ListIterator<E> listIterator()	返回 List 的列表迭代器，用于遍历 List
ListIterator<E> listIterator(int index)	返回从指定位置 index 开始的 List 迭代器，用于从 index 处开始遍历 List
int　indexOf(Object o)	返回此 List 中指定元素 o 第一次出现的索引，如果此列表不包含元素，则返回-1
int　lastIndexOf(Object o)	返回此 List 中指定元素 o 最后一次出现的索引，如果此列表不包含元素，则返回-1
List<E> subList(int fromIndex, int toIndex)	返回 List 中索引在 fromIndex（包含此位置）和 toIndex（不包含此位置）之间的所有元素，返回也是一个 List，该 List 为原集合的子集

表 9.2 中列出了 List 集合中常用的一些方法。需要注意的是，如果给定的索引值 index 不在集合的范围内，将抛出 IndexOutOfBoundsException 异常。

（1）当索引 index < 0 || index >= size() ，get()、set()、remove()方法会抛出索引越界异常。因为这三种方法是对原集合元素进行读取和修改，元素的索引是从 0 开始，最后一个元素的索引值为 size()-1，size()位置没有元素，因此无法取到 size()。

（2）当索引 index < 0 || index > size() ，add()、addAll()、listIterator()方法会抛出索引越界异常。

（3）当索引 fromIndex < 0 || toIndex > size() || fromIndex > toIndex 时，subList()方法会抛出索引越界异常。

另外，如果尝试向集合中添加类型不符的元素或者向不能添加空元素的集合中添加空元素，可能会抛出 NullPointerException 或 ClassCastException 异常。

在了解了 List 接口的常用方法之后，下面来学习 List 接口的两个重要实现类：ArrayList 和 LinkedList。

1. ArrayList 集合

ArrayList 是 List 接口的一个实现类，从类的命名可以看出，这个实现类存储集合元素是类似数组 Array 一样按序存储的。查看 JDK 中关于 ArrayList 类的实现，可以发现 ArrayList 实际就是用数组来实现的，其内部封装了一个动态再分配的 Object 数组。每个 ArrayList 对象都有一个成员 capacity 用来表示数组的容量。当存入的元素个数超过了预设数组的容量时，ArrayList 会为其分配一个更大的数组来存储，从而实现长度的变化。

创建一个 ArrayList 集合的方法有：

1）public ArrayList()

无参构造方法，用于构造一个空集合。ArrayList 类中有一个静态常量 private static final int DEFAULT_CAPACITY 用来设置初始容量，其默认值为 10。

2）public ArrayList(int initialCapacity)

该方法可以用于构造一个初始容量为 initialCapacity 的空集合，其中 initialCapacity 为指定的集合初始容量。如果指定的容量为负数，会抛出 IllegalArgumentException 异常。

3）public ArrayList(Collection<? extends E> c)

该方法用于构造一个包含指定集合 c 中所有元素的集合，集合中元素的顺序与集合 c 中元素顺序一致。如果给定的集合 c 为空，将抛出 NullPointerException 异常。

【例 9.2】编写一个存储 String 类型的 ArrayList 集合，并使用表 9.2 中的方法操作该集合。

```
package cn.pzhu.collection;
import java.util.*;
public class ArrayListDemo {
    public static void main(String[] args) {
            // 创建 List 集合对象
            List<String> temp = new ArrayList<String>();
            temp.add("张三");
            temp.add("李四");
            temp.add("赵六");
            System.out.println("------构造 ArrayList------");
            List<String> list = new ArrayList<>(temp);
            System.out.print("集合中的元素为：");
            System.out.println(list);
            System.out.println("集合的长度为："+list.size());
            System.out.println("------add()添加元素------");
            // 使用 add(int index,String s)方法向指定位置添加
            list.add(2,"王五");
            System.out.print("集合中的元素为：");
            System.out.println(list);
            System.out.println("-----remove()删除元素-----");
            // 使用 remove(int index)方法删除指定位置元素    返回被删除元素
            // 删除索引位置为 1 的元素
            System.out.print("删除索引位置为 1 的元素：");
            System.out.println(list.remove(1));
            System.out.print("集合中的元素为：");
            System.out.println(list);
            System.out.println("------set()替换元素------");
            // 使用 set(int index,String s)方法替换指定位置的元素
```

```
                // 替换索引位置为 2 的元素
                System.out.print("被替换掉的元素是：");
                System.out.println(list.set(2, "小明"));
                System.out.print("集合中的元素为：");
                System.out.println(list);
                System.out.println("------get()读取元素------");
                //使用 size()方法和 get(int index)方法来遍历集合
                for(int i = 0;i<list.size();i++){
                    System.out.print(list.get(i)+"      ");
                }
        }
}
```

在上述代码 ArrayListDemo.java 中，首先使用了无参构造方法创建了一个 ArrayList 集合 temp，然后向 temp 集合添加了 3 个元素。之后，通过有参构造方法 public ArrayList(Collection<? extends E> c)创建了一个新的集合 list。然后，分别对 list 集合进行了添加、删除、替换以及遍历等操作。程序输出结果如图 9.3 所示。

```
Problems  @ Javadoc  Declaration  Console ☒  Task List
<terminated> ArrayListDemo [Java Application] C:\Program Files\Java\jre1.8.0_101\bin\javaw.exe (2020
------构造ArrayList------
集合中的元素为：[张三, 李四, 赵六]
集合的长度为：3
------add()添加元素------
集合中的元素为：[张三, 李四, 王五, 赵六]
-----remove()删除元素-----
删除索引位置为1的元素：李四
集合中的元素为：[张三, 王五, 赵六]
------set()替换元素------
被替换掉的元素是：赵六
集合中的元素为：[张三, 王五, 小明]
------get()读取元素------
张三  王五  小明
```

图 9.3 程序运行结果

由于 ArrayList 集合是使用数组来实现的，所有的元素都是采用数组的形式进行保存的，因此，ArrayList 具有数组的一些优点，如元素查找快，能够根据索引直接找到元素。但 ArrayList 同样也会具有数组的缺点，如增加和删除指定索引位置的元素时效率很低下，因此 ArrayList 不适用于元素增删频繁的场合。

2. LinkedList

之前我们提到，ArrayList 因为底层是采用数组来实现的，因此不适用于频繁的元素增删操作。因此 Java 的集合类中提供了一种采用链表来实现的集合类——LinkedList。

查阅 JDK 中的源码可以发现，LinkedList 的实现采用的是双向链表。所谓双向链表指的是链表中的每个元素都有一个 next 来表示下一个元素节点，有一个 prev 来表示上一个元素节点，这样所有的元素节点之间就形成了“链”。

说明：

LinkedList 在 JDK 1.6 及之前采用双向循环链表来实现，在 JDK1.7 及之后采用双向链表来实现。

元素节点的代码如下：

```
private static class Node<E> {
        E item;
        Node<E> next;
        Node<E> prev;

        Node(Node<E> prev, E element, Node<E> next) {
                this.item = element;
                this.next = next;
                this.prev = prev;
        }
}
```

当需要插入一个新元素时，只需要修改元素节点中的 next 和 prev 即可。如果要在元素 1 和元素 2 之间添加新元素，则只需要在元素 1 的 next 和元素 2 的 prev 中保存新元素节点，新元素的 next 保存元素 2，新元素的 prev 保存元素 1，如图 9.4 所示。

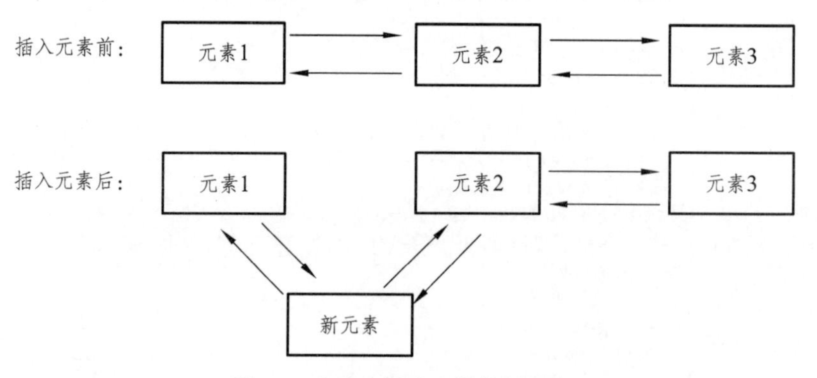

图 9.4　向双向链表中添加新元素

当需要删除一个新元素时，与新增元素类似，如要删除元素 1 和元素 3 之间的元素 2，则只需要将元素 1 的 next 改为保存元素 3，将元素 3 的 prev 改为保存元素 1 即可，如图 9.5 所示。

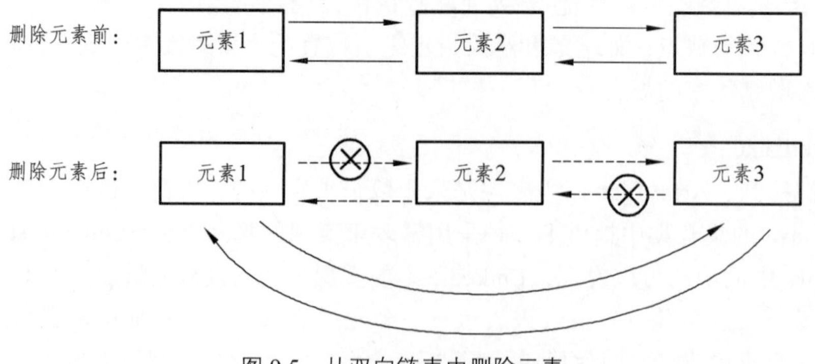

图 9.5　从双向链表中删除元素

从图 9.4 和图 9.5 的添加和删除操作可以看出，对于链表而言，删除和新增元素只需要修改元素之间保存的节点关系即可，而不需要向数组那样进行大量的 copy 操作，大大提高了增删元素的效率。

LinkedList 中针对双向链表的这种特点，新增了一些对集合的操作方法，如表 9.3 所示。

表 9.3 LinkedList 中的新方法

方法	描述
void addFirst(E e)	向 List 的头部插入指定元素 e
void addLast(E e)	向 List 的尾部插入指定元素 e
E getFirst()	返回此 List 的第一个元素
E getLast()	返回此 List 的最后一个元素
E removeFirst()	删除此 List 的第一个元素，并返回该元素
boolean removeFirstOccurrence(Object o)	从此 List 中删除最新出现的元素 o，遍历顺序为从头到尾，如果删除成功则返回 true

创建一个 LinkedList 集合的方法有：

1）public LinkedList ()

无参构造方法，用于构造一个空集合。

2）public LinkedList (Collection<? extends E> c)

该方法用于构造一个包含指定集合 c 中所有元素的集合，集合中元素的顺序与集合 c 中元素顺序一致。如果给定的集合 c 为空，将抛出 NullPointerException 异常。

注意：

LinkedList 的构造方法中没有 public LinkedList (int initialCapacity)，因为链表是不需要设定初始容量的。

【例 9.3】编写一个存储 String 类型的 LinkedList 集合，并对集合进行一些简单操作。

```
package cn.pzhu.collection;
import java.util.*;
public class LinkedListDemo {
    public static void main(String[] args) {
        //创建 List 集合对象
        List<String> temp = new ArrayList<String>();
        temp.add("李四");
        temp.add("王五");
        temp.add("赵六");
        System.out.println("------构造 LinkedList------");
        LinkedList<String> list = new LinkedList<>(temp);
        System.out.print("集合中的元素为：");
        System.out.println(list);
        System.out.println("集合的长度为：" + list.size());
```

```
        System.out.println("------addFirst()添加元素------");
        // 使用 addFirst(String s)方法向头部插入元素
        list.addFirst("张三");
        System.out.print("集合中的元素为：");
        System.out.println(list);
        System.out.println("------addLast()添加元素------");
        // 使用 addLast(String s)方法向尾部插入元素
        list.addLast("孙七");
        System.out.print("集合中的元素为：");
        System.out.println(list);
        System.out.println("-----removeFirst()删除元素-----");
        // 使用 removeFirst()方法删除第一个元素，并返回被删除元素
        System.out.print("删除第一个元素：");
        System.out.println(list.removeFirst());
        System.out.print("集合中的元素为：");
        System.out.println(list);
        System.out.println("------getLast()读取元素------");
        // 使用 getLast()方法读取最后一个元素
        System.out.print("最后一个元素是：");
        System.out.println(list.getLast());
    }
}
```

在上述代码 LinkedListDemo.java 中，首先使用了无参构造方法创建了一个 ArrayList 集合 temp，然后向 temp 集合添加了 3 个元素。之后，通过有参构造方法 public LinkedListDemo (Collection<? extends E> c)创建了一个 LinkedList 集合 list。然后，分别对 list 集合进行了添加、删除、读取等操作。程序输出结果如图 9.6 所示。

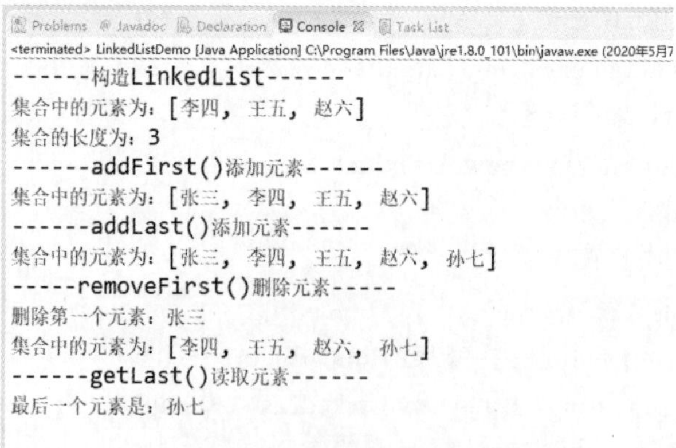

```
Problems  Javadoc  Declaration  Console  Task List
<terminated> LinkedListDemo [Java Application] C:\Program Files\Java\jre1.8.0_101\bin\javaw.exe (2020年5月7
------构造LinkedList------
集合中的元素为：[李四, 王五, 赵六]
集合的长度为：3
------addFirst()添加元素------
集合中的元素为：[张三, 李四, 王五, 赵六]
------addLast()添加元素------
集合中的元素为：[张三, 李四, 王五, 赵六, 孙七]
-----removeFirst()删除元素-----
删除第一个元素：张三
集合中的元素为：[李四, 王五, 赵六, 孙七]
------getLast()读取元素------
最后一个元素是：孙七
```

图 9.6　程序运行结果

从上述示例可以看出，LinkedList 能够很方便地操作集合的头部和尾部元素，因此

LinkedList 很适合用来实现堆栈。

9.3.2 Set 接口

java.util.Set 接口与 java.util.List 接口一样，都是继承自 Collection 接口，Set 接口拥有 Collection 接口中的所有方法。Set 集合与 List 集合相比，有以下区别：

（1）List 集合是按序存储的，Set 集合是无序存储的。

（2）List 集合存储的元素可以相同，Set 集合存储的元素不会出现重复（重复的元素会被舍弃）。

说明：

HashSet 集合通过对象的 equals()方法来检查其唯一性，避免添加重复的元素，且该 equals()方法依赖于 hashcode()方法。

本小节将介绍 Set 集合的两个实现类 java.util.HashSet 和 java.util.TreeSet。

1. HashSet

java.util.HashSet 是 Set 接口的一个实现类，其底层实现是由 java.util.HashMap 进行支持的。HashSet 是根据对象的哈希值来确定元素在集合中的存储位置，因此元素的存放顺序是无序的，并且由于哈希算法的特点，使得 HashSet 具有良好的存取和查找性能。

说明：

由于相同的元素具有一样的哈希值，因此可以避免存储重复的元素。

创建一个 HashSet 集合的方法有：

1）public HashSet ()

无参构造方法，用于构造一个空的 HashSet，且该集合的哈希表默认初始容量为 16，负载因子为 0.75。

说明：

负载因子表示一个哈希表的空间的使用程度，哈希表的初始容量、负载因子和哈希表可用空间之间存在关系：initailCapacity * loadFactor=哈希表可用空间。因此，负载因子越大则哈希表的装填程度越高，能容纳的元素更多，但元素越多，索引的效率就越低；反之，负载因子越小，则哈希表中的元素就越稀疏，索引效率就越高，但会造成空间的浪费。

2）public HashSet (int initialCapacity)

该方法可以用于构造一个初始容量为 initialCapacity、负载因子为 0.75 的空 HashSet，其中 initialCapacity 表示哈希表的初始容量。如果指定的容量为负数，会抛出 IllegalArgument Exception 异常。

3）public HashSet (int initialCapacity, float loadFactor)

该方法可以用于构造一个初始容量为 initialCapacity、负载因子为 loadFactor 的空 HashSet，其中 initialCapacity 表示哈希表的初始容量，loadFactor 表示哈希表的负载因子。如果指定的容量为负数或者负载因子为非正数（0 或负数），将会抛出 IllegalArgumentException 异常。

4）public HashSet (Collection<? extends E> c)

该方法用于构造一个包含指定集合 c 中所有元素的 HashSet，且该 HashSet 具有默认负载因子 0.75。如果给定的集合 c 为空，将抛出 NullPointerException 异常。

【例 9.4】编写一个存储 String 类型的 HashSet 集合，并对集合进行一些简单操作。

```
package cn.pzhu.collection;
import java.util.*;
public class HashSetDemo {
	public static void main(String[] args) {
		// 创建 HashSet 集合对象
		HashSet<String> temp = new HashSet<String>(8);
		temp.add("张三");
		temp.add("李四");
		temp.add("王五");
		temp.add("赵六");
		temp.add("张三");
		System.out.println(temp);
	}
}
```

上述代码中创建了一个存储 String 类型的 HashSet，然后向集合中添加了“张三”“李四”“王五”“赵六”“张三” 5 个元素，运行程序，输出结果如图 9.7 所示。

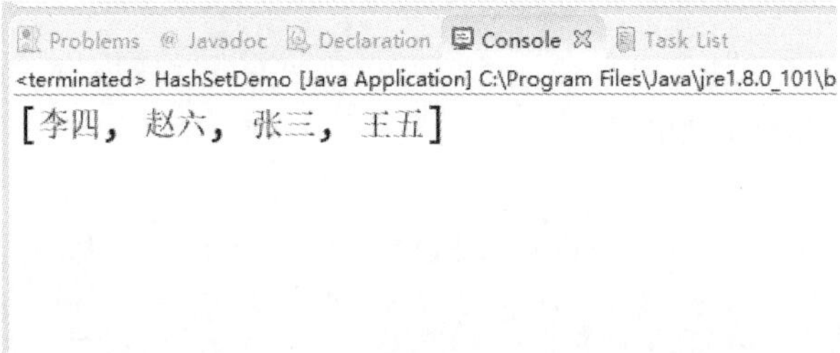

Problems @ Javadoc Declaration Console Task List
<terminated> HashSetDemo [Java Application] C:\Program Files\Java\jre1.8.0_101\b
[李四，赵六，张三，王五]

图 9.7 程序运行结果

从图 9.7 的运行结果可以看出，只有前 4 个元素存入到了集合中，第 2 个“张三”没有被存入集合。

如果现在要求使用 HashSet 来存储姓名、电话号码以及备注信息，由于可能存在同名字的人，而电话号码相对来说比较有唯一性，因此约定只要当姓名和电话号码相同就认为是重复元素（无论备注信息是否相同），这又如何来实现？

【例 9.5】编写一个存储 Person 类型的 HashSet 集合，用来存储姓名、电话号码以及备注信息。

首先编写 Person 类来保存姓名、电话号码以及备注信息，且覆写这个类的 hashCode()与 equals()方法。

提示：

HashSet 集合根据存储对象的 hashCode()和 equals()方法来保证元素的唯一，因此如果向集合中存放自定义的对象，那么为了保证其唯一性，往往需要根据实际需求复写 hashCode()和 equals()方法。

代码如下：

```
class Person{
    private String name;
    private String tel;
    private String msg;
    public Person() {
    }
    public Person(String name, String tel, String msg) {
        super();
        this.name = name;
        this.tel = tel;
        this.msg = msg;
    }
    @Override
    public String toString() {
        return "Person [name=" + name + ", tel=" + tel + ", msg=" + msg + "]";
    }
    @Override
    public int hashCode() {
        return Objects.hash(name, tel);
    }
    @Override
    public boolean equals(Object o) {
        if (this == o){
        return true;
        }
        if (o == null || getClass() != o.getClass()){
            return false;
        }

        Person person = (Person) o;
        if(Objects.equals(name, person.name)&&Objects.equals(tel, person.tel)){
            return true;
        }else{
            return false;
        }
    }
}
```

在 Person 类中对 hashCode()和 equals()方法进行了重写。根据要求，姓名和电话号码相同的 Person 对象视为同一个对象，因此重写 equals()方法时，判断如果姓名和电话号码都相同则返回 true。另外，为了保证对象的哈希值唯一，且哈希值与对象的姓名和电话号码关联，因此在重写 HashCode()方法时，采用 Objects.hash(name, tel)作为返回值。

下面编写 HashSetPerson.java，使用 HashSet 来保存 Person 信息，代码如下：

```
public class HashSetPerson {
    public static void main(String[] args) {
        // 创建 HashSet 集合对象
        HashSet<Person> temp = new HashSet<Person>(8);
        temp.add(new Person("张三","0812-3333001","我是张三！"));
        temp.add(new Person("张三","0812-3333002","我叫张三，但不是第一个张三！"));
        temp.add(new Person("李四","0812-3333002","我是李四，不过我用张三的电话！"));
        temp.add(new Person("李四","0812-3333002","我不是李四！"));
        temp.add(new Person("王五","0812-3333003","我是王五！"));
        for(Person person:temp){
            System.out.println(person);
        }
    }
}
```

HashSetPerson.java 中创建了一个 HashSet<Person>集合 temp，并向集合中添加了 5 个元素，程序运行结果如图 9.8 所示。

```
Problems  Javadoc  Declaration  Console  Task List
<terminated> HashSetPerson [Java Application] C:\Program Files\Java\jre1.8.0_101\bin\javaw.exe (2020年5月7日 下午4:59:30)
Person [name=王五, tel=0812-3333003, msg=我是王五！]
Person [name=李四, tel=0812-3333002, msg=我是李四，不过我用张三的电话！]
Person [name=张三, tel=0812-3333001, msg=我是张三！]
Person [name=张三, tel=0812-3333002, msg=我叫张三，但不是第一个张三！]
```

图 9.8　程序运行结果

在向 HashSet 集合中添加元素时，首先 JVM 会调用当前存入对象的 hashCode()方法来获得当前存入对象的哈希值，然后根据这个哈希值计算出元素的存储位置。如果该位置上没有元素则直接将元素存入，如果该位置上有元素存在，则再调用 equals()方法判断当前存入的元素和该位置上的元素是否相同（开发人员可以自定义元素相同的条件），如果判断结果为 false，就将该元素存入集合，如果判断结果为 true，则说明有重复元素，则不存入这个元素。

说明：

在 JDK1.8 中，哈希表是由数组、链表以及红黑树三种方式来共同实现存储的，因此如果要存入的元素哈希值与其他元素相同（该位置已经有其他元素），但 equals()方法返回 false，则会以链表的形式将该元素存入集合中。当数组中某个位置存储的元素太多（链表长度大于 8），则该位置上的链表转为红黑树进行存储。

从图 9.8 的运行结果可以看出，new Person("李四","0812-3333002","我不是李四！")没有加入到集合中，因为这个 Person 对象的 name 和 tel 属性与 new Person("李四","0812-3333002","

我是李四，不过我用张三的电话！")重复。另外，观察集合的输出顺序，可以看出在 HashSet 中元素的存取位置是无序的，与存入顺序无关。

2. TreeSet

java.util.TreeSet 也是 Set 接口的一个实现类，其底层是由 TreeMap 进行实现的。与 HashSet 不同的是，TreeSet 是根据对象的某种比较机制来确定元素在集合中的存储位置，这个位置并不是随机的，而是按照比较结果进行有序存放的。因此 TreeSet 适用于需要进行大量快速检索排序信息的场景。

说明：

由于 TreeSet 是根据对象提供的某种比较机制来判断元素是否重复以及存放顺序，因此 TreeSet 要求存入的对象必须是可比较的。

如果比较结果为负数，表示将当前元素放在红黑树的左边，即逆序输出；如果比较结果为正数，则表示将当前元素放在红黑树的右边，即顺序输出；如果比较结果为 0，则表示元素重复，放弃存入该元素。

如："A".compareTo("B")的比较结果是-1，则表示"A"应该放在"B"的左边，在输出的时候会先输出"A"，再输出"B"。

创建一个 TreeSet 集合的方法有：

1）public TreeSet ()

无参构造方法，用于构造一个空的 TreeSet，该集合默认根据其元素的自然排序进行排序，且要求存入的元素必须是相互之间可以比较的。

说明：

存入 TreeSet 中的元素必须实现 Comparable 接口，且元素与元素之间必须是可以比较的。如果向集合中添加了不合法的数据类型，将抛出 ClassCastException 异常。

2）public TreeSet(Comparator<? super E> comparator)

该方法可以根据指定比较依据 comparator 来构造一个的 TreeSet 集合。

3）public TreeSet(SortedSet<E> s)

该方法可以根据指定排序集 s 来构造一个的 TreeSet 集合。

4）public TreeSet(Collection<? extends E> c)

该方法用于构造一个包含指定集合 c 中所有元素的 TreeSet，且该 TreeSet 会将集合 c 中的元素按照自然排序进行排序。

【例 9.6】 编写一个存储 String 类型的 TreeSet 集合，集合采用自然排序，向集合添加元素并输出。

```
package cn.pzhu.collection;
import java.util.*;
public class TreeSetDemo {
    public static void main(String[] args) {
        // 创建 TreeSet 集合对象
        TreeSet<String> temp = new TreeSet<String>();
        temp.add("C 张三");
```

```
        temp.add("A 李四");
        temp.add("B 王五");
        temp.add("D 赵六");
        temp.add("C 张三");
        System.out.println(temp);
    }
}
```

上述代码中创建了一个存储 String 类型的 HashSet，为了方便观察 String 的自然排序结果，向集合中添加“C 张三”“A 李四”“B 王五”“D 赵六”“C 张三”5 个元素，运行程序，输出结果如图 9.9 所示。

Problems @ Javadoc Declaration Console Task List
<terminated> TreeSetDemo [Java Application] C:\Program Files\Java\jre1.8.0_101\bin\javaw
[A李四, B王五, C张三, D赵六]

图 9.9 程序运行结果

从图中的运行结果可以看出，相同的两个字符串“C 张三”没有被存入集合中，且 TreeSet 中的元素在输出的时候是有序的，最先输出“A 李四”，最后输出“D 赵六”。

说明：

String 类型的数据的比较逻辑为，对于字符串中的每个字符从左向右依次进行比较：

（1）若字符相同，则继续比较下一个字符。

（2）若字符串前面部分的每个字符都一样，而当前字符不一样，则返回两个字符的 ASCII 码的差值。

（3）若字符串前面部分的每个字符都一样，且其中一个字符串没有更多字符，则返回两个字符串剩余长度的差。

（4）若字符串的每个字符完全一样，返回 0。

如果要向 TreeSet 中存入自定义对象，则该对象需要实现 Comparable 接口，或者在创建 TreeSet 集合时实现 Comparator 接口。

【例 9.7】编写 Person 类（包含 String 类型的 name 以及 Sting 类型的 id），然后 Person 类实现 Comparable 接口。覆写 compareTo()方法，以 Person 的 id 作为比较依据。

代码如下：

```
class Person implements Comparable<Person>{
    private String name;
    private String id;
    public Person() {
    }
    public Person(String name, String id) {
        super();
```

```
        this.name = name;
        this.id = id;
    }
    @Override
    public String toString() {
        return "Person [name=" + name + ", tel=" + id +"]";
    }
    @Override
    public int compareTo(Person o) {
        if (this == o || this == null){
            return 0;
        }
        return id.compareTo(o.id);
    }
}
```

Person 类实现了 Comparable 接口，并对 compareTo ()方法进行了重写。如果要存入的 Person 对象为空，或者是重复对象，则返回 0（表示忽略该元素），否则比较元素中的 id，返回元素之间 id 的比较结果。

编写 TreeSetPerson.java，创建一个 TreeSet 来保存 Person 信息，向集合中添加一些元素并输出，代码如下：

```
public class TreeSetPerson {
    public static void main(String[] args) {
        // 创建 TreeSet 集合对象
        TreeSet<Person> temp = new TreeSet<Person>();
        temp.add(new Person("张三","20200102"));
        temp.add(new Person("张三","20200101"));
        temp.add(new Person("李四","20200101"));
        temp.add(new Person("李四","20200104"));
        temp.add(new Person("王五","20200103"));
        for(Person person:temp){
            System.out.println(person);
        }
    }
}
```

HashSetPerson.java 中创建了一个 TreeSet<Person>集合 temp，并向集合中添加了 5 个元素，程序运行结果如图 9.10 所示。

```
Problems @ Javadoc Declaration Console Task List
<terminated> TreeSetPerson [Java Application] C:\Program Files\Java\jre1.8.0_101\bin\javaw.exe
Person [name=张三, tel=20200101]
Person [name=张三, tel=20200102]
Person [name=王五, tel=20200103]
Person [name=李四, tel=20200104]
```

图 9.10　程序运行结果

从图 9.10 的运行结果可以看出，new Person("李四","20200101")因为和 new Person("张三","20200101")的 id 相同，因此没有被存入集合中。然后所有的元素根据 id 进行排序，从输出结果可以看出，最先输出的是 new Person("张三","20200101")。

【例 9.8】 编写 Student 类（包含 String 类型的 name 以及 Sting 类型的 id），然后在创建 TreeSet 集合时实现 Comparator 接口，并以 Student 的 id 作为比较依据。

代码如下：

```
package cn.pzhu.collection;

import java.util.*;

public class TreeSetStudent {
    public static void main(String[] args) {
        // 创建 TreeSet 集合对象
        TreeSet<Student> set = new TreeSet<>(new Comparator<Student>() {
            @Override
            public int compare(Student o1, Student o2) {
                if(o1==null){
                    return 0;
                }
                return o1.getId().compareTo(o2.getId());
            }
        });
        set.add(new Student("张三","20200102"));
        set.add(new Student("张三","20200101"));
        set.add(new Student("李四","20200101"));
        set.add(new Student("李四","20200104"));
        set.add(new Student("王五","20200103"));
        for(Student stu:set){
            System.out.println(stu);
        }
    }
}
```

```
class Student{
    private String name;
    private String id;
    public Student() {
    }
    public Student(String name, String id) {
        this.name = name;
        this.id = id;
    }

    public String getId() {
        return id;
    }
    @Override
    public String toString() {
        return "Student [name=" + name + ", id=" + id + "]";
    }
}
```

在创建 TreeSet 集合的时候采用 TreeSet<Student> set = new TreeSet<>(new Comparator <Student>())，并覆写 Comparator 接口的 compare ()方法。如果要存入的 Student 对象为空，则返回 0（表示忽略该元素），否则比较两个元素的 id，返回比较结果。

程序运行结果如图 9.11 所示。

```
Problems  @ Javadoc  Declaration  Console ⊠  Task List
<terminated> TreeSetPerson [Java Application] C:\Program Files\Java\jre1.8.0_101\b
Student [name=张三, id=20200101]
Student [name=张三, id=20200102]
Student [name=王五, id=20200103]
Student [name=李四, id=20200104]
```

图 9.11　程序运行结果

从图 9.11 的运行结果可以看出，两种实现方法的效果一样，都能够按照 id 进行排序，并且在存入元素时会根据 id 去掉重复元素。

9.4　Map

在上一节中介绍了 Collection 集合，知道该集合可以用来存储同一类型的多个元素。在现实生活中存在很多信息是一一对应的，如学生学号和学生，职工号和职员，又或者如程序中的变量名和变量的值。如果在程序中，我们既想保存学号，又想保存学生名字，又或者既想保存变量名，也想保存变量值，那么应该如何实现呢？大家可能会想到将需要保存的信息封装为一个对象，这当然也是可行的，但 Java 为我们提供了一种更加便捷的方法——Map。

Map 可以看作是一种双列集合，它的每一个元素都可以保存为两个数据，其中一个数据被称之键（key），另一个数据被称为值（value），键和值之间存在对应关系（这种对应关系被称为映射），且键是唯一的，通过键能找到对应的值，如图 9.12 所示。

说明：

Map 中的集合不能包含重复的键，值可以重复；每个键只能对应一个值。

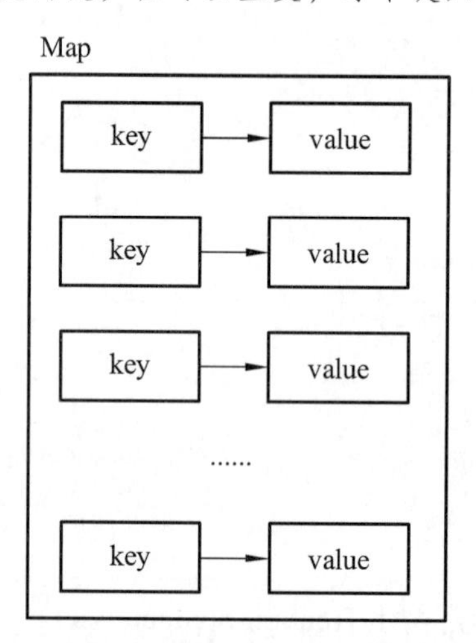

图 9.12　Map 存储结构示意图

在学习 Map 之前，先了解一下 Map.Entry<K,V>接口。Map.Entry<K,V>表示 Map 中的一个条目，即键值对。其中 K 表示键，V 表示值。Map.Entry<K,V>的常用方法如表 9.4 所示。

表 9.4　Map.Entry<K,V>的常用方法

方法	描述
boolean equals(Object obj)	将指定的对象 obj 与当前 Entry 进行比较，如果相等则返回 true
K getKey()	返回当前 Entry 的键
V getValue()	返回当前 Entry 的值
V setValue(V value)	使用 value 覆盖当前 Entry 的值，并返回当前 Entry 的旧值
int hashCode()	返回当前 Entry 的哈希值

接下来看看 JDK 中提供的 Map 接口常用方法，如表 9.5 所示。

表 9.5　Map 接口常用方法

方法	描述
void clear()	从该 Map 中删除所有的映射
boolean containsKey(Object key)	如果此映射包含指定键的映射，则返回 true
boolean containsValue(Object value)	如果此映射中将一个或多个键映射到指定的值，则返回 true
int hashCode()	返回此映射的哈希码值

续表

方法	描述
boolean equals(Object o)	将指定的对象与此映射进行比较，判断是否相等
int size()	返回此映射中键值映射的数量
boolean isEmpty()	判断 Map 中是否包含键值映射，如果为空则返回 true
void putAll(Map<? extends K,? extends V> m)	将指定映射 m 中的所有映射复制到当前映射中
V put(K key, V value)	将指定的值与该映射中的指定键相关联
V get(Object key)	如果此映射包含指定键的映射，则返回到该键所映射的值，否则返回 null
V remove(Object key)	如果指定的键存在，则从该映射中删除这个键的映射
Set<Map.Entry<K,V>> entrySet()	返回此映射中所有键值映射的 Set 视图
Set<K> keySet()	返回此映射中包含的键的 Set 视图
Collection<V> values()	返回此映射中包含的值的 Collection 视图

表 9.5 列出了 Map 接口的一些常用方法，其中 containsKey()方法和 containsValue()方法用于判断映射中是否包含某个指定的键或值；而 put()方法、get()方法以及 remove()方法分别用于向映射中添加、读取和删除元素；最后三个方法 entrySet()方法、keySet()方法以及 values()方法分别用来获取此 Map 的键值对集合、键集合和值集合。

说明：

因为 Map 中的键是唯一的，因此键值对集合与键集合采用的是 Set，而 Map 中的值允许相同，因此值集合采用的是 Collection。

Map 有两种比较常用的实现类：HashMap 和 TreeMap，下面将对这两种实现类进行详细介绍。

9.4.1 HashMap 类

HashMap 是采用哈希表来进行实现，因此在保存元素的过程中无法保证元素的存储顺序，HashMap 中的元素遍历顺序与这些元素加入 HashMap 的顺序无关。

创建一个 HashMap 的方法有：

1. public HashMap ()

该方法为无参构造方法，用于构造一个空的 HashMap，默认容量为 16，负载因子为 0.75。

2. public HashMap (int initialCapacity)

该方法可以用于构造一个初始容量为 initialCapacity、负载因子为 0.75 的空 HashMap，其中 initialCapacity 表示 HashMap 的初始容量。如果指定的初始容量为负数，会抛出 IllegalArgumentException 异常。

3. public HashMap (int initialCapacity, float loadFactor)

该方法可以用于构造一个初始容量为 initialCapacity、负载因子为 loadFactor 的空

HashMap，其中，initialCapacity 表示 HashMap 的初始容量，loadFactor 表示 HashMap 的负载因子。如果指定的容量为负数或者负载因子为非正数（0 或负数），将会抛出 IllegalArgument Exception 异常。

4. public HashMap(Map<? extends K,? extends V> m)

该方法用于构造新的HashMap,该HashMap与指定的Map具有相同的映射,且该HashMap具有默认负载因子 0.75，且具有足以容纳指定映射 m 的初始容量，如果指定的 Map 为空，将抛出 NullPointerException 异常。

【例 9.9】编写一个存储 Map.Entry<String, Integer>的 HashMap，并对其进行一些简单操作。

```
package cn.pzhu.map;

import java.util.*;
import java.util.Map.Entry;

public class HashMapDemo {
    public static void main(String[] args) {
        // 创建 HashMap
        Map<String,Integer> map = new HashMap<>();
        // 向 Map 中添加一些元素
        map.put("张三",19);
        map.put("李四",18);
        map.put("王五",20);
        //获取 Entry<String,Integer>的 Set 视图
        Set<Entry<String,Integer>> entrySet = map.entrySet();
        System.out.println("Map 中的元素为："+entrySet);
        //修改张三的年龄
        System.out.print("张三的年龄被修改，修改之前的年龄为：");
        System.out.println(map.put("张三", 21));
        //读取键值
        System.out.println("如果 key 不存在，输出："+map.get("赵六"));
        System.out.println("张三的年龄被修改为："+map.get("张三"));
        //获取 Entry<String,Integer>的 Set 视图
        System.out.println("Map 中的元素为："+entrySet);
        map.remove("李四");
        System.out.println("删除“李四”后 Map 中的元素为："+entrySet);
    }
}
```

运行上述代码，程序运行结果如图 9.13 所示。

```
Problems  @ Javadoc  Declaration  Console
<terminated> HashMapDemo [Java Application] C:\Program Files\Java\jre1.8.0_101\bin\javaw.exe
Map中的元素为：[李四=18, 张三=19, 王五=20]
张三的年龄被修改，修改之前的年龄为：19
如果key不存在，输出：null
张三的年龄被修改为：21
Map中的元素为：[李四=18, 张三=21, 王五=20]
删除“李四”后Map中的元素为：[张三=21, 王五=20]
```

图 9.13　程序运行结果

9.4.2　TreeMap 类

TreeMap 是采用树来进行实现的，因此在保存元素的过程中，会按照元素的键值进行排序存储。因此，与 HashMap 相比，TreeMap 中存储的元素是有序的，且 TreeMap 能够实现快速检索。

创建一个 TreeMap 的方法有：

1. public TreeMap ()

该方法为无参构造方法，用于构造一个空的 TreeMap，该 TreeMap 中的元素默认根据键的自然排序进行排序，且要求存入元素的键值必须是可以相互比较的。

说明：

与 TreeSet 类似，TreeMap 要求存入元素的键两两之间是可以相互比较的，如果存入元素的键是自定义类型，那么该类必须实现 Comparable 接口或者在创建 TreeMap 时设定一个比较依据，如下面的这个构造方法。

2. public TreeMap (Comparator<? super E> comparator)

该方法可以根据指定比较依据 comparator 来构造一个空的 TreeMap。

3. public TreeMap(SortedMap<K,? extends V> m)

该方法可以构造一个包含相同映射并使用与指定排序映射相同顺序的新 TreeMap。

4. public TreeMap(Map<? extends K,? extends V> m)

该方法用于构造一个包含指定映射 m 中的所有键值对，且这些键值对会按照键的自然排序按序存入 TreeMap 中。

【例 9.10】编写一个存储 Map.Entry<String, Integer>的 TreeMap，并对其进行一些简单操作。

```
package cn.pzhu.map;
import java.util.*;
public class TreeMapDemo {
    public static void main(String[] args) {
        // 创建 TreeMap 集合对象
        Map<String,Integer> map = new TreeMap<>();
        map.put("zhangsan",19);
```

```
            map.put("lisi", 20);
            map.put("wangwu", 18);
            map.put("lisi", 22);
            System.out.println(map.entrySet());
        }
}
```

运行上述代码，程序运行结果如图 9.14 所示。

```
Problems  @ Javadoc  Declaration  Console ⊠  Task List
<terminated> TreeMapDemo [Java Application] C:\Program Files\Java\jre1.8.0_1
[lisi=22, wangwu=18, zhangsan=19]
```

图 9.14　程序运行结果

从图 9.14 的运行结果可以看出，TreeMap 中的元素是按照键的升序进行排序的。另外需要说明的是，使用 put()方法向 Map 中添加新的键值对时，若指定的键(key)在 Map 中不存在，则表示这个键没有对应的值，put()方法返回 null 并把这个 key 和指定的键值(value)添加到 Map 中；若指定的键(key)在 Map 中存在，则 put()方法返回 Map 中这个键对应的值（替换前的值），并把这个键所对应的值替换成指定的新值。所以输出结果中"lisi"的值是 22，而不是 20。

9.5　Iterator

在学习了 Collection 和 Map 后，很明显能发现这两者都是用来保存多个元素的容器，特别是对集合而言，在开发过程中经常需要对集合中的元素进行遍历，因此 Java 的集合框架中提供了一个接口 Iterator 用来对集合进行迭代操作。

9.5.1　Iterator 接口

Iterator 接口能够以迭代的方式对集合中的元素进行逐个访问，如果要获得一个集合的迭代器，可以采用表 9.1 中的 Iterator<E> iterator()方法。获得集合迭代器之后，可以使用迭代器的常用方法对集合进行遍历，Iterator 接口的常用方法如表 9.6 所示。

表 9.6　Iterator 接口的常用方法

方法	描述
boolean hasNext()	判断集合中是否还有下一个元素，如果存在下一个元素，则返回 true
E next()	返回集合中的下一个元素，如果当前已经是集合的最后一个元素，将抛出 NoSuchElementException 异常

采用 Iterator 迭代器对集合进行遍历时，其内部实现类似于指针的方式，使用 hasNext()能够判断指针是否能够继续向后移动，使用 next()方法能够将指针向后移动，并返回指针现在所指向的值，如图 9.15 所示。

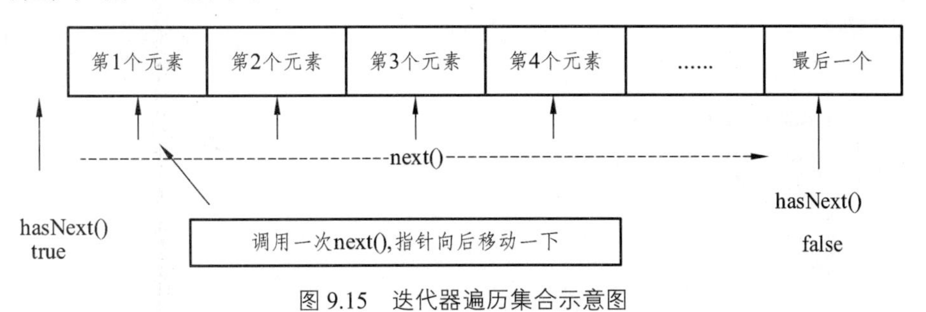

图 9.15 迭代器遍历集合示意图

如图 9.15 所示，在遍历集合时，应先使用 hasNext()方法判断集合是否有下一个元素，如果有，则返回 true，这时就可以调用 next()将迭代器的索引向后移动一位（迭代器的索引默认是在第 1 个元素之前）并读取当前索引位置的集合元素，然后继续调用 next()方法移动迭代器索引并读取集合元素，直到迭代器索引移动到最后一个元素。当迭代器索引移动到最后一个元素后，再调用 hasNext()方法将返回 false，表示此时迭代器索引已经指向最后一个元素，没有下一个元素了，应当结束对集合的遍历，否则继续调用 next()方法将抛出异常。

【例 9.11】创建一个集合并向集合中添加一些元素，然后使用迭代器遍历集合中的所有元素。

```
package cn.pzhu.iterator;

import java.util.ArrayList;
import java.util.Collection;
import java.util.Iterator;

public class Demo01 {
    public static void main(String[] args) {
        // 创建存储 String 类型的集合
        Collection<String> coll = new ArrayList<String>();
        // 向集合中添加一些元素
        coll.add("张三");
        coll.add("李四");
        coll.add("王五");
        //获取集合的迭代器
        Iterator<String> it = coll.iterator();
        //采用 while 循环遍历集合中的元素
        while(it.hasNext()){
            String s = it.next();
            System.out.println(s);
        }
```

```
        //现在迭代器索引已经是集合的最后一个元素
        //如果继续调用 next()方法，会抛出异常
        it.next();
    }
}
```

程序运行结果如图 9.16 所示。

```
Problems  Javadoc  Declaration  Console  Task List
<terminated> Demo01 (3) [Java Application] C:\Program Files\Java\jre1.8.0_101\bin\javaw.exe (2020年5月7日 下午11:37:54)
张三
李四
王五
Exception in thread "main" java.util.NoSuchElementException
        at java.util.ArrayList$Itr.next(Unknown Source)
        at cn.pzhu.iterator.Demo01.main(Demo01.java:24)
```

图 9.16　程序运行结果

对于 Map 而言，如果要采用迭代器来进行遍历，应该先采用 Map 提供的 entrySet()方法来获得一个 Entry 键值对对象的 Set 集合，然后再通过 iterator()方法获得该 Set 集合的迭代器。

【例 9.12】创建一个 HashMap 并向其中添加一些元素，然后使用迭代器遍历 Map 中的所有元素。

```
package cn.pzhu.iterator;
import java.util.*;
import java.util.Map.Entry;

public class Demo02 {
    public static void main(String[] args) {
        // 创建 HashMap
        Map<String,Integer> map = new HashMap<>();
        // 向 Map 中添加一些元素
        map.put("张三",19);
        map.put("李四",18);
        map.put("王五",20);
        //获取 Map 的迭代器
        Set<Entry<String,Integer>> entrySet = map.entrySet();
        Iterator<Entry<String,Integer>> it = entrySet.iterator();
        //采用 while 循环遍历 Map 中的元素
        while(it.hasNext()){
            Entry<String,Integer> e = it.next();
            System.out.println("name:"+e.getKey()+",age:"+e.getValue());
        }
    }
}
```

程序运行结果如图 9.17 所示。

```
Problems  @ Javadoc  Declaration  Console ☒  Task List
<terminated> Demo02 (2) [Java Application] C:\Program Files\Java\jre1.8.0_101
name:李四,age:18
name:张三,age:19
name:王五,age:20
```

图 9.17　程序运行结果

9.5.2　foreach 循环

虽然 Iterator 能够对 Collection 和 Map 进行遍历，但是从上一小节的实例中可以看出，如果要遍历 Collection 或者是 Map，都需要先获得迭代器，然后再通过 while 循环来读取数据，这种方式在写法上较为繁琐。为了简化书写，从 JDK 1.5 开始提供了 foreach 循环，也称之为增强 for 循环。foreach 循环同样能够实现对数组或集合的遍历，且在书写上更加简洁。

foreach 循环的语法格式如下：

```
for(集合中元素的类型　临时变量 ：要遍历的集合){
    //遍历集合中的元素
}
```

如果采用 foreach 来遍历集合，那么例 9.11 的输出就可以修改为：

```
for(String s:coll){
    System.out.println(s);
}
```

因为要遍历的集合 coll 中保存的是 String 类型的数据，因此在 foreach 循环中定义一个 String 类型的临时变量 s，然后在循环体中直接输出临时变量 s。同理，例 9.12 的输出可以修改为：

```
for (Entry<String, Integer> e : entrySet) {
    System.out.println("name:"+e.getKey()+",age:"+e.getValue());
}
```

从上面两个示例可以看出，foreach 循环在遍历集合时的写法非常简洁，其的循环次数由集合中的个数来决定而不需要循环变量（集合的索引），也不需要循环条件，直接给定一个临时变量来保存当前循环遍历读取的元素即可。

不过，foreach 循环无法控制遍历的过程（如 for 循环可以控制步长），也无法在遍历过程中对元素进行修改，因为集合中的元素会拷贝一份至临时变量中，修改临时变量不会影响集合中的元素值。

习 题

1. 简述泛型的使用方法及优点。
2. 简述 ArrayList 和 LinkedList 的特点以及区别。
3. 简述 List、Set 以及 Map 的特点及区别。
4. 简述 Java 的集合框架。

第 10 章　输入输出流

【学习要求】

理解流的概念及分类；
理解流类的四个抽象父类的分类功能；
掌握常用流类的功能和常用方法；
掌握 File 类的常用方法；
掌握字符文件和非字符文件的常见 I/O 操作；
掌握对象序列化和反序列化的基本方法；
掌握 RandomAccessFile 类的常用方法。

Java 程序开发中经常会用到读写磁盘文件、判断目录或文件是否存在、目录或文件的创建和删除、套接字通信、对象序列化和反序列化等输入输出相关操作，本章将介绍输入输出相关内容。

10.1　流类概览

Java 输入输出操作常用到流这个概念。流是程序和数据源或数据目标之间进行数据读写操作的管道，程序读写数据源或数据目标的数据，是通过对流中数据序列的读写实现的。流在 Java 中也是对象，这些对象所属的类称作流类。

数据源与数据目标是任何能保存、产生或消费数据的事物，包括磁盘文件、其他程序、外围设备、网络套接字或者数组。

流可以读写所有类型数据，即对基本类型的值和对象均可处理。

流按不同的标准有不同的分类。

10.1.1　输入流和输出流

按数据的流向分类可分为输入流和输出流。

输入/输出流是数据源和数据目标的代表，流可以代表众多不同的数据源和数据目标，例如磁盘文件、设备、其他程序和内存等。对程序而言，所有流都可以看作数据序列。既然输入/输出流是数据源和数据目标的代表，在 Java 中要对数据源进行读操作或者对数据目标进行写操作，那么就要通过输入/输出流进行操作，输入/输出流可以视为程序和数据源/数据目标之间数据序列流动的管道。

程序使用输入流从数据源逐个（以字节或字符为单位）读取数据，使用输出流向数据目标逐个（以字节或字符为单位）写出数据，如图 10.1 所示。

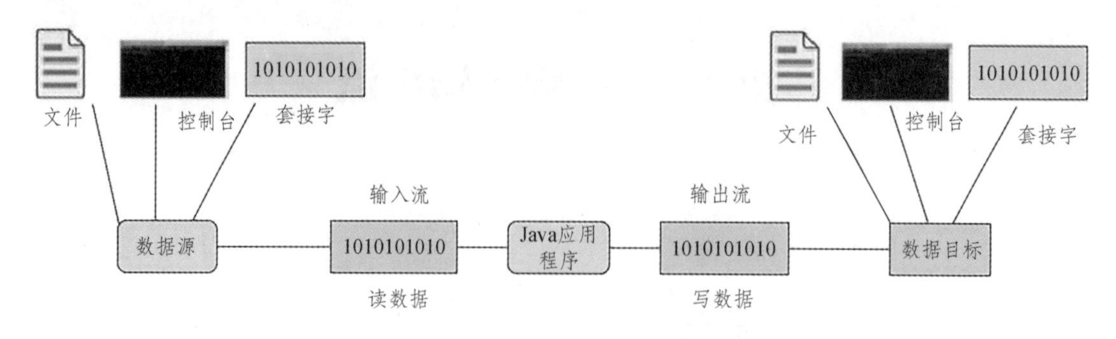

图 10.1　输入/输出流示意图

注意：输入/输出流是以程序为中心划分的，如果数据流入程序，则是输入；如果数据从程序流出，则是输出。

【例 10.1】使用文件输入流（FileInputStream）读文件内容，显示在屏幕上。

此例主要演示通过流对象对磁盘文件进行输入操作的基本方法，使读者能更具体地感受到流这个概念的含义，对流的基本操作有一个初步的认识。I/O 异常处理故意使用了不太规范的写法，以便与后面规范写法形成对比。

```
import java.io.FileInputStream;
import java.io.IOException;
public class IODemo_1 {
    public static void main(String[] args) {
        try {
            /*
             * 创建输入流对象 fis
             * 输入流对象对应磁盘文件 E:/works/hello.txt
             * 文件内容是“hijk”
             * 要从文件中读取“hijk”数据，就要从代表磁盘文件 hello.txt(数据源)
             * 的输入流 fis 对象中读取数据序列
             */
            FileInputStream fis = new FileInputStream("E:/works/hello.txt");
            //每调用一次 read()方法，就从输入流 fis 中按先后顺序读一个字节

            int data1 = fis.read();    //读出第一个字母‘h’对应的 ASCII 码 104
            int data2 = fis.read();    //读出第二个字母‘i’对应的 ASCII 码 105
            int data3 = fis.read();    //读出第三个字母‘j’对应的 ASCII 码 106
            int data4 = fis.read();    //读出第四个字母‘k’对应的 ASCII 码 107
            int data5 = fis.read();    //数据读完还要调用 read()方法则返回-1；

            //关闭流对象 fis，释放系统资源
            fis.close();
```

```
            //整型强制转化为字符进行打印
            System.out.println((char)data1);
            System.out.println((char)data2);
            System.out.println((char)data3);
            System.out.println((char)data4);

            //直接打印 data5
            System.out.println(data5);

        } catch (IOException e) {
            e.printStackTrace();
        }
    }
}
```

程序运行结果如图 10.2 所示。

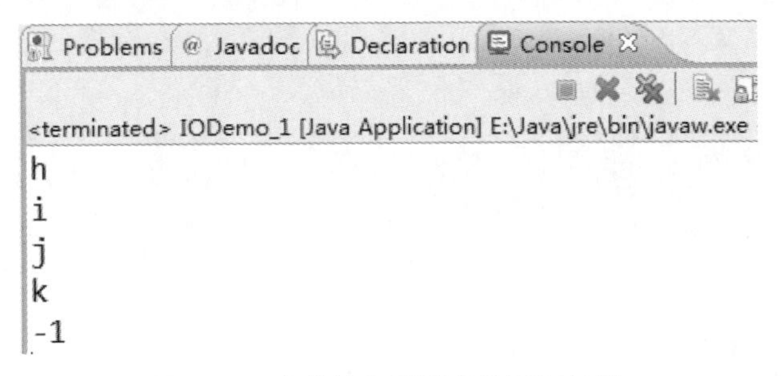

图 10.2　文件输入流读文件运行结果

上面的示例代码为了演示从输入流对象中读取磁盘文件数据过程的细节，调用了 5 次 read()方法来依次读取文件中的'h'，'i'，'j'，'k'字符，并演示了读完数据继续读则会返回-1。在实际编程中，应使用循环读文件，以-1 作为循环结束的标志。同时还有对 I/O 异常进行规范处理。

实践中，较好的写法如例 10.2 所示。

【例 10.2】

```
import java.io.FileInputStream;
import java.io.IOException;
public class IODemo_2 {
    public static void main(String[] args) {
        FileInputStream fis = null;
        try {
            //文件 hello.txt 的内容依然是“hijk”
            fis = new FileInputStream("E:/works/hello.txt");
            int data = -1;
```

```
            //当 fis.read()返回值为-1 时，表示已读完，结束循环
            while((data=fis.read())!=-1){
                System.out.println((char)data);
            }
        } catch (IOException   e) {
            e.printStackTrace();
        }finally{
            if(fis!=null){
                /*
                 * fis.close()放在 finally 代码块中
                 * 不管前面的 try 代码块中是否抛出异常，fis 都会正常关闭
                 */
                try {
                    fis.close();
                } catch (IOException e) {
                    e.printStackTrace();
                }
            }
        }
    }
}
```

10.1.2 字节流和字符流

按读写数据的最小单位分类，可分为字节流和字符流。

字节流：读写数据的最小单位是字节，所有字节流类都派生于 InputStream 和 OutputStream 两个抽象类，这两个抽象类的具体子类 FileInputStream 和 FileOutputStream 以字节为单位读写磁盘文件。字节流类在命名上的特征是基本都以 Stream 结尾。

字符流：读写数据的最小单位是字符，所有字符流类都派生于 Reader 和 Writer 两个抽象类，这两个抽象类的具体子类 FileReader 和 FileWriter 以字符为单位读写磁盘文件。字符流类在命名上的特征是基本都以 Reader（输入流）或 Writer（输出流）结尾。

表 10.1 I/O 流四个抽象父类

	输入流	输出流
字节流	InputStream	OutputStream
字符流	Reader	Writer

将输入/输出、字节/字符流的四个抽象父类列入表中，有助于我们在实际编程中针对具体要求确定使用哪个类的具体子类，如表 10.1 所示。如：读文本文件，就需要 Reader（字符输入流）的具体子类（如 FileReader 等）来实现；写字节数据，就需要 OutputStream（字节输出

流）的具体子类（如 FileOutputStream 等）来实现。

10.1.3 节点流和处理流

按操作对象不同进行分类，可分为节点流和处理流（或称装饰流）。

节点流：直接代表数据源或数据目标读写数据，如 FileInputStream、FileOutputStream、FileReader 和 FileWriter 等。

处理流：不直接代表数据源或数据目标，通过对其他流（节点流、处理流）的“装饰”创建的流对象，以实现在被“装饰”流的基础上增加新功能的目的。如 DataInputStream、DataOutputStream 和 PrintStream 等。

10.2 I/O 类基本继承结构

Java 提供了丰富的流类，本章重点介绍以下 I/O 类：

InputStream、OutputSream、Reader、Writer；

FileInputStream、FileOutputStream；

ByteArrayInputStream、ByteArrayOutputStream；

DataInputStream、DataOutputStream；

ObjectInputStream、ObjectOutputStream；

FileReader、FileWriter；

BufferedReader、BufferedWriter；

BufferedInputSream、BufferedOutputStream；

InputStreamReader、OutputStreamWriter；

PrintStream；

PrintWriter。

图 10.3 列出了课程重点介绍的 I/O 类继承结构，详细继承结构可参考 JDK 帮助文档。可根据具体需求选择使用相应的流类。

10.3 四个重要抽象父类

io 包中四个重要抽象类 InputStream/OutputSream/Reader/Writer 是其他流类的父类，这四个抽象类具有对流类分类的功能，它们的子类都分别归于四个抽象类所代表的类别之下。学习流类，只要抓住这四个类，就会起到纲举目张的作用，当要进行具体 I/O 操作时，就能较容易地知道应该使用哪个抽象类的具体子类。

10.3.1 InputStream

此抽象类是所有字节输入流类的父类。由于是抽象类，不能实例化，要使用其具体子类创建对象。主要功能是从数据源读取字节数据序列。

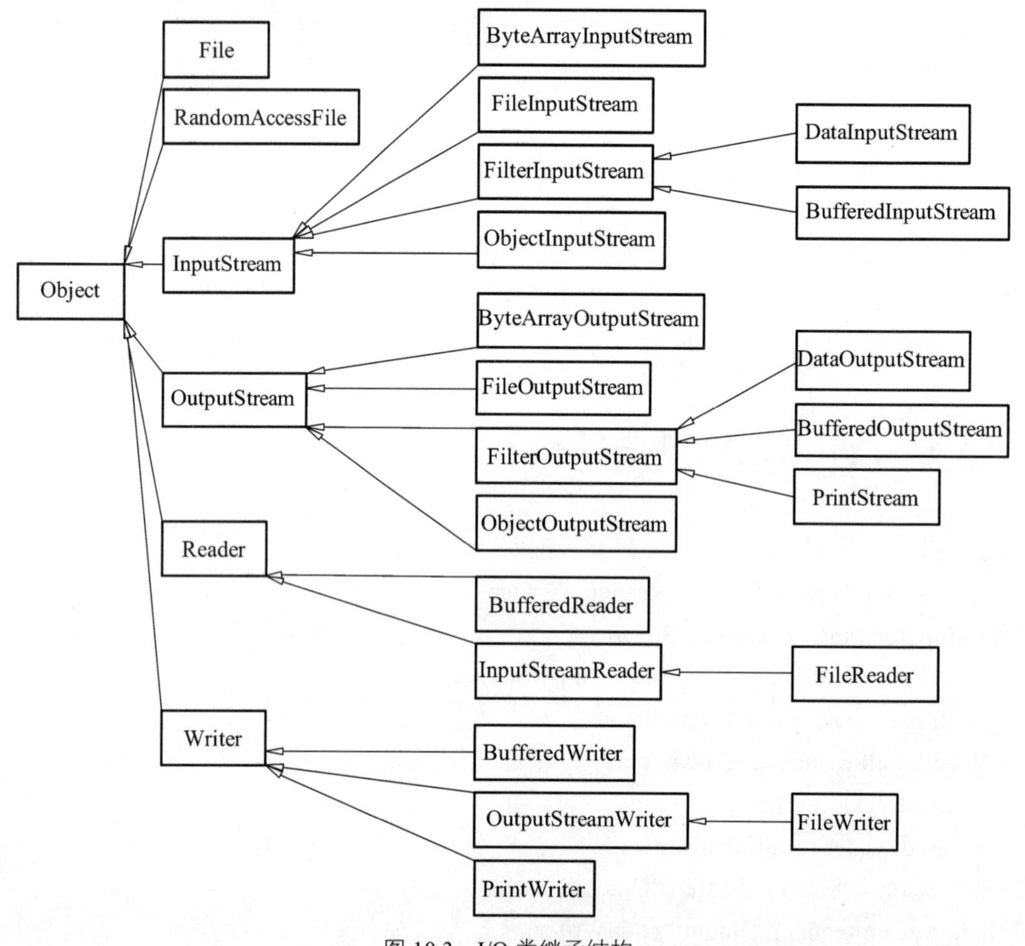

图 10.3　I/O 类继承结构

常用方法：

public abstract int read()：从输入流中读取数据的下一个字节。返回 0 到 255 范围内的 int 字节值。如果因为已经到达流末尾而没有可用的字节，则返回值-1。

public int read(byte[] b)：从输入流中读取一定数量的字节，并将其存储在缓冲区数组 b 中。以整数形式返回实际读取的字节数。如果因为流位于文件末尾而没有可用的字节，则返回值-1，将读取的第一个字节存储在元素 b[0]中，下一个存储在 b[1]中，以此类推。读取的字节数最多等于 b 的长度。

public int read(byte[] b, int off, int len)：将输入流中最多 len 个数据字节读入 byte 数组。尝试读取 len 个字节，但读取的字节也可能小于该值。以整数形式返回实际读取的字节数。如果因为流位于文件末尾而没有可用的字节，则返回值-1，将读取的第一个字节存储在元素 b[off]中，下一个存储在 b[off+1]中，以此类推。读取的字节数最多等于 len。

public void close()：关闭此输入流并释放与该流关联的所有系统资源。

10.3.2 OutputSream

此抽象类是所有字节输出流类的父类。输出流（代表了数据目标）接受输出字节并将这些字节发送到数据目标。

常用方法：

public abstract void write(int b)：向输出流写入一个字节。要写入的字节是参数 b 的八个低位。b 的 24 个高位将被忽略。

public void write(byte[] b)：将 b.length 个字节从指定的 byte 数组写入此输出流。

public void write(byte[] b, int off, int len)：将指定 byte 数组中从偏移量 off 开始的 len 个字节写入此输出流。

public void close()：关闭此输出流并释放与此流有关的所有系统资源。

10.3.3 Reader

Reader 是用于读取字符流的抽象类，是所有字符输入流类的父类。由于是抽象类，其不能实例化，要使用其具体子类创建对象。主要功能是从数据源读取字符数据序列。

public int read():读取单个字符,返回作为整数读取的字符,范围在 0 到 65 535 之间(0x00 ~ 0xffff)，如果已到达流的末尾，则返回-1。

public int read(char[] cbuf)：将字符读入数组，返回读取的字符数，如果已到达流的末尾，则返回-1。

public abstract int read(char[] cbuf, int off, int len)：将字符读入数组的某一部分，返回读取的字符数，如果已到达流的末尾，则返回-1。

public abstract void close()：关闭该流并释放与之关联的所有资源。

10.3.4 Writer

Writer 是写入字符流的抽象类，是所有字符输出流类的父类。由于是抽象类，不能实例化，要使用其具体子类创建对象。主要功能是向数据目标写入字符数据序列。

public void write(int c)：写入单个字符。要写入的字符包含在给定整数值的 16 个低位中，16 个高位被忽略。

public void write(char[] cbuf)：写入字符数组。

public abstract void write(char[] cbuf, int off, int len)：写入字符数组的某一部分。

public void write(String str)：写入字符串。

public abstract void close()：关闭此流。

10.4 常用 I/O 类

10.4.1 File 类

文件（File）类是文件和目录路径名的抽象表示形式，路径名可以是绝对或相对路径。File

类提供了一些方法对路径所代表的文件或者目录进行操作，如创建目录或文件，删除目录或文件，列出目录所包含的内容，判断路径代表的是目录还是文件，修改某些文件属性等操作。

File 类常用构造方法：

public File(String pathname)：

通过给定路径字符串创建一个新 File 对象。

public File(String parent, String child)：

使用父路径字符串和子路径字符串创建一个新 File 对象。

参数 Parent 表示目录，child 表示目录或文件。

public File(File parent, String child)：

用 File 对象 parent 表示的路径和 child 字符串创建一个新 File 对象。

参数 parent 表示目录，child 表示目录或文件。

File 类常用方法：

public boolean exists()：

判断此抽象路径名表示的文件或目录是否存在，存在时返回 true，否则返回 false。

public boolean isDirectory()：

判断此 File 对象是否代表一个目录，是目录返回 true，否则返回 false。

public boolean isFile()：

判断此路径是否表示一个文件，是文件返回 true，否则返回 false。

public boolean exists()：

判断此路径表示的文件或目录是否存在，存在返回 true，否则返回 false。

public boolean mkdir()：

创建此路径名指定的目录，成功返回 true，否则返回 false。

public boolean mkdirs()：

创建此路径名指定的目录，当有多层目录时，会创建出必需的父目录，成功返回 true，否则返回 false。当路径中有多层目录需要创建时，使用此方法而非 mkdir()。

public boolean createNewFile()：

创建路径指定的文件，若指定文件不存在并成功地创建，则返回 true，若指定文件已经存在，则返回 false。

public boolean delete()：

删除此路径表示的文件或目录，若此路径表示目录，该目录为空才能删除。删除返回 true，否则返回 false。

public String getName()：

返回此路径的文件或目录名。该名称是路径中最后一个名称。如果路径名为空，则返回空字符串。

public String getParent()：

返回路径的父目录字符串。如果此路径没有父目录，则返回 null。

public String getPath()：

返回此 file 对象所表示路径的字符串形式。

public String[] list()：

返回一个字符串数组，这些字符串表示该目录中的文件和目录路径，如果目录为空，那么数组也将为空，如果此路径不是一个目录，或者发生 I/O 错误，则返回 null。

public long length():

返回此路径表示的文件的长度，以字节为单位，如果文件不存在，则返回 0L。

以下代码使用 File 类 exists()判断目录是否存在，如果目录不存在则使用 mkdirs()方法创建该目录，然后调用 createNewFile()方法在该目录下创建 hello.txt 文件。

【例 10.3】创建文件 D:\works\examples\hello.txt。

```
import java.io.File;
import java.io.IOException;

public class FileDemo1 {
    public static void main(String[] args) {
        //保存文件的目录
        File dir = new File("D:\\works\\examples");
        //如果目录不存在，则创建
        if(!dir.exists()){
            dir.mkdirs();
        }
        //文件路径
        File file = new File(dir,"hello.txt");
        try {
            //创建文件
            if(file.createNewFile()){
                System.out.println("创建成功");
            }else{
                System.out.println("文件已存在");
            }
        } catch (IOException e) {
            e.printStackTrace();
        }
    }
}
```

运行结果如图 10.4 所示。

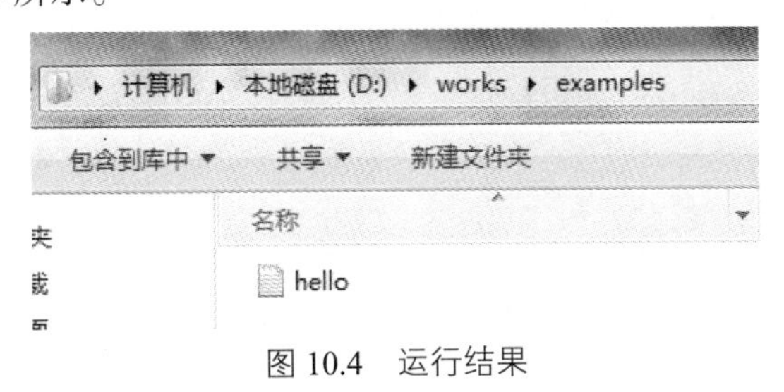

图 10.4　运行结果

以下代码分别演示了 File 类的 getName()、length()、getParent()、getPath()、exists()、isDirectory()和 isFile()方法的用法。

【例 10.4】File 类几个常用方法使用示例。运行结果如图 10.5 所示。

```
import java.io.File;

public class FileDemo2 {
    public static void main(String[] args) {
        File file = new File("D:\\works\\examples\\hello.txt");
        System.out.println("文件名："+file.getName());
        System.out.println("文件大小："+file.length());
        System.out.println("文件的目录路径："+file.getParent());
        System.out.println("文件的路径："+file.getPath());
        System.out.println("文件是否存在："+file.exists());
        System.out.println("是否是目录："+file.isDirectory());
        System.out.println("是否是文件："+file.isFile());
    }
}
```

```
Problems @ Javadoc Declaration Console
<terminated> FileDemo2 [Java Application] D:\programes\Java
文件名：hello.txt
文件大小：0
文件的目录路径：D:\works\examples
文件的路径：D:\works\examples\hello.txt
文件是否存在：true
是否是目录：false
是否是文件：true
```

图 10.5　运行结果

【例 10.5】以下代码使用 File 类的 list()方法列出"D:\\works"目录中的子目录和文件，"D:\\works"目录中的子目录和文件如图 10.6 所示。

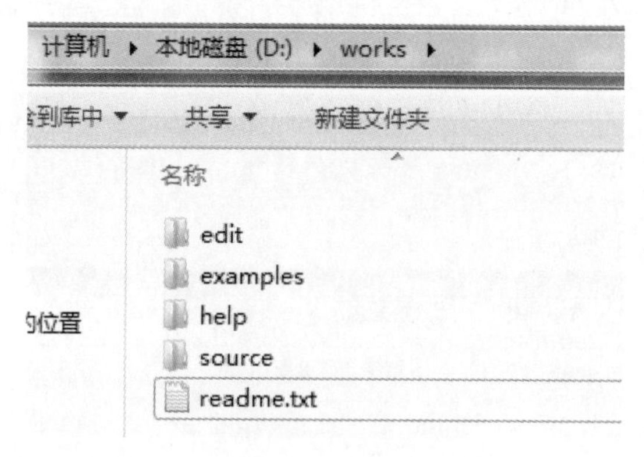

图 10.6　D:\\works 目录结构

```
import java.io.File;
public class FileDemo3 {
    public static void main(String[] args) {
        File dir = new File("D:\\works");
        String[] subDirs = dir.list();
        for(String subDir:subDirs){
            System.out.println(subDir);
        }
    }
}
```

运行结果如图 10.7 所示。

```
Problems  @ Javadoc  Declaration  Console
<terminated> FileDemo3 [Java Application] E:\Java\jre\bin\
edit
examples
help
readme.txt
source
```

图 10.7　运行结果

10.4.2　FileInputStream/FileOutputStream 类

文件字节流（FileInputStream/FileOutputStream）以字节为单位读写文件，适合处理非字符文件。

FileInputStream 是 InputStream 类的直接子类，从文件系统中的某个文件中获得输入字节，用于读取诸如图像数据之类的原始字节流，其常用方法是几个重载的 read()方法。

FileOutputStream 是 OutputStream 类的直接子类，文件输出流是用于将数据写入文件的输出流，是用于将数据写入诸如图像数据之类的原始字节的流，其常用方法是几个重载的 Write()方法。

【例 10.6】使用 FileInputStream/FileOutputStream 读写字节的方法实现图片文件的拷贝，将图片文件 C:\\pics\\java.jpg 拷贝至 D:\\copy\\java.jpg。

```
import java.io.File;
import java.io.FileInputStream;
import java.io.FileNotFoundException;
import java.io.FileOutputStream;
import java.io.IOException;
public class StreamDemo1 {
    public static void main(String[] args) {
        FileInputStream fis = null;
```

```
        FileOutputStream fos = null;
        try {
            File copy = new File("D:\\copy");
            if(!copy.exists()){
                copy.mkdir();
            }
            fis = new FileInputStream("C:\\pics\\java.jpg");
            fos = new FileOutputStream("D:\\copy\\java.jpg");
            int data = -1;
            while((data=fis.read())!=-1){
                fos.write(data);
            }
            System.out.println("拷贝成功");
        } catch (FileNotFoundException e) {
            e.printStackTrace();
        } catch (IOException e) {
            e.printStackTrace();
        }finally{
            if(fis!=null){
                try {
                    fis.close();
                } catch (IOException e) {
                    e.printStackTrace();
                }
            }
            if(fos!=null){
                try {
                    fos.close();
                } catch (IOException e) {
                    e.printStackTrace();
                }
            }

        }
    }
}
```

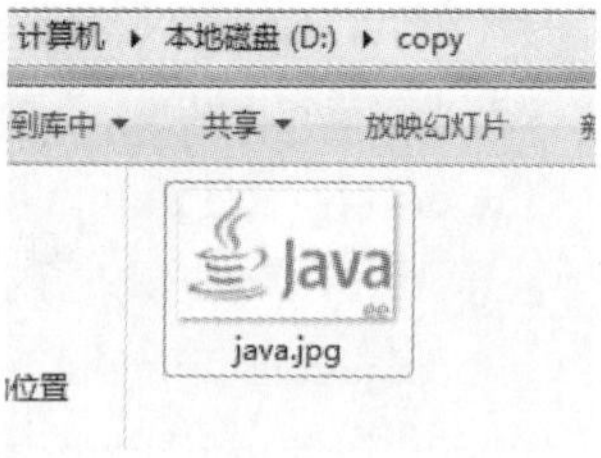

图 10.8　拷贝结果

拷贝结果如图 10.8 所示。

下面使用 public int read(byte[] b, int off, int len)与 public void write(byte[] b, int off, int len)方法拷贝文件，提高效率。

【例 10.7】将图片文件 C:\\pics\\java.jpg 拷贝至 D:\\copy\\java.jpg，使用字节数组参数提高图片拷贝效率。

```
import java.io.File;
import java.io.FileInputStream;
import java.io.FileNotFoundException;
import java.io.FileOutputStream;
import java.io.IOException;
public class StreamDemo2 {
    public static void main(String[] args) {
        FileInputStream fis = null;
        FileOutputStream fos = null;
        try {
            File copy = new File("D:\\copy");
            if(!copy.exists()){
                copy.mkdir();
            }
            fis = new FileInputStream("C:\\pics\\java.jpg");
            fos = new FileOutputStream("D:\\copy\\java.jpg");
            int hasRead = -1;
            byte[] buff = new byte[100];
            while((hasRead=fis.read(buff,0,buff.length))!=-1){
                fos.write(buff,0,hasRead);
            }
            System.out.println("拷贝成功");
        } catch (FileNotFoundException e) {
            e.printStackTrace();
        } catch (IOException e) {
            e.printStackTrace();
        }finally{
            if(fis!=null){
                try {
                    fis.close();
                } catch (IOException e) {
                    e.printStackTrace();
                }
            }
            if(fos!=null){
                try {
                    fos.close();
```

```
                } catch (IOException e) {
                    e.printStackTrace();
                }
            }
        }
    }
}
```

10.4.3 FileReader/FileWriter 类

文件字节流（FileInputStream/FileOutputStream）虽然可以处理任何类型文件，因为它读写数据单位是字节而非字符，但处理字符文件十分不方便，也容易出现乱码。因此，一般使用文件字符流（FileReader/FileWriter）来读写字符文件，它们以字符为单位读写数据。

FileReader 是 InputStreamReader 的直接子类，FileWriter 是 OutputStreamWriter 的直接子类，这两个类可以方便地处理字符文件。

【例 10.8】拷贝文本文件，将 D:\\works\\hello.txt 文件内容拷贝至 D:\\works\\copy.txt。

```
import java.io.FileNotFoundException;
import java.io.FileReader;
import java.io.FileWriter;
import java.io.IOException;
public class ReaderDemo1 {
    public static void main(String[] args) {
        FileReader fr = null;
        FileWriter fw = null;
        try {
            fr = new FileReader("");
            fw = new FileWriter("");
            int hasRead = -1;
            char[] buff = new char[512];
            while((hasRead=fr.read(buff))!=0){
                fw.write(buff, 0, hasRead);
            }
        } catch (FileNotFoundException e) {
            e.printStackTrace();
        } catch (IOException e) {
            e.printStackTrace();
        }finally{
            if(fr!=null){
                try {
```

```
                fr.close();
            } catch (IOException e) {
                e.printStackTrace();
            }
        }
        if(fw!=null){
            try {
                fw.close();
            } catch (IOException e) {
                e.printStackTrace();
            }
        }
    }
  }
}
```

10.4.4 BufferedInputStream/BufferedOutputStream 类

缓冲字节流（BufferedInputStream/BufferedOutputStream）是处理流，它们可以对其他流进行“装饰”，增加缓冲功能，提升读写性能。

创建 BufferedInputStream 时，会创建一个默认大小为 8192 字节的内部缓冲区，在执行 BufferedInputStream 的 read()操作时，会从磁盘读入一组字节，将这组字节保存在内部缓冲区中，然后从内部缓冲区中逐个读取字节。这样就大大减少了磁盘操作，提高读取效率。

创建 BufferedOutputStream 时，会创建一个默认大小为 8192 字节的内部缓冲区，在执行 BufferedOutputStream 的 write()操作时，先将字节写入内部缓冲区而不是直接写到磁盘，当缓冲区被写满或者关闭流对象，整个缓冲区的数据将被写入磁盘。这样就大大减少了与磁盘的交互，提高了效率。

【例 10.9】下面通过程序对比 FileInputStream/FileOutputStream 与 BufferedInputStream/BufferedOutputStream 拷贝文件的效率。

```
import java.io.BufferedInputStream;
import java.io.BufferedOutputStream;
import java.io.FileInputStream;
import java.io.FileNotFoundException;
import java.io.FileOutputStream;
import java.io.IOException;
public class BufferedStreamDemo {
    public static void main(String[] args) {
        long start = System.currentTimeMillis();
        copyWithBuffer("D:\\film\\hello.avi","D:\\film\\copy1.avi");
```

```
        long end = System.currentTimeMillis();
        System.out.println("缓冲字节流拷贝时间："+(end-start));
        start = System.currentTimeMillis();
        copyWithOutBuffer("D:\\film\\hello.avi","D:\\film\\copy2.avi");
        end = System.currentTimeMillis();
        System.out.println("文件字节流拷贝时间："+(end-start));
    }

    private static void copyWithBuffer(String source,String dest){
        FileInputStream fis = null;
        FileOutputStream fos = null;
        BufferedInputStream bis = null;
        BufferedOutputStream bos = null;
        try {
            fis = new FileInputStream(source);
            fos = new FileOutputStream(dest);
            bis = new BufferedInputStream(fis);
            bos = new BufferedOutputStream(fos);
            int data = -1;
            while((data=bis.read())!=-1){
                bos.write(data);
            }
        } catch (FileNotFoundException e) {
            e.printStackTrace();
        } catch (IOException e) {
            e.printStackTrace();
        }finally{
            //处理流要先于被装饰的流关闭
            if(bis!=null){
                try {
                    bis.close();
                } catch (IOException e) {
                    e.printStackTrace();
                }
            }
            if(bos!=null){
                try {
                    bos.close();
                } catch (IOException e) {
```

```
                    e.printStackTrace();
                }
            }
            if(fis!=null){
                try {
                    fis.close();
                } catch (IOException e) {
                    e.printStackTrace();
                }
            }
            if(fos!=null){
                try {
                    fos.close();
                } catch (IOException e) {
                    e.printStackTrace();
                }
            }
        }
    }

    private static void copyWithOutBuffer(String source,String dest){
        FileInputStream fis = null;
        FileOutputStream fos = null;
        try {
            fis = new FileInputStream(source);
            fos = new FileOutputStream(dest);
            int data = -1;
            while((data=fis.read())!=-1){
                fos.write(data);
            }
        } catch (FileNotFoundException e) {
            e.printStackTrace();
        } catch (IOException e) {
            e.printStackTrace();
        }finally{
            if(fis!=null){
                try {
                    fis.close();
                } catch (IOException e) {
```

```
                    e.printStackTrace();
                }
            }
            if(fos!=null){
                try {
                    fos.close();
                } catch (IOException e) {
                    e.printStackTrace();
                }
            }
        }
    }
}
```

运行结果如图 10.9 所示。

图 10.9　运行结果

10.4.5　BufferedReader/BufferedWriter 类

缓冲字符流（BufferedReader/BufferedWriter）对字符流（Reader/Writer）进行装饰，为字符流增加了缓冲功能，从而实现高效读写。缓冲字符输入流（BufferedReader）还提供了方便的按行读取字符文件的 readline()方法。一般建议使用缓冲字符流（BufferedReader/BufferedWriter）来装饰字符流（Reader/Writer），方便操作，提高读写效率。

【例 10.10】拷贝字符文件，使用 BufferedReader 的 readline()，BufferedWriter 的 write(String str)和 newLine()方法，将 D:\\works\\hello.txt 文件拷贝至 D:\\works\\copy.txt。

```
import java.io.BufferedReader;
import java.io.BufferedWriter;
import java.io.FileNotFoundException;
import java.io.FileReader;
import java.io.FileWriter;
import java.io.IOException;

public class TextFileCopy {

    public static void main(String[] args) {
        FileReader fr = null;
        FileWriter fw = null;
        BufferedReader br = null;
        BufferedWriter bw = null;

        try {
            fr = new FileReader("D:\\works\\hello.txt");
```

```
            fw = new FileWriter("D:\\works\\copy.txt");
            br = new BufferedReader(fr);
            bw = new BufferedWriter(fw);

            String line = null;
            while((line=br.readLine())!=null){
                bw.write(line);
                bw.newLine();
            }
        } catch (FileNotFoundException e) {
            e.printStackTrace();
        } catch (IOException e) {
            e.printStackTrace();
        }finally{
            //处理流要先于被装饰的流关闭
            if(br!=null){
                try {
                    br.close();
                } catch (IOException e) {
                    e.printStackTrace();
                }
            }
            if(bw!=null){
                try {
                    bw.close();
                } catch (IOException e) {
                    e.printStackTrace();
                }
            }
            if(fr!=null){
                try {
                    fr.close();
                } catch (IOException e) {
                    e.printStackTrace();
                }
            }
            if(fw!=null){
                try {
                    fw.close();
```

```
                } catch (IOException e) {
                    e.printStackTrace();
                }
            }

        }
    }
}
```

10.4.6 ByteArrayInputStream\ByteArrayOutputStream 类

数据源和数据目的地除了可以是磁盘文件等，也可以是内存中的存储空间，例如字节数组。字节数组流（ByteArrayInputStream\ByteArrayOutputStream）将数组作为数据源和数据目的地，在内存中提供读写缓冲区，用 I/O 流的方式完成对字节数组的读写，直接在内存中而不是磁盘上进行数据读写，提高数据存取的效率。

字节数组输入流（ByteArrayInputStream）有两个构造方法，都需要字节数组参数作为数据源，创建一个新的字节数组输入流。该流的主要作用是从内存缓冲区（字节数组）读数据。

字节数组输出流（ByteArrayOutputStream）也有两个构造方法，都会创建一个新的字节数组输出流，其中的数据被写入缓冲区（一个字节数组），缓冲区会随着数据的不断写入而自动增长。其中无参构造方法创建的输出流对象缓冲区初始容量是 32 字节，有参构造方法通过参数指定初始缓冲区容量（以字节为单位）。

【例 10.11】从以字节数组作为数据源的字节数组输入流中读取数据，显示到屏幕上。

```
import java.io.ByteArrayInputStream;
import java.io.IOException;

public class ByteArrayInputStreamDemo{
    public static void main(String[] args) {
        byte[] buf = {1,2,3,4,5};
        ByteArrayInputStream bais = null;
        bais = new ByteArrayInputStream(buf);
        int data = -1;
        while((data=bais.read())!=-1){
            System.out.println(data);
        }
        try {
            bais.close();
        } catch (IOException e) {
            e.printStackTrace();
        }
```

```
    }
}
```

运行结果如图 10.10 所示。

图 10.10　运行结果

向字节数组输出流（ByteArrayOutput Stream）中写数据，实际会写到缓冲区（一个字节数组），当程序要使用写到缓冲区中的数据时，可以通过 ByteArrayOutput Stream 类提供的 toByteArray()方法获取代表缓冲区的字节数组对象，通过访问该数组实现对缓冲数据的访问。下面例子演示了这个过程。

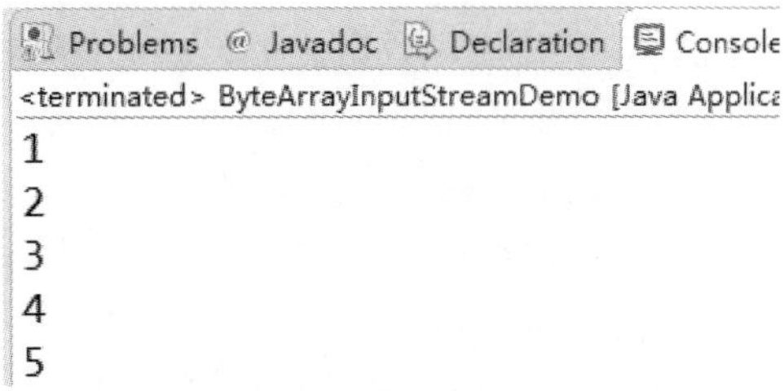

【例 10.12】使用 ByteArrayOutputStream 向缓冲区写入数据，然后访问该缓冲区数据。

```
import java.io.ByteArrayOutputStream;
import java.io.IOException;
public class ByteArrayOutputStreamDemo {
    public static void main(String[] args) {
        ByteArrayOutputStream baos = new ByteArrayOutputStream();
        for(int i=1;i<=5;i++){
            baos.write(i);
        }

        byte[] data = baos.toByteArray();
        for(int e:data){
            System.out.println(e);
        }

        try {
            baos.close();
        } catch (IOException e) {
            e.printStackTrace();
        }
    }
}
```

运行结果如图 10.11 所示。

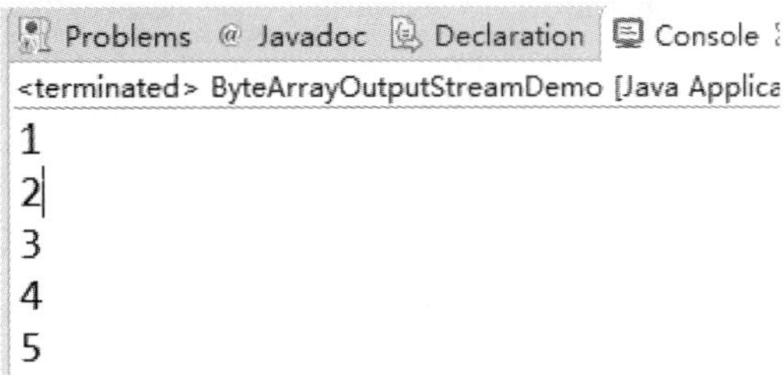

图 10.11　运行结果

10.4.7 DataInputStream\DataOutputStream 类

数据流（DataInputStream\DataOutputStream）用来读写 Java 基本数据类型，如 byte、int、long、float 和 double 等。数据输入流（DataInputStream）要与数据输出流（DataOutputStream）

配合使用，也就是说，DataInputStream 读取的数据必须是由 DataOutputStream 写出的。因为 Java 数据类型的大小是与平台无关的，因此使用 DataInputStream 和 DataOutputStream 在不同平台读写这些基本类型数据时，不会出现数据大小不一致问题。

【例 10.13】使用数据流（DataInputStream\DataOutputStream）将 Monkey 对象中字段值写到文件中，再从文件中读出这些值，并将这些值设置到新创建的 Monkey 对象的相应字段，实现了对 Monkey 对象克隆的效果。

```
public class Monkey {
    private int age;
    private String name;

    public Monkey(int age, String name) {
        this.age = age;
        this.name = name;
    }

    public int getAge() {
        return age;
    }

    public void setAge(int age) {
        this.age = age;
    }

    public String getName() {
        return name;
    }

    public void setName(String name) {
        this.name = name;
    }

    @Override
    public String toString() {
        return "Monkey [age=" + age + ", name=" + name + "]";
    }
}


import java.io.DataInputStream;
import java.io.DataOutputStream;
import java.io.FileInputStream;
```

```
import java.io.FileNotFoundException;
import java.io.FileOutputStream;
import java.io.IOException;

public class DataStreamDemo {
    private static FileInputStream fis = null;
    private static FileOutputStream fos = null;
    private static DataInputStream dis = null;
    private static DataOutputStream dos = null;

    public static void main(String[] args) {
        Monkey monkey = new Monkey(5, "孙悟空");
        writeBasicType(monkey);
        Monkey copy = readBasicType();
        System.out.println(monkey==copy);
        System.out.println(copy);
    }

    /**
     * 将 Monkey 对象中的字段值写出到数据流中
     * @param monkey
     */
    private static void writeBasicType(Monkey monkey){
        try {
            fos = new FileOutputStream("D:\\works\\monkey.data");
            dos = new DataOutputStream(fos);
            //向输出流写出 int 类型值
            dos.writeInt(monkey.getAge());
            //向输出流写出 UTF-8 编码字符串
            dos.writeUTF(monkey.getName());
        } catch (FileNotFoundException e) {
            e.printStackTrace();
        } catch (IOException e) {
            e.printStackTrace();
        }finally{
            if(dos!=null){
                try {
                    dos.close();
                } catch (IOException e) {
```

```
                    e.printStackTrace();
                }
            }
            if(fos!=null){
                try {
                    fos.close();
                } catch (IOException e) {
                    e.printStackTrace();
                }
            }
        }
    }

    /**
     * 读入基本数据类型，并将其封装成 Monkey 对象返回
     * @return Monkey 对象
     */
    private static Monkey readBasicType(){
        Monkey monkey = null;
        try {
            fis = new FileInputStream("D:\\works\\monkey.data");
            dis = new DataInputStream(fis);
            /*
             * 从输入流读入 int 类型值,读的顺序要与写的顺序相同
             * 例如，写出的第一个数据类型是 int，读入的第一个
             * 数据类型也应该是 int，后面的读入方法依此类推
             */
            int age = dis.readInt();
            //从输入流读入 UTF-8 编码字符串
            String name = dis.readUTF();
            monkey = new Monkey(age,name);
        } catch (FileNotFoundException e) {
            e.printStackTrace();
        } catch (IOException e) {
            e.printStackTrace();
        }finally{
            if(dis!=null){
                try {
                    dos.close();
```

```
                    } catch (IOException e) {
                        e.printStackTrace();
                    }
                }
                if(fis!=null){
                    try {
                        fis.close();
                    } catch (IOException e) {
                        e.printStackTrace();
                    }
                }
            }
            return monkey;
        }
    }
```

运行结果如图 10.12 所示。

图 10.12　运行结果

10.4.8　ObjectInputStream/ObjectOutputStream 类

对象流（ObjectInputStream/ObjectOutputStream）可以实现对象序列化和反序列化。

对象序列化就是将对象（主要是对象的字段值）写入字节输出流，反序列化就是从字节输入流读出对象数据，重建（恢复）对象的过程。对象序列化和反序列化可用于轻量级的对象持久化（将对象写入磁盘文件中保存）及重建（恢复）、通过套接字传输对象或者进行 Java 远程方法调用（Java RMI）。

ObjectOutputStream 将 Java 对象数据写入 OutputStream。可以使用 ObjectInputStream 读取重建对象。通过在流中使用文件可以实现对象的持久存储。如果流是网络套接字流，则可以在另一台主机上或另一个进程中重建对象。

实现 java.io.Serializable 接口的类对象才能被序列化或者反序列化，此接口是标识接口，即没有方法或字段的接口，仅用于表示此接口类型的对象可以序列化。

ObjectOutputStream 类的 writeObject(Object obj)方法用于将对象写入流中。所有对象（包括 String 和数组）都可以通过 writeObject 写入。可将多个对象写入流中。必须使用与写入对象时相同的类型和顺序从相应 ObjectInputstream 中读回对象。

ObjectInputStream 对以前使用 ObjectOutputStream 写入的对象进行反序列化。

ObjectInputStream 类的 readObject()方法用于从流读取对象。因为 readObject()方法的返回值类型为 Object，要使用向下转型获取所需类型的对象。

【例 10.14】使用 ObjectOutputStream 和 FileOutputStream 序列化对象，将对象保存在磁盘文件 D:\\works\\monkey.data 中，然后使用 ObjectInputStream 和 FileInputStream 反序列化对象，将对象从磁盘文件 D:\\works\\monkey.data 中恢复出来。

```
import java.io.FileInputStream;
```

```
import java.io.FileNotFoundException;
import java.io.FileOutputStream;
import java.io.IOException;
import java.io.ObjectInputStream;
import java.io.ObjectOutputStream;

/**
 * 对象序列化与反序列化
 */
public class ObjectStreamPersistence {

    public static void main(String[] args) {
        Monkey monkey = new Monkey(5, "孙悟空");

        String path = "D:\\works\\monkey.data";
        //将对象 monkey 序列化到磁盘文件
        persistObject(monkey, path);
        //反序列化恢复对象
        Object obj = retreiveObject(path);
        System.out.println((Monkey)obj);
    }

    /**
     * 对象序列化
     * @param obj 需要序列化的对象
     * @param path 目标文件路径
     */
    private static void persistObject(Object obj,String path){
        FileOutputStream fos = null;
        ObjectOutputStream oos = null;
        try {
            fos = new FileOutputStream(path);
            oos = new ObjectOutputStream(fos);
            oos.writeObject(obj);
        } catch (FileNotFoundException e) {
            e.printStackTrace();
        } catch (IOException e) {
            e.printStackTrace();
        }finally{
```

```
            if(oos!=null){
                try {
                    oos.close();
                } catch (IOException e) {
                    e.printStackTrace();
                }
            }
            if(fos!=null){
                try {
                    fos.close();
                } catch (IOException e) {
                    e.printStackTrace();
                }
            }
        }
    }

    /**
     * 反序列化
     * @param path 数据源（文件）路径
     * @return 恢复的对象
     */
    private static Object retreiveObject(String path){
        FileInputStream fis = null;
        ObjectInputStream ois = null;
        Object obj = null;
        try {
            fis = new FileInputStream(path);
            ois = new ObjectInputStream(fis);
            obj = ois.readObject();
        } catch (FileNotFoundException e) {
            e.printStackTrace();
        } catch (IOException e) {
            e.printStackTrace();
        } catch (ClassNotFoundException e) {
            e.printStackTrace();
        }finally{
            if(ois!=null){
                try {
```

```
                    ois.close();
                } catch (IOException e) {
                    e.printStackTrace();
                }
            }
            if(fis!=null){
                try {
                    fis.close();
                } catch (IOException e) {
                    e.printStackTrace();
                }
            }
        }
        return obj;
    }
}
```

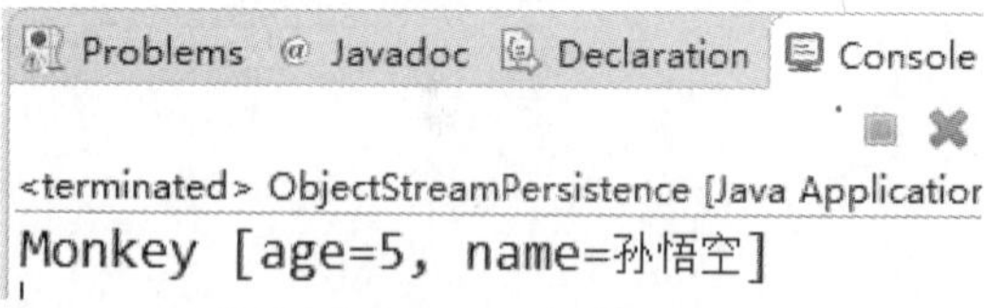

图 10.13　运行结果

运行结果如图 10.13 所示。

下面例子利用对象序列化和反序列化克隆对象，为了提高对象克隆效率，使用内存缓冲区作为数据源和数据目标，因此对象流（ObjectInputStream\ObjectOutputStream）需要与字节数组流（ByteArrayInputStream\ ByteArrayOutputStream）配合使用。

【例 10.15】克隆对象。

```
import java.io.ByteArrayInputStream;
import java.io.ByteArrayOutputStream;
import java.io.IOException;
import java.io.ObjectInputStream;
import java.io.ObjectOutputStream;
import java.io.Serializable;

public class Monkey implements Serializable {
    private int age;
    private String name;

    public Monkey(int age, String name) {
        this.age = age;
        this.name = name;
    }

    @Override
    public String toString() {
        return "Monkey [age=" + age + ", name=" + name + "]";
```

```
    }

    public Monkey cloneMe() {
        Monkey monkey = null;
        ByteArrayOutputStream baos = null;
        ByteArrayInputStream bais = null;
        ObjectOutputStream oos = null;
        ObjectInputStream ois = null;
        try {
            baos = new ByteArrayOutputStream();
            oos = new ObjectOutputStream(baos);
            oos.writeObject(this);
            bais = new ByteArrayInputStream(baos.toByteArray());
            ois = new ObjectInputStream(bais);
            Object obj = ois.readObject();
            monkey = (Monkey) obj;

        } catch (IOException e) {
            e.printStackTrace();
        } catch (ClassNotFoundException e) {
            e.printStackTrace();
        } finally {
            if (oos != null) {
                try {
                    oos.close();
                } catch (IOException e) {
                    e.printStackTrace();
                }
            }
            if (ois != null) {
                try {
                    ois.close();
                } catch (IOException e) {
                    e.printStackTrace();
                }
            }
            if (baos != null) {
                try {
                    baos.close();
```

```
                    } catch (IOException e) {
                        e.printStackTrace();
                    }
                }
                if (bais != null) {
                    try {
                        bais.close();
                    } catch (IOException e) {
                        e.printStackTrace();
                    }
                }
            }

            return monkey;
        }
}

/**
 * 测试克隆功能
 */
public class CloneTest {
        public static void main(String[] args) {
            Monkey monkey = new Monkey(5, "孙悟空");
            //克隆对象
            Monkey cloneMonkey = monkey.cloneMe();
            //输出结果为 false，说明不是同一个对象
            System.out.println(monkey==cloneMonkey);
            /*
             * 输出结果为 Monkey [age=5, name=孙悟空]
             * 说明 cloneMonkey 与 monkey 字段值相同，复制成功
             */
            System.out.println(cloneMonkey);
        }
}
```

运行结果如图 10.14 所示。

需要注意的是，static（静态）字段和 transient（瞬态）字段不参与序列化。如果不想序列化某些字段，要使用 transient 修饰符修饰这些字段。

```
Problems  @ Javadoc  Declaration  Console
<terminated> CloneTest [Java Application] D:\programe
false
Monkey [age=5, name=孙悟空]
```

图 10.14　运行结果

10.4.9 InputStreamReader/OutputStreamWriter 类

转换流（InputStreamReader/OutputStreamWriter）可以将字节流转化为字符流。例如，System.in 是 InputStream（字节输入流）类型的对象，in 对象是“标准”输入流，通常，此流对应于键盘输入，如果要接收键盘输入的一行字符串，就要用到 BufferedReader 的 readLine() 方法，但是 BufferedReader 构造方法需要一个 Reader（字符输入流）类型的对象，因此，需要使用 InputStreamReader 将字节输入流 System.in 转化为字符输入流。

System.out 是 PrintStream 类型的对象，out 对象是“标准”输出流，通常，此流对应于显示器输出，如果要用 BufferedWriter 的 write(String str)方法向显示器输出一行字符串，就要用 BufferedWriter 对象装饰 out 对象，但是 BufferedWriter 构造方法需要一个 Writer（字符输出流）类型的对象，因此，需要使用 InputStreamReader 将字节输出流 System.out 转化为 Reader 对象，再用 BufferedWriter 对象装饰这个 Reader 对象。

【例 10.16】使用 InputStreamReader 接收键盘输入，并将输入数据通过 OutputStreamWriter 输出到屏幕。

```
import java.io.BufferedReader;
import java.io.BufferedWriter;
import java.io.IOException;
import java.io.InputStreamReader;
import java.io.OutputStreamWriter;

public class ByteStreamToCharacterStream {
    public static void main(String[] args) {
        //将字节输入流 System.in 转化为 Reader，作为 BufferedReader 构造方法的参数
        BufferedReader br = new BufferedReader(new InputStreamReader(System.in));
        //将字节流  System.out 转化为 Writer，作为 BufferedWriter 构造方法的参数
        BufferedWriter bw = new BufferedWriter(new OutputStreamWriter(System.out));
        try {
            System.out.println("May I have your name?");
            //等待键盘输入，并返回键盘输入的字符串
            String input = br.readLine();
            //向输出流写出字符串
            bw.write("Hello,"+input);
        } catch (IOException e) {
            e.printStackTrace();
        }finally{
            if(br!=null){
                try {
                    br.close();
                } catch (IOException e) {
```

```
                        e.printStackTrace();
                    }
                }
                if(bw!=null){
                    try {
                        bw.close();
                    } catch (IOException e) {
                        e.printStackTrace();
                    }
                }
            }
        }
    }
```

运行结果如图 10.15 所示。

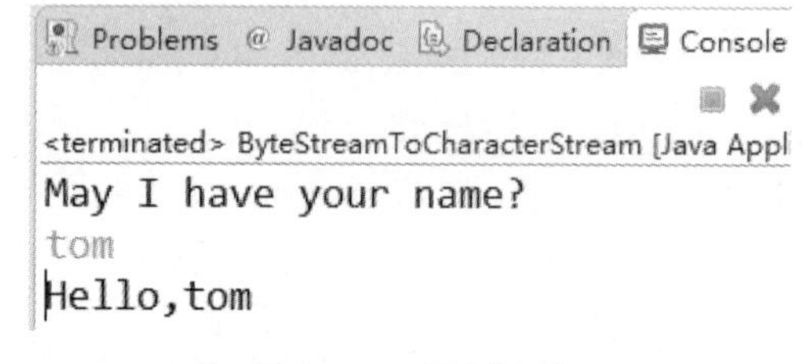

图 10.15 运行结果

10.4.10 PrintStream 类

PrintStream 为其他输出流添加了功能，提供了 print()、printf()和 println()等打印方法，使它们能够方便地打印各种数据值表示形式。经常用到的 System.out.println()语句中的 out 就是 PrintStream 类型的对象。

PrintStream 常用构造方法：

public PrintStream(OutputStream out)：构造方法参数类型为字节输出流，该流将作为输出目标。

【例 10.17】

```
import java.io.FileNotFoundException;
import java.io.FileOutputStream;
import java.io.IOException;
import java.io.PrintStream;

public class PrintStreamDemo {
    public static void main(String[] args) {
        FileOutputStream fos = null;
        PrintStream ps = null;
        try {
            fos = new FileOutputStream("D:\\works\\hello.txt");
            ps = new PrintStream(fos);
            ps.println("对酒当歌，人生几何！ ");
            ps.println("譬如朝露，去日苦多。");
```

```
                ps.println("慨当以慷，忧思难忘。");
                ps.println("何以解忧？唯有杜康。");
            } catch (FileNotFoundException e) {
                e.printStackTrace();
            }finally{
                if(ps!=null){
                    ps.close();
                }
                if(fos!=null){
                    try {
                        fos.close();
                    } catch (IOException e) {
                        e.printStackTrace();
                    }
                }
            }
        }
    }
```

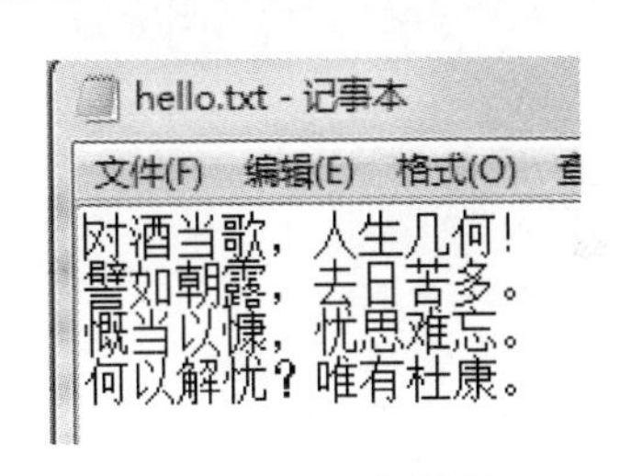

图 10.16　运行结果

运行后文件 hello.txt 中的内容如图 10.16 所示。

10.4.11　PrintWriter 类

PrintWriter 向字符输出流打印对象的格式化表示形式。此类实现在 PrintStream 中的所有 print 方法，但它没有 PrintStream 用于写入原始字节的 write(int)与 write(byte[])方法。若要输出字符数据，应优先使用 PrintWriter 而非 PrintStream。

【例 10.18】

```
import java.io.FileNotFoundException;
import java.io.FileWriter;
import java.io.IOException;
import java.io.PrintWriter;

public class PrintWriterDemo {

    public static void main(String[] args) {
        FileWriter fw = null;
        PrintWriter pw = null;
        try {
            fw = new FileWriter("D:\\works\\hello.txt");
            pw = new PrintWriter(fw);
```

```
                pw.println("对酒当歌，人生几何！");
                pw.println("譬如朝露，去日苦多。");
                pw.println("慨当以慷，忧思难忘。");
                pw.println("何以解忧？唯有杜康。");
            } catch (FileNotFoundException e) {
                e.printStackTrace();
            } catch (IOException e) {
                e.printStackTrace();
            }finally{
                if(pw!=null){
                    pw.close();
                }
                if(fw!=null){
                    try {
                        fw.close();
                    } catch (IOException e) {
                        e.printStackTrace();
                    }
                }
            }
        }
    }
```

运行后文件 hello.txt 中的内容如图 10.17 所示。

图 10.17 运行结果

10.5 RandomAccessFile 类

RandomAccessFile 类的对象既可对文件进行随机读取，又可进行随机写入，这里的随机指的是可以任意指定读写位置。随机访问文件的行为类似存储在文件系统中的一个大型 byte 数组，存在指向该隐含数组的光标或索引，称为文件指针。输入操作从文件指针开始读取字节，并随着对字节的读取而前移此文件指针。如果随机访问文件以读取/写入模式创建，则输出操作也可用。输出操作从文件指针开始写入字节，并随着对字节的写入而前移此文件指针。写入隐含数组的当前末尾之后的输出操作导致该数组扩展。该文件指针可以通过 getFilePointer 方法读取，可以通过 seek 方法设置指针位置。

【例 10.19】使用 RandomAccessFile 随机读写文件。

```
import java.io.FileNotFoundException;
import java.io.IOException;
import java.io.RandomAccessFile;
```

```
public class RandomAccessFileDemo {

    public static void main(String[] args) {
        String path = "D:\\works\\hello.txt";
        String data = readFromFile(path, 4, 5);
        System.out.println(data);
        writeToFile(path, "cat", 16);
    }

    private static String readFromFile(String path,int position,int length){
        RandomAccessFile raf = null;
        String data = null;
        try {
            raf = new RandomAccessFile(path,"r");
            raf.seek(position);
            byte[] buff = new byte[length];
            raf.read(buff);
            data = new String(buff);
        } catch (FileNotFoundException e) {
            e.printStackTrace();
        } catch (IOException e) {
            e.printStackTrace();
        }finally{
            if(raf!=null){
                try {
                    raf.close();
                } catch (IOException e) {
                    e.printStackTrace();
                }
            }
        }
        return data;
    }

    private static void writeToFile(String path,String data,int position){
        RandomAccessFile raf = null;
        try {
            raf = new RandomAccessFile(path,"rw");
            raf.seek(position);
```

```
                raf.write(data.getBytes());
            } catch (FileNotFoundException e) {
                e.printStackTrace();
            } catch (IOException e) {
                e.printStackTrace();
            }finally{
                if(raf!=null){
                    try {
                        raf.close();
                    } catch (IOException e) {
                        e.printStackTrace();
                    }
                }
            }
        }
}
```

程序运行结果如图 10.18 所示。

Problems @ Javadoc Declaration Console

<terminated> RandomAccessFileDemo [Java Application]

quick

图 10.18　运行结果

D:\\works\\hello.txt 文件中原内容为：The quick brown fox jumps over a lazy dog

程序运行后内容为：The quick brown cat jumps over a lazy dog

习　题

一、单选题

1. 在 Java 中，以下代码（　　）正确地创建了一个 InputStreamReader 对象。

   A. new InputStreamReader (new FileReader(“1.dat”));

   B. new InputStreamReader (new FileInputStream(“1.dat”));

   C. new InputStreamReader (new BufferReader(“1.dat”));

   D. new InputStreamReader (“1.dat”);

2. 下列属于节点流的是（　　）。

   A. BufferInputStream 和 BufferOutputStream

   B. DataInputStream 和 DataOutputStream

   C. FileInputStream 和 FileOutputStream

D. InputStreamReader 和 OutputStreamWriter

3. 下列描述中，正确的是（　　）。

A. 在 Serializable 接口中定义了抽象方法

B. 在 Serializable 接口中定义了常量

C. 在 Serializable 接口中没有定义抽象方法，也没有定义常量

D. 在 Serializable 接口中定义了成员方法

4. File 类中的（　　）方法可以用来判断文件或目录是否存在。

A. exist();　　B. fileExist();　　C. exists();　　D. dirExists();

5. 读取图片文件数据，适合使用下列哪个类？（　　）

A. InputStream　　B. FileReader　　C. FileInputStream　　D. FileOutputStream

二、编程题

1. 编写一个拷贝任意类型文件的程序 CopyFile.java，该类只有一个方法 copy()，方法声明如下：

public boolean copy(String fromFileName, String toFileName){…}

其中，参数 1：fromFileName 源文件名；参数 2：toFileName 目标文件名。若文件拷贝成功，则 copy()方法返回 true，否则返回 false。

2. 编写 Java 应用程序，实现以下功能：（1）使用 FileInputStream 类对象读取程序本身并显示在屏幕上；（2）计算读取的字节数并输出。

3. 假设一个文件 note.txt 的路径为 E:/note.txt，编写程序将从键盘接收的一个字符串写入 E:/note.txt 中。

4. 使用 RandomAccessFile 向一个文本文件插入一个字符串。

5. 将一个文本文件的内容按行读出，读出的每行前面添加行号写入到另一个文件中。

第 11 章　JDBC 与数据库

【学习要求】

了解 JDBC 相关概念；
熟悉 JDBC 常用 API；
掌握 JDBC 连接数据库基本步骤；
掌握 JDBC 的 CRUD 操作；
掌握 Statement、PreparedStatement 以及 ResultSet 的使用。

11.1　JDBC 概述

JDBC（Java Database Connectivity，Java 数据库连接）是 SUN 公司于 1996 年提供的一套访问数据库的标准 Java 类库，是一套用于执行 SQL 语句的 Java API。应用程序可以通过这套 API 与关系型数据库建立连接，并通过 SQL 语句实现对数据库的新增、删除、查询和修改。

JDBC 为操作所有关系型数据库制定了一套规则（即接口），然后由各个数据库厂商或第三方机构来实现这些接口，为开发人员提供数据库驱动包（*.jar），开发人员就可以不需要直接与数据库底层进行交互，从而使代码的通用性更强，让数据库操作更加简单，可移植性更高。总之，有了 JDBC API 之后就不必为每个不同的数据库编写专门的程序，只需用 JDBC API 写一个程序就可以与不同的数据库进行连接和操作，如图 11.1 所示。

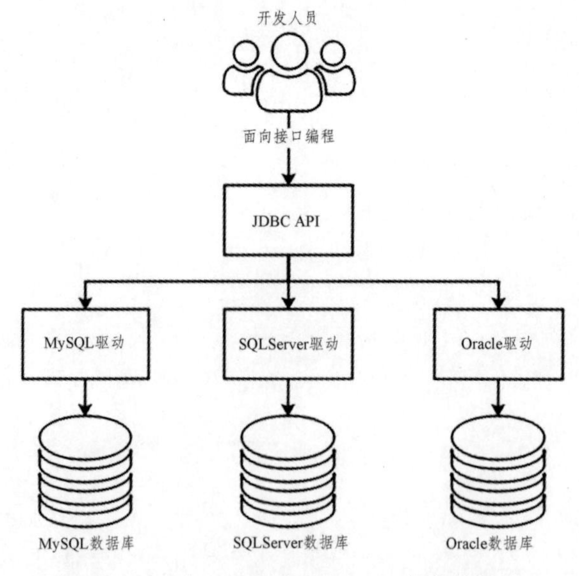

图 11.1　开发人员通过 JDBC API 操作数据库

提示：

JDBC 是 Java 访问数据库的标准规范（即定义接口），具体的实现由各大数据库厂商来实现或提供（即数据库驱动）。

JDBC 的优点：

（1）程序员不用关注数据库操作类的具体实现，只需调用 JDBC 接口中的方法。

（2）代码不依赖于任何数据库。

（3）只需要少量的维护就可访问其他数据库。

11.2 JDBC API

JDBC API 提供了一组用于数据库操作的接口和类，这些接口和类定义在 java.sql 包中。在开发 JDBC 程序的过程中通常会用到表 11.1 所示的接口和类。

表 11.1 JDBC 常用接口和类

接口/类	描述
Driver	所有 JDBC 驱动必须实现的接口，提供给数据库厂商使用
DriverManager	用于管理 JDBC 驱动并且创建与数据库的连接
Connection	代表程序与数据库建立的连接，并定义了创建命令对象的方法
Statement	用于执行静态的 SQL 语句，并返回执行结果
PreparedStatement	Statement 接口的子接口，用于执行预编译的 SQL 语句
CallableStatement	PreparedStatement 的子接口，用于执行 SQL 的存储过程
ResultSet	用于保存 JDBC 执行查询操作后的结果集

11.2.1 Driver 接口

Driver 接口是所有 JDBC 驱动程序都必须实现的接口，即所有数据库的驱动程序都应该提供一个 java.sql.Driver 接口的实现类。在编写 JDBC 程序时，需要加载 Driver 实现类，并向 java.sql.DriverManager 类注册该实例。

一般采用 java.lang.Class 类的静态方法 forName(String ClassName)来加载 Driver 类，该方法的参数为要加载的 Driver 类的完整类名（包含包名）。如果类加载成功，会将 Driver 类的实例注册到 DriverManager 类中；如果加载失败，可能会抛出 ClassNotFoundException 异常。

```
public static Class<?> forName(String className)
                    throws ClassNotFoundException
    Returns the Class object associated with the class or interface with the given string name.
Parameters:
    className - the fully qualified name of the desired class.
Returns:
    the Class object for the class with the specified name.
Throws:
```

ClassNotFoundException - if the class cannot be located

提示：

如果抛出 ClassNotFoundException 异常，那么可以检查一下数据库驱动（*.jar 包）是否加载到项目的 classpath 中。如果已经加载了 jar 包，那么检查一下驱动路径是否完全正确（包名和类名大小写等）。

11.2.2 DriverManager 类

DriverManager 类是 JDBC 的管理层，主要负责管理数据库厂商提供的驱动程序，建立应用程序与数据库之间的连接。DriverManager 类提供的一些重要的静态方法如表 11.2 所示。

表 11.2 DriverManager 类常用方法

方法	描述
public static Connection getConnection(String url, String user, String password) throws SQLException	根据给定的数据库 URL（统一资源定位器）、用户名及密码与数据库建立连接，并返回一个 Connection。其中 user 为数据库用户名，password 为数据库的密码
public static void registerDriver(Driver driver) throws SQLException	向 DriverManager 注册一个驱动对象，其中参数 driver 为要注册的驱动
public static void deregisterDriver(Driver driver) throws SQLException	从 DriverManager 的管理列表中删除一个驱动程序，其中参数 driver 为要删除的驱动对象

需要注意的是，在 com.mysql.jdbc.Driver 中已经有一段静态代码块用于向 DriverManager 注册一个 Driver 实例。如果注册 Driver 实例采用的是 DriverManager.registerDriver(Driver driver) 方法，那么将会造成 Driver 实例被注册两次，相当于是实例化了两个 Driver 对象。因此，在开发过程中，建议采用 Class.forName("包名.类名")的方式进行注册。

11.2.3 Connection 接口

在数据库操作程序开发时，只有获得应用程序与数据库之间的连接才能进行访问数据库、操作数据库等行为。Connection 接口代表程序与数据库建立的连接，并定义了创建命令对象的方法，该接口提供的一些常用方法如表 11.3 所示。

表 11.3 Connection 接口常用方法

方法	描述
Statement createStatement() throws SQLException	创建一个 Statement 对象来将 SQL 语句发送到数据库
PreparedStatement prepareStatement(String sql) throws SQLException	创建一个 PreparedStatement 对象来将预编译的 SQL 语句发送到数据库

续表

方法	描述
CallableStatement prepareCall(String sql) throws SQLException	创建一个CallableStatement对象来调用数据库的存储过程
void setAutoCommit(boolean autoCommit) throws SQLException	用于设置Connection对象的提交模式
void commit() throws SQLException	用于提交事务，并释放此Connection对象当前持有的所有数据库锁
void rollback() throws SQLException	用于回滚事务，并释放此Connection对象当前持有的所有数据库锁
DatabaseMetaData getMetaData() throws SQLException	用于获取此 Connection 对象所连接的数据库的元数据DatabaseMetaData对象
void close() throws SQLException	用于释放此 Connection 对象的数据库连接所占用的JDBC资源

需要说明的是，表中 createStatement()、PreparedStatement()和 CallableStatement()方法用于创建不同的命令对象，而 setAutoCommit ()、commit()和 rollback()主要应用于事务处理，且 rollback()需要应用于 Connection 对象提交模式为“手动提交”时。最后，为了节省系统资源，close()方法应在操作数据库后立即调用。

提示：

表 11.3 中列出的方法为常用方法，更多用法的声明及使用请参见 Java SE 的 API，在学习的过程中应注意这些方法的形参、返回值以及可能抛出的异常。

11.2.4 Statement 接口

Statement 接口用于执行静态的 SQL 语句，并返回执行结果，其通常由 Connection 接口的 createStatement()方法来获得。Statement 接口提供了执行 SQL 语句和获得查询结果的基本方法，其常用方法如表 11.4 所示。

表 11.4 Statement 接口常用方法

方法	描述
boolean execute(String sql) throws SQLException	执行指定的 SQL 语句，若所执行的 SQL 语句有查询结果，则返回 true，否则返回 false
ResultSet executeQuery(String sql) throws SQLException	执行查询类型（select）的 SQL 语句，此方法返回查询所获取的结果集 ResultSet 对象
int executeUpdate(String sql) throws SQLException	执行修改类型（insert、update、delete）的 SQL 语句，返回执行语句后所影响的行数
void addBatch(String sql) throws SQLException	添加 SQL 语句到 Statement 对象的命令列表中，该方法主要用于 SQL 命令的批处理

续表

方法	描述
void clearBatch() throws SQLException	清空 Statement 对象中的命令列表
int[] executeBatch() throws SQLException	执行 Statement 对象的命令列表中所有 SQL 语句，并返回一个由更新计数组成的数组，数组元素的排序与 SQL 语句的添加顺序对应。
void close() throws SQLException	释放此 Statement 对象所占用的资源

需要说明的是，表中 execute()、executeQuery()和 executeUpdate ()方法用于执行不同类型的 SQL 语句，需要根据实际需求和 SQL 语句来选择不同的执行方法。另外，addBatch()、clearBatch ()和 executeBatch ()主要用于 SQL 命令的批量处理。

11.2.5 PreparedStatement 接口

PreparedStatement 接口继承于 Statement 接口，该接口不仅拥有 Statement 接口中的所有方法，还针对带有参数的 SQL 语句的执行进行了扩展。

提示：

在实际开发过程中往往需要将一些外部输入的变量作为 SQL 语句的一部分，如果使用 Statement 接口来操作这种 SQL 语句，不仅会降低执行效率，还存在安全方面的问题。

PreparedStatement 接口提供的一些常用方法如表 11.5 所示。

表 11.5 PreparedStatement 接口常用方法

方法	描述
boolean execute() throws SQLException	执行指定的 SQL 语句，若所执行的 SQL 语句有查询结果，则返回 true，否则返回 false
ResultSet executeQuery() throws SQLException	执行查询类型（select）的 SQL 语句，此方法返回查询所获取的结果集 ResultSet 对象
int executeUpdate() throws SQLException	执行修改类型（insert、update、delete）的 SQL 语句，返回执行语句后所影响的行数
void setBoolean(int parameterIndex,boolean x) throws SQLException	将布尔值 x 设置给 SQL 语句中的索引值为 parameterIndex 的参数
void setDate(int parameterIndex, Date x) throws SQLException	将 java.sql.Date 值 x 设置给 SQL 语句中的索引值为 parameterIndex 的参数
void setDouble(int parameterIndex, double x) throws SQLException	将 double 值 x 设置给 SQL 语句中的索引值为 parameterIndex 的参数
void setFloat(int parameterIndex,float x) throws SQLException	将 float 值 x 设置给 SQL 语句中的索引值为 parameterIndex 的参数

续表

方法	描述
void setInt(int parameterIndex, int x) throws SQLException	将 int 值 x 设置给 SQL 语句中的索引值为 parameterIndex 的参数
void setObject(int parameterIndex, Object x) throws SQLException	将 Object 对象 x 设置给 SQL 语句中的索引值为 parameterIndex 的参数
void setString(int parameterIndex, String x) throws SQLException	将 String 值 x 设置给 SQL 语句中的索引值为 parameterIndex 的参数
void close() throws SQLException	释放此 PreparedStatement 对象所占用的资源

提示：

setDate()方法的参数 Date 类型是 java.sql.Date，不是 java.util.Date。

PreparedStatement 接口可以执行带有参数的 SQL 语句，在编写 SQL 语句的时候可以使用占位符“？”代替 SQL 语句中的参数，让程序先对这种 SQL 语句进行预编译，然后在 SQL 语句执行之前通过 PreparedStatement 接口提供的 setXXX()方法为参数赋值。

【例 11.1】

```
String sql = "insert into stu(sno, name, age) values (?,?,?)"
PreparedStatement psta = con.preparedStatement(sql);
psta.setString(1,"20201001");  // parameterIndex 表示的是 sql 语句中占位符“?”的位置，
//与数据表字段顺序无关
psta.setString(2,"zhangsan");
psta.setInt(3,18);
psta.executeUpdate();
```

在实际的开发过程中，如果涉及向 SQL 语句传递参数时，最好使用 PreparedStatement 接口进行实现。因为该接口不仅可以提高 SQL 的执行效率，还可以避免 SQL 语句的注入式攻击。

【例 11.2】用户登录判断问题。

假设当前用户输入的用户名保存在变量 usr 中，密码保存在变量 pwd 中，使用 SQL 语句 "select * from user where name=' "+usr+" ' and password = ' "+pwd+" ' "来进行判断。当用户输入的用户名和密码为“1'or'1'='1”,SQL 语句在拼接输入变量之后会变为：

```
"select * from user where name='1'or'1'='1' and password = '1'or'1'='1' "
```

其中'1'='1' 为 true，SQL 语句的 where 条件将会失效，即只要数据表 user 存在数据，该 SQL 语句都能查询到结果，从而实现注入式攻击。

提示：

所谓 SQL 注入式攻击，就是通过输入特定数据和字符来构造（或者影响）SQL 命令，进而欺骗服务器执行恶意的 SQL 命令。

11.2.6 CallableStatement 接口

CallableStatement 接口继承于 PreparedStatement 接口，是 PreparedStatement 接口的扩展，用来执行 SQL 的存储过程。CallableStatement 接口可以处理一般的 SQL 语句，也可以处理输

入参数，同时 CallableStatement 还定义了 OUT（输出）参数以及 INOUT（输入输出）参数的处理方法。

CallableStatement 对象可以使用 Connection 接口的 prepareCall()方法来进行创建，其调用存储过程的语法为：

```
CallableStatement csta = con.prepareCall("{call procedureName }");
```

其中，procedureName 是被调用的存储过程的名称。若所调用的存储过程中包含参数，可以使用占位符“?”来代替参数，如：

```
CallableStatement csta = con.prepareCall("{call procedureName(?, ?, ?) }");
```

在 JDBC API 中定义了一套存储过程，即 SQL 转移语义。该语法定义了包含结果参数和不包含结果参数的两种形式。如果存储过程有返回值，则返回值也用占位符“?”来代替，调用方式如下：

```
CallableStatement csta = con.prepareCall("? = {call procedureName(?, ?, ?) }");
```

上述调用方式中的参数是 IN、OUT 还是 INOUT 取决于存储过程的定义。如果是 IN，则需要使用 CallableStatement 接口的 setXXX()方法进行赋值；如果是 OUT，则首先要使用 registerOutParamenter(int index, int sqlType)对 OUT 参数进行注册，然后在执行结束之后使用 getXXX()方法获取 OUT 的值；如果是 INOUT，则可以用 setXXX()方法进行赋值，再对这个参数进行类型注册，最后可以通过 getXXX()方法得到改变之后的值。

提示：

CallableStatement 执行存储过程之后可能会得到一个或者多个 ResultSet，因此建议采用 execute()方法来执行。

11.2.7 ResultSet 接口

ResultSet 接口用于保存 JDBC 执行查询后返回的结果集，该结果集包含了符合 SQL 语句查询条件的所有行，并被封装在了一个逻辑表格中。这个逻辑表格我们可以通过 ResultSet 接口提供的一个指向该表格数据行的游标（或指针）来定位到某一行数据，同时还可以利用该接口中定义的大量 getXXX()方法来得到某一行的数据。

CallableStatement 接口的常用方法如表 11.6 所示。

表 11.6 ResultSet 接口常用方法

方法	描述
boolean absolute(int row) throws SQLException	将游标移动到指定行
boolean next() throws SQLException	将游标位置向后移动一行
boolean previous() throws SQLException	将游标位置向前移动一行
int getInt(String columnLabel) throws SQLException	以 int 类型来获取指定字段名的值
float getFloat(String columnLabel) throws SQLException	以 float 类型来获取指定字段名的值

续表

方法	描述
double getDouble(String columnLabel) throws SQLException	以 double 类型来获取指定字段名的值
Date getDate(String columnLabel) throws SQLException	以 java.sql.Date 类型来获取指定字段名的值
String getString(String columnLabel) throws SQLException	以 String 类型来获取指定字段名的值
int getInt(int columnIndex) throws SQLException	以 int 类型来获取指定列索引的值
float getFloat(int columnIndex) throws SQLException	以 float 类型来获取指定列索引的值
double getDouble(int columnIndex) throws SQLException	以 double 类型来获取指定列索引的值
Date getDate(int columnIndex) throws SQLException	以 java.sql.Date 类型来获取指定列索引的值
String getString(int columnIndex) throws SQLException	以 String 类型来获取指定列索引的值
void close() throws SQLException	释放此 ResultSet 对象所占用的资源

需要注意的是，表中给出的 getXXX(String columnLabel)方法的参数 columnLabel 表示的是字段名称。除此之外，可以采用 getXXX(int columnIndex)方法来获取值，其中 columnIndex 表示列的索引，索引值从 1 开始。例如，结果集中第 1 列的列名为“username”，值的类型为“string”，可以使用方法 getString(1)，也可以使用 getString("username")。

11.3 JDBC 编程

在学习了 11.2 JDBC 常用 API 之后，我们可以尝试编写 JDBC 程序。编写 JDBC 程序的步骤大致可以分为加载 JDBC 驱动、创建数据库连接、编写 SQL 语句、创建命令对象、执行 SQL 语句、处理执行结果、关闭连接等几个步骤。

11.3.1 加载 JDBC 驱动

由于 JDK 不提供数据库驱动，因此在进行数据库连接之前应该先下载数据库驱动(*.jar)，并将驱动包加入项目的 Build Path 中。完成上述步骤之后，可以使用 java.lang.Class 类的静态方法 forName(String className)来加载 JDBC 驱动。

笔者以 MySQL 数据库为例，并已经将 MySQL 的数据库驱动 mysql-connector-java-5.1.37-bin.jar 加入到项目的 Build Path 中。加载 MySQL 驱动程序的代码如下：

```
static{
    try {
```

```
        Class.forName("com.mysql.jdbc.Driver");
    } catch (ClassNotFoundException e) {
        System.out.println("驱动加载失败!");
        e.printStackTrace();
    }
}
```

提示：

MySQL 数据库驱动中 Driver 类的完整路径为"com.mysql.jdbc.Driver"，如果项目中缺少驱动包或者类路径错误，将抛出 ClassNotFoundException 异常。

在上述代码中，我们将驱动加载的代码放在 static 静态代码块中，是因为静态代码块的代码会在当前类加载的时候自动执行，且只执行一次，避免驱动重复加载，浪费计算机资源。

11.3.2 创建数据库连接

通过 DriverManager 类提供的静态方法 getConnection(String url, String user, String password) 方法来创建数据库连接。这个静态方法的三个参数分别是要连接的数据库的路径、数据库用户名和数据库密码，该方法将返回一个 java.sql.Connection 的实例。创建数据库连接的代码如下：

```
String url="jdbc:mysql://127.0.0.1:3306/test?useUnicode=true&characterEncoding=UTF-8";
String user = "root";
String password="123456";
Connection con = null;
try {
        con = DriverManager.getConnection(url, user, password);
} catch (SQLException e) {
    System.out.println("创建连接失败!");
    e.printStackTrace();
}
System.out.println(con);
```

在上述代码中，url 用于标识数据库的位置，开发人员通过 URL 地址告诉 JDBC 程序要连接的数据库的地址。URL 的编写格式为：

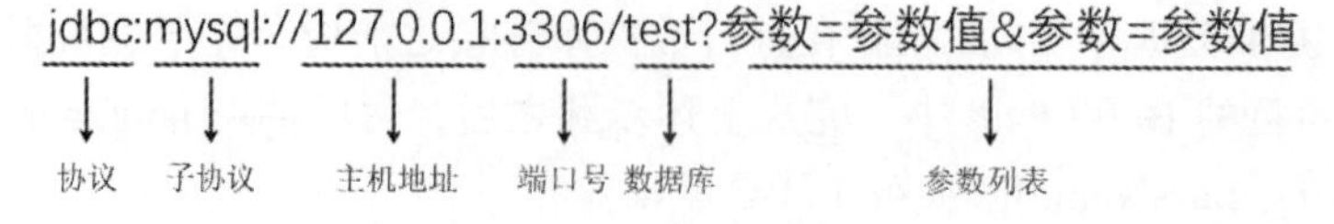

需要说明的是，MySQL 数据库的协议和子协议为"jdbc:mysql"，上述数据库位于本机，所以主机地址为 127.0.0.1（或者 localhost），MySQL 数据库默认端口号为 3306。当前准备连接的数据库为 test，数据库用户名为"root"，密码为"123456"。

提示：

为了防止数据库出现乱码，建议在URL后添加参数列表，即：useUnicode=true&characterEncoding=UTF-8"

运行上述代码，将显示如图11.2所示的结果。

```
Problems  @ Javadoc  Declaration  Console
<terminated> JDBCTest [Java Application] C:\Program Files\Java\jre1.8.0_101\bin\javaw.exe (
com.mysql.jdbc.JDBC4Connection@377dca04
```

图11.2　与数据建立连接

若程序运行出错，抛出异常信息java.lang.ClassNotFoundException: com.mysql.jdbc.Driver，则说明没有添加数据库驱动，或数据库驱动没有加入Build Path中；若抛出的异常信息为Access denied for user 'root'@'localhost' (using password: NO)，则说明没有输入数据库密码；若抛出的异常信息为Access denied for user 'root'@'localhost' (using password: YES)，则说明输入的数据库密码错误。

11.3.3　编写SQL语句

通常情况下，需要对数据库进行的操作包括查询、添加、修改和删除。

（1）实现数据库查询操作使用的SQL语句为SELECT语句，其语法格式如下：

```
SELECT    <column_name>[…,<last column_name>]
FROM table_name
[WHERE<search_condition>]
```

表11.7　SELECT语句的参数说明

参数	描述
table_name	需要查询的数据表名
column_name	要查询的数据列的名称
WHERE	关键字，指定条件来限定所查询的行
<search_condition>	为要查询的行指定所要满足的条件

（2）实现数据库添加操作使用的SQL语句为INSERT语句，其语法格式如下：

insert [INTO] table_name[(column_list)] values(data_values)

表11.8　INSERT语句的参数说明

参数	描述
table_name	需要添加数据的数据表名
column_list	数据表中的字段列表，如果要向多个字段插入数据，字段之间用“,”隔开
values	关键字，后面跟要插入的数据值列表
data_values	要添加的数据列表，各个数据之间使用“,”分隔，且数据列表中的个数、数据类型必须和字段列表中的字段个数、数据类型一致

提示：

在编写 SQL 语句的时候，如果 SQL 语句中包含变量，可以使用"?"占位，然后采用 PreparedStatement 来执行带参数的 SQL 语句。

例如：

insert into user values(? , ?)

如果省略 column_list，则默认向所有字段插入数据。

（3）实现数据库修改/更新操作使用的 SQL 语句为 UPDATE 语句，其语法格式如下：

```
UPDATE table_name
SET <column_name>=<expression>
    [...,<last column_name>=<last expression>]
[WHERE<search_condition>]
```

表 11.9　UPDATE 语句的参数说明

参数	描述
table_name	需要更新数据的数据表名
SET	指定要更新的列或变量名称的列表
column_name	指定要更新的列的名称
expression	变量、字面值、表达式或加上括号返回单个值的 SELECT 语句。expression 的值会替换 column_name 中的现有值
WHERE	关键字，指定条件来限定所查询的行
<search_condition>	为要更新行指定所要满足的条件

（4）实现数据库删除操作使用的 SQL 语句为 DELETE 语句，其语法格式如下：

```
DELETE FROM <table_name >[WHERE<search condition>]
```

表 11.10　DELETE 语句的参数说明

参数	描述
table_name	需要更新数据的数据表名
WHERE	关键字，指定条件来限定所要删除的行
<search_condition>	为要删除的行指定所要满足的条件
expression	变量、字面值、表达式或加上括号返回单个值的 SELECT 语句。expression 的值会替换 column_name 中的现有值
WHERE	关键字，指定条件来限定所查询的行
<search_condition>	为要更新行指定所要满足的条件

11.3.4　创建命令对象

在编写好 SQL 语句之后，如果要执行这些 SQL 语句，需要先通过 Connection 实例创建命令对象，即 Statement 实例。Statement 实例包括以下三种类型。

1. Statement

Statement 实例通过 Connection 实例的 createStatement()方法创建，该实例只能执行静态的 SQL 语句。Statement 实例在创建的时候不需要 SQL 语句，具体创建如下：

```
Statement stmt = null;
stmt = con.createStatement();
```

提示：

createStatement()方法不需要 SQL 作为参数。

2. PreparedStatement

PreparedStatement 继承了 Statement，并在 Statement 的基础上进行了扩展，可以执行带参数的 SQL 语句（即预编译的 SQL 语句），因此在创建 PreparedStatement 实例的时候，需要将 SQL 语句作为参数传递给 Connection 的 preparedStatement ()方法。PreparedStatement 实例的创建方法如下：

```
PreparedStatement pstmt = null;
String sql=" insert into user values(? , ?)";
pstmt = con.preparedStatement (sql);
```

提示：

preparedStatement ()方法需要 SQL 语句作为参数，因此若要采用 PreparedStatement 命令，则需要先编写 SQL 语句，此 SQL 语句可以带参数，也可以不带参数。

3. CallableStatement

CallableStatement 继承了 PreparedStatement,并在 PreparedStatement 的基础上进行了扩展，可以执行数据库存储过程。在创建 CallableStatement 实例的时候，需要将存储过程作为参数传递给 Connection 的 preparedCall ()方法。CallableStatement 实例的创建方法如下：

```
CallableStatement cstmt = null;
// procedureName 为存储过程名称，且该存储过程带三个参数
cstmt = con.prepareCall("{call procedureName(?, ?, ?) }");
```

11.3.5 执行 SQL 语句

创建命令对象之后，可以通过命令对象的一些方法来执行 SQL 语句，这些方法主要包括以下三种。由于在学习过程中，CallableStatement 对象执行存储过程不太常见，因此本节将重点讲解 Statement 对象和 PreparedStatement 对象的执行方法。

1. boolean execute() throws SQLException

execute()方法可以执行指定的 SQL 语句，该方法的返回值是 boolean 类型。若返回值为 true，则表示所执行的 SQL 语句有查询结果；若返回 false，则表示所执行的 SQL 语句没有查询结果。

由于该方法只能简单告知处理结果的大致情况，若要对返回结果进行进一步处理（例如，需要遍历 SQL 语句执行之后得到的结果集），该方法略显不足。

Statement 对象执行 SQL 语句的方法为：

```
Statement stmt = null;
String sql = "select * from user";
stmt = con.createStatement();
Boolean flag = stmt.execute(sql);
```

PreparedStatement 对象执行 SQL 语句的时候，如果 SQL 语句带参数，使用了“?”占位符，则在执行之前必须使用 setXXX()方法为参数赋值，具体使用方法如下：

```
PreparedStatement pstmt = null;
String sql = "insert into user values(?,?)";
pstmt = con.preparedStatement(sql);
pstmt.setString(1, "zhangsan");
pstmt.setString(2, "123456");
Boolean flag = pstmt.execute();
```

提示：

在执行 SQL 语句的时候，Statement 对象的执行方法需要 SQL 语句作为参数，而 PreparedStatement 对象不需要 SQL 语句作为参数。特别是在执行带参数的 SQL 语句时，如果向 PreparedStatement 对象的执行方法传递了 SQL 语句参数，那么程序能编译，不会报错，但执行时将会抛出“com.mysql.jdbc.exceptions.jdbc4.MySQLSyntaxErrorException: You have an error in your SQL syntax;”异常，提示开发人员检查 SQL 语句是否正确。

2. ResultSet executeQuery() throws SQLException

executeQuery()可以执行查询类型（select）的 SQL 语句，此方法将返回查询所获取的结果集 ResultSet 对象。因此，如果使用 executeQuery()方法，需要定义 ResultSet 对象的实例来接收函数的返回值，使用方法如下：

```
ResultSet res = stmt. executeQuery(sql);
```

或者

```
ResultSet res = pstmt. executeQuery();
```

上述代码中，stmt 表示 Statement 对象实例，pstmt 表示 PreparedStatement 对象实例。

3. int executeUpdate() throws SQLException

executeUpdate()方法可以执行修改类型（insert、update、delete）的 SQL 语句，此方法将返回执行语句后所影响的行数（int 类型）。如果返回值大于 0，则表示有行数被影响，即修改数据成功；如果返回值为 0，则表示修改数据失败，或者没有符合需要修改的行。该方法的使用方法如下：

```
int n = stmt. executeUpdate (sql);
```

或者

```
int n = pstmt. executeUpdate();
```

上述代码中，stmt 表示 Statement 对象实例，pstmt 表示 PreparedStatement 对象实例。

11.3.6 处理执行结果

一般情况下，我们都需要对 SQL 语句的执行结果进行处理，以便对用户发起的数据库请求进行合理的响应。由于执行 SQL 语句往往使用的是 executeQuery()方法和 executeUpdate()方法，因此本节将对 ResultSet 类型和 int 类型返回值进行讲解。

1. ResultSet 类型返回值的处理

在执行查询类 SQL 语句后，该方法将返回一个 ResultSet 对象用来装载查询到的结果集。这个结果集的结构如图 11.3 所示。

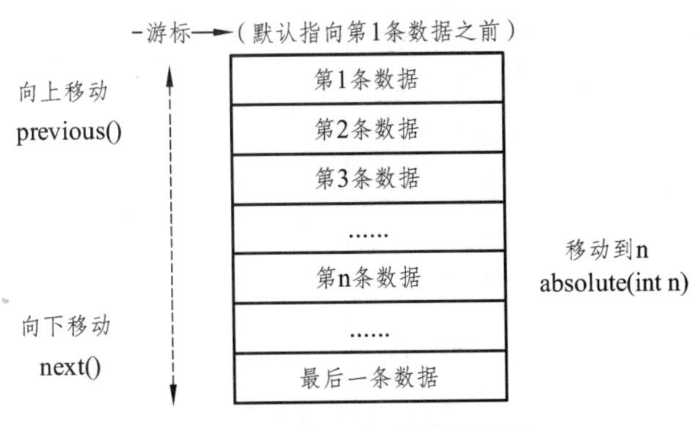

图 11.3　ResultSet 结构示意图

提示：

ResultSet 的游标位置在第 1 条数据之前，所以如果要获取数据，需要先将游标向后移动 1 次。如果移动之后返回 false，则代表查询结果中不包含任何数据，即未查询到符合条件的数据。

如图 11.3 所示，在 ResultSet 对象中，可以通过移动“游标”来遍历集合中的所有内容。“游标”默认指向第 1 条数据之前，如果要将“游标”向下移动，可以使用 next()方法；如果要将“游标”向上移动，可以使用 previous()方法；如果要将“游标”直接定位到第 n 条数据，可以使用 absolute(int n)方法。上述三个方法的返回类型都是 boolean 类型，如果移动的新行有效（存在数据）则返回 true，否则返回 false。

提示：

由于无法确定所执行的查询类 SQL 语句会返回多少条数据，且需要先执行 next()方法才能读取到第 1 条数据，因此往往会采用 while()循环的方式来遍历结果集，并将 ResultSet 的 next()方法的返回值作为 while 的判断条件。

2. int 类型返回值的处理

在执行修改类 SQL 语句后，该方法将返回一个 int 类型的变量来表示修改语句所影响的条数。一般情况下，开发人员关注的问题是是否修改成功，以及如果成功的话，有多少条数据被修改。因此，int 类型的返回值处理采用简单的判断语句即可。

如：

```
int n = pstmt. executeUpdate();
if(n<=0){
    System.out.println("修改失败或未检索到需要修改的数据。");
}else{
    System.out.println("数据修改成功，有" + n + "条数据被修改。");
}
```

11.3.7 关闭连接

在上述开发过程中，创建了 Connection、Statement（或 PreparedStatement、CallableStatement）和 ResultSet（在执行查询类 SQL 语句时需要使用）实例时，都会占用一定的数据库资源和 JDBC 资源。为了节省计算机资源，在每次访问数据库结束后，应该及时销毁这些实例，释放这些实例占用的所有资源。

Connection、Statement（或 PreparedStatement、CallableStatement）和 ResultSet 接口都提供了 close()方法用于关闭当前实例，并立即释放所占用的资源，使用方法如下：

```
res.close();
stmt.close();
con.close();
```

注意，资源的释放顺序建议为：ResultSet→Statement（或 PreparedStatement、CallableStatement）→ Connection。

采用上述释放顺序，一是因为如果先调用了 Connection 实例的 close()方法，Statement（或 PreparedStatement、CallableStatement）和 ResultSet 实例也会自动关闭，无须再手动调用，这样开发人员将无法保证资源一定被释放了；二是为了提高数据库访问和操作效率，很多情况下可能会使用数据库连接池的方式与数据库建立连接。这种情况下，Connection 实例的 close()方法可能并不是释放所占用的资源，而是将连接放回到数据库连接池当中，等待被再次使用。这个时候，如果不手动关闭 Statement（或 PreparedStatement、CallableStatement）和 ResultSet 实例，它们将在 Connection 中越积越多。当 JVM 的垃圾回收机制不能及时清理，可能会严重影响数据库和计算机的运行速度，导致程序瘫痪。

11.4 示 例

在学习 JDBC 编程步骤之后，接下来按照上述讲解的步骤和内容来演示简单的 JDBC 操作。

11.4.1 搭建数据库环境

在 MySQL 中的 test 数据库下创建一个 user 表，创建 user 表的命令为：

```
CREATE TABLE user (
    name varchar(50) PRIMARY KEY,
    password varchar(64) NOT NULL);
```

也可以使用数据库管理工具，在可视化界面中创建。

数据表创建成功之后，向 user 表添加 3 条数据，插入 SQL 语句如下：

```
INSERT INTO user (name,password)
VALUES
( 'lisi','111'), ( 'pzhu','123456') , ( 'zhangsan','123');
```

添加完成之后，可以通过数据库管理工具或者 mysql 命令查看 user 表中的数据，如图 11.4 所示。

```
mysql> use test;
Database changed
mysql> select * from user;
+----------+----------+
| name     | password |
+----------+----------+
| lisi     | 111      |
| pzhu     | 123456   |
| zhangsan | 123      |
+----------+----------+
3 rows in set (0.00 sec)
```

图 11.4 user 表中的数据

11.4.2 创建项目并配置环境

打开 Eclipse 开发工具，在 Eclipse 中新建一个项目名为 Chapter11 的 Java 项目。为了方便项目维护，可以在项目中创建一个文件夹，并将项目所需要的数据库驱动包放在此文件夹下。

将鼠标移动到项目名称上，点击鼠标右键，选择“new”，然后选择“Folder”，在弹出的窗口中将文件夹的名字命名为"lib"，然后点击“Finish”，完成文件夹的创建。此时，在项目根目录下会出现一个名为 lib 的文件夹，然后将下载好的 MySQL 数据库驱动文件 mysql-connector-java-5.1.37-bin.jar 拷贝到该文件夹下，如图 11.5 所示。

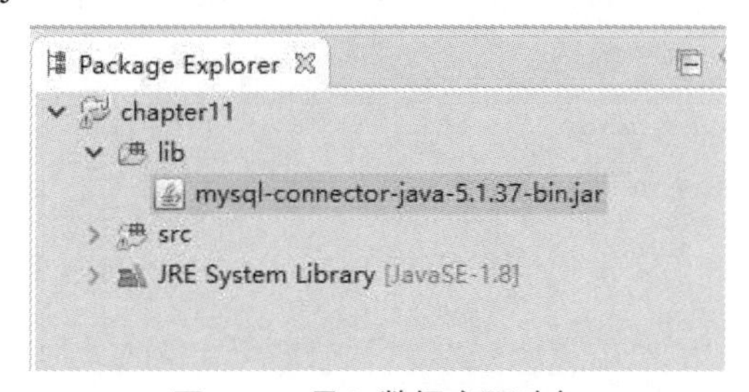

图 11.5 导入数据库驱动包

接下来将鼠标移动到数据库驱动 jar 包上，点击鼠标右键，选择“Build Path”，再选择“Add to Build Path”，将数据库驱动 jar 包添加到 Build Path 中，如图 11.6 所示。

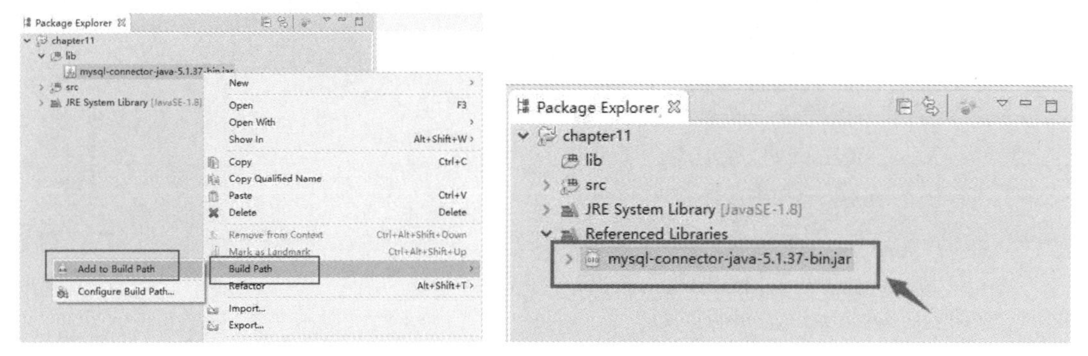

图 11.6 将数据库驱动 jar 包添加到 Build Path 中

11.4.3 查询操作

在项目的 src 目录下，新建一个名为 cn.pzhu.jdbc.example 的包，并在这个包下面创建一个名为 Example01 的类。

在 Example01.java 中编写程序，读取 user 表中的数据，并将数据打印输出到控制台中，其关键代码如下：

```
package cn.pzhu.jdbc.example;
import java.sql.*;
public class Example01 {
    static{
        try {
            Class.forName("com.mysql.jdbc.Driver");
        } catch (ClassNotFoundException e) {
            System.out.println("驱动加载失败!");
            e.printStackTrace();
        }
    }
    public static void main(String[] args) {
        String url="jdbc:mysql://127.0.0.1:3306/test?useUnicode=true&characterEncoding=UTF-8";
        String user = "root";
        String password="123456";
        Connection con = null;
        Statement stmt = null;
        ResultSet res = null;

        try {
            con =   DriverManager.getConnection(url, user, password);
        } catch (SQLException e) {
            System.out.println("创建连接失败!");
            e.printStackTrace();
        }
        try {
            String sql = "SELECT * from user";
            stmt = con.createStatement();
            res =   stmt.executeQuery(sql);
            System.out.println("    name    |password");
            while(res.next()){
                String name = res.getString(1);
                String pwd = res.getString(2);
                System.out.printf("%8s|%8s\n",name,pwd);
            }
        } catch (SQLException e) {
```

```
                e.printStackTrace();
            }finally {
                if(res!=null){
                    try {
                        res.close();
                    } catch (SQLException e) {
                        e.printStackTrace();
                    }
                }
                if(stmt!=null){
                    try {
                        stmt.close();
                    } catch (SQLException e) {
                        e.printStackTrace();
                    }
                }
                if(con!=null){
                    try {
                        con.close();
                    } catch (SQLException e) {
                        e.printStackTrace();
                    }
                }
            }
        }

    }
```

程序执行成功后，可以在控制台看到如图 11.7 所示输出结果。

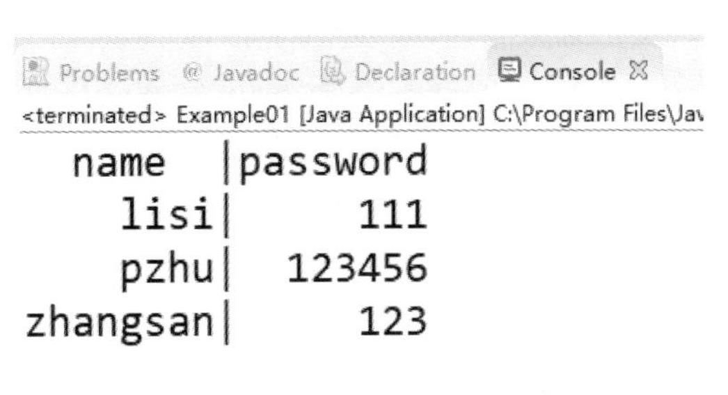

图 11.7 运行结果

提示：

使用 ResultSet 对象的 getXXX()方法获取数据时，第一个参数可以是列的索引，也可以是列的名称。另外，在获取数据的时候，接收数据的变量数据类型必须和数据表中字段类型相对应，否则将抛出 java.sql.SQLException 异常。

在开发过程中，通常我们会将 ResultSet 结果集中的内容传递给其他程序模块使用，这个时候可以采用集合的方式来存储查询结果。

首先，应创建与数据表中数据相对应的类（如 User.java），并为该类的私有成员变量提供

getter 和 setter 方法。

```
public class User {
        private String name;
        private String password;
        public User() {}
        public User(String name, String password) {
                super();
                this.name = name;
                this.password = password;
        }
        public String getName() {
                return name;
        }
        public void setName(String name) {
                this.name = name;
        }
        public String getPassword() {
                return password;
        }
        public void setPassword(String password) {
                this.password = password;
        }
}
```

然后，在查询操作的程序中定义集合来保存 ResultSet 结果集处理之后的数据。

提示：

数据表中每一行数据都可以看作是一个 User 对象的实例，那么整个查询结果的结果集就可以看作是很多个 User 对象的实例，因此可以考虑用 User 的对象集合来保存结果集中的数据。

处理数据的关键代码如下：

```
ArrayList<User> list = new ArrayList<>();
String sql = "SELECT * from user";
stmt = con.createStatement();
res =    stmt.executeQuery(sql);
while(res.next()){
        User user = new User();
        String name = res.getString(1);
        user.setName(name);
        String pwd = res.getString(2);
        user.setPassword(password);
        list.add(user);
```

```
    }
    return list;
```

在上述代码中，在 while 循环内定义 User 对象的临时变量 user，然后通过 ResultSet 的 getXXX()方法将结果集中数据取出，再调用 User 对象的 setter 方法将数据保存到临时变量 user 中。最后，使用 list 的 add()方法将临时变量 user 添加到集合中。

11.4.4 增加操作

在 cn.pzhu.jdbc.example 的包下面创建一个名为 Example02 的类。在 Example02.java 中编写程序，向 user 表中添加数据{"name":"wangwu","password":"000000"}。

在之前介绍过，Statement 对象在执行 SQL 语句的时候，每执行一次 SQL 语句都会编译一次。在 SQL 语句相同，只是 SQL 语句中参数发生了变化的情况下，我们考虑考虑采用 PreparedStatement 对象来执行。这样在多次操作数据库的时候，就可以避免频繁编译相同 SQL 语句的问题，大大提高了数据库的访问效率。

为了让读者熟悉 PreparedStatement 的用法，下面的例子中将采用 PreparedStatement 对象对数据表进行插入操作，其关键代码如下：

```
package cn.pzhu.jdbc.example;
import java.sql.*;
public class Example02 {
    static{
        try {
            Class.forName("com.mysql.jdbc.Driver");
        } catch (ClassNotFoundException e) {
            System.out.println("驱动加载失败!");
            e.printStackTrace();
        }
    }
    public static void main(String[] args) {
        String url="jdbc:mysql://127.0.0.1:3306/test?useUnicode=true&characterEncoding=UTF-8";
        String user = "root";
        String password="123456";
        Connection con = null;
        PreparedStatement pstmt = null;
        try {
            con =   DriverManager.getConnection(url, user, password);
        } catch (SQLException e) {
            System.out.println("创建连接失败!");
            e.printStackTrace();
        }
```

```
            try {
                String sql = "insert into user values(?,?)";
                pstmt = con.prepareStatement(sql);
                pstmt.setString(1, "wangwu");
                pstmt.setString(2, "000000");
                int n =   pstmt.executeUpdate();
                if(n>0){
                    System.out.println("数据修改成功，插入了"+n+"条数据。");
                }else{
                    System.out.println("数据修改失败。");
                }
            } catch (SQLException e) {
                e.printStackTrace();
            }finally {
                if(pstmt!=null){
                    try {
                        pstmt.close();
                    } catch (SQLException e) {
                        e.printStackTrace();

                    }
                }
                if(con!=null){
                    try {
                        con.close();
                    } catch (SQLException e) {
                        e.printStackTrace();
                    }
                }
            }
        }
}
```

程序执行成功之后，就可以在控制台看见如图 11.8 所示的结果。

```
Problems  @ Javadoc  Declaration  Console
<terminated> Example02 [Java Application] C:\Program Files\Java\jre1.8.0
数据修改成功，插入了1条数据。
```

图 11.8　运行结果

查看数据库中 user 表的内容，可以看见数据已经成功添加，如图 11.9 所示。

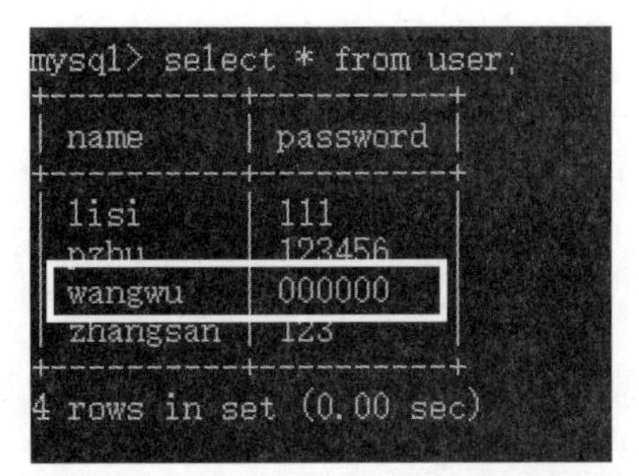

图 11.9　插入数据后 user 表的数据

11.4.5　修改操作

在 cn.pzhu.jdbc.example 的包下面创建一个名为 Example03 的类。在 Example03.java 中编写程序，将 user 表中"name"为"wangwu"的密码"password"字段的值修改为"111111"，其关键代码如下：

```
String sql = "UPDATE user SET password=? where name=?";
pstmt = con.prepareStatement(sql);
pstmt.setString(1, "111111");
pstmt.setString(2, "wangwu");
int n =   pstmt.executeUpdate();
if(n>0){
     System.out.println("数据修改成功，修改了"+n+"条数据。");
}else{
     System.out.println("数据修改失败。");
}
```

修改操作和插入操作类似，都采用的 PreparedStatement 对象来执行。Example03.java 中未展示的代码和 Example02.java 中一致。

提示：

为带参数的 SQL 语句赋值的时候需要注意，setXXX()方法中的索引指的是占位符“?”的索引位置，和数据表的列顺序无关，因此在代码中 pstmt.setString(1, "111111");表示的是为 SQL 语句中的 password 字段赋值，而不是 name 字段。

程序执行成功之后查看数据表的内容，如图 11.10 所示。

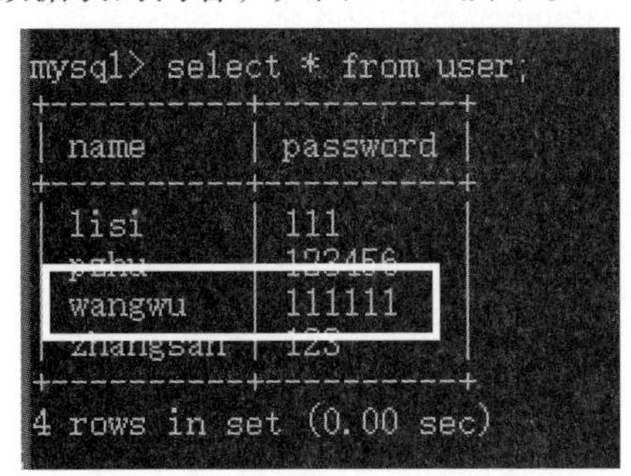

图 11.10　修改数据后 user 表的数据

11.4.6　删除操作

在 cn.pzhu.jdbc.example 的包下面创建一个名为 Example04 的类。在 Example04.java 中编写程序，将 user 表中"name"为"wangwu"的数据删除，其关键代码如下：

```
String sql = "DELETE FROM user where name=?";
pstmt = con.prepareStatement(sql);
pstmt.setString(1, "wangwu");
int n =   pstmt.executeUpdate();
if(n>0){
      System.out.println("数据删除成功，删除了"+n+"条数据。");
}else{
      System.out.println("数据删除失败。");
}
```

删除操作和插入、修改操作类似，同样采用的 PreparedStatement 对象来执行。Example04.java 中未展示的代码和 Example02.java 中一致。

程序执行成功之后可以在控制台看到如图 11.11 所示内容。

图 11.11　控制台输出内容

习　题

1. 什么是 JDBC？什么是 JDBC 驱动？
2. 如何将 JDBC 驱动添加到项目中？
3. 简述 JDBC 连接数据库的基本步骤。
4. 执行带参数的 SQL 语句的接口是什么？
5. Statement 和 PreparedStatement 有什么区别？
6. SQL 语句的执行方法有哪些？它们的返回类型是什么？
7. 如何遍历 ResultSet 对象？读取该对象中数据的某一列应该用什么方法？
8. 尝试将注册驱动、创建数据库连接以及释放资源封装为一个 JDBC 工具类。

第 12 章　多线程

【学习要求】

掌握线程的两种实现方式；
了解线程的生命周期及各种状态的转换；
掌握线程的休眠、中断、让步、插队等操作；
掌握同步代码块和同步方法的使用；
了解线程的死锁。

在日常生活中，我们常常同时处理多件事情，如一边听歌，一边打字等。计算机也是如此，很多任务也是同时进行的，这就是多线程技术。在 Java 中，为了模拟这种同时处理多种任务的状态，引入了线程机制。在 Java 的 java.lang.Thread 类和 java.lang.Runnable 接口中包含了对线程技术的支持，可以使程序同时执行多个任务。

12.1　线程概述

在正式学习之前，先来了解一下进程和线程的概念。

12.1.1　进程

在计算机中每个独立执行的程序都可以成为一个进程，即进程就是正在运行的程序，也可以理解进程是一个具有一定独立功能的程序，是关于某个数据集合的一次运行活动。在最常见的 Windows 操作系统中，打开“Windows 任务管理器”可以看到当前计算机正在运行的程序，也就是计算机的所有进程，如图 12.1 所示。

需要注意的是，在多任务操作系统（如 Windows）上的程序看似是在同时运行，但实际是由于CPU分时机制让每个进程都能循环获得CPU时间片来执行，由于这个轮换速度非常快，这才使得所有程序看起来是在“同时”运行。

12.1.2　线程

线程是运行在程序内部的一个比进程还要小的单元，它允许一个进程中同时运行多个执行单元，如 360 安全卫士在运行的时候在系统中产生一个进程，而 360 安全卫士这个软件中很多其他的功能，如木马查杀、电脑清理、优化加速等（见图 12.2），这些程序可以同时执行，即在一个进程中同时执行多个任务，这就是线程的作用。

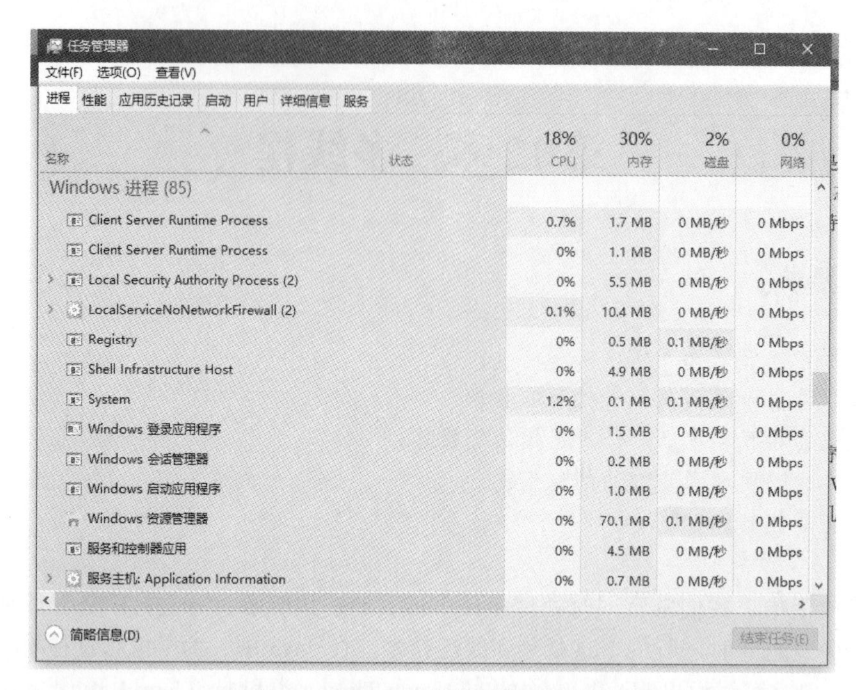

图 12.1　Windows 操作系统中的进程

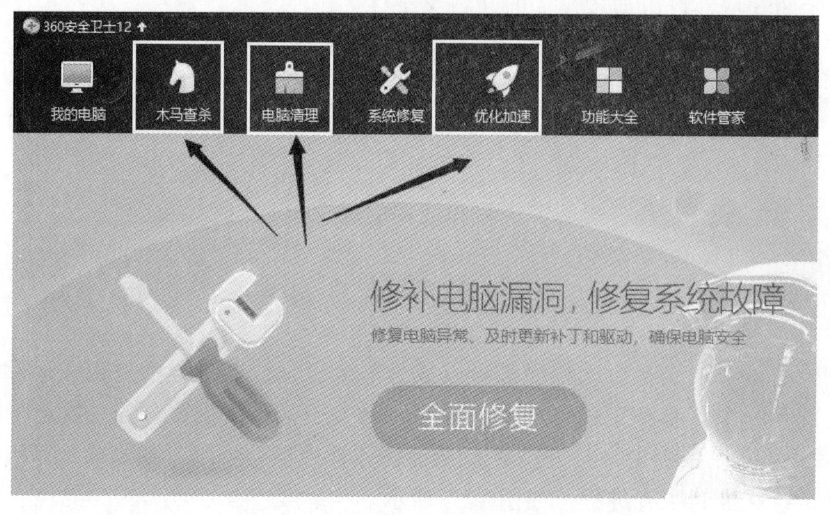

图 12.2　360 安全卫士中的线程

说明：

每个进程中都至少存在一个线程。

在 Java 中，当启动 Java 程序的时候，会产生一个进程，而这个进程会默认创建一个线程来运行 main()方法中的代码。如果程序中的代码始终依次从上往下顺序执行，没有出现两段或者更多的程序代码交错执行，这样的程序被称为单线程程序，反之，称为多线程程序。

采用多线程的程序具有以下优点：

（1）能够在一个进程中同时运行多个任务或多段代码。

（2）能够提高资源的利用率。

提示：

多线程程序能够同时执行多个任务，但本质上与多任务系统的进程类似，也是由 CPU 轮流执行的。因此，多线程只能提高资源的利用率，而不能提高执行的效率。

虽然多线程能提高资源的利用率，但并不是线程越多越好，多线程也存在以下缺点：

（1）进程中的线程越多，每个线程被执行的频率将会降低。

（2）线程越多，CPU 的开销越大。

（3）由于 CPU 是轮流执行所有线程，因此程序在上下文切换的时候会带来额外负担；

（4）当有多个线程同时对公有变量进行读写时，可能会引发线程安全问题。

（5）多个线程之间可能形成长时间等待、资源竞争以及死锁等问题。

12.2 实现线程的两种方式

在 Java 中提供了两种方式来实现线程，一种是继承 java.lang.Thread 类，一种是实现 java.lang.Runnable 接口，然后通过继承了 Thread 或实现了 Runnable 接口的类来创建线程。

12.2.1 继承 Thread 类

Thread 类将线程所必需的功能都进行了封装，表 12.1 所示是 Thread 类的一些基本方法。

表 12.1 Thread 类的基本方法

方法	描述
Thread()	使用无参构造器创建线程对象
Thread(String name)	创建一个名为 name 的线程对象
Thread(Runnable target)	使用传递来的 Runnable 创建一个线程对象
Thread(Runnable target, String name)	使用传递来的 Runnable 创建一个名为 name 的线程对象
public static Thread currentThread()	返回当前正常执行的线程
public final void setName(String name)	将此线程的名称更改为 name
public final String getName()	返回此线程的名称
public long getId()	返回此线程的 id，该 id 是创建线程时生成的一个 long 类型正数 long。线程 id 是唯一的，且在其生命周期内保持不变。当线程被终止时，该线程 id 可以被重用
public void start()	开始执行此线程，Java 虚拟机会自动调用此线程的 run()方法。不能重复启动已经启动的线程，否则将抛出 IllegalThreadStateException 异常
public void run()	如果在构造 Thread 对象的时候使用的是 Runnable 来构造的，那么将调用 Runnable 对象的 run()方法，否则此方法不做任何操作。继承了 Thread 类的子类应该覆写此方法

通过继承 Thread 类来实现线程的一般过程如下：

（1）编写 Thread 类的子类，并在这个子类中覆写 run()方法。

（2）在 run()方法中编写这个线程需要执行的代码或任务。

（3）在主线程中使用（1）中编写的子类来创建线程。

（4）使用 start()方法来启动线程。

【例 12.1】通过创建 Thread 类的子类来实现多线程编程。

在 Eclipse 中创建一个名为 Chapter12 的项目，并在这个项目的 src 目录下新建一个名为 cn.pzhu.create 的包，然后在这个包下面创建一个名为 MyThread 的类（该类是 Thread 的子类），最后在这个类中覆写 run()方法，关键代码如下：

```
package cn.pzhu.create;
public class MyThread extends Thread{
    @Override
    public void run() {
        int n = 5;
        while(--n>=0){
            System.out.printf("线程%s 正在执行\n",Thread.currentThread().getName());
            try {
                //让当前线程休眠 100 毫秒
                Thread.sleep(100);
            } catch (InterruptedException e) {
                e.printStackTrace();
            }
        }
    }
}
```

说明：

为了让程序效果更明显，上述代码中线程重复执行输出 5 次后结束，并且每次输出之后将休眠 100 ms。如果线程不使用 sleep()方法休眠，可能在一个时间片内程序就执行完毕了，无法看出线程之间的交替执行。

编写好 MyThread 类之后，下面开始编写示例。在 cn.pzhu.create 的包下创建一个名为 Example01 的类，在这个类中既有 main()方法的输出，又调用线程来进行输出。关键代码如下：

```
package cn.pzhu.create;
public class Example01 {
    public static void main(String[] args) throws InterruptedException {
        // 创建线程 MyThread 的线程对象
        MyThread myThread = new MyThread();
        myThread.start(); // 开启线程
        int m = 5;
        while (--m>=0) {
            System.out.printf("线程%s 正在执行\n",Thread.currentThread().getName());
            Thread.sleep(100);
```

```
        }
    }
}
```

编写好之后，运行程序，程序运行结果如图 12.3 所示。

```
Problems @ Javadoc Declaration Console
<terminated> Example01 (2) [Java Application] C:\Program Files\Java\jre1.8.0_101\bin\javaw.exe (2020年4月23日 下午12:41:22)
线程main正在执行
线程Thread-0正在执行
线程Thread-0正在执行
线程main正在执行
线程Thread-0正在执行
线程main正在执行
线程Thread-0正在执行
线程main正在执行
线程Thread-0正在执行
线程main正在执行
```

图 12.3　程序运行结果

从图 12.3 可以看出，MyThread 类的 run()方法中的输出操作与 main()方法中的输出在随机轮换执行。在使用多线程的情况下，MyThread 类的 run()方法与 main()方法可以同时运行，互不影响。

说明：

运行结果中的"main"和"Thread-0"是通过 Thread.currentThread().getName()方法获取到的当前正在运行的线程的名字，如果在创建线程的时候没有指定名字，那么系统会自动生成。

如果将 Example01.java 中创建线程的代码修改为：

```
// 创建线程 MyThread 的线程对象
MyThread myThread = new MyThread("newThread");
并在 MyThread.java 中添加构造方法：
public MyThread() {
    super();
}
public MyThread(String name) {
    super(name);
}
```

然后再运行程序，程序运行结果如图 12.4 所示。

```
Problems @ Javadoc Declaration Console
<terminated> Example01 (2) [Java Application] C:\Program Files\Java\jre1.8.0_101\bin\javaw.exe (2020年4月23日 下午12:49:27)
线程newThread正在执行
线程main正在执行
线程newThread正在执行
线程main正在执行
线程newThread正在执行
线程newThread正在执行
线程main正在执行
线程newThread正在执行
线程main正在执行
```

图 12.4　程序运行结果

从运行结果可以看出，线程的名字已经发生了变化，变为了"newThread"。

提示：

除了在构造线程的时候，利用构造方法给线程指定名称，还可以通过 setName(String name)方法来修改线程的名称。

12.2.2 实现 Runnable 接口

在上一小节中介绍了通过继承 Thread 类的方式来实现多线程，但因为 Java 不支持多继承，只支持单继承，继承了 Thread 类的子类将无法再继承其他类，因此这种方式存在一定的局限性。

为了解决上述问题，Thread 类提供了另外的构造方法 Thread(Runnable target)和 Thread (Runnable target, String name)。在构造方法中，需要提供一个 Runnable 的实例对象。Runnable 是一个接口，该接口中只有一个 run()方法，当线程启动的时候，将自动执行 run()方法中的代码。这样就避免了要使用线程的类必须继承 Thread 类的问题，而改为了实现 Runable 接口。

提示：

Java 中允许一个类实现多个接口，但只允许一个类继承一个其他的类。

通过实现 Runnable 接口来实现线程的一般过程如下：

（1）编写自定义线程类实现 Runnable 接口，并覆写接口中的 run()方法。

（2）在 run()方法中编写这个线程需要执行的代码或任务。

（3）在主线程中使用 Thread(Runnable target)或 Thread(Runnable target, String name)方法来创建线程。

（4）使用 start()方法来启动线程。

【例 12.2】通过实现 Runnable 接口来实现多线程编程。

在 cn.pzhu.create 包下创建一个名为 MyRunnable 的类（该类实现 Runnable 接口），然后在这个类中覆写 run()方法，关键代码如下：

```
package cn.pzhu.create;
public class MyRunnable implements Runnable{
    @Override
    public void run() {
        int n = 5;
        while(--n>=0){
            System.out.printf("线程%s 正在执行\n",Thread.currentThread().getName());
            try {
                //让当前线程休眠 100 ms
                Thread.sleep(100);
            } catch (InterruptedException e) {
                e.printStackTrace();
            }
        }
```

```
    }
}
```

在编写好 MyRunable.Java 后，在 cn.pzhu.create 的包下创建一个名为 Example02 的类，关键代码如下：

```
package cn.pzhu.create;
public class Example02 {
    public static void main(String[] args) throws InterruptedException {
        // 创建线程对象，并将线程命名为"MyRunnable"
        Thread thread = new Thread(new MyRunnable(),"MyRunnable");
        thread.start(); // 开启线程
        int m = 5;
        while (--m>=0) {

            System.out.printf("线程%s 正在执行\n",Thread.currentThread().getName());
            Thread.sleep(100);
        }
    }
}
```

说明：

在创建线程的时候，使用 Thread thread = new Thread(new MyRunnable(),"MyRunnable")表示在创建线程的同时将线程命名为"MyRunnable"。如果使用 Thread thread = new Thread(new MyRunnable())方法创建线程，那么系统会自动给线程命名，如"Thread-0"。

程序运行结果如图 12.5 所示。

```
Problems  @ Javadoc  Declaration  Console
<terminated> Example02 (2) [Java Application] C:\Program Files\Java\jre1.8.0_101\bin\javaw.exe (2020年4月23日 下午1:24:51)
线程main正在执行
线程MyRunnable正在执行
线程main正在执行
线程MyRunnable正在执行
线程main正在执行
线程MyRunnable正在执行
线程MyRunnable正在执行
线程main正在执行
线程main正在执行
线程MyRunnable正在执行
```

图 12.5　程序运行结果

12.2.3　两者的区别

在上面两节讲述了直接继承 Thread 类和实现 Runnable 接口两种实现多线程的方法，一般情况下开发人员都会选择实现 Runnable 接口，其主要原因有以下两点：

（1）实现 Runnable 接口方式可以避免由于 Java 单继承特性带来的局限性。

（2）直接继承 Thread 类的方式不适合处理共享资源（如多个售票窗口共享所有的车票）。

下面我们通过多个窗口售票的实例来看看不同的线程实现方式对于处理共享资源的区别。

【例 12.3】假设售票厅开设有 3 个售票窗口（需要创建 3 个线程），让这些售票窗口共同售卖 10 张车票，请采用多线程实现这个过程，并将售票过程输出至控制台。

1. 采用直接继承 Thread 类的方式

在 Chapter12 这个项目下创建一个名为 cn.pzhu.ticket 的包，并在这个包下创建一个名为 MyThread 的类，在这个类中覆写 run()方法实现售票操作，关键代码如下：

```
package cn.pzhu.ticket;
public class MyThread extends Thread{
    public MyThread() {
        super();
    }
    public MyThread(String name) {
        super(name);
    }

    @Override
    public void run() {
        int tickets = 10;
        while(tickets-->0){
            System.out.printf("%s 正在售票，剩余票数为：%d 张。\n",
                    Thread.currentThread().getName(),tickets);
            try {
                //让当前线程休眠 100 毫秒
                Thread.sleep(100);
            } catch (InterruptedException e) {
                e.printStackTrace();
            }
        }
    }
}
```

在 cn.pzhu.ticket 的包下创建一个名为 Example03 的类，在这个类中创建三个线程来模拟三个售票窗口进行售票，关键代码如下：

```
package cn.pzhu.ticket;
public class Example03 {
    public static void main(String[] args) throws InterruptedException {
```

```
        // 创建三个窗口进行售票
        MyThread window1 = new MyThread("售票窗口 1");
        MyThread window2 = new MyThread("售票窗口 2");
        MyThread window3 = new MyThread("售票窗口 3");
        // 开始售票
        window1.start();
        window2.start();
        window3.start();
    }
}
```

运行结果如图 12.6 所示。

```
Declaration  @ Javadoc  Problems  Console
<terminated> Example03 (2) [Java Application] C:\Program Files\Java\jre1.8.0_101\bin\javaw.exe (2020年4月23日 下午2:(
售票窗口1正在售票，剩余票数为：9张。
售票窗口3正在售票，剩余票数为：9张。
售票窗口2正在售票，剩余票数为：9张。
售票窗口2正在售票，剩余票数为：8张。
售票窗口1正在售票，剩余票数为：8张。
售票窗口3正在售票，剩余票数为：8张。
售票窗口1正在售票，剩余票数为：7张。
售票窗口2正在售票，剩余票数为：7张。
售票窗口3正在售票，剩余票数为：7张。
售票窗口2正在售票，剩余票数为：6张。
售票窗口3正在售票，剩余票数为：6张。
售票窗口1正在售票，剩余票数为：6张。
售票窗口1正在售票，剩余票数为：5张。
售票窗口2正在售票，剩余票数为：5张。
售票窗口3正在售票，剩余票数为：5张。
售票窗口3正在售票，剩余票数为：4张。
售票窗口2正在售票，剩余票数为：4张。
```

图 12.6　程序运行结果

从图 12.6 的运行结果可以看出，剩余票数并不是依次递减的，3 个售票窗口总共会卖出 30 张车票，每张票都会被每个窗口卖一次。这是因为在程序中创建的 3 个售票线程并不会共享数据，每个线程都将拥有 10 张车票，并且在执行过程中独立地处理各自的资源，即三个窗口各自销售 10 张车票，如图 12.7 所示。

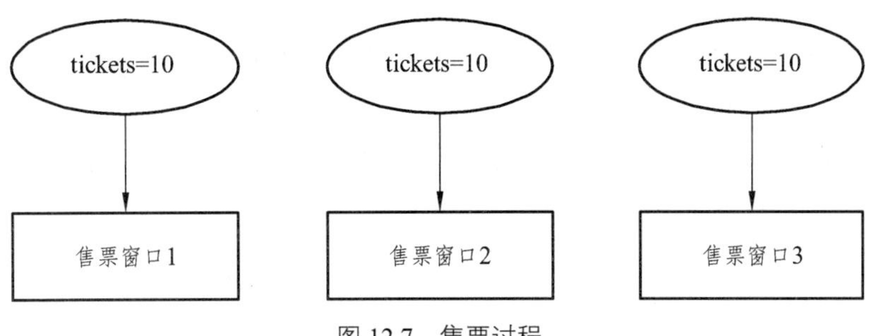

图 12.7　售票过程

2. 采用实现 Runnable 接口的方式

在 cn.pzhu.ticket 包下创建一个名为 MyRunnable 的类，在这个类中覆写 run()方法并实现售票操作，关键代码如下：

```
package cn.pzhu.ticket;
public class MyRunnable implements Runnable{
    private int tickets = 10;
    @Override
    public void run() {
        while (true) {
            if (tickets>0) {
                System.out.printf("%s 正在销售第%d 张票。\n", Thread.currentThread().
getName(), tickets--);
            } else {
                break;
            }
            try {
                // 让当前线程休眠 100 毫秒
                Thread.sleep(1000);
            } catch (InterruptedException e) {
                e.printStackTrace();
            }
        }
    }
}
```

在 cn.pzhu.ticket 的包下创建一个名为 Example04 的类，在这个类中创建三个线程来模拟三个售票窗口进行售票，关键代码如下：

```
package cn.pzhu.ticket;
public class Example04 {
    public static void main(String[] args) throws InterruptedException {
        // 创建三个窗口进行售票
        MyRunnable my = new MyRunnable();
        Thread window1 = new Thread(my,"售票窗口 1");
        Thread window2 = new Thread(my,"售票窗口 2");
        Thread window3 = new Thread(my,"售票窗口 3");
        // 开始售票
        window1.start();
        window2.start();
        window3.start();
```

```
        }
    }
```

运行结果如图 12.8 所示。

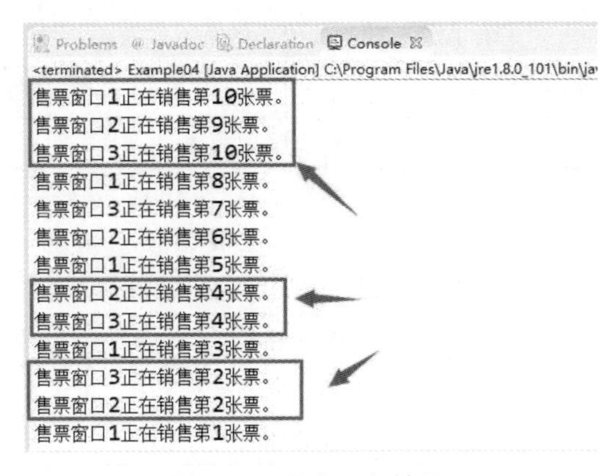

图 12.8　程序运行结果

从图 12.8 的运行结果可以看出，3 个售票窗口将共同销售 10 张车票，即三个线程共享公共资源，如图 12.9 所示。

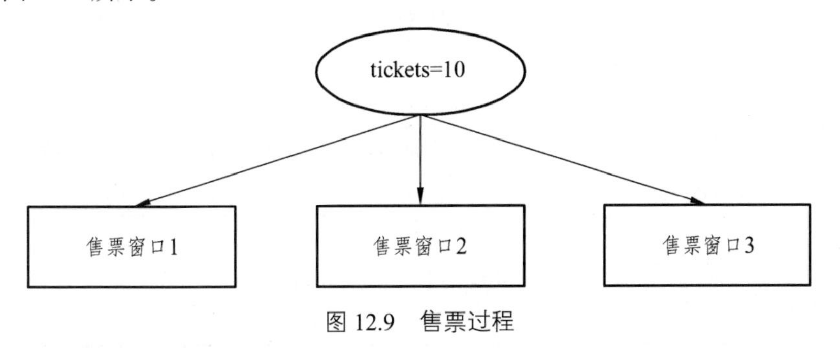

图 12.9　售票过程

说明：

由于多个线程共享 tickets 这个变量，因此程序的输出结果可能和预期不一样（图 12.7 中多次输出了正在销售第 2，4，10 张票），这是因为多线程存在线程安全问题，要解决此问题可参考 12.5 小节多线程同步。

12.3　线程的生命周期及状态转换

在 Thread 类中有一个静态枚举常量 public static enum Thread.State 用于表示线程的状态。在 Java 中，线程的状态包括：

NEW：新建，线程被创建但尚未被启动；

RUNNABLE：运行，此线程正处于被 Java 虚拟机执行中，这个状态又可以分为就绪（READY）和正在运行（RUNNING）两个状态；

BLOCKED：阻塞，线程因为锁被阻塞；

WAITING：等待，线程处于永久等待状态直到被唤醒或造成等待的原因消失；

TIMED_WAITING：计时等待，线程处于计时等待状态直到等待时间结束；

TERMINATED：消亡，线程已经执行结束或者发生异常。

下面先来了解一些与线程操作相关的常用方法，如表 12.2 所示。

表 12.2　Thread 操作的常用方法

方法	描述
public Thread.State getState()	返回此线程的状态
public void start()	开始执行此线程，Java 虚拟机会自动调用此线程的 run()方法。不能重复启动已经启动的线程，否则将抛出 IllegalThreadStateException 异常
public final void stop()	强制停止线程，但由于该方法不安全，已被废弃
public final boolean isAlive()	判断当前线程是否正在运行，如果正在运行，返回 true，反之返回 false
public static void yield()	使当前线程暂停并进入就绪队列中，等待重新调度，即为其他线程让步
public static void sleep(long millis) throws InterruptedException	使当前正在执行的线程暂停（暂时停止执行）指定的毫秒数，如果参数 millis 的值为负数，则抛出 IllegalArgument Exception 异常，如果在暂停期间线程意外终止，则抛出 InterruptedException 异常
public final void join() throws InterruptedException	将线程加入其他线程的执行过程中，并让其他线程等待，直到当前线程执行完毕，相当于 join(0)
public final void join(long millis) throws InterruptedException	将线程加入其他线程的执行过程中，并让其他线程等待 millis 毫秒，如果 millis 为 0，则表示其他线程要一直等待，直到当前线程执行完毕

表 12.3 中列出了 java.lang.Object 类中关于线程操作的一些常用方法。

表 12.3　Object 的常用方法

方法	描述
public final void notify()	唤醒正在等待的单个线程
public final void notifyAll()	唤醒正在等待的所有线程
public final void wait() throws InterruptedException	使当前线程对象进入有限时间的等待状态，直到另一个线程调用此对象的 notify()方法或 notifyAll()方法
public final void wait(long timeout) throws InterruptedException	使当前线程对象进入有限时间的等待状态，直到另一个线程调用此对象的 notify()方法或 notifyAll()方法，或指定的等待时间 timeout 已过

在程序运行过程中，通过一些操作可以使线程在不同状态之间进行转换，如图 12.10 所示。

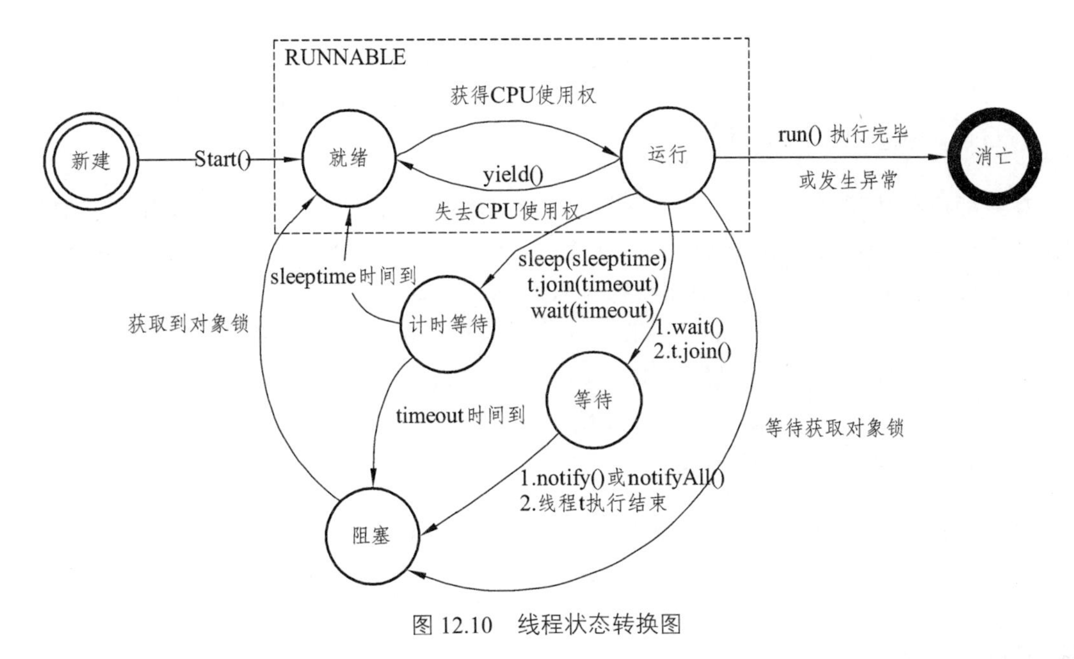

图 12.10　线程状态转换图

图 12.10 中展示了线程的状态和状态之间的转换，下面将对线程的 6 个状态以及它们之间的转换进行详细讲解。

12.3.1　新建状态（New）

线程对象在被创建之后就处于新建状态，此时线程和其他 Java 对象一样，仅作为一个新的对象被保存在内存中，不会开始运行。当这个线程调用了 start()方法之后，这个线程的状态就会从新建状态变为运行状态（RUNNABLE）。

12.3.2　运行状态（Runnable）

从 JVM 的角度来看，处于 Runnable 状态的线程正在执行，但实际上它可能正在等待来自操作系统（如 CPU 等）的某些资源。因此，可以将该状态看作是具有两个子状态（Ready 和 Running）的复合状态。

当线程在调用 start()方法之后，线程就会进入就绪状态（Ready），此时线程将在线程等待队列中进行排队。当线程获得了资源以及 CPU 的使用权，就会进入正在运行状态（Running），从而开始运行。线程的运行取决于操作系统的线程调度、运行资源以及线程优先级等因素。

另外，当线程失去了 CPU 使用权（使用完 CPU 时间片）之后，系统就会剥夺该线程占用的 CPU 资源，让其他线程获得 CPU 使用权，这个时候线程就会从正在运行状态（Running）变为就绪状态（Ready），重新进入等待队列进行等待。除此之外，通过对正在执行的线程调用了 Thread.yield()方法，那么正处于运行的线程会让出 CPU 使用权，回到就绪状态，重新进入等待队列进行排队。

提示：

可以使用 public final boolean isAlive()来判断当前线程是否处于当前状态。如果线程处于

Runnable 状态则返回 true，反之返回 false。

12.3.3 阻塞（Blocked）

在线程执行过程中，当线程为了进入同步代码块或者同步方法时，将会尝试去获取某个对象的同步锁。这时，如果这个锁被其他线程所占用，那么线程将会进入阻塞状态（Blocked）。当线程获得同步锁之后，会进入就绪状态（Ready），等待运行。

说明：

同步代码块和同步方法想见本章 12.5.2 小节和 12.5.3 小节内容。

12.3.4 等待状态（Waiting）

当处于运行状态的线程让出 CPU 使用权并暂时停止自己的运行时，会进入等待状态（Waiting）。以下方法可以让线程进入等待状态：

Object.wait()方法；

Thread.join()方法。

以上两种方法都没有 timeout 参数。当线程进入等待状态之后，会一直等待到另一个线程执行完特定方法为止。如某个线程对象调用了 Object.wait()方法，则会一直等待到另一个线程调用该对象上的 Object.notify()方法或 Object.notifyAll()方法；而调用了 Thread.join()方法的线程，则会一直等待到另一个线程指定线程终止。

提示：

因 Object.wait()方法进入等待状态的线程被其他线程唤醒之后，如果想进入同步代码块或同步方法，也会因为获取对象上的锁而重新进入 Blocked 状态。也就是说，被 wait()方法造成等待的线程，会释放已经获得的对象锁，被唤醒之后需要重新获取对象锁。

12.3.5 计时等待（Time_Waiting）

与等待状态（Waiting）不同的是，计时等待（Time_Waiting）的线程等待是有一定时长的。当等待时间到，线程会退出等待状态。让线程进入计时等待的方法有：

Object.wait(timeout)方法；

Thread.join(timeout)方法；

Thread.sleep(sleepTime)方法。

上述方法都需要设置等待时长，当等待时间到后线程将退出等待状态。如果某个线程对象调用了 Object.wait(timeout)方法，线程会一直等待到另一个线程调用该对象上的 Object.notify()方法或 Object.notifyAll()方法，或者指定的等待时间已过；如果线程中调用了 Thread.join(timeout)方法，则会一直等待到另一个线程运行指定等待时间之后，再退出等待状态。另外，如果线程调用了 Thread.sleep()方法，则表示线程主动放弃所占用的处理器资源，进入等待状态，等待时间到后直接进入等待队列，等待系统分配 CPU 继续执行。

说明：

因 Thread.sleep()方法进入等待状态的线程在等待时间结束后，直接进入就绪状态，不需要重新获取对象上的同步锁。也就是说，被 sleep()方法造成等待的线程，不会释放已经获得的对象锁。

12.3.6 消亡状态（Terminated）

当线程处于消亡状态（Terminated）时，表示线程不能再被运行，也不能再转换为其他状态。以下方法可以让线程进入消亡状态：

run()或 call()方法执行完成，线程正常结束；

线程抛出一个未捕获的 Exception 或 Error；

直接调用该线程 stop()方法来结束该线程。

其中，stop()方法容易导致死锁，因此不建议使用，该方法已经被废弃。另外，如果线程已经处于消亡状态，这时在这个线程上调用 start()方法，会抛出 java.lang.IllegalThreadStateException 异常。

说明：

线程一旦进入消亡状态，就不能再回到之前的状态；同理，线程一旦使用 start()方法进入就绪状态，也不能再回到新建状态。

12.4 线程的操作

在前面已经介绍过线程的状态以及这些状态之间的转换，接下来将重点讲解实现各种状态的方法。

12.4.1 线程休眠

线程休眠是指人为地将正在执行的线程暂停，将 CPU 的使用权让给其他线程。

线程休眠使用的方法是 Thread 类的静态方法 sleep(long millis)，该方法能够使当前正在执行的线程暂停（暂时停止执行）指定的毫秒数，设置的时间会受到系统定时器和调度程序的精度和准确性的影响。另外，线程休眠过程中不会丢失同步锁的所有权。sleep()方法的语法如下：

```
public static void sleep (long millis) throws InterruptedException
Parameters:
        millis - the length of time to sleep in milliseconds
Throws:
        IllegalArgumentException - if the value of millis is negative
        InterruptedException - if any thread has interrupted the current thread.
```

需要说明的是，参数 millis 表示休眠的时间，单位是毫秒。如果设置的时间为负数，该方法将抛出 IllegalArgumentException 异常；如果有其他线程将当前线程的中断标志位设置为 true，该方法会抛出 InterruptedException 异常。因此在调用该方法的时候，需要进行异常捕获，将 sleep()放在 try/catch 块中。

【例 12.4】演示主线程和自定义线程交替执行。

在 Chapter12 项目的 src 目录下新建一个名为 cn.pzhu.op 的包，然后在这个包下面创建一个名为 ThreadSleep 的类，关键代码如下：

```
package cn.pzhu.op;
public class ThreadSleep {
    public static void main(String[] args) {
        new Thread(new MyThread()).start();
        for (int i = 1; i <= 10; i++) {
            try{
                //当前线程休眠 500 毫秒
                Thread.sleep(500);
                System.out.printf("Main 的线程%s 正在输出：%d\n",Thread.current
Thread().getId(),i);
            } catch (Exception e){
                e.printStackTrace();
            }
        }
    }
}

class MyThread implements Runnable{
    @Override
    public void run() {
        for (int i = 1; i <= 10; i++) {
            try{
                //当前线程休眠 1000 毫秒
                Thread.sleep(1000);
                System.out.printf("MyThread 的线程%s 正在输出：%d\n",Thread.current
Thread().getId(),i);
            } catch (Exception e){
                e.printStackTrace();
            }
        }
    }
}
```

程序运行结果如图 12.11 所示。

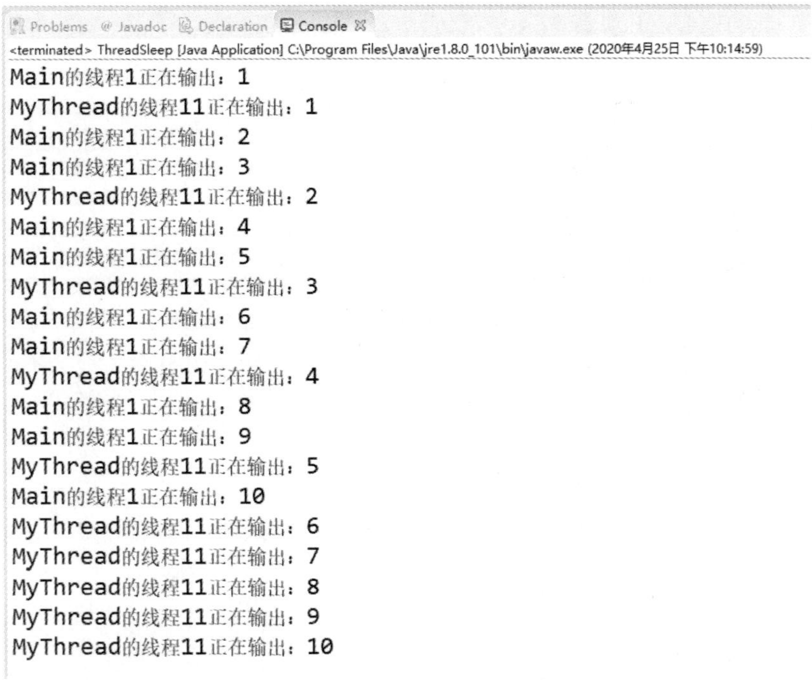

```
Problems  @ Javadoc  Declaration  Console
<terminated> ThreadSleep [Java Application] C:\Program Files\Java\jre1.8.0_101\bin\javaw.exe (2020年4月25日 下午10:14:59)
Main的线程1正在输出：1
MyThread的线程11正在输出：1
Main的线程1正在输出：2
Main的线程1正在输出：3
MyThread的线程11正在输出：2
Main的线程1正在输出：4
Main的线程1正在输出：5
MyThread的线程11正在输出：3
Main的线程1正在输出：6
Main的线程1正在输出：7
MyThread的线程11正在输出：4
Main的线程1正在输出：8
Main的线程1正在输出：9
MyThread的线程11正在输出：5
Main的线程1正在输出：10
MyThread的线程11正在输出：6
MyThread的线程11正在输出：7
MyThread的线程11正在输出：8
MyThread的线程11正在输出：9
MyThread的线程11正在输出：10
```

图 12.11　程序运行结果

由上面运行结果可以看出，Main 中的线程在运行过程中，每输出一次 i 就会休眠 500 毫秒，然后让出 CPU 使用权，让 MyThread 中的线程获得执行机会。同理，MyThread 中的线程在运行过程中，每输出一次 i 就会休眠 1000 毫秒，然后让出 CPU 使用权。因此，在运行结果中，能够发现 Main 中的线程会先执行完毕。

另外，代码中使用的 Thread.currentThread().getId()方法可以获取当前正在运行的线程的 ID，这个 ID 是系统自动生成的一个随机 long 类型的数字。

说明：

sleep()方法是 Thread 类的静态方法，只能控制当前正在运行的线程并让其休眠指定时间，而不能控制其他线程休眠。当休眠时间结束，线程会重新进入就绪状态，在等待队列中等待 CPU 使用权，获得使用权之后开始运行。

12.4.2　线程中断

线程的中断指的是线程在运行过程中被强制打断。原来往往会使用 stop()方法来强制停止某个线程，但由于 stop()方法在中断线程之后，可能会使得被该线程锁定的对象无法解锁，导致这个线程既无法继续执行，也不释放锁定的资源而造成死锁。因此，stop()方法已经被废弃。

对于线程中断而言，普遍认为中断一个线程只是为了引起该线程的注意，告知该线程存在某种异常等待处理，而被中断线程可以决定如何应对中断。因为在运行过程中某些线程可能非常重要，以至于它们不能被中断，可以不理会中断，仅仅在发现中断请求后抛出一些信息，然后继续执行。所以，出于对线程安全性的考虑，JDK 采用一个变量来标识某个线程是否应该停止运行，是否存在中断请求，但线程是否中断，这取决于线程自身。

线程的中断操作将使用到表 12.4 中的方法。

表 12.4　线程中断的方法

方法	描述
public void interrupt()	中断此线程（将线程的中断标志位设置为 true）
public boolean interrupted()	判断当前线程是否中断
public static boolean interrupted()	判断当前线程是否中断，然后将标志位设置为 false

表 12.4 中的 interrupt()方法可用于中断线程，该方法会将该线程的中断标志位设置为 true。但是，线程被中断之后是什么状态并不能确定。在线程运行过程中，线程会不时地检测这个中断标示位，以判断线程是否应该被中断（中断标示值是否为 true），而不会像 stop()方法那样直接中断一个正在运行的线程。

另外，判断某个线程是否中断，可以使用 Thread.currentThread().isInterrupted()方法（先获得当前线程，再读取线程的中断状态），也可以使用 Thread.interrupted()静态方法。一般情况下，建议采用前者，因为前者返回线程中断标志位之后，不会清除中断标志，即不会将中断标设置为 false，而静态方法 Thread.interrupted()在返回线程中断标志位之后，会将该线程的中断标志位清除，即重新设置为 false。

说明：

如果一个线程处于等待状态（如线程调用了 sleep()、join()、wait()等方法），且线程在检查中断标示时发现中断标示为 true，则线程会在这些方法的调用处抛出 InterruptedException 异常，并且在抛出异常后立即将线程的中断标志位清除，即重新设置为 false。

【例 12.5】创建一个自定义线程 MyThread，然后不断输出线程状态。在 MyThread 执行过程中，将线程中断标志位设置为 true，看看线程运行情况。

在 cn.pzhu.op 包下创建一个名为 ThreadInterrupt 的类，关键代码如下：

```
    package cn.pzhu.op;
    public class ThreadInterrupt {
        public static void main(String[] args) {
            Thread my = new Thread(new MyThread());
            my.start();
            int n = 0;
            while (true) {
                try {
                    // 当前线程休眠 500 毫秒
                    Thread.sleep(500);
                    if (++n > 3) {
                        my.interrupt();
                        System.out.printf("中断 my 线程，线程的中断状态为：%s\n", my.
isInterrupted());
                        break;
                    }
```

```
                } catch (Exception e) {
                    e.printStackTrace();
                }
            }
        }
    }

    class MyThread implements Runnable{
        @Override
        public void run() {
            for (int i = 1; i <= 5; i++) {
                try{
                    System.out.printf("my 线程的状态是：%s\n", Thread.currentThread().
getState());
                    //当前线程休眠 1000 毫秒
                    Thread.sleep(1000);
                } catch (Exception e){
                    e.printStackTrace();
                    System.out.println("线程被中断！");
                }
            }
        }
    }
```

MyThread 类实现了 Runnable 接口，并且覆写了 run()方法。该线程每隔 1000ms 会输出当前线程的状态。线程将重复执行 5 次输出，5 次输出完毕后结束。

在 main()方法中创建了 MyThread 类的实例 my，然后启动了这个线程。主线程中定义了一个变量 n 作为计时器，n 从 0 开始计数，每隔 500ms 累加 1。当++n>3 时，主线程中调用 my.interrupt()方法将 my 线程中断，然后主线程执行完毕。

运行上述代码，程序运行结果如图 12.12 所示。

从图 12.12 可以看出，当 MyThread 类的实例 my 启动之后，线程 my 每隔 1000ms 会输出前状态。在主线程没有中断 my 线程之前（当++n<=3 时），my 线程的状态都是“RUNNABLE”；当 my 线程被主线程中断之后，my 线程的中断状态为 true。之后，由于线程 my 调用了 sleep()方法进入等待状态，这时 my 线程发现线程的中断标志位为 true，抛出 InterruptedException 异常，且立即将中断标志位置为 false，然后线程继续执行，之后 my 线程状态又恢复为“RUNNABLE”。

说明：因 JavaIO 的输出耗时不确定，因此输出异常的顺序可能与图中运行结果不一样，这是正常现象。

```
Problems  @ Javadoc  Declaration  Console
<terminated> ThreadInterrupt [Java Application] C:\Program Files\Java\jre1.8.0_101\bin\javaw.exe (2021年9月9日 下午3:18:20)
my线程的状态是：RUNNABLE
my线程的状态是：RUNNABLE
中断my线程，线程的中断状态为：true        被主线程中断
线程被中断!
my线程的状态是：RUNNABLE
java.lang.InterruptedException: sleep interrupted
	at java.lang.Thread.sleep(Native Method)
	at cn.pzhu.op.MyThread2.run(ThreadInterrupt.java:32)
	at java.lang.Thread.run(Unknown Source)
my线程的状态是：RUNNABLE
my线程的状态是：RUNNABLE
```

图 12.12　程序运行结果

12.4.3　线程让步

线程让步是指将正在运行的线程从运行状态转为就绪状态，让出 CPU 使用权，但这仅仅只是程序中的让步，线程的具体执行将由操作系统来进行调度，因此其他线程是否能够立即执行，线程让步之后是不是仍会获得 CPU 使用权都不得而知。

线程让步可以通过 Thread 类提供的 yield()方法来实现，但是这仅仅只是给调度程序的一种暗示，暗示当前线程愿意让出 CPU 使用权，但是调度程序可以忽略这个暗示，因此没有任何一种机制能够保证当前线程一定能让出 CPU 使用权。

另外，需要注意的是，yield()方法被调用之后，只有与当前线程优先级相同或者更高的线程才有进入可执行状态的机会，如果其他线程的优先级低于当前线程，调度程序依旧会调度当前线程。

说明：

对于支持多任务的操作系统来说，不需要使用 yield()方法，因为多任务操作系统会以时间片的形式为所有任务（线程）分配 CPU 使用权。

【例 12.6】创建一个自定义线程 MyThread，该线程执行 for 循环，从 1 输出到 5。当线程输出到 3 时，调用 yield()方法为其他线程让步。

在 cn.pzhu.op 包下创建一个名为 ThreadYield 的类，关键代码如下：

```
package cn.pzhu.op;
public class ThreadYield {
    public static void main(String[] args) {
        Thread thread1 = new Thread(new MyThread(),"线程 1");
        Thread thread2 = new Thread(new MyThread(),"线程 2");
        thread1.start();
        thread2.start();
    }
}
```

```java
class MyThread implements Runnable{
    @Override
    public void run() {
        for (int i = 1; i <= 5; i++) {
            try{
                String name = Thread.currentThread().getName();
                System.out.printf("%s 正在输出：%d\n",name,i);
                if(i==3){
                    System.out.printf("%s 为其他线程让步！\n",name);
                    Thread.yield();
                }
            } catch (Exception e){
                e.printStackTrace();
            }
        }
    }
}
```

运行上述代码，程序运行结果如图 12.13 所示。

```
Problems  @ Javadoc  Declaration  Console ⊠
<terminated> ThreadYield [Java Application] C:\Program Files\Java\jre1.8.0_101\bin\javaw.exe (2020年4月25日 下午11:11:35)
线程1正在输出：1
线程1正在输出：2
线程1正在输出：3
线程1为其他线程让步！
线程2正在输出：1
线程2正在输出：2
线程2正在输出：3
线程2为其他线程让步！
线程1正在输出：4
线程1正在输出：5
线程2正在输出：4
线程2正在输出：5
```

图 12.13　程序运行结果

在上述示例中创建了两个线程“线程 1”和“线程 2”，它们的优先级相同（两者都为默认值）。当输出的内容为“3”时会调用 yield()方法，使当前线程重新等待调度程序调度。从图 12.13 可以看出，线程 1 在输出 3 之后执行线程让步，这时线程 2 得到了执行机会；当线程 2 输出到 3 时，同样执行了线程让步，线程 1 获得执行机会继续执行。

说明：

程序的运行结果并不固定，这取决于操作系统的调度程序。有可能线程让步之后，仍然是当前线程继续执行，并不能保证线程让步一定能让其他线程执行。

12.4.4 线程插队

线程插队指的是当前正在运行的线程 A 运行其他线程 B，使其插队执行，线程 A 进入等待状态，等待线程 B 执行一段时间或者是执行完毕之后再开始重新进入可执行状态。

线程插队可以通过 Thread 类提供的 join()方法来实现，该方法在线程 A 运行过程中，由线程 B 来调用。join()方法提供带参数和不带参数两种形式。

1. public final void join() throws InterruptedException

如在线程 A 中存在 B.join()，表示将线程 B 加入线程 A 的执行过程中，并让线程 A 等待，直到线程 B 执行完毕后线程 A 再进入可执行状态。如果线程 A 在等待过程中发现中断标志位为 true，将抛出 java.lang.InterruptedException 异常。

2. public final void join(long millis) throws InterruptedException

该方法与上一个方法类似，但在参数列表中需要传递一个单位为毫秒的 long 型数据，表示将线程加入其他线程的执行过程中，并让其他线程等待 millis 毫秒。如果 millis 为 0，则表示其他线程要一直等待，直到当前线程执行完毕，相当于 join()方法。如果线程 A 在等待过程中发现中断标志位为 true，将抛出 java.lang.InterruptedException 异常。

说明：

对于 join(long millis)方法来说，如果插队的线程执行时间小于 millis 毫秒，那么线程插队线程执行完毕之后，被插队的线程将立即进入可执行状态，而不会一直等待 millis 毫秒。

【例 12.7】创建一个自定义线程 EmergencyThread，该线程执行 for 循环输出 1 到 10。main 线程中创建 EmergencyThread 线程的实例 t，并启动线程。另外，main 线程中也同样执行 for 循环输出 1 到 10，当输出到 2 时，调用 t.join(3000)方法为线程 t 让步 3000 毫秒。

在 cn.pzhu.op 包下创建一个名为 ThreadJoin 的类，关键代码如下：

```
package cn.pzhu.op;
public class ThreadJoin {
    public static void main(String[] args) throws Exception {
        // 创建线程
        Thread t = new Thread(new EmergencyThread(), "线程 1");
        t.start(); // 开启线程
        for (int i = 1; i <= 10; i++) {
            System.out.println(Thread.currentThread().getName() + "输出： " + i);
            if (i == 2) {
                System.out.println(t.getName() + "插队执行 3000 毫秒!");
                t.join(3000); // 调用 join()方法，让线程 t 插队执行
            }
```

```
                Thread.sleep(500); // 线程休眠 500 毫秒
                Thread.currentThread().interrupt();
            }
        }
    }

class EmergencyThread implements Runnable {
    public void run() {
        for (int i = 1; i <= 10; i++) {
            System.out.println(Thread.currentThread().getName() + "输出： " + i);
            try {
                Thread.sleep(500); // 线程休眠 500 毫秒
            } catch (InterruptedException e) {
                e.printStackTrace();
            }
        }
    }
}
```

运行上述代码，程序运行结果如图 12.14 所示。

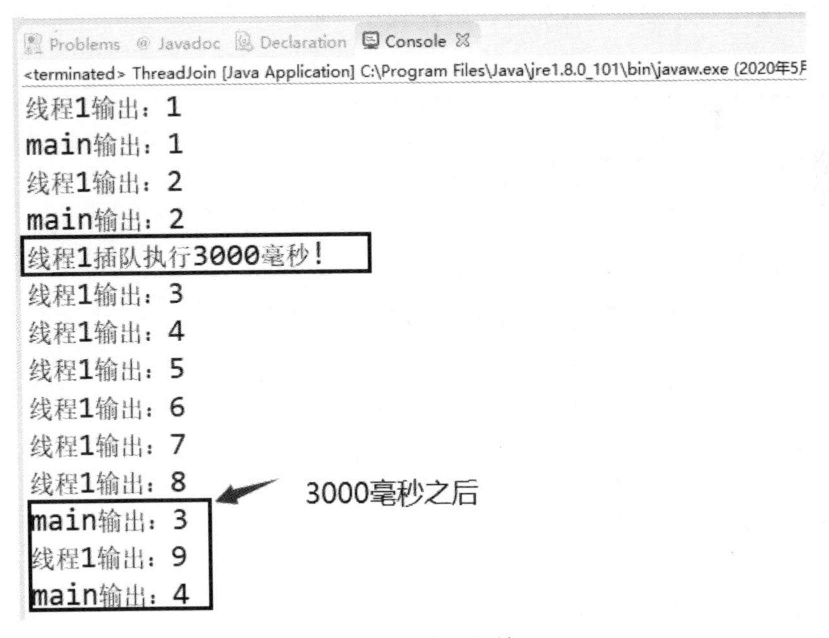

图 12.14　程序运行结果

从图 12.14 的运行结果可以看出，线程 main 在输出到 2 时，运行线程 1 插队执行 3000 毫秒。然后，线程 1 执行 3000 毫秒（在这段时间内，线程 1 每隔 500 毫秒输出一次，因此输出 3 到 8）。当 3000 毫秒插队时间结束之后，线程 main 进入可执行状态，等待调度程序调度执行。

说明：

如果将代码中的 t.join(3000)修改为 t.join()，那么线程 1 执行完毕之后，线程 main 才会执行。另外，如果将等待时间修改得很长，如 30000 毫秒，那么线程 main 并不会真的等待 30000 毫秒，而是在线程 1 执行完毕之后立即开始执行。

12.4.5 线程优先级

在 12.4.3 小节线程让步中提到了线程优先级的概念，下面将对线程的优先级以及修改线程优先级的方法进行介绍。

在计算机中，某个线程需要执行就必须要得到 CPU 的使用权，而计算机会按照特定的机制为这些线程分配 CPU 的使用权。通常情况下，计算机的线程调度模式有时间片轮转、短任务优先以及优先级高优先等，其中优先级高优先就需要根据线程的优先级来决定线程的调度顺序。

每个线程都具有各自的优先级，优先级用于表示线程的重要性和迫切性。当有很多线程都处于就绪状态时，优先级越高的线程获得 CPU 使用权的概率就越大，而优先级越低的线程获得 CPU 使用权的概率就越小，例如 JVM 中垃圾回收线程的优先级就比较低。

线程的优先级可以使用 1 到 10 的整数来表示，数字越大表示优先级越高，优先级不能超过 10，也不能小于 1。每个新产生的线程默认优先级为 5，如果父线程已经设定了优先级，那么子线程会继承父线程的优先级。除了直接使用数字来表示线程的优先级，Thread 类中也提供了一些静态常量来表示线程的优先级，如表 12.5 所示。

表 12.5 表示线程优先级的静态常量

方法	描述
public static final int MAX_PRIORITY	静态整型常量 10，表示线程的最大优先级
public static final int MIN_PRIORITY	静态整型常量 1，表示线程的最小优先级
public static final int NORM_PRIORITY	静态整型常量 5，表示线程的默认优先级

线程的优先级默认为 NORM_PRIORITY，但这并不是固定不变的。线程的优先级可以通过 Thread 类的 public final void setPriority(int newPriority)方法来更改当前线程的优先级，该方法的参数 newPriority 为要设置的新的优先级，参数值必须是 1 到 10 的整数或表 12.5 中的静态常量，如果优先级不在 MIN_PRIORITY 到 MAX_PRIORITY 之间，则抛出 IllegalArgument Exception 异常。另外，线程的优先级可以使用 public final int getPriority()方法获得。

【例 12.8】创建一个自定义线程 MyThread，该线程执行 for 循环输出 1 到 5。main 线程中创建 MyThread 线程的实例 thread1 和 thread2，然后将线程 thread1 的优先级设置为 1，线程 thread2 的优先级设置为 2，启动两个线程，查看控制台输出。

在 cn.pzhu.op 包下创建一个名为 ThreadPriority 的类，关键代码如下：

```
package cn.pzhu.op;
public class ThreadPriority {
    public static void main(String[] args) {
        Thread thread1 = new Thread(new MyThread(),"线程 1");
```

```
        Thread thread2 = new Thread(new MyThread(),"线程 2");
        thread1.setPriority(1);
        thread2.setPriority(10);
        thread1.start();
        thread2.start();
    }
}

class MyThread implements Runnable{
    @Override
    public void run() {
        for (int i = 1; i <= 5; i++) {
            try{
                String name = Thread.currentThread().getName();
                int priority = Thread.currentThread().getPriority();
                System.out.printf("%s 的优先级是%d，正在输出：%d\n",name,priority,i);
            } catch (Exception e){
                e.printStackTrace();
            }
        }
    }
}
```

运行上述代码，程序运行结果如图 12.15 所示。

```
Problems  @ Javadoc  Declaration  Console ☒
<terminated> ThreadPriority [Java Application] C:\Program Files\Java\jre1.8.0_101\bin\javaw.exe (2020年5月3日 下午12:47:52)
线程2的优先级是10，正在输出：1
线程2的优先级是10，正在输出：2
线程2的优先级是10，正在输出：3
线程2的优先级是10，正在输出：4
线程2的优先级是10，正在输出：5
线程1的优先级是1，正在输出：1
线程1的优先级是1，正在输出：2
线程1的优先级是1，正在输出：3
线程1的优先级是1，正在输出：4
线程1的优先级是1，正在输出：5
```

图 12.15　程序运行结果

ThreadPriority.java 的 main()方法中创建了两个线程 thread1 和 thread2，然后分别将线程 thread1 的优先级设置为 1，线程 thread2 的优先级设置为 10。由于优先级越高的线程获得 CPU 使用权概率越大，所以线程 thread2 优先执行的概率越大。图 12.15 的程序运行结果中，线程

2 的优先级为 10，先执行完毕之后，线程 1 才开始执行。

说明：

程序的输出结果并不是固定的，并不总是线程 2 先执行。为线程设置了更高的优先级，仅仅表示这个线程先执行的概率更大，而不表示这个线程就一定先执行。

12.4.6 守护线程

Java 程序入口是 main()方法，可以理解为 Java 程序的主线程（main 线程）是由 JVM 自动启动的，而 main 线程又可以启动其他线程。当所有线程运行结束后，程序执行完毕，JVM 退出。如果有任意一个线程没有结束，JVM 都不会退出。

然而，有的时候会需要一种线程来执行无限循环任务，例如定时输出当前时间：

```
class TimerThread extends Thread {
    @Override
    public void run() {
        while (true) {
            System.out.println(LocalTime.now());
            try {
                Thread.sleep(1000);
            } catch (InterruptedException e) {
                break;
            }
        }
    }
}
```

上述代码中的线程将执行一个无限循环的任务，这种情况下，只要这个线程不结束，JVM 进程就无法结束。那么 JVM 何时才能结束运行？这类线程又应该由谁负责来结束？就像操作系统一样，系统在运行过程中一直在等待新的指令或任务，但是当我们不需要用计算机并想关闭计算机时，应该如何来结束这个接收指令的线程？这时就需要用到守护线程。

一般情况下，线程分为用户线程（User Thread）和守护线程（Daemon Thread）。守护线程是指为其他线程服务的线程。在 JVM 中，如果所有非守护线程都执行完毕后，无论有没有守护线程，虚拟机都会自动退出。也就是说，可以将一些辅助线程、用来执行无限循环任务的线程设置为守护线程，当其他任务执行完毕之后，JVM 会退出，这些线程也就自动关闭了。

将某个线程设置为守护线程需要用到 Thread 类的 setDaemon()方法，该方法的描述如下：

```
public final void setDaemon(boolean on)
Description:
    Marks this thread as either a daemon thread or a user thread. The Java Virtual Machine exits when the only threads running are all daemon threads. This method must be invoked before the thread is started.
Parameters:
```

```
        on - if true, marks this thread as a daemon thread
    Throws:
        IllegalThreadStateException - if this thread is alive
```

从 JDK API 中的描述可以看出，如果 Java 虚拟机中运行的线程只有守护线程时，JVM 会退出。setDaemon()方法可以用于标记一个线程是守护线程还是用户线程，且这个方法必须在线程启动前调用。当参数 on 的取值为 true 时，这个线程被标记为守护线程。如果调用 setDaemon()方法时，线程已经启动，那么将抛出 IllegalThreadStateException。

使用方式如：

```
Thread t = new MyThread();
t.setDaemon(true);
t.start();
```

【例 12.9】创建一个自定义线程 MyThread，该线程无限循环输出内容。在 main 线程中创建 MyThread 线程的实例 daemonThread，将这个线程设置为守护线程。然后 main 线程执行 5 次输出后退出，查看守护线程运行状态以及控制台输出。

在 cn.pzhu.op 包下创建一个名为 ThreadDaemon 的类，关键代码如下：

```
package cn.pzhu.op;
public class ThreadDaemon {
    public static void main(String[] args) throws InterruptedException {
        // 创建线程 daemonThread
        MyThread my = new ThreadDaemon().new MyThread();
        Thread daemonThread = new Thread(my);
        //将线程设置为守护线程
        daemonThread.setDaemon(true);
        daemonThread.start(); // 开启线程
        int m = 0;
        while (++m<=5) {
            System.out.printf("线程%s 执行%d 次。\n",Thread.currentThread().getName(),m);
            Thread.sleep(100);
        }
        System.out.println("主线程退出……");
    }

    class MyThread implements Runnable{
        @Override
        public void run() {
            while(true){
                System.out.println("守护线程正在执行!");
                try {
                    //让当前线程休眠 100 毫秒
```

```
                        Thread.sleep(100);
                    } catch (InterruptedException e) {
                        e.printStackTrace();
                    }
                }
            }
        }
    }
```

运行上述代码，程序运行结果如图 12.16 所示。

```
Problems  @ Javadoc  Declaration  Console
<terminated> ThreadDaemon [Java Application] C:\Program Files\Java\jre1.8.0_101\bin\javaw.exe
线程main执行1次。
守护线程正在执行!
守护线程正在执行!
线程main执行2次。
守护线程正在执行!
线程main执行3次。
守护线程正在执行!
线程main执行4次。
守护线程正在执行!
线程main执行5次。
守护线程正在执行!
主线程退出......
```

图 12.16　程序运行结果

从图 12.16 的运行结果可以看出，守护线程在被启动之后每隔 100 毫秒就会输出“守护线程正在执行!”，且输出的语句是写在 while(true){}无限循环中的。当线程 mian 执行了 5 次之后，主线程退出，这时所有非守护线程全部执行完毕，JVM 退出，因此守护线程也不会再执行。

12.5　多线程同步

为了提高程序的效率，往往会选用多线程的方式来完成任务。这种方式虽然提高了程序的执行效率，但与单线程程序相比，多线程程序存在一定的安全性问题。在单线程程序中，同一时刻只能做一件事情，后面的事情需要等待前面的事情完成后才可以进行，在这个过程中所有的变量和资源都由一个线程控制，能够明确知道所有变量和资源的变化，而多线程程序中往往会有多个线程在同时操作这些变量和资源，因此可能存在多个线程在同时修改变量以及同时抢占资源等问题。为了防止资源访问的冲突以及公共变量的一致性问题，就需要用到多线程的同步机制。

12.5.1 线程安全问题

在实际开发过程中，很多程序都会采用多线程的方式来实现，如火车站售票系统等。如12.2.3 节中介绍的使用 Runnable 方式实现多个窗口售票的示例，在程序运行结果中出现了“正在销售第 0 张票”的问题，如图 12.17 所示。

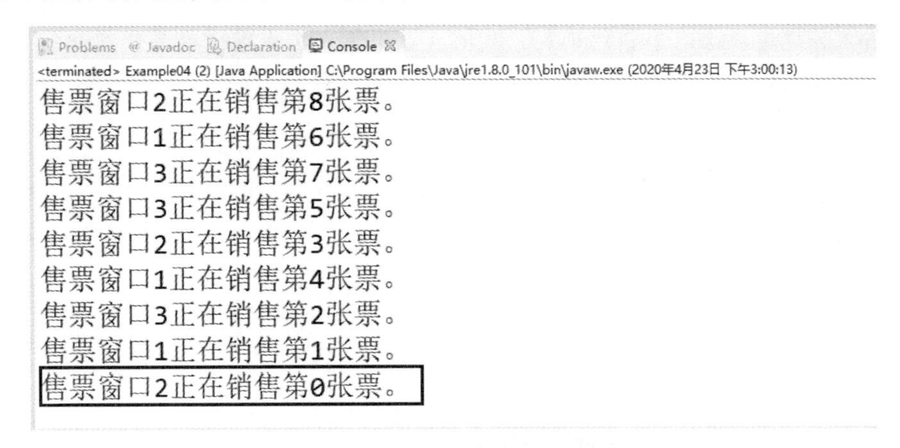

图 12.17　多线程错误输出效果图

在之前的代码中，程序在售票之前会判断当前票数 tickets 是否大于 0，如果大于 0 则执行将票出售给乘客。但当有两个或更多个线程同时访问这段代码时，如果当前车票只有 1 张，那么就会发生上图中出现的错误。窗口 1 发现当前票数为 1，出售这张车票；而窗口 2 已经通过是否有票的判断，认为当前票数为 1，于是窗口 2 也进入了售票步骤，这样就会出现销售第 0 张票的问题。如果售票窗口增加，即执行售票操作的线程增加，甚至还有可能出现负数的情况。

因此，在编写多线程程序时，应该考虑线程安全问题，即确保某个资源在同一时刻只能被一个线程访问。

12.5.2 线程同步机制

引起线程安全问题的原因其实是因为多个线程同时处理公共资源，因此要解决多线程的安全问题，只需要确保同一时刻只允许一个线程访问公共资源即可。

如上述示例中多窗口售票问题，就应该保证以下代码在同一时刻只能有一个线程（售票窗口）访问。

```
while (true) {
    if (tickets>0) {
        System.out.printf("%s 正在销售第%d 张票。\n", Thread.currentThread().getName(), tickets--);
    } else {
        break;
    }
    try {
        // 让当前线程休眠 100 毫秒
        Thread.sleep(100);
```

```
        } catch (InterruptedException e) {
            e.printStackTrace();
        }
    }
```

为了实现同一时刻只能有一个线程访问公共资源，那么就需要给这个公共资源加锁，就像一个人进入公用电话亭之后将门锁上，其他人就不能再进入电话亭，直到这个人出来之后将锁打开，其他人才可以进入公用电话亭。Java 为多线程同步提供了两种方法，一种是将代码放在 synchronized 修饰的代码块中，另外一种是用 synchronized 关键字来修饰访问公共资源的方法。

1. 同步代码块

同步代码块就是用关键字 synchronized 修饰的一段代码，在这段代码块中可以将处理公共资源的代码放在其中，这样就可以保证同一时刻只有一个线程能够操作公共资源。同步代码块的语法格式如下：

```
synchronized(obj){
    //可能造成线程安全问题的代码
}
```

将可能造成线程安全问题的代码（操作公共资源的代码）放在 synchronized 同步代码块中，这样所有的线程在访问这段代码块时就需要先获得 obj 对象锁，只有获得锁的线程才能够执行，而其他线程会因为无法获得锁而进入 BLOCKED 状态，等到当前线程执行完同步代码块且释放对象锁之后，所有线程开始抢夺锁的拥有权，获得锁的线程再进入同步代码块开始执行，循环这个过程直到任务执行完毕为止。上述代码中的 obj 是一个锁对象，这个锁对象可以是任意一个对象，但多个线程共享的锁对象必须是唯一的。每个对象都存在一个标志位，该标志位表示这个对象是否被锁定，可以用 0 和 1 来表示，0 表示对象已经被锁定，1 表示对象没有被锁定。当线程运行到同步代码块时，会检查 obj 对象的锁状态，如果为 0 则表示已经有其他线程锁定了这个对象，即有其他线程在执行同步代码块，那么当前线程就会进入阻塞状态；当其他线程执行完同步代码块之后，obj 会被解锁，状态置为 1，这时其他线程才能执行同步代码块。

【例 12.10】修改窗口售票的代码，将售票的代码放在 synchronized 关键字修饰的代码块中。

在项目 chapter12 的 src 文件夹下新建一个名为 cn.pzhu.syn 的包，并在这个包下创建一个名为 Example01 的类，在这个类中实现售票操作，关键代码如下：

```
package cn.pzhu.syn;
public class Example01 {
    public static void main(String[] args) throws InterruptedException {
        // 创建三个窗口进行售票
        SellTickets st = new SellTickets();
        Thread window1 = new Thread(st,"售票窗口 1");
        Thread window2 = new Thread(st,"售票窗口 2");
        Thread window3 = new Thread(st,"售票窗口 3");
```

```
        // 开始售票
        window1.start();
        window2.start();
        window3.start();
    }
}
class SellTickets implements Runnable{
    private int tickets = 10;//总票数
    private int n = 0;//已售票数
    Object obj = new Object();//锁对象
    @Override
    public void run() {
        while(true){
            synchronized (obj) {
                if(n<tickets){
                    System.out.printf("%s 正在销售第%d 张票。\n",Thread.current
Thread().getName(),n+1);
                    n++;
                }else{
                    break;
                }
                try {
                    Thread.sleep(100);//让当前线程休眠 100 毫秒
                } catch (InterruptedException e) {
                    e.printStackTrace();
                }
            }
        }
    }
}
```

在 Example01.java 中将售票的操作（判断票的余量、售票、线程休眠等操作）放在同步代码块中，同一时刻只允许一个线程（一个窗口）访问同步代码块，只有当一个线程将判断售票数、售票、改变售票数全部执行完毕，才允许其他线程售票。

说明：

代码中使用 Object obj = new Object()方法创建了一个锁对象，用来保证线程安全。需要注意的是，锁对象的创建不能放在 run()方法中，否则每个线程在运行 run()方法的时候都会创建一个新的锁对象，无法实现多线程公用一个锁，这样就无法实现多个线程之间的同步效果。

运行结果如图 12.18 所示。

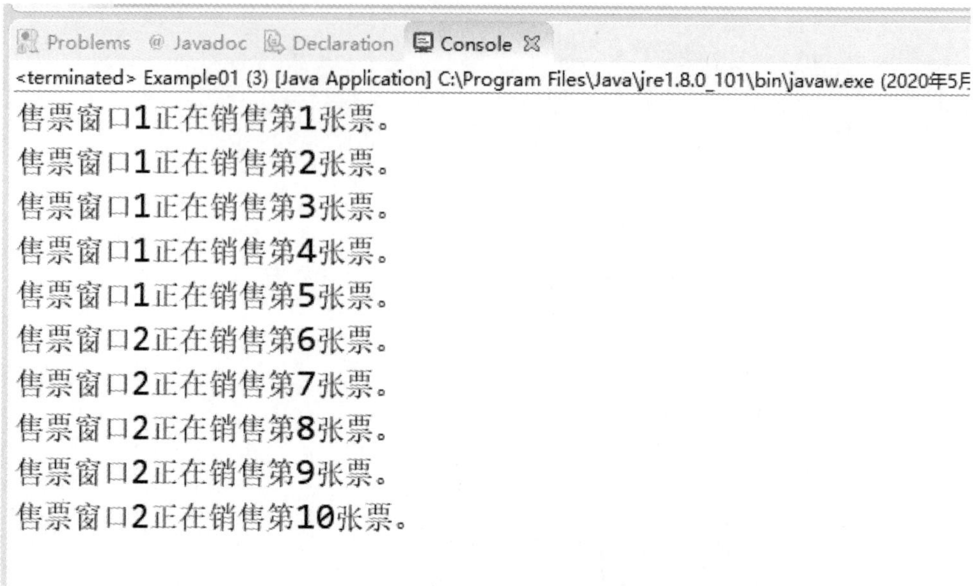

```
Problems @ Javadoc Declaration Console
<terminated> Example01 (3) [Java Application] C:\Program Files\Java\jre1.8.0_101\bin\javaw.exe (2020年5月
售票窗口1正在销售第1张票。
售票窗口1正在销售第2张票。
售票窗口1正在销售第3张票。
售票窗口1正在销售第4张票。
售票窗口1正在销售第5张票。
售票窗口2正在销售第6张票。
售票窗口2正在销售第7张票。
售票窗口2正在销售第8张票。
售票窗口2正在销售第9张票。
售票窗口2正在销售第10张票。
```

图 12.18 程序运行结果

从图 12.18 的运行结果可以看出，售出的票到第 10 张就停止了，没有再出现多售或者是重复销售同一张票的情况。

2. 同步方法

同步方法就是用关键字 synchronized 修饰的一个方法，可以将处理公共资源的所有操作都封装在这个方法中，其效果和同步代码块类似，只是锁定的范围大小不同而已，同步方法的语法格式如下：

```
方法修饰符 synchronized 方法返回值类型 方法名(参数列表){
//可能造成线程安全问题的代码
}
```

被 synchronized 关键字修饰的方法在同一时刻只允许一个线程方法，其他线程如果访问该方法会进入阻塞状态，直到当前线程将该方法执行完毕之后，其他线程才有机会执行该方法。

说明：

synchronized 关键字可以修饰对象、实例方法、静态方法，修饰的内容不同，其同步的范围也不同：

修饰对象，即作用于代码块，这需要给定一个唯一的任意对象，线程进入同步代码前要获得指定对象的锁；

修饰实例方法，那么调用这个方法的类的实例会被加锁，进入同步代码前要获得这个对象实例的锁；

修饰静态方法，那么该方法所在类的 class 对象会被加锁，进入同步代码前要获得当前类的 class 对象的锁。

【例 12.11】修改窗口售票的代码，将售票的方法 sell()用 synchronized 关键字进行修饰。

在 cn.pzhu.syn 包下创建一个名为 Example02 的类，在这个类中通过同步方法来实现线程安全的售票操作，关键代码如下：

```
package cn.pzhu.syn;

public class Example02 {
    public static void main(String[] args) throws InterruptedException {
        // 创建三个窗口进行售票
        SellTickets st = new Example02().new SellTickets();
        Thread window1 = new Thread(st, "售票窗口 1");
        Thread window2 = new Thread(st, "售票窗口 2");
        Thread window3 = new Thread(st, "售票窗口 3");
        // 开始售票
        window1.start();
        window2.start();
        window3.start();
    }

    class SellTickets implements Runnable {
        private int tickets = 10;// 总票数
        private int n = 0;// 已售票数

        @Override
        public void run() {
            while (true) {
                sell();
            }
        }
        //同步方法
        public synchronized void sell(){
            if (n < tickets) {
                System.out.printf("%s 正在销售第%d 张票。\n", Thread.currentThread().
getName(), n+1);
                n++;
            } else {
                System.exit(0);
            }
            try {
                Thread.sleep(100);// 让当前线程休眠 100 毫秒
            } catch (InterruptedException e) {
                e.printStackTrace();
            }
```

```
            }
        }
    }
```

上述代码，将所有售票的操作封装为了一个名为 sell()的方法，在该方法中先判断已售票数是否小于总票数，如果小于则开始售票，并将已售票数加 1；如果已售票数大于或等于总票数，则使用 System.exit(0)结束线程的执行。

提示：

在使用同步方法时，要注意应该将操作公共资源的方法进行抽取，然后用 synchronized 关键字修饰这个抽取的方法，而不要直接对 run()方法进行修饰，否则会因为 run()方法被锁定而造成其他线程无法执行。

程序运行结果如图 12.19 所示。

```
Problems @ Javadoc Declaration Console
<terminated> Example5 [Java Application] C:\Program Files\Java\jre1.8.0_101\bin\javaw.exe (2020年5月
售票窗口1正在销售第1张票。
售票窗口1正在销售第2张票。
售票窗口1正在销售第3张票。
售票窗口1正在销售第4张票。
售票窗口1正在销售第5张票。
售票窗口1正在销售第6张票。
售票窗口1正在销售第7张票。
售票窗口1正在销售第8张票。
售票窗口3正在销售第9张票。
售票窗口3正在销售第10张票。
```

图 12.19　程序运行结果

从图 12.19 的运行结果可以看出，这种方式也可以保证售票的正确执行，和同步代码块的效果一样。

说明：

用同步代码块或同步方法来解决线程安全问题，虽然能够保证同一时间只有一个线程能够访问公共数据。但是所有线程在执行同步代码块或同步方法前都需要判断对应锁的状态，这会降低执行效率，且会消耗一定系统资源。

12.5.3　线程死锁

在前一小节介绍了线程的同步机制，使用 synchronized 关键字可以锁定某个对象，让其他线程无法获得这个对象锁而进入阻塞状态。这种方法虽然可以避免多个线程同时访问某个共享资源，但是却可能产生一个新的问题——线程死锁。

线程死锁（DeadLock）是指两个或两个以上的线程互相持有对方所需要的资源，由于

synchronized 的特性，一个线程持有一个资源（对这个资源附加了锁），那么在该线程释放这个锁之前，其他线程将无法获得这个资源。假设当前线程不仅需要资源 A（已经被当前线程锁定），还需要另外一个资源 B 才能执行，资源 B 在这个时候却被其他线程持有（被其他线程锁定），而其他线程不仅需要资源 B，也需要资源 A 才能执行。两个线程都需要资源 A 和资源 B，且两个线程分别锁定其中一个资源，这样两个线程就会相互等待对方的资源且会一直等待下去，从而造成线程死锁。

从上面的例子可以看出，线程的死锁其实是需要一些必要条件的，包括：

（1）互斥条件：一个资源只能被一个线程所占用，当一个线程获取到这个资源的锁之后，其他线程在该线程释放这个锁之前无法获得该资源。

（2）占有且不放弃：一个线程如果需要多个资源才能执行，那么在获取到部分资源后，将无休止的等待其他资源，这个等待过程没有时限，在等待过程中不放弃已经拥有的资源。

（3）不可剥夺条件：任何一个线程都无法强制获取别的线程已经占有的资源，即无法强制让其他线程解锁。

（4）循环等待条件：存在至少一种资源的循环等待环路，环中每一个线程所占有的资源是环中下一个线程所请求的资源，如线程 A 拿着线程 B 的资源，线程 B 拿着线程 A 的资源，线程 A 和线程 B 构成一个循环等待环路。

【例 12.12】中国人和美国人一起就餐，但是中国人得到是刀叉，美国人得到的是筷子，两个人都想获得对方的餐具先吃，这就造成了死锁，谁也没法吃饭。

在 cn.pzhu.syn 包下创建一个名为 Example03 的类，在这个类中通过中国人和美国人抢占资源来模拟死锁，关键代码如下：

```
package cn.pzhu.syn;
class DeadLockThread implements Runnable {
    static Object chopsticks = new Object(); // 定义 Object 类型的 chopsticks 锁对象，表示筷子
    static Object knifeAndFork = new Object(); // 定义 Object类型的 knifeAndFork 锁对象，表示刀叉

    public void run() {
        String name = Thread.currentThread().getName();
        if ("中国人".equals(name)) {
            synchronized (knifeAndFork) { // knifeAndFork 锁对象上的同步代码块
            System.out.println("中国人已经拿到刀叉，等待筷子......");
            while (true) {
                    synchronized (chopsticks) { // chopsticks 锁对象上的同步代码块
                        System.out.println("中国人已经拿到筷子!^_^");
                        try {
                            System.out.println("正在吃饭......");
                            Thread.sleep(3000);
                            System.out.println("中国人吃完饭，释放筷子和刀叉！");
```

```
                        break;
                    } catch (InterruptedException e) {
                        e.printStackTrace();
                    }
                }
            }
        }
    }
    if ("美国人".equals(name)) {
        synchronized (chopsticks) { // chopsticks 锁对象上的同步代码块
        System.out.println("美国人已经拿到筷子，等待刀叉……");
        while (true) {
                synchronized (knifeAndFork) { // knifeAndFork 锁对象上的同步代码块
                    System.out.println("美国人已经拿到刀叉！ ^_^");
                    try {
                        System.out.println("正在吃饭……");
                        Thread.sleep(3000);
                        System.out.println("美国人吃完饭，释放筷子和刀叉！ ");
                        break;
                    } catch (InterruptedException e) {
                        e.printStackTrace();
                    }
                }
            }
        }
    }
  }
}
public class Example03 {
    public static void main(String[] args) {
        // 创建两个 DeadLockThread 对象
        Thread t1 = new Thread(new DeadLockThread(), "中国人");
        Thread t2 = new Thread(new DeadLockThread(), "美国人");
        // 创建并开启两个线程
        t1.start();
        t2.start();
    }
}
```

在上述代码中，DeadLockThread 类的 run()方法默认如果是“中国人”则默认获得“刀叉”，并开始不停地请求“筷子”；如果是“美国人”则默认获得“筷子”，并开始不停地请求“刀叉”。如果其中任何一人获得了餐具就“开始吃饭”，然后释放所拥有的资源。

程序运行结果如图 12.20 所示。

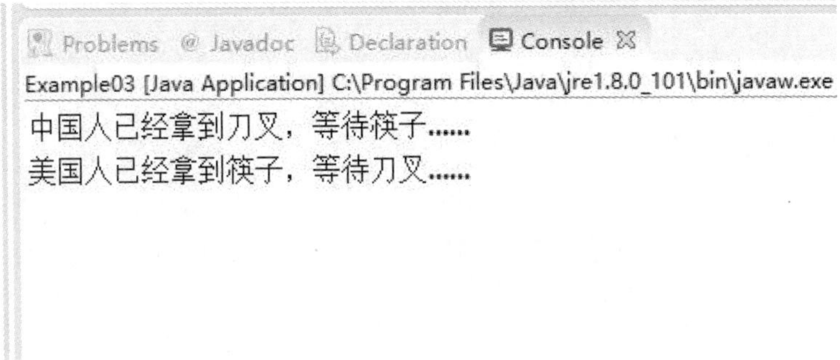

```
Problems @ Javadoc Declaration Console
Example03 [Java Application] C:\Program Files\Java\jre1.8.0_101\bin\javaw.exe
中国人已经拿到刀叉，等待筷子......
美国人已经拿到筷子，等待刀叉......
```

图 12.20 程序运行结果

从图 12.20 的运行结果可以看出，两个线程处于阻塞状态，没有办法继续执行，从而造成了死锁。

12.6 线程通信

在前面介绍了关于线程同步的相关知识，而在现实中除了考虑线程之间的同步，很多时候还需要线程之间的协作。比如两个线程分别负责奇数和偶数的输出，还有经典的“生产者-消费者”模型都是需要线程之间进行协作的。

Java 中有很多方式可以实现线程的通信，这里将介绍 Java 中 Object 类中的 wait()、notify()和 notifyAll()方法来实现线程通信。

wait()方法可以使线程从运行状态进入就绪状态，并释放对象锁。

notify()方法能够唤醒一个因 wait()方法进入阻塞状态的线程，解除线程的阻塞状态。

notifyAll()方法可以唤醒因 wait()方法进入阻塞状态的所有线程。

提示：

wait()方法和 sleep()方法都可以让线程进入等待状态，但 wait()方法会释放对象锁，sleep()方法不会释放对象锁。

在使用 wait()方法和 notify()方法之前，需要先了解对象的控制权（monitor）。因为只有线程拥有某个对象的控制权，才能执行这个对象的 wait()方法和 notify()方法。

如下面的代码：

```
public class ThreadTest {
    public static void main(String[] args) {
        Object object = new Object();
        new Thread(new Runnable() {
            @Override
            public void run() {
```

```
                try {
                    object.wait();
                } catch (InterruptedException e) {
                    e.printStackTrace();
                }
            }
        }).start();
    }
}
```

运行上述代码，将输出如图 12.21 所示结果。

```
<terminated> ThreadTest [Java Application] C:\Program Files\Java\jre1.8.0_101\bin\javaw.exe (2020年5月5日 下午10:19:55)
Exception in thread "Thread-0" java.lang.IllegalMonitorStateException
        at java.lang.Object.wait(Native Method)
        at java.lang.Object.wait(Unknown Source)
        at cn.pzhu.WaitAndNotify.ThreadTest$1.run(ThreadTest.java:9)
        at java.lang.Thread.run(Unknown Source)
```

图 12.21　程序运行结果

从图 12.21 的运行结果可以看出，提示 object.wait()出现异常，因为对象 object 的控制权在 main 线程中。所以，无论是执行对象的 wait()、notify()方法还是 notifyAll()方法，都必须保证当前运行的线程取得了该对象的控制权。如果在没有控制权的线程中执行对象的 wait()、notify()或 notifyAll()方法，将抛出 java.lang.IllegalMonitorStateException 异常。

要获得对象的控制权，可以通过同步锁来实现，如 synchronized 代码块。将上述代码修改为如下代码，程序将正常运行。

```
package cn.pzhu.WaitAndNotify;
public class ThreadTest {
    public static void main(String[] args) {
        Object object = new Object();
        new Thread(new Runnable() {
            @Override
            public void run() {
                synchronized (object) {//增加同步代码块
                try {
                    object.wait();
                } catch (InterruptedException e) {
                    e.printStackTrace();
                }
            }
            }
        }).start();
```

```
        }
    }
```

说明：

在 Java 中任何一个时刻，对象的控制权只能被一个线程拥有。

【例 12.13】编写两个线程，一个线程输出奇数 1，3，5，7，9，另一个线程输出偶数 2，4，6，8，10，并且要求控制台的输出顺序为 1，2，3，4，5…10。

在 Chapter12 项目的 src 目录下新建一个名为 cn.pzhu.WaitAndNotify 的包，然后在这个包下面创建一个名为 Demo01 的类，关键代码如下：

```
package cn.pzhu.WaitAndNotify;

public class Demo01 {
    private final Object flag = new Object();

    public static void main(String[] args) {
        Demo01 demo = new Demo01();
        ThreadA threadA = demo.new ThreadA();
        threadA.start();
        ThreadB threadB = demo.new ThreadB();
        threadB.start();
    }

    class ThreadA extends Thread {
        @Override
        public void run() {
            synchronized (flag) {
                for (int i = 1; i <= 10; i += 2) {
                    flag.notify();
                    System.out.println(Thread.currentThread().getName()+ "输出： "+i);
                    try {
                        flag.wait();
                    } catch (InterruptedException e) {
                        e.printStackTrace();
                    }
                }
            }

        }
    }

    class ThreadB extends Thread {
```

```
            @Override
            public void run() {
                synchronized (flag) {
                    for (int i = 2; i <= 10; i += 2) {
                        flag.notify();
                        System.out.println(Thread.currentThread().getName()+"输出："+i);
                        try {
                            flag.wait();
                        } catch (InterruptedException e) {
                            e.printStackTrace();
                        }
                    }
                }
            }
        }
    }
```

在上述代码中，编写了一个线程 ThreadA 用来输出 1 ~ 10 的奇数，编写了一个线程 ThreadB 用来输出 1 ~ 10 的偶数。两个线程的 run()方法中使用了同步代码块用于获取 flag 对象锁，程序的输出结果如图 12.22 所示。

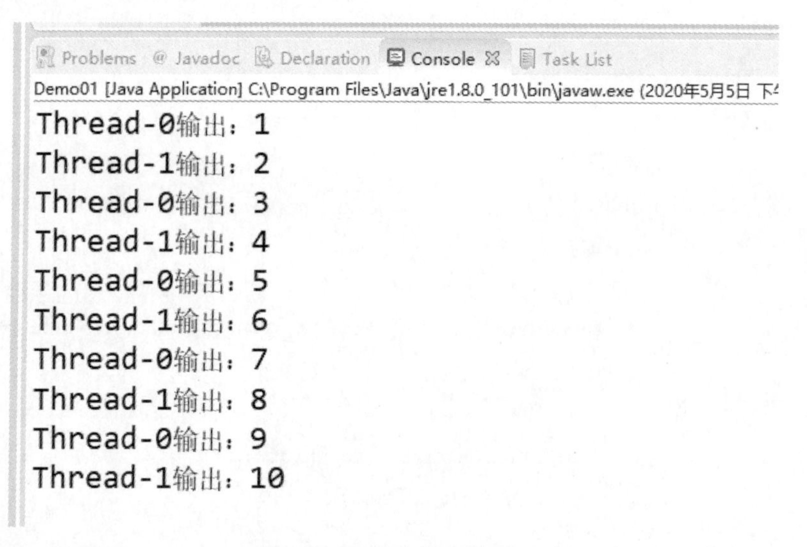

图 12.22　程序运行结果

从图 12.22 可以看出，两个线程交替执行，线程 Thread-0 输出一个奇数之后，将执行 flag.wait()，释放 flag 对象锁并使当前线程进入等待状态；之后线程 Thread-1 获得 flag 对象锁开始执行，输出偶数之后再释放 flag 对象锁进入等待状态。两个线程交替执行，最后控制台按序输出 1 ~ 10。

下面再看看经典的“生产者-消费者”模型是如何进行线程之间的协作的。

“生产者-消费者”模型指的是一些线程充当生产者负责生产产品，一些线程充当消费者负责消费产品，在线程的运行过程中往往会出现“供大于求”或“求大于供”的现象。这就要求当生产队列为空时，消费者就需要等待产品，并在等待期间释放对临界资源的占有权，然后生产者获得对临界资源的占有权并开始生产产品，在生产产品之后通知消费者开始消费。同理，当队列满时，生产者就需要等待，直到队列有空闲空间（或产品消费完毕、或消费至设定的产品数）时，消费者再通知生产者开始生产。

【例 12.14】 编写多线程实现多个顾客买包子案例。编写 Consumer 线程来模拟顾客买包子，编写 Product 线程来模拟老板做包子，在 main 线程中启动一个 Product 线程和两个 Consumer 线程来模拟老板和两个顾客的买卖过程。

在 cn.pzhu.WaitAndNotify 包下面创建一个名为 Demo02 的类，关键代码如下：

```
package cn.pzhu.WaitAndNotify;
import java.util.Random;
public class Demo02 {
    static int count = 0;//现存的包子数量
    static Object bun = new Object();//临界资源（包子队列）
    static Object work = new Object();//临界资源（老板工作状态）

    public static void main(String[] args) {
        Thread cons1 = new Thread(new Consumer(), "顾客 1");
        Thread cons2 = new Thread(new Consumer(), "顾客 2");
        Thread product = new Thread(new Product());
        cons1.start();
        cons2.start();
        product.start();
    }
}

class Consumer implements Runnable {
    @Override
    public void run() {
        while (true) {
            synchronized (Demo02.bun) {
                int m = new Random().nextInt(10) + 1;
                String name = Thread.currentThread().getName();
                System.out.printf("%s 告知老板要%d 个包子……\n", name, m);
                if (Demo02.count < m) {
                    try {
                        System.out.println("包子不够卖，等待老板……");
                        Demo02.bun.wait();
                    } catch (InterruptedException e) {
```

```
                        e.printStackTrace();
                    }
                }
                if(Demo02.count >= m){
                    Demo02.count = Demo02.count - m;
                    System.out.printf("%s 买走了%d 个包子，剩余%d 个。\n", name, m,
Demo02.count);
                }
                if (Demo02.count < 5) {
                    synchronized (Demo02.work) {
                        Demo02.work.notify();
                        System.out.println("包子剩余不多了，唤醒老板继续干活！");
                    }
                }
            }
            try {
                Thread.sleep(1000);
            } catch (InterruptedException e) {
                e.printStackTrace();
            }
        }
    }
}

class Product implements Runnable {
    @Override
    public void run() {
        while (true) {
            synchronized (Demo02.bun) {
                int m = new Random().nextInt(20) + 1;
                Demo02.count += m;
                System.out.printf("---------------老板做了%d 个包子，剩余%d 个。\n", m,
Demo02.count);
                Demo02.bun.notify();
                System.out.println("唤醒顾客，尝试售卖……");
            }
            if (Demo02.count >= 20) {
                synchronized (Demo02.work) {
                    try {
```

```
                        System.out.println("做得太多，老板休息一下！");
                        Demo02.work.wait();
                    } catch (InterruptedException e) {
                        e.printStackTrace();
                    }
                }
            }
            try {
                Thread.sleep(1000);
            } catch (InterruptedException e) {
                e.printStackTrace();
            }
        }
    }
}
```

运行上述代码，程序结果如图 12.23 所示。

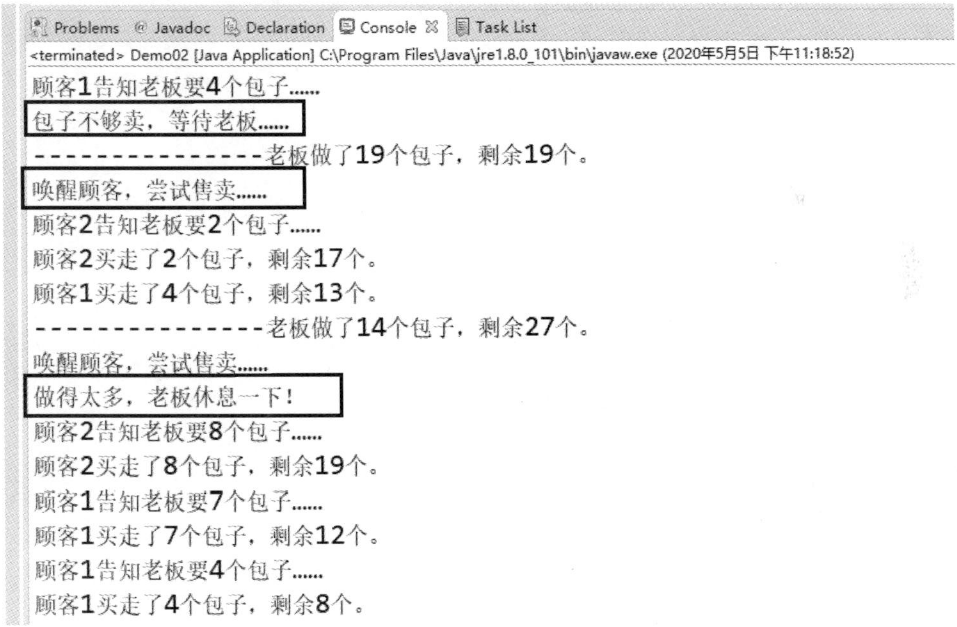

```
Problems  @ Javadoc  Declaration  Console  Task List
<terminated> Demo02 [Java Application] C:\Program Files\Java\jre1.8.0_101\bin\javaw.exe (2020年5月5日 下午11:18:52)
顾客1告知老板要4个包子......
包子不够卖，等待老板......
---------------老板做了19个包子，剩余19个。
唤醒顾客，尝试售卖......
顾客2告知老板要2个包子......
顾客2买走了2个包子，剩余17个。
顾客1买走了4个包子，剩余13个。
---------------老板做了14个包子，剩余27个。
唤醒顾客，尝试售卖......
做得太多，老板休息一下！
顾客2告知老板要8个包子......
顾客2买走了8个包子，剩余19个。
顾客1告知老板要7个包子......
顾客1买走了7个包子，剩余12个。
顾客1告知老板要4个包子......
顾客1买走了4个包子，剩余8个。
```

图 12.23　程序运行结果

从图 12.23 的程序运行结果中可以看到，当顾客要买包子时，因为默认包子数为 0，因此表示顾客的线程因包子数量不足进入等待状态。当老板生产了包子之后，唤醒因为包子不足陷入等待的顾客线程，顾客来进行消费。当包子剩余数量超过 20 个时，为了避免产品堆积，表示老板的线程进入等待状态，等待顾客消费。

习 题

1. 什么是进程？什么是线程？
2. 线程的实现方式有哪两种？它们有什么区别？
3. 请简述线程的生命周期以及生命周期中各个状态间转换。
4. 简述线程休眠、中断、让步、插队的方法。
5. 如何设置一个线程为守护线程？
6. 如何解决多线程安全问题？
7. 线程死锁产生的条件有哪些？
8. 如何实现线程间的通信。

第 13 章　网络通信

【学习要求】

了解网络通信基础知识；
了解 TCP/IP 协议和 UDP 协议规范；
熟悉网络编程中常用类的方法和作用；
掌握 UDP 网络程序设计；
掌握 TCP 网络程序设计。

随着信息时代的到来，在计算机技术不断发展的今天，计算机网络已经成为人们生活不可或缺的一部分，人们的工作、生活、休闲娱乐都离不开计算机网络。所谓计算机网络就是将分布在不同区域的计算机、外部设备、数据资源等计算机资源通过通信线路连接起来，并在网络操作系统、网络管理软件以及网络通信协议的管理和协调下形成一个规模大、功能强的资源共享与信息传递的计算机网络系统。

如果位于计算机网络系统中的计算机想要彼此之间进行通信，那么就需要通过一些网络通信程序来实现，本章将重点介绍网络通信的相关知识以及网络程序的编写。

13.1　网络通信基础

在学习网络通信之前，需要先了解一下计算机在网络通信的时候需要遵守的协议。就像汽车的行驶一定要遵守交通规则一样，计算机只有遵守这些通信协议才能实现网络通信，而这些通信协议规定了数据的传输格式、数据传输速率、数据传输方式以及步骤等。目前应用比较广泛的通信协议有 TCP/IP（Transmission Control Protocol/ Internet Protocol，传输控制协议/互联网协议）、UDP（User Datagram Protocol，用户数据报协议）以及 ICMP（Internet Control Message Protocol，互联网控制报文协议）等。

13.1.1　TCP/IP 网络模型

TCP/IP 协议，也称 TCP/IP 协议簇或 TCP/IP 协议栈，实质上是以 TCP 和 IP 为基础的不同层次上多个协议的集合，由于该协议簇中包含 TCP 和 IP 两个重要的协议而被命名为 TCP/IP 协议，该协议是目前世界上应用最为广泛的协议。

TCP/IP 协议被组织成四个概念层，如图 13.1 所示。需要注意的是，TCP/IP 四层网络模型中不包含物理层和数据链路层，因此它不能独立完成整个计算机网络系统的功能，必须与许多其他的协议协同工作。

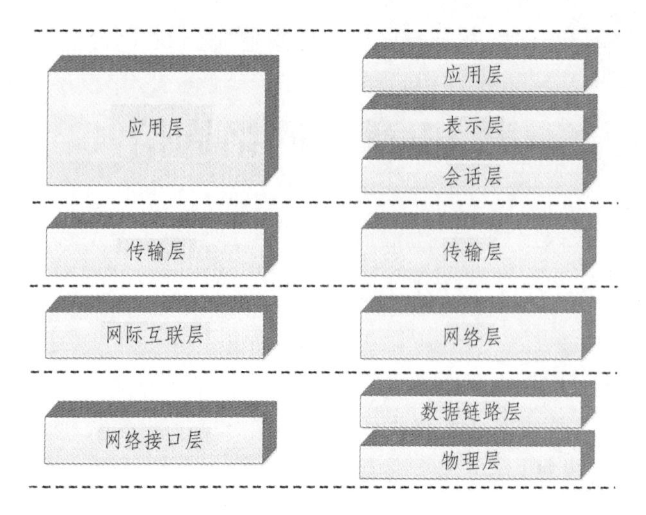

图 13.1　TCP/IP 四层网络模型与 OSI 七层模型对比

TCP/IP 四层网络模型分别是网络接口层、网际互联层、传输层和应用层。

网络接口层与 OSI 参考模型中的物理层和数据链路层相对应，主要作用是监视数据在主机和网络之间的交换。实际上 TCP/IP 本身并未定义该层的协议，而是由参与互联的各个网络使用其自己的物理层和数据链路层协议，然后与 TCP/IP 的网络接口层进行连接。该层主要包含 ARP、RARP 等协议，负责将 IP 地址转译成 MAC 地址。

网际互联层与 OSI 参考模型中的网络层相对应，主要负责数据的包装、寻址和路由，解决主机到主机的通信问题。该层主要包含网际协议（IP）、互联网组管理协议（IGMP）、互联网控制报文协议（ICMP），是整个 TCP/IP 协议的核心，其中互联网控制报文协议(ICMP)可以用来查看当前计算机是否与某指定 IP 的计算机实现网络互通。

传输层与 OSI 参考模型中的传输层相对应，为应用层实体提供端到端的通信功能，保证数据包的顺序传送及数据的完整性。该层主要包含两个重要的传输协议：传输控制协议（TCP）和用户数据报协议（UDP）。其中 TCP 协议是可靠的、面向连接的协议，提供可靠的数据流运输服务；UDP 协议是不可靠的、面向无连接的协议，提供不可靠的用户数据报服务。另外，该层将确定网络通信的端口号。

应用层与 OSI 参考模型中的高层对应，为用户提供所需要的各种服务，常用协议包含 FTP（文件传输协议）、HTTP（超文本传输协议）、Telent（远程终端协议）、SMTP（简单邮件传送协议）、POP3（邮件读取协议）等。

本章所讲述的网络编程主要使用的是网际互联层的 IP 协议和传输层的 TCP、UDP 协议，下面将详细介绍这些协议。

1. IP 协议

IP（Internet Protocol，网际协议）是整个 TCP/IP 协议族的核心，是网际互联层中最重要的协议，也是构成互联网的基础。

IP 协议能够适应各种各样网络硬件，对底层网络硬件几乎没有任何要求，任何网络只要可以传送二进制数据，就可以使用 IP 协议加入 Internet。该协议可以在相互连接的网络之间传递数据包，其主要功能包含寻址和路由、信息的分段与重组。

IP 协议在数据传输过程中，不会交换传输控制信息，也不会重新传输丢失的数据或者数据丢失情况信息，它只负责将数据传输到目的主机。因此，IP 协议是一个无连接、不可靠的协议。如果要保障数据传输的可靠性，可以通过 TCP 来实现。

2. TCP 协议

由于IP协议不能解决数据在分组传输过程中可能出现的问题，因此若要保证数据传输的可靠性，还需要 TCP 协议来提供可靠的并且无差错的通信服务。

TCP 协议（Transmission Control Protocol，传输控制协议）是一种端到端协议，主要实现端对端连接和可靠的传输功能。该协议是面向连接的通信协议系，即在传输数据前会在发送端和接收端之间建立逻辑连接，然后再进行数据传输，从而保障计算机之间数据传输的可靠和无差错。

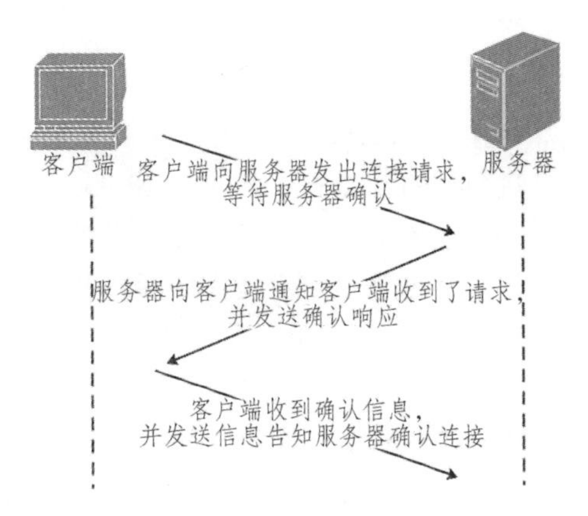

图 13.2　TCP 三次握手示意图

TCP 协议在数据发送的准备阶段会确认客户端与服务器之间的连接，这个确认过程被称作为“三次握手”，如图 13.2 所示。

第 1 次握手：客户端向服务器发出连接请求，等待服务器确认。

第 2 次握手：服务器接收客户端发送的连接请求后，向客户端发送确认响应信息。

第 3 次握手：客户端收到确认信息，并向服务器端发送信息来确认连接。

由于 TCP 协议是面向连接的、可靠的协议，能够保证数据传输的可靠性，因此在一些需要保证数据传输完整性的情况中被广泛使用，如图片的下载、文件的上传等。

3. UDP

UDP（User Datagram Protocol，用户数据报协议）是一种面向无连接的协议，主要用于提供面向事务的、简单的、不可靠信息的传送服务。使用 UDP 协议进行数据传输时，数据的发送端和接收端不建立逻辑连接。当一台计算机向另一台计算机发送数据时，发送端不会确认接收端是否存在就会发出数据，同样，接收端在接收数据后也不会向发送端反馈是否收到数据。另外，UDP 协议不提供数据包分组、组装和数据包排序功能，当发送数据之后，无法得知数据是否安全完整到达目的地。

UDP 协议数据传输示意图如图 13.3 所示。

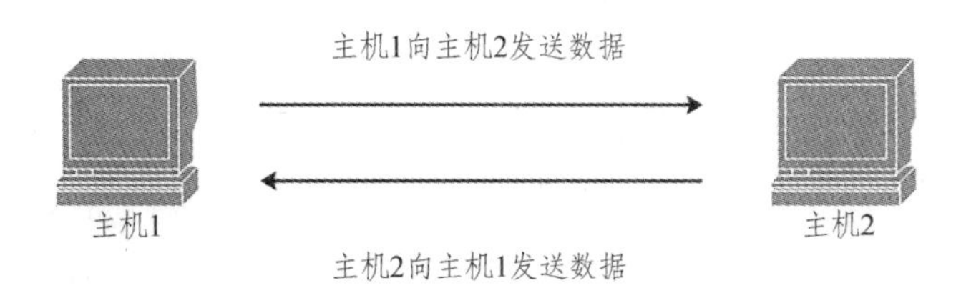

图 13.3　UDP 数据传输示意图

UDP 协议不属于面向连接的协议，无须确认发送端和接收端之间的连接，因此消耗资源小，通信效率高，处理速度快。因此，UDP 协议通常用于音频视频和普通数据的传输，例如视频会议使用 UDP 协议即使偶尔丢失一两个数据包，也不会对接收结果产生太大的影响。但是如果要传输重要数据，则不建议使用 UDP 协议。

13.1.2 IP 地址

为了实现各计算机间的通信，每台计算机都必须有一个唯一的网络地址（唯一标识，即计算机接入 Internet 网络的计算机地址编号），通过这个网络地址来确定接收数据的计算机或者发送数据的计算机。在 TCP/IP 协议中，这个网络地址又被称为 IP 地址，IP 地址实现了底层网络地址的统一，使因特网的网络层地址具有全局唯一性和一致性。

目前，IP 地址广泛使用的版本是 IPv4。IPv4 规定 IP 地址长度为 4 个字节，即 IPv4 的地址长度为 32 比特（IPv6 规定地址长度为 128 比特），可以表示 2^{32} 个 IP 地址。IP 地址可以用二进制、十进制或十六进制表示，由于二进制形式表示的 IP 地址不便于记忆和处理，因此一般采用十进制表示，每个字节用一个十进制数（0 ~ 255）表示，且每个数字之间用“.”隔开，例如 127.0.0.1。

IP 地址由“网络.主机”两部分组成，即 IP-Address {<Network-Number>.<Host-Number>}。其中网络部分表示计算机属于哪一个互联网网络，即网络的地址编码；主机部分表示计算机是该网络中的哪一台主机，即主机的地址编码。IP 地址可以通过网络掩码划分为网络地址和主机地址，主机地址从属于网络地址。

传统的因特网采用地址分类，将 IP 地址分为 5 类，即 A 类、B 类、C 类、D 类和 E 类，如图 13.4 所示。

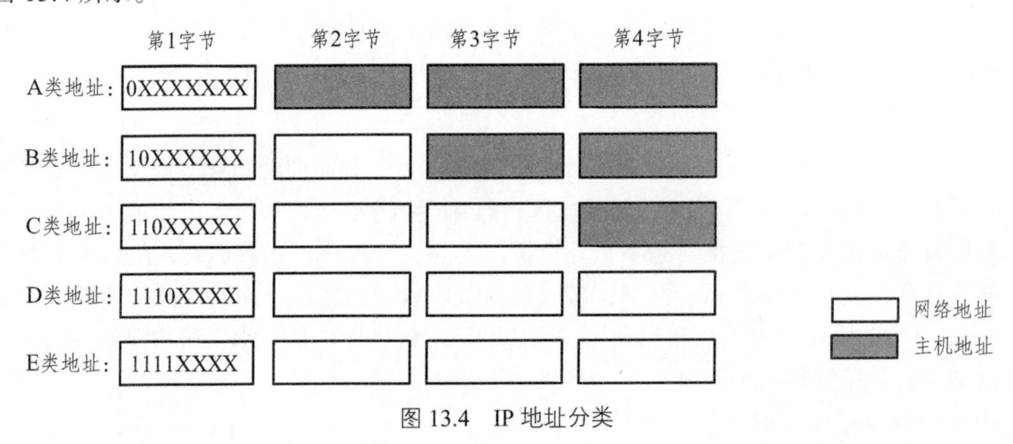

图 13.4 IP 地址分类

1. A 类地址

A 类地址由 1 个字节的网络地址和 3 个字节的主机地址表示，其范围是 0.0.0.0 ~ 126.255.255.255，默认网络掩码为 255.0.0.0。A 类地址主要用于有大量主机的大型网络。

A 类地址第一个字节的最高位固定为 0，另外 7 个比特可以标识 128 个网络（0 ~ 127）。由于 0 一般不用，127 用作环回地址（如 127.0.0.1 表示本机），因此 A 类网络共有 126 个可用的网络地址。

A 类地址后三个字节共有 24 个比特，可以标识 1 677 216 台主机（2^{24}=1 677 216）。由于主机号为全 0 时用于表示网络地址，主机号为全 1 时（126.255.255.255）用于表示广播地址，因此，每个 A 类网络最多可以容纳 1 677 214 台主机。

2. B 类地址

B 类地址由 2 个字节的网络地址和 2 个字节的主机地址表示，其范围是 128.0.0.0 ~ 191.255.255.255，默认网络掩码为 255.255.0.0。B 类地址主要用于一般的中型网络。

B 类地址第一个字节的最高两位固定为 10，另外 14 个比特可以标识 16 384 个网络（2^{14}=16 384）。

B 类地址后两个字节共有 16 个比特，可以标识 65 536 台主机（2^{16}=65 536）。由于主机号不能全为 0 和全为 1，因此，每个 B 类网络最多可以容纳 65 534 台主机。

3. C 类地址

C 类地址由 3 个字节的网络地址和 1 个字节的主机地址表示，其范围是 192.0.0.0 ~ 223.255.255.255，默认网络掩码为 255.255.255.0。C 类地址主要用于小型网络，如一般的局域网和校园网。

C 类地址第一个字节的最高 3 位固定为 110，另外 21 个比特可以标识 2 097 152 个网络（2^{21}=2 097 152）。

C 类地址最后一个字节共有 8 个比特，可以标识 256 台主机（2^{8}=256）。由于主机号不能全为 0 和全为 1，因此，每个 C 类网络最多可以容纳 254 台主机。

4. D 类地址

D 类地址用于组播（multicasting），因此 D 类地址又称为组播地址。其范围为 224.0.0.0 ~ 239.255.255.255。

D 类地址第一个字节的最高 4 位固定为 1110，因此取值范围为 224 ~ 239，D 类地址不能分配给主机，其每个地址对应一个组，发往某一组播地址的数据将被该组中的所有成员接收。

需要注意的是，有些 D 类地址已经分配用于特殊用途。如 224.0.0.0 是保留地址，224.0.0.1 是指本子网中的所有系统，224.0.0.2 是指本子网中的所有路由器，224.0.0.9 是指运行 RIPv2 路由协议的路由器、224.0.0.11 是指移动 IP 中的移动代理。另外，还有一些 D 类地址留给了网络会议：224.0.1.11 用于 IETF-1-AUDIO，224.0.1.12 用于 IETF-1-VIDEO。

5. E 类地址

E 类地址为保留地址，可以用于实验目的。E 类地址第一个字节的最高 4 位固定为 1111，第一个字节的取值范围为 240 ~ 255，因此 E 类地址的范围为 240.0.0.0 ~ 255.255.255.254。

13.1.3 端口

在有了 IP 地址之后，我们就可以通过 IP 地址连接到指定计算机，但如果想访问该计算机中的某个应用程序，还需要指定端口号。

端口（Port）可以认为是计算机与外界通信交流的出口，如果把 IP 地址比作一间房子，端口就是出入这间房子的门。在计算机中，不同的应用程序具有不同的端口。

端口号是由两个字节（16 位的二进制数）来表示的，其取值范围是 0 ~ 65 535（2^{16}=65 535）。一般情况下，端口按照范围可以分为三类：

1. 公认端口（Well Know Ports）

公认端口，即周知端口，是众所周知的端口号，范围为 0 ~ 1023，这些端口紧密绑定于一些服务，一般这些端口都由操作系统的网络服务所占用，且已经明确表明了某种服务的协议，如 80 端口分配给 HTTP 服务，21 端口分配给 FTP 服务等。

2. 注册端口（Registered Ports）

注册端口的范围是 1024 ~ 49151，这些端口松散地绑定于一些服务，分配给用户进程或应用程序，如 8080 是 Tomcat 默认的服务端口，3306 是 MySQL 数据库默认的端口。当这些端口没有被服务器资源占用的时候，可以被用户或者开发人员使用。

3. 动态端口（Dynamic Ports）

动态或私有端口的范围是 49152 ~ 65535，理论上这些端口一般不固定分配某种服务，而是动态分配。

表 13.1　常用端口

端口号	服务
21	FTP
22	SSH
23	Telnet
25	SMTP
80	HTTP
110	POP3

13.2　网络编程 API

Java 将有关网络方面的 API 定义在 java.net 包中，为开发人员提供实现网络应用程序的类和接口。java.net 包大致能够分为两部分：一是 Addresses（网络标识，如 IP 地址等）、Sockets（用于基本双向数据通信的套接字）和一些网络接口；二是 URIs（用于资源标识）、URLs（用于资源定位）和 Connections（资源链接）。

13.2.1　InetAddress 类

IP 地址是网络编程的必要要素之一。java.net 包的 InetAddress 类提供了一系列与 IP 地址相关的方法。InetAddress 类没有构造方法，不能直接创建 InetAddress 对象，只能通过该类提供的静态方法创建一个 InetAddress 对象或者是 InetAddress 对象数组，其常用方法及描述如表 13.2 所示。

表 13.2　InetAddress 类常用方法及描述

方法	描述
public static InetAddress getLocalHost()	获得本地机的 InetAddress 对象,若查找不到本机地址,抛出 UnknownHostException 异常
public static InetAddress getByName (String host)	获得指定主机（host）的 InetAddress 对象，host 是计算机的域名或 IP 地址
public static InetAddress[] getAllByName(String host)	获得指定主机（host）的 InetAddress 对象数组，如果找不到主机抛出 UnknownHostException 异常
public static InetAddress getByAddress(byte[] addr)	获取指定的原始网络字节 IP 地址(addr)的 InetAddress 对象，如果找不到主机会抛出 UnknownHostException 异常
public static InetAddress getByAddress(String host, byte[] addr)	获取指定的主机名和原始网络字节 IP 地址创建的 InetAddress 对象
public bytes[] getHostAddress()	获得字符串格式的主机原始 IP 地址
public String getHostName()	获得 IP 地址的主机名，如果是本机则是计算机名，如果没有域名得到主机名
public String getCanonicalHostName()	从域名服务中获得标准的主机名
public boolean isReachable(int timeout)	测试该地址在指定时间内是否可以到达
public String toString()	将 IP 地址转为字符串

表 13.2 中列举了 InetAddress 类常用方法,下面通过一个案例来演示上述常用方法的使用。

【例 13.1】在 Eclipse 中新建一个项目名为 Chapter13 的 Java 项目，在项目的 src 目录下新建一个名为 cn.pzhu.api.example 的包，并在这个包下面创建一个名为 Example01 的类。根据指定的 IP 地址、主机名或者域名来构造 InetAddress 类的实例，并通过该类的常用方法将 IP 地址和主机输出到控制台。

```
package cn.pzhu.api.example;
import java.net.InetAddress;
import java.net.UnknownHostException;
import org.apache.commons.lang3.StringUtils;

public class Example01 {
    public static void main(String[] args) throws UnknownHostException {
        /*getLocalHost 获取本机的 IP 地址对象*/
        InetAddress address1 = InetAddress.getLocalHost();
        System.out.println("IP 地址： "+address1.getHostAddress());
        System.out.println("主机名： "+address1.getHostName());
        System.out.println("------------------------");
        /*获取其他机器的 IP 地址对象*/
        //根据一个主机名生成一个 IP 地址对象
        InetAddress address2 = InetAddress.getByName("DESKTOP-FERGL42");
```

```
            System.out.println("IP 地址： "+address2.getHostAddress());
            System.out.println("主机名： "+address2.getHostName());
            System.out.println("------------------------");
            //根据一个 IP 地址的字符串形式生成一个 IP 地址对象
            InetAddress address3 = InetAddress.getByName("127.0.0.1");
            System.out.println("IP 地址： "+address3.getHostAddress());
            System.out.println("主机名： "+address3.getHostName());
            System.out.println("------------------------");
            //根据域名生成一个 IP 地址对象的数组
            InetAddress[] address4 = InetAddress.getAllByName("www.baidu.com");
            System.out.println(StringUtils.join(address4, "\n"));
        }
}
```

提示：

程序中将 address4 的输出方法使用了 org.apache.commons.lang3 包下面的 StringUtils 类的 join 方法，该方法可以将给定字符串数组按照特定字符拼接为字符串。要使用此方法，需要在 Build Path 中加入 commons-lang.jar。

程序运行结果如图 13.5 所示。

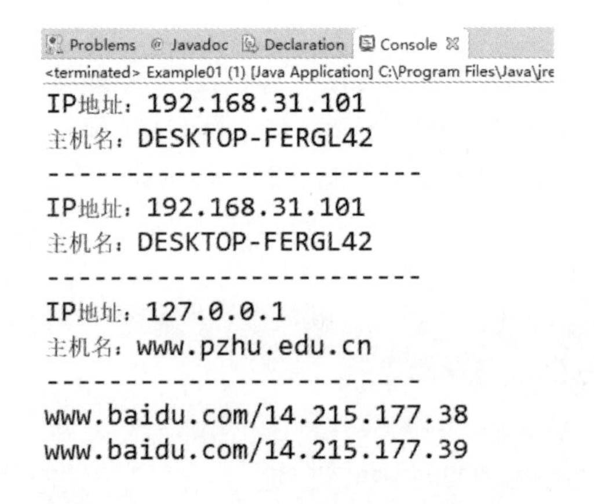

图 13.5　程序运行结果

需要说明的是，当给定的参数为“127.0.0.1”时，主机输出结果为“www.pzhu.edu.cn”，这是因为在本机的 C:\Windows\System32\drivers\etc\hosts 文件中进行了配置。

13.2.2　URL 类

URL（Uniform Resource Locator，统一资源定位符），用于表示 Internet 上某一资源的地址。用户可以通过 URL 访问各种网络资源，比如常见的 WWW 以及 FTP 站点。浏览器可以通过解析给定的 URL 在网络上查找相应的文件或其他资源。

URL 由协议（或称为服务方式）、资源所在主机 IP 地址（有时也包括端口号）、资源的具体地址（如目录和文件名等）三部分组成，具体书写的语法规则如下：

```
scheme://host.domain:port/path
```

其中，scheme 表示因特网服务的类型，常见的协议有 http、https、ftp、file，最常见的类型是 http。host 表示域主机（http 的默认主机是 www），domain 表示因特网域名（如 pzhu.edu.cn），这两部分可以直接由主机的 IP 地址代替。port 表示主机上的端口号（http 协议默认端口是 80）。path 表示资源在该服务器上的具体路径，如示例中的“index.jsp”。

```
例如：http://www.pzhu.edu.cn:80/index.jsp
```

另外，协议和主机之间用“://”符号隔开；若存在端口号，则用“:”将端口号写在主机之后；主机和资源地址之间用“/”符号隔开。在使用过程中，协议和主机地址是不可缺少的，资源地址省略（这时将访问该主机上默认的资源）。

在 Java 的 java.net 包提供了一个用于处理 URL 的类 URL.java，使用该类的方法可以获得 URL 的相关信息，例如 URL 的协议名和主机名等。

URL 类的实例构造方法如表 13.3 所示。

表 13.3　URL 类的构造方法

方法	描述
public URL (String spec)	通过给定的 URL 地址字符串构造一个 URL 对象
public URL(URL context, String spec)	通过指定的上下文以及地址字符串来创建一个 URL 对象
public URL (String protocol, String host, String file)	使用指定的协议、主机名和文件路径及文件名创建一个 URL 对象
public URL (String protocol, String host, int port, String file)	使用指定的协议、主机名、端口号和文件路径及文件名创建一个 URL 对象

上述构造方法中，如果给定的参数 spec 为 null，或没有指定协议，或使用了未知协议，那么将抛出 MalformedURLException 异常。

URL 类的常用方法如表 13.4 所示。

表 13.4　URL 类的常用方法

方法	描述
public String getProtocol()	获取该 URL 的协议名
public String getHost()	获取该 URL 的主机名
public int getPort()	获取该 URL 的端口号，如果没有设置端口则返回-1
public int getDefaultPort ()	获取该 URL 的默认端口号
public String getFile()	获取该 URL 的文件名
public String getQuery()	获取该 URL 的查询信息
public String getPath()	获取该 URL 的路径
public String getAuthority()	获取该 URL 的权限信息
public String getUserInfo()	获得使用者的信息
public String getRef()	获得该 URL 的锚点

表 13.4 中列举了 URL 类常用方法，下面通过一个案例来演示上述常用方法的使用。

【例 13.2】在 cn.pzhu.api.example 包下面创建一个名为 Example02 的类。根据指定路径来构造 URL 对象，并通过 URL 类的常用方法将当前 URL 对象的相关属性信息输出到控制台。

```
package cn.pzhu.api.example;
import java.net.URL;

public class Example02 {
    public static void main(String[] args) throws Exception{
        URL url1 = new URL("ftp://127.0.0.1:23#ref");
        System.out.println(url1.getProtocol());
        System.out.println(url1.getHost());
        System.out.println(url1.getPort());
        System.out.println(url1.getRef());
        System.out.println("------------------");
        URL url2 = new URL("http","www.pzhu.edu.cn","index.jsp");
        System.out.println(url2.getProtocol());
        System.out.println(url2.getHost());
        System.out.println(url2.getPort());
        System.out.println(url2.getDefaultPort());
        System.out.println(url2.getFile());
    }
}
```

程序运行结果如图 13.6 所示。

```
Problems  Javadoc  Declaration  Console
<terminated> Example02 (1) [Java Application] C:\Program Files\Java\jre1.8.0_101\bin\javaw.exe (2020年4月21日 下午1:47:15)
ftp
127.0.0.1
23
ref
------------------
http
www.pzhu.edu.cn
-1
80
index.jsp
```

图 13.6　程序运行结果

需要说明的是，URL 的锚点“ref”需要使用“#”拼接在文件路径之后，表示该资源中的某一段信息。另外，url2 没有设置端口号，因此使用 getPort()方法得到的是-1，但使用 getDefaultPort ()方法能够得到该 URL 默认端口号，即 HTTP 协议的默认端口 80。

除此之外，URL 类还提供了一些连接并读取 URL 的方法，如表 13.5 所示。

表 13.5　URL 类的其他方法

方法	描述
public final InputStream openStream()	打开此 URL，并返回用于读取该连接信息的 InputStream 对象
public URLConnection openConnection()	返回一个 URLConnection 实例，该实例是与指定 URL 的数据源的动态连接。
public URLConnection openConnection(Proxy proxy)	与 openConnection()方法相同，但连接将通过指定的代理进行

因此，在得到一个 URL 对象之后，可以通过调用 URL 的 openStream()方法来读取指定的文件资源。在与指定的 URL 建立连接后，可以返回一个 InputStream 对象用于从这一连接中读取数据，下面通过一个案例来演示上述常用方法的使用。

【例 13.3】在 cn.pzhu.api.example 包下面创建一个名为 Example03 的类。根据指定路径来构造 URL 对象，从当前 URL 对象中读取相关数据，并将结果输出到控制台。

```java
package cn.pzhu.api.example;
import java.io.*;
import java.net.URL;
public class Example03 {
    public static void main(String[] args) throws Exception{
        URL url = new URL("http://www.pzhu.cn");
        InputStream in = url.openStream();
        InputStreamReader inRead = new InputStreamReader(in);
        BufferedReader read = new BufferedReader(inRead);
        String info=null;
        while((info=read.readLine())!=null){
            System.out.println(new String(info.getBytes(),"utf-8"));
        }
    }
}
```

程序运行结果是显示指定网址资源对应文件的 HTML 源码，如图 13.7 所示。

```
Problems  @ Javadoc  Declaration  Console ☒
<terminated> Example03 (1) [Java Application] C:\Program Files\Java\jre1.8.0_101\bin\javaw.exe (2020年4月21日 下午2:16:22)
<HTML><HEAD><TITLE>欢迎访问??枝花学院??</TITLE>


<META content="text/html; charset=UTF-8" http-equiv="Content-Type">
<STYLE type="text/css">
<!--
body {
 margin-left: 0px;
 margin-top: 0px;
 margin-right: 0px;
 margin-bottom: 0px;
 background-color: #FCFAF8;
```

图 13.7　程序运行结果

需要说明的是，输出结果可能会出现乱码，因此可以使用 String 类提供的相关方法进行重新编码，如上述代码中对输出信息"info"进行了编码：new String(info.getBytes(),"utf-8")。

13.2.3 URLConnection 类

URL 类的 openStream()方法可以打开执行的 URL 并从该连接获取信息。但是如果想向该 URL 输出数据，那么就需要使用 URLConnection 类。URLConnection 类是一个抽象类，表示指向 URL 指定资源的活动连接。

URLConnection 类同样可以如 URL 一样，读取指定资源数据信息。除此之外，URLConnection 比 URL 类具有更强的交互控制能力，它还具备以下功能：

（1）URLConnection 提供了对 HTTP 首部的访问，如 Content-Type、Content-Length、Content-encoding、Date、Last-modified、Expires 等。

（2）URLConnection 可以配置发送给服务器的请求参数。

（3）URLConnection 除了读取服务器数据外，还可以向服务器写入数据。

URLConnection 类的常用方法如表 13.6 所示。

表 13.6 URLConnection 类的常用方法

方法	描述
protected URLConnection(URL url)	构造指定 URL 的 URLConnection，如果使用此方法创建实例，那么与之动态关联的 URL 对象不会被创建
public URLConnection openConnection()	返回一个 URLConnection 实例，该实例是与指定 URL 的数据源的动态连接，建议使用此方法创建对象实例
public InputStream getInputStream()	返回一个用于读取此连接的输入流对象
public String getContentType()	获取响应主体的 MIME 内容类型，如果没有提供内容类型，它不会抛出异常，而是返回 null
public int getContentLength()	获取内容的大小，如果没有 Content-Length 首部，则返回-1
public long getContentLengthLong()	Java7 新增方法，与 getContentLength()类似，返回 long 类型的数据，能处理更大的数据
public String getContentEncoding()	获取内容的编码方式，如果内容没有编码，则返回 null
public long getDate()	获取资源的发送日期，如果未设置，则为 0
public long getExpiration()	该资源的到期日期，如果未设置，则为 0，表示文档不会过期。返回值是自 1970 年 1 月 1 日以来的毫秒数
public long getLastModified()	该资源的最后修改日期

【例 13.4】在 cn.pzhu.api.example 包下面创建一个名为 Example04 的类。根据指定路径来构造 URL 对象，读取服务器响应的 HTTP 首部信息，并将结果输出到控制台。

```
package cn.pzhu.api.example;
import java.net.*;
```

```
public class Example04 {
    public static void main(String[] args) throws Exception {
        URL url = new URL("http://www.baidu.com");
        URLConnection connection = url.openConnection();
        System.out.println("Content-Type: " + connection.getContentType());
        System.out.println("Content-Length: " + connection.getContentLength());
        System.out.println("Content-LengthLong: " + connection.getContentLengthLong());
        System.out.println("Content-encoding: " + connection.getContentEncoding());
        System.out.println("Date: " + connection.getDate());
        System.out.println("Expires: " + connection.getExpiration());
        System.out.println("Last-modified: " + connection.getLastModified());
    }
}
```

程序运行结果如图 13.8 所示。

```
Problems  @ Javadoc  Declaration  Console
<terminated> Example04 (1) [Java Application] C:\Program Files\Java\jre1.8.0_101\bin\javaw.exe (2020年4月21日 下午2:59:55)
Content-Type: text/html
Content-Length: 2381
Content-LengthLong: 2381
Content-encoding: null
Date: 1587452451000
Expires: 0
Last-modified: 0
```

图 13.8　程序运行结果

13.2.4　DatagramPacket 类

在 Java 的 java.net 包提供了一个用于实现无连接分组传送服务的 DatagramPacket 类，该类主要负责对数据的封装。由于该类服务的是无连接通信，因此主要应用于 UDP 通信。

对于无连接通信而言，不分服务端和客户端，只分发送端和接收端。因此，在创建 DatagramPacket 对象的时候，根据发送端和接收端的不同，应选择不同的构造方法。DatagramPacket 类的构造方法如表 13.7 所示。

表 13.7　DatagramPacket 类的构造方法

方法	描述
DatagramPacket(byte[] buf, int length)	使用指定的字节数组 buf 和指定的长度 length 来创建 DatagramPacket 对象
DatagramPacket(byte[] buf, int offset, int length)	使用指定的字节数组 buf 和指定的长度 length 来创建 DatagramPacket 对象，且数据是从 offset 处开始放入数组中的

续表

方法	描述
DatagramPacket(byte[] buf, int length, InetAddress address, int port)	使用指定的字节数组 buf 、长度 length、目标 IP 地址 address 以及端口号 port 来创建 DatagramPacket 对象
DatagramPacket(byte[] buf, int offset, int length, InetAddress address, int port)	使用指定的字节数组 buf 、长度 length、目标 IP 地址 address 以及端口号 port 来创建 DatagramPacket 对象，且数据是从 offset 处开始放入数组中的

表 13.7 中的构造方法，前两个方法在构造 DatagramPacket 对象的时候没有指定 IP 地址和端口号，因此这两个方法只能用于接收端，而不能用于发送端。因为发送端必须明确数据的目的地（IP 地址和端口号）才能发送成功，而接收端不需要知道数据的来源，只需要接收数据，因此在接收端不需要指明数据的 IP 地址和端口号。

DatagramPacket 类还提供了一些用于获取 DatagramPacket 数据报信息的方法，这些常用方法如表 13.8 所示。

表 13.8　DatagramPacket 的常用方法

方法	描述
InetAddress getAddress()	返回接收数据报的计算机的 IP 地址
byte[] getData()	返回缓冲区中的发送或接收的数据
int getLength()	返回发送或接收的数据的长度
int getOffset()	返回要发送的数据的偏移量或接收到的数据的偏移量
int getPort()	返回发送数据报的远程主机的端口号
void setAddress(InetAddress iaddr)	设置发送该数据报的目的计算机的 IP 地址
void setData(byte[] buf)	设置此数据报的数据缓冲区数据
void setData(byte[] buf, int offset, int length)	设置此数据报的数据缓冲区数据、偏移量和大小
void setLength(int length)	设置此数据报的长度，即数据报的容量
void setPort(int iport)	设置发送此数据报的远程主机上的端口号

13.2.5　DatagramSocket 类

DatagramPacket 可以将发送端或者接收端的数据封装起来，就像货运公司在运送货物的时候，需要将数据放入“集装箱”一样。但是在运输货物的时候，不仅需要“集装箱”，还需要有运送货物的“码头”。同理，要实现通信，除了需要 DatagramPacket 类，还需要 java.net 包下的 DatagramSocket 类来充当“码头”的角色，使用 DatagramSocket 类就可以实现数据包的发送和接收，数据的发送过程示意图如图 13.9 所示。

与 DatagramPacket 对象类似，在创建 DatagramSocket 对象的时候，也需要根据发送端和接收端的不同，应选择不同的构造方法。

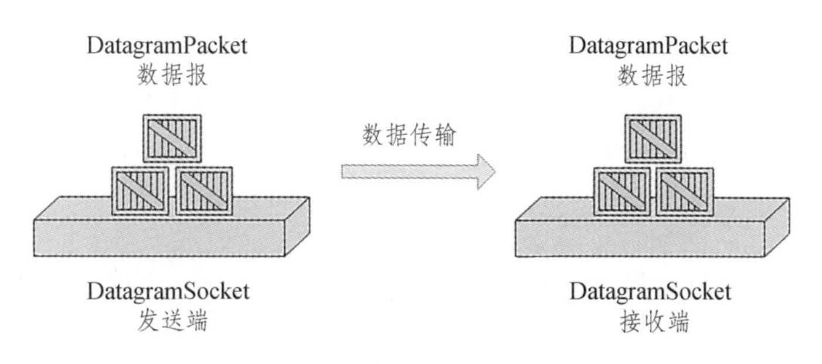

图 13.9　数据发送示意图

1. DatagramSocket()

该构造方法用于创建**发送端**的 DatagramSocket 对象，在创建 DatagramSocket 对象时，因为没有指定端口号，此时系统会分配一个没有被其他网络程序所使用的端口号。

2. DatagramSocket(int port)

该构造方法既可用于创建接收端的 DatagramSocket 对象，也可以创建发送端的 DatagramSocket 对象。在创建接收端的 DatagramSocket 对象时，必须指定端口号，该端口号表示接收端的数据监听端口。

DatagramSocket 类还提供了用于发送和接收 DatagramPacket 数据报的方法，这些常用方法如表 13.9 所示。

表 13.9　DatagramSocket 的常用方法

方法	描述
void receive(DatagramPacket p)	该方法用于将接收到的数据填充到 DatagramPacket 数据报中
void send(DatagramPacket p)	该方法用于发送 DatagramPacket 数据报，发送的数据报中应包含目的地址的远程主机 IP 地址和端口号
void close()	关闭当前的 DatagramSocket，释放其所占用的资源

提示：

receive()方法在接收到数据之前会一直处于阻塞状态，只有当接收到数据包后才会返回。

下面是一个简单的接收端示例：

```
public class Receiver {
    public static void main(String[] args) throws Exception {
        // 创建一个长度为 1024 的字节数组，用于接收数据
        byte[] buf = new byte[1024];
        // 定义一个 DatagramSocket 对象，监听的端口号为 8888
        DatagramSocket ds = new DatagramSocket(8888);
        // 定义一个 DatagramPacket 对象，用于接收数据
        DatagramPacket dp = new DatagramPacket(buf, buf.length);
        // 等待接收数据，如果没有数据则会阻塞
        ds.receive(dp);
        // 调用 DatagramPacket 的方法获得接收到数据 dp 的信息
```

```
            // dp 中包括数据的内容、长度、发送的 IP 地址和端口号
            System.out.println(new String(dp.getData(), 0, dp.getLength()));
            System.out.println(dp.getLength());
            System.out.println(dp.getAddress().getHostAddress());
            System.out.println(dp.getPort());
            ds.close();// 释放资源
        }
}
```

提示:

getData()方法得到的是缓冲区中所有的内容，由于得到的数据可能不到 1024 个字节（自定义的最大容量），因此在输出的时候使用 new String(dp.getData(), 0, dp.getLength())方法来取 0 ~ getLength()部分的数据。

下面是一个简单的发送端示例:

```
public class Sender {
    public static void main(String[] args) throws Exception {
        // 创建一个 DatagramSocket 对象
        DatagramSocket ds = new DatagramSocket();
        // 要发送的数据
        String str = "hello world";
        // 将要发送到数据转为字节数组
        byte[] data = str.getBytes();
        /* 创建一个要发送的数据包
         * 数据包包括发送的数据、数据的长度
         * 以及接收端的 IP 地址以及端口号*/

        DatagramPacket dp = new DatagramPacket(data, data.length,
                InetAddress.getByName("localhost"), 8888);
        System.out.println("发送信息");
        ds.send(dp); // 发送数据
        ds.close(); // 释放资源
    }
}
```

提示:

发送端数据包中的端口号需要和接收端监听的端口号一致，如示例中的端口“8888”。

13.2.6 Socket 类

之前介绍了一种面向无连接的通信服务 API，接下来将介绍面向连接的、可靠的通信服务 API——Socket。

套接字（Socket）允许程序将网络连接当成一个流，可以向这个流中写入数据，也可以从这个流中读取数据。另外，套接字在网络程序开发中较为简单，因为它屏蔽了网络的底层细节，如媒体类型信息包的大小，网络地址信息的重发等。Java 中有两类套接字，一种是客户端套接字（Socket），一种是服务器套接字（ServerSocket）。

在 Java 的 java.net 包提供了一个用于实现客户端套接字的类 Socket.java，该类的构造方法如下：

1. Socket()

使用无参构造方法创建 Socket 对象时，因为没有指定 IP 地址和端口号，仅仅只是创建了客户端对象，还没有连接到任何服务器。因此，如果使用这种方式构造对象，在后续还需调用 connect(SocketAddress endpoint)方法来连接到指定服务器，其中参数 endpoint 表示一个套接字地址，包含了服务器的 IP 地址和端口号。

2. Socket(String host, int port)

该构造方法在创建 Socket 对象时，会连接到指定服务器地址和端口上，其中参数 host 表示一个字符串类型的 IP 地址（服务器地址），参数 port 表示为该程序提供服务的端口号。

3. Socket(InetAddress address, int port)

该构造方法与第二个构造方法类似，参数 address 用于接收一个 InetAddress 类型的对象，此对象中应封装服务器的 IP 地址。

提示：

在创建 Socket 时如果发生错误，可能会抛出 IOException 异常。另外，在指定端口的时候，建议选择注册端口（范围是 1024～49 151）以免发生端口冲突。

除此之后，Socket 类还提供一些用于操作连接和传输数据的方法，如表 13.10 所示。

表 13.10　Socket 的常用方法

方法	描述
public void close()	关闭当前 Socket 连接
public InetAddress getInetAddress()	返回 Socket 对象绑定的远程主机地址，并将 IP 地址封装为 InetAddress 对象
public InetAddress getLocalAddress()	返回 Socket 对象绑定的本地 IP 地址，并将 IP 地址封装为 InetAddress 对象
public int getPort()	返回 Socket 连接到远程主机的端口号
public int getLocalPort()	返回本地连接终端的端口号
public InputStream getInputStream()	返回一个 InputStream 类型的输入流对象，利用这个流对象就可以从套接字读取数据
public OutputStream getOutputStream()	返回一个 OutputStream 类型的输出流对象，利用这个流对象可以在应用程序中写数据到套接字的另一端

表 13.10 中列举了 Socket 类的常用方法，其中 getInputStream()和 getOutputStream()方法分别用于获取输入流和输出流。当客户端和服务端建立连接后，数据是以 I/O 流的形式进行交互

的，因此需要通过获取输入流来读取交互数据，或者获得输出流来写入交互数据，其交互的示意图如图 13.10 所示。

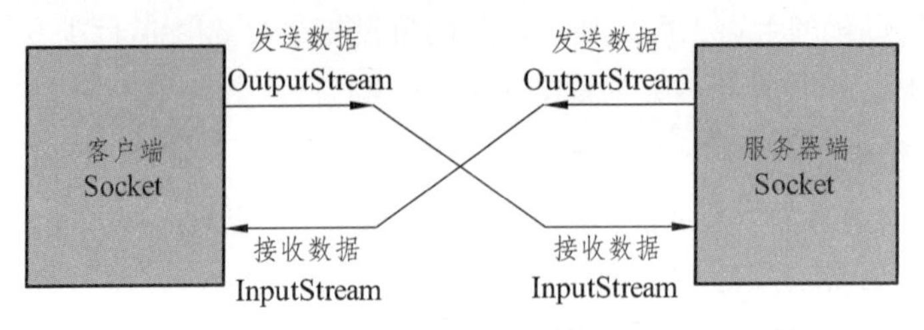

图 13.10　数据交互示意图

提示：

服务器端的 Socket 是通过 ServerSocket 对象的 accept()方法获得。

一般情况下，Socket 的工作步骤如下：

（1）根据指定 IP 地址和端口创建一个 Socket 对象。

（2）调用 getInputStream()方法或者 getOutputStream()方法获得输入/输出流。

（3）与服务器进行数据交互，直到连接关闭。

（4）关闭客户端 Socket。

以下是创建客户端 Socket 的代码片段：

```
// 创建一个 Socket 并连接到给出地址和端口号的计算机
Socket client = new Socket("127.0.0.1", 8888);
// 获得输入流
InputStream is = client.getInputStream();
// 定义 1024 个字节数组的缓冲区
byte[] buf = new byte[1024];
// 将服务器发送的数据读到缓冲区中
int len = is.read(buf);
// 将缓冲区中的数据输出
System.out.println(new String(buf, 0, len));
关闭 Socket 对象,释放资源
client.close(); // 关闭 Socket 对象,释放资源
```

13.2.7　ServerSocket 类

在 13.2.6 小节介绍了客户端套接字，接下来介绍服务器套接字 ServerSocket。

ServerSocket 是 Java 提供的服务器套接字。该套接字运行在服务器上，并监听特定端口的 socket 请求。当客户端的 socket 请求与服务器指定端口建立连接时，服务器将验证客户端请求，并在验证通过后建立服务器与客户端之间的连接。在连接建立之后，客户端和服务器之间就可以进行通信（相互传输数据）了。

ServerSocket 类的构造方法有以下几种：

1. ServerSocket()

该构造方法为无参构造方法。在使用这种方法创建 ServerSocket 对象时，因为没有绑定端口号，所创建的服务器端不会监听任何端口，无法直接使用。因此，需要在使用之前，调用 bind(SocketAddress endpoint)方法将其绑定到指定的端口号上，才可以正常使用。

2. ServerSocket(int port)

该构造方法在创建 ServerSocket 对象时，会绑定一个指定的端口号，其中参数 port 为给定的端口号。如果给定的端口号为 0，则系统会分配一个没有被其他网络程序所使用的端口号。但是，由于客户端需要根据指定的端口号来访问服务器端程序，这种随机分配的情况下将不便于确定端口号，因此建议直接指定一个未被占用的端口号，而不建议将端口号设置为 0。

3. ServerSocket(int port, int backlog)

该构造方法在第二个构造方法的基础上增加了一个 backlog 参数。该参数用于指定在服务器忙时，可以与之保持连接请求的等待客户数量，如果没有指定这个参数，默认为 50。

提示：

在创建 Socket 时如果发生错误，可能会抛出 IOException 异常。另外，在指定端口的时候，建议选择注册端口（范围是 1024～49 151）以免发生端口冲突。

除此之后，ServerSocket 类还提供一些常用方法，如表 13.11 所示。

表 13.11　ServerSocket 的常用方法

方法	描述
public Socket accept()	该方法是一个阻塞方法，用于等待客户端的连接，在客户端连接之前会一直处于阻塞状态，停止执行代码流。当客户端请求连接时，accept()方法返回一个 Socket 对象
public void close()	关闭当前 ServerSocket 实例
public boolean isClosed()	该方法用于判断 ServerSocket 对象是否处于关闭状态，如果是关闭状态则返回 true，反之返回 false
public InetAddress getInetAddress()	返回当前 ServerSocket 实例绑定的 IP 地址
public int getPort()	返回当前 ServerSocket 实例的服务端口

一般情况下，ServerSocket 的工作步骤如下：

（1）根据指定端口创建一个 ServerSocket 对象，该对象将监听指定的端口是否有连接请求。

（2）使用 ServerSocket 的 accept()方法，在指定的端口监听客户端的连接请求。当有客户端试图建立连接时，accept()方法返回连接客户端与服务器的 Socket 对象。

（3）使用 getInputStream()方法或 getOutputStream()方法获得输入/输出流。

（4）与客户端进行数据交互，直到连接关闭。

（5）关闭服务器端的 Socket，释放资源。

（6）回到（2），继续监听下一次的连接。

以下是创建客户端 ServerSocket 的代码片段：

```
public void listen() throws Exception { // 定义一个 listen()方法，抛出一个异常
    // 创建 ServerSocket 对象,监听 8888 端口
```

```
        ServerSocket serverSocket = new ServerSocket(8888);
        // 调用 ServerSocket 的 accept()方法等待客户端的 Socket
        Socket client = serverSocket.accept();
        // 获取客户端的输出流
        OutputStream os = client.getOutputStream();
        // 当客户端连接到服务端时，向客户端输出数据
        os.write(("欢迎您连接服务器！ ").getBytes());

        // 关闭输出流
        os.close();
        //关闭 Socket
        client.close();
    }
```

13.3 UDP 编程

在 13.1.1 中介绍了 UDP 是一种面向无连接的协议，因此，在通信的时候不需要在计算机之间建立连接。在进行 UDP 编程的时候，需要创建一个发送端程序和一个接收端程序，这时需要用到 13.2.4 和 13.2.5 小节讲到的 DatagramPacket 和 DatagramSocket 的相关知识。

13.3.1 简单的 UDP 网络编程

使用 UDP 进行程序设计的一般过程如下：

（1）接收端准备一个空的数据包，用来准备保存接收的数据。

（2）接收端监听某个端口是否有数据输入。

（3）接收端使用 receive()方法等待接收数据。

（4）发送端准备要发送的数据包，并在数据包中写入接收端的 IP 地址和端口号。

（5）发送端使用 send()方法发送数据，并在数据发送完毕之后释放资源。

（6）接收端收到数据并进行处理，在处理完毕之后释放资源。

UDP 交互过程如图 13.11 所示。

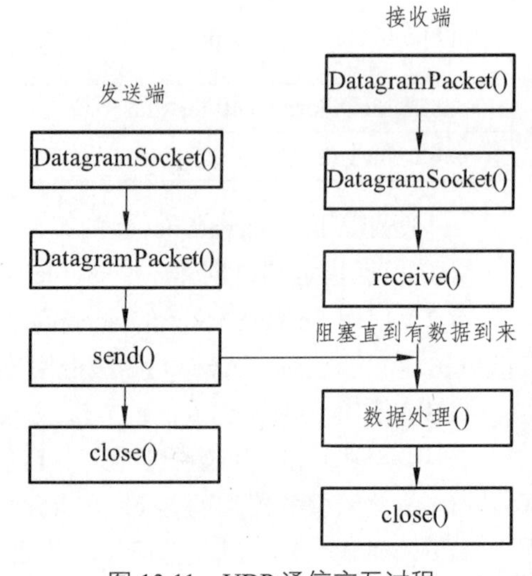

图 13.11　UDP 通信交互过程

【例 13.5】编写一个简单的 UDP 程序，实现发送端向接收端发送数据。

在项目 Chapter13 的 src 目录下新建一个名为 cn.pzhu.udp 的包，在这个包下面创建一个名为 Receiver 的类，并在类中编写接收端程序，关

键代码如下：

```
package cn.pzhu.udp;
import java.net.DatagramPacket;
import java.net.DatagramSocket;
public class Receiver {
    public static void main(String[] args) throws Exception {
        byte[] buf = new byte[1024];
        DatagramPacket dp = new DatagramPacket(buf, buf.length);
        DatagramSocket ds = new DatagramSocket(8888);
        System.out.println("等待接收数据……");

        ds.receive(dp);
        System.out.printf("接收到来自%s 的数据\n：",dp.getAddress().getHostAddress());
        System.out.println(new String(dp.getData(), 0, dp.getLength()));
        System.out.println("数据接收完毕，释放资源！");
        ds.close();
    }
}
```

程序编写完毕之后，运行程序，运行结果如图 13.12 所示。

Problems @ Javadoc Declaration Console
<terminated> Receiver [Java Application] C:\Program Files\Java\jre1.8.0_101\bin\javaw.exe (2020年4月21日 下午7:39:50)
等待接收数据......

图 13.12　接收端运行结果

提示：

在 UDP 通信的时候，需要先运行接收端程序，才能避免发送端发送的数据因为找不到接收端而造成丢失。

从图 13.12 可以看出，程序一直处于阻塞状态，这是因为 DatagramSocket 的 receive()方法在运行的时候，如果没有接收到数据将一直等待，直到收到发送端发送数据。

下面，开始编写发送端程序。在 cn.pzhu.udp 包下创建一个名为 Sender 的类，并在类中编写发送端程序，关键代码如下：

```
package cn.pzhu.udp;
import java.net.DatagramPacket;
import java.net.DatagramSocket;
import java.net.InetAddress;
public class Sender {
    public static void main(String[] args) throws Exception {
        DatagramSocket ds = new DatagramSocket();
```

```
            System.out.println("正在准备数据……");
            String str = "hello world";
            byte[] arr = str.getBytes();
            InetAddress ip = InetAddress.getByName("127.0.0.1");
            DatagramPacket dp = new DatagramPacket(arr, arr.length, ip, 8888);
            System.out.println("开始发送数据。");
            ds.send(dp);
            System.out.println("数据发送完毕，释放资源！");
            ds.close();
        }
    }
```

编写之后，程序运行结果如图 13.13 所示。

```
Problems  @ Javadoc  Declaration  Console ☒
<terminated> Sender [Java Application] C:\Program Files\Java\jre1.8.0_101\bin\javaw.exe (2020年4月21日 下午7:51:50)
正在准备数据......
开始发送数据。
数据发送完毕，释放资源!
```

图 13.13　发送端运行结果

发送端在创建 DatagramSocket 时，如果不指定端口，程序将自动分配一个未被占用的端口；但是在创建 DatagramPacket 的时候，端口号必须要与接收端监听的端口号一致，接收端才能收到数据。

当发送端使用 send()方法将数据发送出去之后，接收端会收到发送端发送的数据，并且结束阻塞状态，此时接收端控制台的显示结果如图 13.14 所示。

图 13.14　接收端接收数据之后的运行结果

提示：

运行结果中显示的端口号"58223"是因为在创建 DatagramSocket 的时候没有指定端口号，因此，在程序运行中，系统将随机分配的一个端口号来发送数据。

13.3.2　广　播

广播指的是由一台主机向该主机所在子网内（同一个局域网）的所有主机发送数据。

13.3.1 小节中的 UDP 示例也称为 UDP 单播，UDP 单播与 UDP 广播的区别在于数据包中的 IP 地址不同。广播需要使用广播地址 255.255.255.255（IP 地址分类可以查阅 13.1.2 小节），然后消息将被发送到在同一广播网络上的每个主机。

广播通常用于在同一网络的用户之间交流信息，即向局域网内所有的人说话。但是广播还是要指明接收者的端口号的，因为不可能接受者的所有端口都来收听广播。

提示：

本地广播信息不会被路由器转发，因为如果路由器转发了广播信息，会引起网络瘫痪。

【例 13.6】修改 13.3.1 小节中的 UDP 通信程序，将发送端的数据包地址修改为广播地址，实现局域网内的广播。

```
String str = "hello world";
byte[] arr = str.getBytes();
InetAddress ip = InetAddress.getByName("255.255.255.255");
DatagramPacket dp = new DatagramPacket(arr, arr.length, ip, 8888);
```

程序运行之后，在主机所在子网内的所有计算机都将收到数据，运行结果如图 13.15 所示。

```
Problems @ Javadoc Declaration Console
<terminated> Receiver [Java Application] C:\Program Files\Java\jre1.8.0_101\bin\javaw.exe (2020年4月21日 下午
等待接收数据......
接收到来自192.168.31.101:64108的数据：hello world
数据接收完毕，释放资源！
```

图 13.15　运行结果

说明：

主机所在的子网网关为 192.168.31.1，子网掩码为 255.255.255.0，在该子网内的所有计算机都将接收到主机（192.168.31.101）发送的数据。

13.3.3　组　播

单播用于两个主机之间的端对端通信，广播用于一个主机对整个局域网所有主机的数据通信。然而很多情况下，需要对一组特定的主机进行通信，不是一台主机也不是整个局域网上的所有主机，这时候就需要用到“组播”。

组播，也称为“多播”，它是先将网络中的主机进行逻辑分组，然后在进行数据发送的时候，仅在同一分组中进行，其他没有加入此分组的主机不会收到数据。

组播和广播的区别在于前者既可以一次将数据发送到多个主机，又能保证不影响其他不需要（未加入组）的主机的通信。因此，组播主要应用于网上视频、网上会议等。

另外，相对于单播和广播，组播具有如下的优点：

（1）节省了带宽和服务器。组播将具有同种业务的主机加入同一数据流后可以共享同一通道，这样既具有广播的优点而又不需要广播那么多的带宽。

（2）服务器的总带宽不受客户端带宽的限制。由于组播协议是根据接收者的需求来确定是否进行数据流的转发，所以服务器端的带宽是常量，与客户端的数量无关。

（3）组播允许在广域网即 Internet 上进行传输，而不像广播仅仅只能在同一局域网上才能进行。

当然，组播也具有以下缺点：

（1）组播与单播相比没有纠错机制，当发生错误的时候难以弥补。

（2）组播的网络支持存在缺陷，需要路由器及网络协议栈的支持。

要实现组播，需要运用 java.net 包下的 MulticastSocket 类。MulticastSocket 类为多播数据套接字，用于发送和接收 IP 多播包，该类继承自 DatagramSocket，在 DatagramSocket 的基础上加入了“多播组”的功能。

创建 MulticastSocket 对象的构造方法与创建 DatagramSocket 对象的构造方法类似，需要根据发送端和接收端的不同，应选择不同的构造方法。

1. MulticastSocket ()

该构造方法用于创建发送端的 MulticastSocket 对象，若在创建 MulticastSocket 对象没有指定端口号，系统会分配一个没有被其他网络程序所使用的端口号。

2. MulticastSocket (int port)

该构造方法既可用于创建接收端的 MulticastSocket 对象，也可以创建发送端的 MulticastSocket 对象。在创建接收端的 MulticastSocket 对象时，必须指定端口号，该端口号表示接收端的数据监听端口。

MulticastSocket 类还提供了用于发送和接收 DatagramPacket 数据报、加入多播组和离开多播组等方法，这些常用方法如表 13.12 所示。

表 13.12　MulticastSocket 的常用方法

方法	描述
void receive(DatagramPacket p)	该方法用于将接收到的数据填充到 DatagramPacket 数据报中
void send(DatagramPacket p)	该方法用于发送 DatagramPacket 数据报，发送的数据报中应包含目的地址的远程主机 IP 地址和端口号
public void joinGroup(InetAddress address)	接收端可以使用该方法加入指定的多播组，address 为多播地址
public void leaveGroup(InetAddress address)	接收端可以使用该方法离开指定的多播组，address 为多播地址

使用 UDP 进行多播程序设计的一般过程如下：

（1）接收端准备一个空的数据包用来准备保存接收的数据。

（2）接收端创建 MulticastSocket，并监听某个端口是否有数据输入。

（3）接收端使用 joinGroup()方法加入某个指定的多播组。

（4）接收端调用 MulticastSocket 的 receive()方法等待接收数据。

（5）发送端创建多播 Socket（MulticastSocket）。

（6）发送端准备要发送的数据包，并在数据包中写入多播组的 IP 地址和数据接收端口号。

（7）发送端使用 MulticastSocket 的 send()方法发送数据，并在数据发送完毕之后释放资源。

（8）接收端收到数据并进行处理，在处理完毕之后释放资源。

UDP 组播的交互过程如图 13.16 所示。

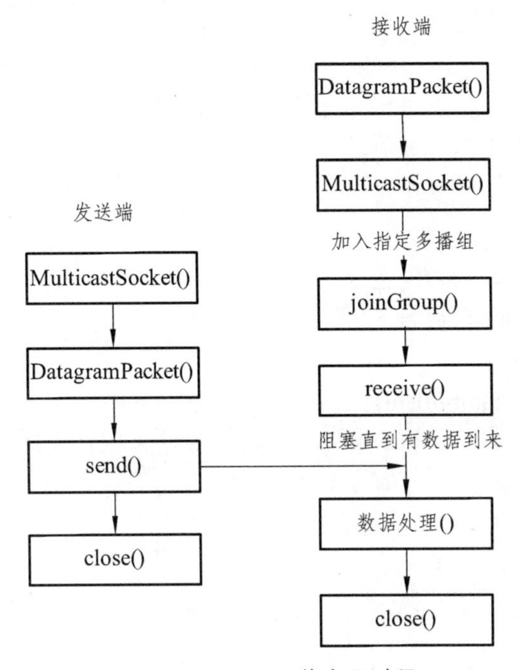

图 13.16　UDP 通信交互过程

【例 13.7】一个简单的 UDP 组播程序，实现发送端向指定组播地址发送数据，接收端加入指定组播地址接收数据。

在 cn.pzhu.udp 包下创建一个名为 ReceiverGroup 的类，并在类中编写接收端程序，关键代码如下：

```
package cn.pzhu.udp;
import java.net.DatagramPacket;
import java.net.InetAddress;
import java.net.MulticastSocket;
public class ReceiverGroup {
    public static void main(String[] args) throws Exception {
        byte[] buf = new byte[1024];
        DatagramPacket dp = new DatagramPacket(buf, buf.length);
        String ip="224.0.0.1";//组播地址
        MulticastSocket    ms = new MulticastSocket(8888);
        ms.joinGroup(InetAddress.getByName(ip));//加入组播地址
        System.out.println("等待接收数据……");
```

```
            ms.receive(dp);
            System.out.printf("接收到来自%s:%d 的数据：",dp.getAddress().getHostAddress(),
dp.getPort());
            System.out.println(new String(dp.getData(), 0, dp.getLength()));
            System.out.println("数据接收完毕，释放资源！");
            ms.close();
            }
}
```

下面，开始编写发送端程序。在 cn.pzhu.udp 包下创建一个名为 SenderGroup 的类，并在类中编写发送端程序，关键代码如下：

```
package cn.pzhu.udp;
import java.net.DatagramPacket;
import java.net.InetAddress;
import java.net.MulticastSocket;
public class SenderGroup {
    public static void main(String[] args) throws Exception {
        MulticastSocket ms = new MulticastSocket();//创建组播 socket
        System.out.println("正在准备数据……");
        String str = "这是发送端进行多播的数据";
        byte[] arr = str.getBytes();
        InetAddress ip = InetAddress.getByName("224.0.0.1");
        DatagramPacket dp = new DatagramPacket(arr, arr.length, ip, 8888);
        System.out.println("开始发送数据。");
        ms.send(dp);
        System.out.println("数据发送完毕，释放资源！");
        ms.close();
    }
}
```

程序运行后，发送端运行结果如图 13.17 所示。

```
Problems  @ Javadoc  Declaration  Console
<terminated> SenderGroup [Java Application] C:\Program Files\Java\jre1.8.0_101\bin\javaw.exe
正在准备数据......
开始发送数据。
数据发送完毕，释放资源！
```

图 13.17　发送端运行结果

接收端接收数据，运行结果如图 13.18 所示。

```
Problems  @ Javadoc  Declaration  Console
<terminated> ReceiverGroup [Java Application] C:\Program Files\Java\jre1.8.0_101\bin\javaw.exe (2020年4月21日 下午9:39:30)
等待接收数据......
接收到来自192.168.31.101:59341的数据：这是发送端进行多播的数据
数据接收完毕，释放资源！
```

图 13.18　接收端接收数据之后的运行结果

13.4　TCP 编程

在学习了 UDP 编程之后，本节将介绍如何实现 TCP 通信。TCP 通信与 UDP 通信一样，也能实现两台计算机之间的通信，但 UDP 是一种面向无连接的协议，而 TCP 是一种面向连接的协议。因此，在通信的时候，UDP 是不需要区分客户端与服务器的，只分发送端和接收端，而 TCP 通信是严格区分客户端与服务器的，在通信的时候是客户端去连接服务器端，而服务器端不能主动连接客户端，并且服务器端程序需先启动，等待客户端的连接。另外，在 TCP 通信的两端需要创建 Socket 对象，这就需要用到 13.2.6 和 13.2.7 小节介绍的 Socket 和 ServerSocket 的相关知识。

13.4.1　简单的 TCP 网络编程

在 Java 的 JDK 中提供了两个用于实现 TCP 程序的类，一个是 ServerSocket 类，用于表示服务器端；一个是 Socket 类，用于表示客户端。在 TCP 通信时，首先要创建代表服务器端的 ServerSocket 对象用于服务器开启服务，此服务会等待客户端的连接；然后创建代表客户端的 Socket 对象用于客户端向服务器端发出连接请求；在服务器端响应请求后，客户端与服务器之间会建立连接，然后开始通信。TCP 通信示意如图 13.19 所示。

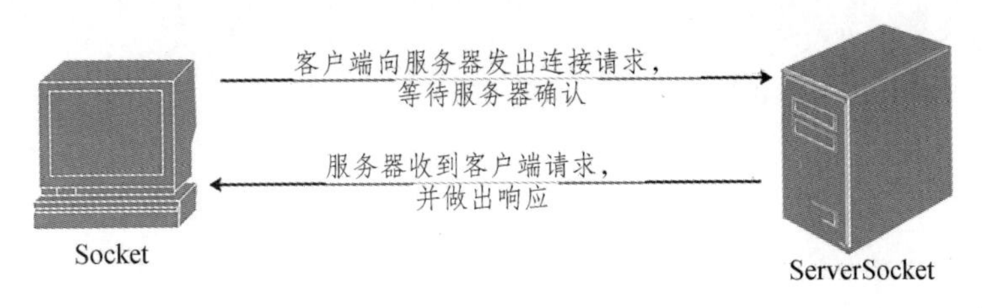

图 13.19　TCP 通信示意图

使用 TCP 进行程序设计的一般过程如下：

（1）服务器端创建 ServerSocket 并绑定某个端口，监听该端口是否有客户端的连接请求。

（2）服务器端使用 accept()方法等待客户端的连接。

（3）客户端创建 Socket，向服务器指定端口发送连接请求。

（4）服务器与客户端建立连接，开始进行通信。

（5）通信完毕后，客户端关闭 Socket，释放资源。

（6）服务器端回到（2），继续监听下一次连接。

TCP 交互过程如图 13.20 所示。

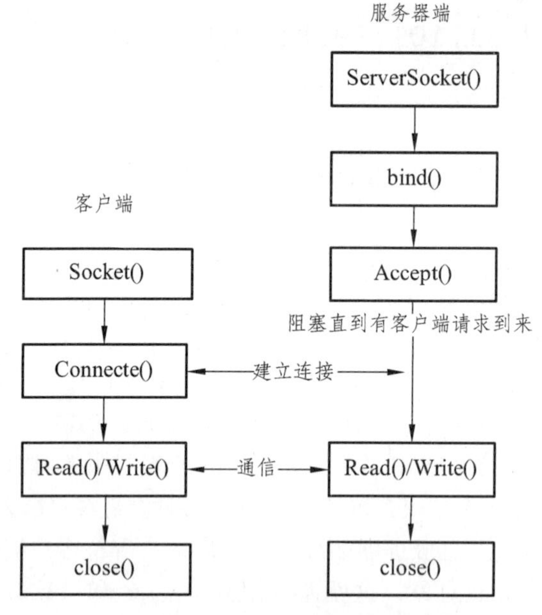

图 13.20　TCP 交互过程

【例 13.8】编写一个简单的 TCP 程序，实现客户端与服务器端通信。

在项目 Chapter13 的 src 目录下新建一个名为 cn.pzhu.tcp 的包，并在这个包下面创建一个名为 Server 的类，并在类中编写服务器端程序，关键代码如下：

```
package cn.pzhu.tcp;
import java.io.*;
import java.net.ServerSocket;
import java.net.Socket;

public class Server {
    public static void main(String[] args) {
        try {
            // 创建 ServerSocket 对象，并监听 9999 端口
            ServerSocket serverSocket = new ServerSocket(9999);
            // 调用 ServerSocket 的 accept()方法等待客户端连接
            System.out.println("等待客户端连接……");
            Socket socket = serverSocket.accept();
            //获取客户端的输入输出流，准备数据交互
            System.out.println("开始与客户端交互数据");
            // 当客户端连接到服务端时，获得客户端发送的数据
            InputStream is = socket.getInputStream();// 获取输入流，读取客户端消息
            BufferedReader in = new BufferedReader(new InputStreamReader(is));
```

```
                System.out.printf("收到来自客户端的信息：%s\n",in.readLine());
                // 向客户端输出数据
                OutputStream os = socket.getOutputStream();// 获取输出流，向客户端发送消息
                PrintWriter out = new PrintWriter(os);
                out.print("你好，我是服务器！欢迎你的访问。");
                out.flush();
                // 模拟超时自动断开
                Thread.sleep(5000);
                System.out.println("结束与客户端交互数据");
                socket.close();// 关闭 Socket 对象，释放资源
                serverSocket.close();// 关闭 ServerSocket 对象，释放资源
            } catch (Exception e) {
                e.printStackTrace();
            }

        }
    }
```

程序编写完毕之后，运行程序，运行结果如图 13.21 所示。

```
Problems  @ Javadoc  Declaration  Console
Server [Java Application] C:\Program Files\Java\jre1.8.0_101\bin\javaw.exe (2020年4月22日 下午12:46:59)
等待客户端连接......
```

图 13.21　服务器端运行结果

提示：

在 TCP 通信的时候，需要先运行服务器端，服务器端需要等待客户端连接，如果先启动客户端程序，客户端将因为找不到服务器端而造成连接失败。

从图 13.21 可以看出，程序一直处于阻塞状态，这是因为 ServerSocket 的 accept()方法在运行的时候，如果没有接收到客户端的连接请求将一直处于等待状态，直到收到客户端请求。

下面，开始编写客户端程序。在 cn.pzhu.udp 包下创建一个名为 Client 的类，并在类中编写客户端程序，关键代码如下：

```
package cn.pzhu.tcp;
import java.io.BufferedReader;
import java.io.InputStream;

import java.io.InputStreamReader;
```

```
import java.io.OutputStream;
import java.io.PrintWriter;
import java.net.InetAddress;
import java.net.Socket;

public class Client {
    public static void main(String[] args){
        try {
            // 创建一个 Socket 并连接到给出地址和端口号的计算机
            InetAddress ip = InetAddress.getByName("127.0.0.1");
            int port = 9999;
            Socket socket = new Socket(ip, port);
            //获取客户端的输入输出流，准备数据交互
            System.out.println("开始与服务器交互数据……");
            // 向服务器端发送数据
            OutputStream os = socket.getOutputStream();// 获取输出流，向客户端发送消息
            PrintWriter out = new PrintWriter(os);
            out.println("你好服务器，我是客户端！");
            out.flush();
            // 获得服务器发来的数据
            InputStream is = socket.getInputStream();// 获取输入流，读取客户端消息
            BufferedReader in = new BufferedReader(new InputStreamReader(is));
            System.out.printf("收到来自服务器的信息：%s\n",in.readLine());
            System.out.println("结束与服务器交互数据");
            socket.close(); // 关闭 Socket 对象，释放资源
        } catch (Exception e) {
            e.printStackTrace();
        }
    }
}
```

说明：

上述代码在进行输入输出时，是将字节流 InputStream 和 OutputStream 转换为字符流进行操作的。除此之外，其他操作方式也可以，详细用法可以参考第 10 章输入输出流。

编写之后，程序运行结果如图 13.22 所示。

客户端在创建 Socket 时，必须指定服务器地址和端口。当客户端与服务器的连接建立成功之后，客户端会收到来自服务器端的消息："你好，我是服务器！欢迎你的访问。"

当服务器端收到客户端的连接请求后，会在两者之间建立连接，并开始通信。这是服务器端控制台的显示结果，如图 13.23 所示。

```
Problems @ Javadoc Declaration Console
<terminated> Client [Java Application] C:\Program Files\Java\jre1.8.0_101\bin\javaw.exe (2020年4月22日
开始与服务器交互数据......
收到来自服务器的信息：你好，我是服务器！欢迎你的访问。
结束与服务器交互数据
```

图 13.22　客户端运行结果

```
Problems @ Javadoc Declaration Console
<terminated> Server [Java Application] C:\Program Files\Java\jre1.8.0_101\bin\javaw.exe (2020年4月22日 下午12:46:59
等待客户端连接......
开始与客户端交互数据
收到来自客户端的信息：你好服务器，我是客户端！
结束与客户端交互数据
```

图 13.23　服务器端接收客户端连接之后的运行结果

13.4.2　多线程的 TCP 网络编程

在 13.4.1 小节中实现了一个简单的 TCP 通信服务器端程序和客户端程序，能够满足一个客户端向服务器发起请求并进行通信。当一个客户端程序向服务器端发起请求之后，服务器端就会结束阻塞状态，完成程序的运行。然而，在实际应用中，很多服务器端程序都是允许被多个客户端程序访问的，例如门户网站等。这时就需要进行多线程的 TCP 网络编程，将服务器端编写为多线程的模式。

图 13.24 表示多个用户访问同一个服务器。

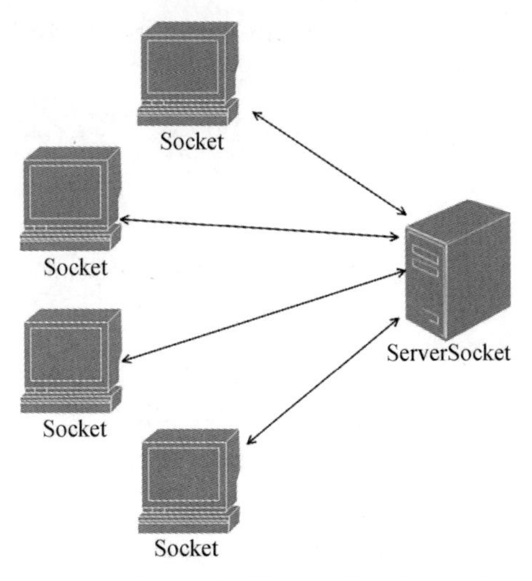

图 13.24　多个用户访问同一个服务器示意图

从图 13.24 可以看出，服务器端为每个客户端都创建了一个对应的 Socket，然后与客户端进行通信。因此，可以在服务器端使用多线程为多个客户端提供服务。修改 13.4.1 小节中服务器端应用程序代码，关键代码如下：

```
package cn.pzhu.tcp;
import java.io.*;
import java.net.ServerSocket;
import java.net.Socket;

public class ServerThread {
    private static int n = 0;
    public static void main(String[] args) {
        try {
            @SuppressWarnings("resource")
            ServerSocket serverSocket = new ServerSocket(9999);
            System.out.println("等待客户端连接……");

            while(true){
                Socket socket = serverSocket.accept();
                //输出为客服端提供服务的次数
                System.out.printf("收到第%d个客户端请求，开始通信。\n",++n);
                //使用线程为每个客户端建立单独的连接进行通信
                new Thread(){
                    @Override
                    public void run() {
                        try {
                            InputStream is = socket.getInputStream();
                            BufferedReader in = new BufferedReader(new InputStream
Reader(is));
                            System.out.printf("收到来自客户端的信息：%s\n",in.
readLine());
                            OutputStream os = socket.getOutputStream();
                            PrintWriter out = new PrintWriter(os);
                            out.print("你好，我是服务器！欢迎你的访问。");
                            out.flush();
                            Thread.sleep(5000);
                            System.out.println("结束与客户端交互数据");
                            socket.close();// 关闭 Socket 对象，释放资源
                        } catch (Exception e) {
                            e.printStackTrace();
                        }
                    }
```

```
                    }.start();
                }
            } catch (Exception e) {
                e.printStackTrace();
            }

        }
    }
```

上述代码使用多线程的方式创建了一个服务端程序。通过在 while()循环中调用 accept()方法，不停地接收客户端发起的请求，当有客户端向服务器发起连接请求后，服务器端就会开启一个新的线程来处理这个客户端发送的数据，并与这个客户端进行通信。此时，主线程仍在不停地执行 while()中的代码，调用 accept()方法让其处于继续等待状态。

程序编写完毕之后，先运行服务器端程序，然后运行客户端程序，当多个客户端程序向服务器发起请求后，服务器端程序的输出结果如图 13.25 所示。

```
Problems  @ Javadoc  Declaration  Console
ServerThread [Java Application] C:\Program Files\Java\jre1.8.0_101\bin\javaw.exe (2020年4月22日 下午2:09:25)
等待客户端连接......
收到第1个客户端请求，开始通信。
收到来自客户端的信息：你好服务器，我是客户端！
结束与客户端交互数据
收到第2个客户端请求，开始通信。
收到来自客户端的信息：你好服务器，我是客户端！
收到第3个客户端请求，开始通信。
收到来自客户端的信息：你好服务器，我是客户端！
结束与客户端交互数据
结束与客户端交互数据
```

图 13.25　服务器端程序运行结果

说明：

从图 13.25 中可以看出，服务器结束与客户端交互数据的顺序是不确定的，当服务器在为第 3 个客户端提供服务的时候，与第 2 个客户端的交互还没有结束，也就是说，服务器端并不是为一个客户端服务完毕之后才为其他客户服务，而是同时为多个客户端进行服务。

习　题

1. 请简述 IP 地址和端口的概念。

2. 判断：由于 UDP 面向无连接的协议，可以保证数据完整性，因此在传输重要数据时采用 UDP 协议。

3. 简述 TCP 协议的“三次握手”。

4. 编程：TCP 服务器端网络编程。

（1）在项目下创建 TCP 服务器端，服务端口号为 8888。

（2）等待客户端连接，如果有客户端连接，则获取客户端对象。

（3）获取到客户端对象之后，在当前服务器读取数据客户端传送数据，并输出至控制台。

5. 编程：TCP 客户端网络编程。

（1）在项目下创建 TCP 客户端，访问上述服务器端，服务器 IP 地址为“127.0.0.1”，端口号为 8888。

（2）开启上一题服务器,等待客户端连接。

（3）客户端连接服务器后，向服务器发送信息“你好，我是客户端 XXX。”

参考文献

[1] 青岛农业大学，青岛英谷教育科技股份有限公司. Java SE 程序设计及实践[M]. 西安：西安电子科技大学出版社，2015.

[2] 郑豪，王峥，王洁. JAVA 程序设计实训教程[M]. 南京：南京大学出版社，2017.

[3] 黑马程序员. Java 基础案例教程[M]. 北京：人民邮电出版社，2017.

[4] 耿祥义，张跃平. Java 2 实用教程[M]. 5 版. 北京：清华大学出版社，2017.

[5] 刘乃琦，苏畅. Java 应用开发与实践[M]. 北京：人民邮电出版社，2012.

[6] 明日科技，陈丹丹，李银龙，王国辉. Java 全能速查宝典[M]. 北京：人民邮电出版社，2012.

[7] 王振飞、孙媛著. Java 语言程序设计[M]. 广州：华南理工大学出版社，2015.

[8] 陈国君. Java 程序设计基础[M]. 6 版. 北京：清华大学出版社，2018.

[9] 北京尚学堂科技有限公司. 实战 Java 程序设计[M]. 北京：清华大学出版社，2018.

[10] 张孝祥. Java 就业培训教程[M]. 北京：清华大学出版社，2003.

[11] The Java™ Tutorials[EB/OL] .https://docs.oracle.com/javase/tutorial/.

[12] Java™ Platform, Standard Edition 8API Specification[EB/OL]. https://docs.oracle.com/javase/8/docs/api/.

[13] Oracle and/or its affiliates. Java™ Platform, Standard Edition 8 API Specification[EB/OL]. 2020-09-10. https://docs.oracle.com/javase/8/docs/api/index.html.